"十三五"普通高等教育系列教材

智能电网能量转换原理、分析与优化

李江 编著

中国电力出版社
CHINA ELECTRIC POWER PRESS

内 容 提 要

本书分能量形态转换、能量时空转换和电能优化控制三篇介绍了智能电网能量转化原理、分析与优化，主要内容包括：电网能量转换基础理论，大规模集中式机电能量转换，中小规模分布式能源的转换，大功率交直流输电技术，电力系统的储能技术，智能电网基本结构，能源系统的市场化机制，智能电网的基本优化方法。

本书内容理论联系实践，既适用于电气工程领域的相关工程技术人员、科研人员、高年级本科生和研究生使用，也可作为相关人员工作的参考用书。

图书在版编目（CIP）数据

智能电网能量转换原理、分析与优化/李江编著．—北京：中国电力出版社，2018.6（2024.8重印）
"十三五"普通高等教育规划教材
ISBN 978-7-5198-1682-7

Ⅰ．①智…　Ⅱ．①李…　Ⅲ．①智能控制－电网－能量转换－高等学校－教材　Ⅳ．①TM76

中国版本图书馆 CIP 数据核字（2018）第 006646 号

出版发行：中国电力出版社
地　　址：北京市东城区北京站西街 19 号（邮政编码 100005）
网　　址：http://www.cepp.sgcc.com.cn
责任编辑：陈　硕（010-63412532）郭丽然
责任校对：马　宁
装帧设计：张　娟
责任印制：吴　迪

印　　刷：北京九州迅驰传媒文化有限公司
版　　次：2018 年 6 月第一版
印　　次：2024 年 8 月北京第三次印刷
开　　本：787 毫米×1092 毫米　16 开本
印　　张：18.5
字　　数：453 千字
定　　价：65.00 元

前　言

　　近年来，风能、太阳能等可再生能源大规模接入电力系统，改变了电能的生产方式；电力电子技术的大量应用，为电能的生产、传输和利用，提供了高效的控制手段；全球能源互联网和电力市场化的深入发展，催生了新的技术应用和商业发展模式。可以预见，旧的电能生产、传输、分配技术逐渐将被新的智能电网技术替代，新知识和新经济将推动能源技术的变革，成为推动社会进步的重要力量。

　　为适应新知识和新经济的发展，笔者基于多年的积累和研究成果，得到了"教育部高教司产学合作协同育人——教学内容和课程体系改革项目"的资助，前后历经 5 年终于编成此书。与同类书籍相比，本书具有如下特点：

　　（1）介绍多种能量转换的基本原理，扩展了传统电磁能量转换的内涵。本书引入热力学、能源化学、光学等学科内容，覆盖了智能电网中的主要能量形式，扩展了以电磁理论为基础的传统《电机学》课程内容，体现了现代电力系统的基本内涵。

　　（2）迎接智能电网的新挑战，阐述未来发展的关键技术和方法。可再生能源的间歇性和不确定性给电网发展带来诸多挑战，电力电子技术、柔性控制技术、优化决策方法将成为未来电网发展的支撑技术和方法，本书综合阐述了电力系统领域的关键技术与相关应用，顺应了未来电力系统技术发展的方向。

　　（3）全面优化智能电网知识体系，展现多种能源形态的控制模式。随着微电网、直流配电网、能源互联网等技术的快速发展，电力市场基本理论和系统优化控制方法将成为未来电网的重要内容，本书期望展现未来电网的顶层结构和基本控制模式，使读者能够较全面理解智能电网知识体系。

　　本书撰写过程中，得到东北电力大学初壮副教授、国网技术学院宋志明等同仁的热心支持和帮助，刘伟波、高亚如、马腾、王宝财、刘懿莹、赵奇、张建标、赵亚东、魏文震、王洋、畅亮苏等研究生参与部分章节的资料搜集和整理，在此对他们表示衷心感谢。

　　因作者水平有限，错误和疏漏之处无法避免，恳请广大读者多批评、指正，期望与您共同进步。（邮箱：neepu_edu@163.com）

李　江

2018 年 4 月

于东北电力大学

目　　录

第3篇　电能优化控制

第 1 篇

能量形态转换

第1章　电网能量转换基础理论

1.1　电网中的能量转换过程

　　能量在使用过程中会发生转换。通常所说的能量转换是指能量形态上的转换，如燃料的化学能通过燃烧转换成热能，热能通过热机再转换成机械能。然而广义地说，能量转换还应当包括以下两项内容：能量的空间转换，即能量的传输；能量的时间转换，即能量的存储。

　　任何能量的转换过程都必须遵循自然界的普遍规律——能量守恒定律，即

输入的能量–输出的能量=存储能量的变化

　　人类目前使用最多、最普遍的能量形式是热能、机械能和电能。它们都可以由其他形态的能量转换而来，而它们之间也可以相互转换。然而任何能量的转换过程都需要一定的转换条件，并在一定的设备或系统中才能实现。以电能为中心，图 1-1 为本书涉及的基本能量转换过程[1]。

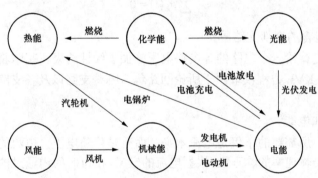

图1-1　本书涉及的基本能量转换过程

1.2　电　能　基　本　定　律

1.2.1　电路的欧姆定律

　　在同一电路中，通过某一导体的电流跟这段导体两端的电压成正比，跟这段导体的电阻成反比，这就是欧姆定律。标准式为

$$I = \frac{U}{R} \tag{1-1}$$

式中　I——电流，A；

　　　U——电压，V；

　　　R——电阻，Ω。

1.2.2　基尔霍夫电流定律（KCL）

　　基尔霍夫电流定律反映了电路中任意节点所连接的各支路电流之间的约束关系。基尔霍

夫电流定律指出：对于任一集中参数电路中的任一节点（或无源曲面），在任一时刻 t，流出节点各支路电流的代数和等于零。其数学表达式为

$$\sum_{k=1}^{m} i_k(t) = 0 \qquad (1\text{-}2)$$

式中　m——连接到所述节点上的全部支路数。

基尔霍夫电流定律适用于任何集中参数电路，无论电路元件是线性的、非线性的、含源的、无源的、时变的、时不变的等。按基尔霍夫电流定律列写方程时，仅考虑了节点连接了哪些支路，以及这些支路电流的参考方向是离开节点还是进入节点，根本没有涉及各支路包含何种电路元件，因此表明 KCL 方程与电路元件的性质无关。

基尔霍夫电流定律给一个电路的各支路电流施加了线性约束，这是因为 KCL 方程是线性齐次代数方程。

1.2.3　基尔霍夫电压定律（KVL）

基尔霍夫电压定律反映了电路中组成回路的各支路电压之间的约束关系。基尔霍夫电压定律指出：对于任一集中参数电路中的任一回路，在任一时刻 t，沿着回路的各支路电压的代数和等于零。其数学表达式为

$$\sum_{k=1}^{m} u_k(t) = 0 \qquad (1\text{-}3)$$

式中　m——回路包含的全部支路数。

基尔霍夫电压定律给一个电路的各支路电压施加了线性约束。基尔霍夫电压定律也与电路元件的性质无关，KVL 方程仅取决于所论回路包含哪些支路以及各支路电压参考方向与回路绕行方向的关系。

1.2.4　电功率和电能

对于电气设备，所需要的不仅是电流本身，而且是伴随电压、电流的电能。电功率是用来衡量电能转换或传输速率的物理量。根据电流的定义，在 dt 时间内通过的电荷量为 $dq = i dt$。在集中参数电路中，电荷通过电路时，电能所做的功即电路吸收的电能等于该电荷量与端电压的乘积，即 $dw = u dq = ui dt$，因此，电路吸收的功率为

$$p = \frac{dw}{dt} = ui \qquad (1\text{-}4)$$

式中　p——功率，W。

当电能通过元件转换成其他形式的能量时，电能对外做功，此时称该元件为消耗电能或吸收功率；当其他形式的能量通过元件转换成电能时，此时称该元件为发出电能或发出功率。

电路中的元件是吸收还是发出功率，要同时依据计算时所选择的电压、电流参考方向和计算结果的符号来判定。当元件的电压和电流的参考方向一致，而且它们的乘积为正时，表明该元件消耗功率，此时的电流由高电位点流向低电位点。凡是电流的真实方向是从元件的高电位点流向低电位点，元件总是消耗功率的。相反，当元件的电压和电流的参考方向相反，而它们的乘积为负时，则表明该元件发出功率。电路中的元件究竟是吸收还是发出功率，不会因为计算时所选择的参考方向不同而得出不同的结论。

对于电源元件，如果选定的电压 u 与电流 i 的参考方向相反，即电流由电源电压的正极流出时，此时电流是从低电位端流向高电位端，电压与电流的乘积为负，表明功率是发出的。

反之，电压与电流的乘积为正，表明电源元件是吸收功率的。

在实际的电气设备、元器件的工作中，对其功率都有限制，即额定功率。在使用时要注意其实际功率不能超过额定功率的限制，否则，设备或器件就可能缩短使用期甚至毁坏。

1.3　磁能基本定律

1.3.1　常用的物理概念

1. 磁感应强度（或磁通密度）B

在永磁体及通电导体周围存在磁场，磁场最基本的特性是对场中的载流导体有力的作用，研究磁场的强弱就是从分析载流导体在磁场中受力情况着手。当长度为 Δl 载流导线段与磁力线相垂直时，作用在该导线上的电磁力为

$$\Delta F = Bi\Delta l$$

所以

$$B = \frac{\Delta F}{i\Delta l} \tag{1-5}$$

式中　F——电磁力，N；

Δl——导线段长度，m；

i——电流，A；

B——磁感应强度，T。

$$1T = 1 \times \frac{N}{A \cdot m}$$

即 1m 长的导线，通过 1A 的电流，在磁场中受到的作用力是 1N 时，磁感应强度就是 1T。

磁感应强度是表示磁场强弱的一个物理量，在电机中，气隙处的磁感应强度约为 0.4～0.8T，铁芯中的磁感应强度约为 1～1.8T。

磁感应线（或称磁力线），可以形象地描绘磁场，磁力线是无头无尾的闭合曲线。图 1-2 中画出了直线电流、圆线圈电流及螺线管电流产生的磁力线。

磁感应强度 B 与产生它的电流之间的关系用毕奥——萨伐尔定律描述，磁力线与电流的方向满足右手螺旋关系，如图 1-3 所示。

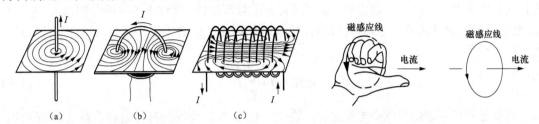

图 1-2　电流磁场中的磁力线　　　　　　　　图 1-3　磁力线与电流的右手螺旋关系

（a）导线；（b）圆线圈；（c）螺线管

2. 磁通量（或磁通）Φ

磁感应强度 B 描述的只是空间每一点的磁场，如果要描述一个给定面上的磁场，就要引入另一个物理量，叫磁通量，简称磁通。穿过某一截面 A 的磁感应强度 B 的通量，即穿过截

面 A 的磁力线根数称为磁通量，简称磁通，用 Φ 表示，即

$$\Phi = \int_A \boldsymbol{B} \mathrm{d}A$$

在均匀磁场中，如果截面 A 与 $\boldsymbol{B}$ 垂直，如图1-4所示，则上式变为

$$\Phi = BA \text{ 或 } B = \Phi / A \tag{1-6}$$

在国际单位制中，$\boldsymbol{B}$ 的单位是 T，A 的单位是 m^2，Φ 的单位便是 Wb。

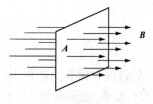

图1-4　均匀磁场中的磁通

3. 磁导率 μ

通电线圈所产生磁场强弱与线圈放入的介质有关。当线圈放入某类介质时，磁场可能增强；而当放入另一类介质时，磁场可能略有削弱。表示物质这种磁性质的一个物理量叫磁导率，用符号 μ 来表示。

物质根据磁性质的不同，可以分为三类：一类叫顺磁性物质，如空气、铝等，它的磁导率比真空的磁导率略大；另一类叫逆磁性物质，如氢、铜等，它的磁导率略小于真空的磁导率；还有一类是铁磁性物质，如铁、钴、镍等，它们的磁导率是真空磁导率的几百倍甚至几千倍，并且与磁场强弱有关，不是一个常数。

磁导率的单位是 H/m，真空磁导率 $\mu_0 = 4\pi \times 10^{-7} \mathrm{H/m}$。对电机常用的铁磁材料来说，$\mu_{\mathrm{Fe}} = 2000\mu_0 \sim 6000\mu_0$。

4. 磁场强度 H

计算导磁物质中的磁场时，引入辅助物理量磁场强度 H，它与磁通密度 B 的关系为

$$H = \frac{B}{\mu} \tag{1-7}$$

如果 $\boldsymbol{B}$ 的单位是 T，μ 的单位是 H/m，H 的单位是 A/m。由于磁通势的单位是 A，因此从 H 的单位可以知道，磁场强度 H 就是单位长度磁路上所消耗的磁通势，或单位长度磁路上的磁压降。

1.3.2　基本电磁定律

1. 全电流定律

磁场是由电流的激励而产生的，即磁场与产生该磁场的电流同时存在，全电流定律就是描述这种电磁联系的基本电磁定律。设空间有 n 根载流导体，导体中的电流分别为 I_1，I_2，$\cdots$，I_n，则沿任意可包含所有这些导体的闭合路径 l，磁场强度 H 的线积分等于该闭合路径所包围的电流的代数和，即为

$$\oint_l \boldsymbol{H} \cdot \mathrm{d}l = \sum_{i=1}^{n} I_i \tag{1-8}$$

这就是安培环路定律或全电流定律。在式（1-8）中，电流的符号由右手螺旋法则确定，即当导体电流的方向与积分路径的方向满足右手螺旋关系时，电流取正值，否则取负值。如在图1-5中，虽有积分路径 l 和 l'，但其中包含的载流导体相同，积分结果必然相等，并且就是电流 I_1、I_2 和 I_3 的代数和。依右手螺旋法则，I_1 和 I_2 应取正号，而 I_3 应取负号，即

$$\oint_l \boldsymbol{H} \cdot \mathrm{d}l = \oint_{l'} \boldsymbol{H} \cdot \mathrm{d}l = I_1 + I_2 - I_3$$

即积分与路径无关，只与路径内包含的导体电流的大小和方向有关。

2. 磁路的欧姆定律

磁路中的磁通 Φ 等于作用在磁路上的磁通势 F 与磁导 λ_m 的乘积，磁导 λ_m 与磁阻 R_m 互为倒数，所以磁路中的磁通 Φ 等于作用在磁路上的磁通势 F 除以磁路的磁阻 R_m，这就是磁路的欧姆定律，即

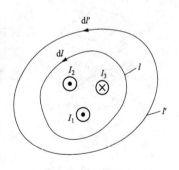

图 1-5　全电流定律

$$\Phi = F\lambda_m = \frac{F}{R_m} \quad (1\text{-}9)$$

主磁路为分段磁路时，由于各部分的材料、磁路长度不同，因而磁导不同，用 λ_{mk} 表示第 k 段磁路的磁导，式（1-9）还可以写成

$$\Phi = F\sum_{i}^{n} \lambda_{mk} \quad (1\text{-}10)$$

由于磁阻 $R_m = \dfrac{L}{\mu A}$，所以磁路的磁阻取决于磁路的几何尺寸和所用材料的磁导率 μ。磁路的平均长度 L 越长，截面积 A 越小，磁阻就越大。材料的磁导率越大，磁阻就越小，因此，电力设备磁路大都采用铁磁材料。

3. 磁路的基尔霍夫第一定律

磁路中，在任一闭合面内，任一瞬间，穿过该闭合面的各分支磁路磁通的代数和等于零，即

$$\Sigma\Phi = 0 \quad (1\text{-}11)$$

4. 磁路的基尔霍夫第二定律

在电力设备磁路中，若磁路不是由同一种材料构成，可以将磁路按材料及截面积不同分成若干个磁路段，每一段为同一材料、相同截面积，且磁路内磁通密度处处相等。根据安培环路定律有

$$\sum_{k=1}^{n} H_k l_k = H_1 l_1 + H_2 l_2 + \cdots + H_k l_k = \Sigma i = Ni$$

在磁路计算中，常把 $H_k l_k$ 称为某段磁路的磁压降，$\Sigma H_k l_k$ 称为闭合磁路的总磁压降。在磁路中，沿任何闭合磁路的磁通势的代数和等于磁压降的代数和，即

$$\Sigma F_k = \Sigma H_k l_k = \Sigma R_{mk}\Phi_k \quad (1\text{-}12)$$

这就是磁路的基尔霍夫第二定律，是安培环路定律在磁路中的体现，与电路的基尔霍夫电流定律在形式上相同。

5. 电磁力定律

磁场对电流的作用是磁场的基本特征之一。实验表明，将长度为 l 的导体置于磁场 $\boldsymbol{B}$ 中，通入电流 i 后，导体会受到力的作用，称为电磁力。其计算公式为

$$\boldsymbol{f} = \Sigma \mathrm{d}\boldsymbol{f} = i\Sigma \mathrm{d}\boldsymbol{l} \times \boldsymbol{B}$$

在均匀磁场中，若载流直导体与 B 方向垂直，长度为 l，流过的电流为 i，则载流导体所受的力为

$$f = Bli \quad (1\text{-}13)$$

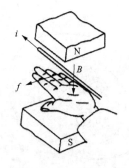

图1-6　确定载流导体
受力方向的左手定则

在电工学中，习惯上用左手定则确定 f 的方向，即把左手伸开，大拇指与其他四指成90°，如图1-6所示，如果磁力线指向手心，其他四指指向导体中电流的方向，则大拇指的指向就是导体受力的方向。

6．电磁感应定律

变化的磁场会产生电场，使导体中产生感应电动势，这就是电磁感应现象。电磁感应现象主要表现在两个方面：①导体与磁场有相对运动，导体切割磁力线时，导体内产生感应电动势，称之为运动电动势；②线圈中的磁通变化时，线圈内产生感应电动势，称为变压器电动势。下面对这两种情况下产生的感应电动势作定性与定量的描述。

（1）运动电动势。长度为 l 的直导体在磁场中与磁场相对运动，导体切割磁力线的速度为 v，导体处的磁感应强度为 B 时，若磁场均匀，且直导体 l、磁感应强度 B、导体相对运动方向 v 三者互相垂直，则导体中感应电动势为

$$e = Blv \qquad (1-14)$$

在电工学中，习惯上用右手定则确定电动势 e 的方向，即把右手手掌伸开，大拇指与其他四指成90°角，如图1-7所示，如果让磁力线指向手心，大拇指指向导体运动方向，则其他四指的指向就是导体中感应电动势的方向。

（2）变压器电动势。如图1-8所示，匝数为 N 的线圈环链着磁通 Φ，当 Φ 变化时，线圈 AX 两端感应电动势 e，其大小与线圈匝数及磁通变化率成正比，方向由楞次定律决定。

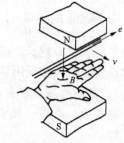

图1-7　确定感应电动势
方向的右手定则

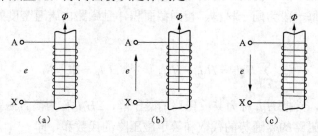

图1-8　磁通及其感应电动势

（a）线圈示意图；（b）按左手螺旋关系规定 e 和 Φ 的正方向；（c）按右手螺旋关系规定 e 和 Φ 的正方向

当 Φ 增加时，即 $\dfrac{\mathrm{d}\Phi}{\mathrm{d}t} > 0$，A 点为高电位，X 点为低电位；当 Φ 减小时，即 $\dfrac{\mathrm{d}\Phi}{\mathrm{d}t} < 0$，根据楞次定律，X 点为高电位，A 点为低电位。为了写成数学表达式，首先要规定电动势 e 的正方向，有以下两种方法。

1）按左手螺旋关系规定 e 和 Φ 的正方向。如图1-8（b）所示，此时 e 的正方向从 X 指向 A。与实际情况比较，当 $\dfrac{\mathrm{d}\Phi}{\mathrm{d}t} > 0$ 时，实际上是 A 点为高电位，X 点为低电位，而规定的 e 的正方向与之相同，这样 $e > 0$；当 $\dfrac{\mathrm{d}\Phi}{\mathrm{d}t} < 0$ 时，实际上是 A 点为低电位，X 点为高电位，而规

定的 e 的方向与之正好相反，因此 $e<0$。也就是说，$\dfrac{\mathrm{d}\Phi}{\mathrm{d}t}$ 与 e 的符号是一致的，同时为正或同时为负，这样 e 和 Φ 之间的关系就应写为

$$e = N\frac{\mathrm{d}\Phi}{\mathrm{d}t} \tag{1-15}$$

2）按右手螺旋关系规定 e 和 Φ 的正方向。如图 1-8（c）所示，此时 e 的正方向从 A 指向 X。与实际情况比较，当 $\dfrac{\mathrm{d}\Phi}{\mathrm{d}t}>0$ 时，实际上是 A 点为高电位，X 点为低电位，而规定的 e 的正方向与实际方向相反，此时 $e<0$；同理，当 $\dfrac{\mathrm{d}\Phi}{\mathrm{d}t}<0$ 时，$e>0$。这就是说，$\dfrac{\mathrm{d}\Phi}{\mathrm{d}t}$ 与 e 总是符号相反，e 和 Φ 之间的关系就应写为

$$e = -N\frac{\mathrm{d}\Phi}{\mathrm{d}t} \tag{1-16}$$

本书采用图 1-8（c）所示的正方向表示方法。

1.4　机电系统分析基础

机械能与电能是智能电网的主要转换方式。为了对机电系统进行研究，通常要建立系统的运动方程，磁场是机电转换的中间媒介。对具有集中参数的机电系统而言，运动方程一般由两部分组成：一部分是机械方程，也就是系统的转矩（力）方程；另一部分是电路方程，也就是系统的电压方程[2]。

1.4.1　推导运动方程的方法

推导运动方程的方法通常有两种：

（1）微分原理法使用法拉第电磁感应定律、基尔霍夫定律列出电路部分的方程，使用牛顿定律和达朗贝尔原理列出机械部分的方程，然后通过能量守恒定律把两部分方程联系起来，从而建立系统的运动方程。

（2）变分原理法。虽然从物理本质看，机械系统和电气系统中的运动过程不同，并且它们分别用两类物理量描述，服从不同的物理定律，但是，对它们建立的运动微分方程在形式上却相同，说明这两种不同运动形态的物理量和物理定律之间有相似的对应关系（即类比关系）。因此，为了建立机电系统的运动方程，完全可以不去区别系统各对应量各自的物理含义，而是使用某个特定的状态函数，通过求出系统状态函数的积分函数（泛函数）极值来确定系统的运动方程。

普遍认为：采用微分原理法建立机电系统运动方程，物理概念易于理解和掌握，电气工作者也比较熟悉，但是这种方法也有缺点，就是当系统复杂时，必须有洞察能力和直观能力。变分原理法用了很多数学，"机械地"处理问题，故容易忽略具体的物理概念，但是，系统越复杂却越能发挥其作用，因此，在系统复杂的情况下，这种方法就成为一种有效的方法。由于使系统状态函数的积分函数达到极值时所应满足的方程是拉格朗日方程，因此，用变分原理法建立系统的运动方程时，实际上是应用拉格朗日方程。

本节将集中介绍利用拉格朗日方程来建立机电系统运动方程的方法，对于比较熟悉的微分原理法不再赘述。

1.4.2　机电类比

1.4.2.1　机械系统和元件模型

根据运动性质，可把机械系统分为三类：

（1）平移机械系统。一般是做直线运动的机械系统。

（2）旋转机械系统。作圆周运动的机械系统，即系统的各部分（或一部分）相对于固定轴线旋转的机械系统。

（3）平移和旋转的机械系统。平移和旋转都发生的机械系统。

这里只讨论前两种机械运动系统。

机械系统的元件可分为惯性元件、弹性元件和阻力元件等三类，图 1-9 示出了这三类元件的符号图。

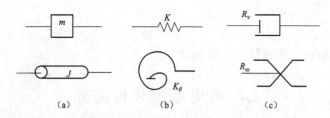

图 1-9　机械系统的三种元素符号

（a）惯性元件；（b）弹性元件；（c）阻力元件

1. 惯性元件

惯性元件是具有质量 m 或转动惯量 J 的元件。

对于平移运动，若元件的质量为 m，加速度为 $a = \dfrac{dv}{dt}$，当假定惯性力 F_m 的参考方向与外力 F 和速度的参考方向相反时，则惯性力 F_m 的表达式为

$$F_m = m\frac{dv}{dt} \tag{1-17}$$

如果规定惯性力 F_m 与外力 F 和速度的参考方向一致，则式（1-17）前要加一负号。除特别声明外，一般按式（1-17）所规定的参考方向。在这种情况下，外施力 F 与惯性力 F_m 大小相等，即

$$F = F_m \tag{1-18}$$

对于旋转运动，若元件的转动惯量为 J，角加速度为 $\dfrac{d\omega}{dt}$，则在驱动转矩 T 和角速度 ω 的参考方向与惯性转矩 T_ω 的参考方向相反时，T_ω 的表达式为

$$T_\omega = J\frac{d\omega}{dt} \tag{1-19}$$

此时驱动转矩 T 与惯性转矩 T_ω 的平衡关系为

$$T = T_\omega \tag{1-20}$$

2. 弹性元件

在机械系统中，弹簧和扭转弹簧称为弹性元件。

对于平移运动，若弹簧的刚性系数为 K，变形为 x（x 从变形为零的平衡位置算起），当

假定弹性力 F_K 的参考方向与外施力 F 和变形 x 的参考方向（F 与 x 一致）相反时，弹簧弹力 F_K 的表达式为

$$F_K = K \int v \mathrm{d}t = Kx \tag{1-21}$$

对于旋转运动，若扭转弹簧的扭转刚性系数为 K_θ，则扭转力矩 T_K 应为

$$T_K = K_\theta \int \omega \mathrm{d}t = K_\theta \theta \tag{1-22}$$

按前面所规定的参考方向，弹簧和扭转弹簧的平衡关系式分别为

$$F = F_K \tag{1-23}$$

$$T = T_K \tag{1-24}$$

3. 阻力元件

在机械系统中，阻力元件是阻尼器和对运动产生阻力作用的元件。

对于线性阻力元件，在平移运动时，阻力 F_R 与运动速度 v 成正比，R_v 为阻力系数。当假定阻力 F_R 的参考方向与外旋力 F 和速度 v 相反时，阻力表达式为

$$F_R = R_v v \tag{1-25}$$

按上述参考方向，阻力元件的平衡关系式为

$$F = F_R \tag{1-26}$$

对于旋转运动，若 R_ω 为旋转阻力系数，则阻力转矩 T_R 和转矩的关系式分别为

$$T_R = R_\omega \omega \tag{1-27}$$

$$T = T_R \tag{1-28}$$

4. 旋转机械系统和平移机械系统的相似性

如果有两个物理系统，其行为能用相同的微分方程描述，则称这两个系统具有相似性。

图 1-10（a）表示一个由刚性系数为 K、质量为 m 和阻力系数为 R_v 的平移机械系统，作用在系统上的外力为 F。在前面所规定的参考方向下，该系统的运动方程为

$$F = m \frac{\mathrm{d}v}{\mathrm{d}t} + R_v v + K \int v \mathrm{d}t \tag{1-29}$$

图 1-10（b）表示一个转动惯量为 J、扭转刚性系数为 K_θ 和旋转阻力系数为 R_ω 的扭转机械系统。若加在系统上的转矩为 T，在上述所规定的参考方向下，这个系统的运动方程为

$$T = J \frac{\mathrm{d}\omega}{\mathrm{d}t} + R_\omega \omega + K_\theta \int \omega \mathrm{d}t \tag{1-30}$$

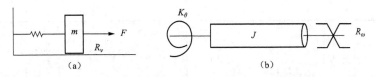

图 1-10　平移与旋转机械系统
（a）平移机械系统；（b）扭转机械系统

式（1-29）与式（1-30）具有相同的数学形式，所以两者是相似系统。表 1-1 列出了平移和旋转系统之间的对偶关系。

表 1-1   平移和旋转系统之间的对偶关系

平移系统			旋转系统		
量	符号	单位	量	符号	单位
力	F	N	转矩	T	N·m
加速度	a	m/s²	角加速度	α	rad/s²
速度	v	m/s	角速度	ω	rad/s
位移	x	m	角位移	θ	rad
质量	m	kg	转动惯量	J	kg·m²
刚性系数	K	N/m	扭转刚性系数	k_θ	N·m/rad
阻力系数	R_v	N·s/m	旋转阻力系数	R_ω	N·m·s/rad

1.4.2.2 对偶关系和机电类比

若两相似系统属于同一类型（例如同为电系统或同为机械系统），则称两系统之间具有对偶关系（简称对偶）；若为不同类型（例如一为机械系统，一为电系统），则称该两系统之间具有类比关系。

1. 电路的对偶关系

在进行网络分析时，如果把表征电路元件性能关系的自变量和因变量予以对换，就会得到对偶的概念。

表 1-2 表示把电流 i 和电压 u 对换后，电阻、电感和电容等三个元件中的对偶关系。由表 1-2 可见，同一行的左、右两式具有同一的数学形式。

表 1-2   电 路 的 对 偶 关 系

以电流 i 作为自变量	以电压 u 作为自变量
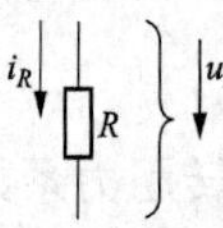 $u_R = R i_R$	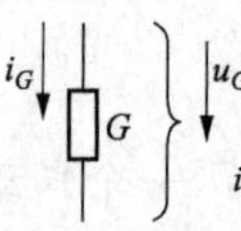 $i_G = G u_G$
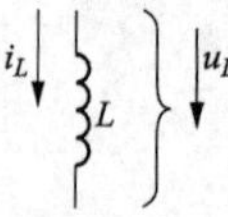 $u_L = L \dfrac{\mathrm{d}i_L}{\mathrm{d}t}$	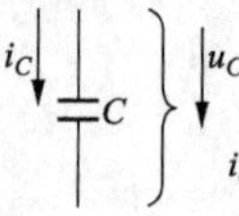 $i_C = C \dfrac{\mathrm{d}u_C}{\mathrm{d}t}$
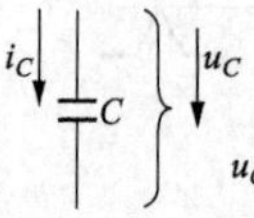 $u_C = \dfrac{1}{C}\int i_C \,\mathrm{d}t$	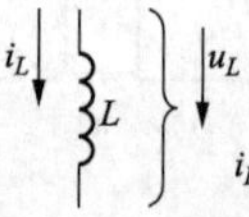 $i_L = \dfrac{1}{L}\int u_L \,\mathrm{d}t$

若有两个电路，其中一个利用基尔霍夫电压定律列出的回路方程，与另一电路利用基尔霍夫电流定律得出的节点电流方程具有同一数学形式，则称该两电路为对偶电路。例如图 1-11（a）所示电路为由电动势源 e_a 供电的 RLC 串联电路，其回路电压方程为

$$L_a \frac{\mathrm{d}i_a}{\mathrm{d}t} + R_a i_a + \frac{1}{C_a} \int i_a \mathrm{d}t = e_a \qquad (1\text{-}31)$$

图 1-11（b）所示电路为由理想电流源 i_b 供电的 GCL 并联电路，其节点电流方程为

$$C_b \frac{\mathrm{d}u_b}{\mathrm{d}t} + G_b u_b + \frac{1}{L_b} \int u_b \mathrm{d}t = i_b \qquad (1\text{-}32)$$

把式（1-31）和式（1-32）加以比较，可知该两方程具有同一数学形式，所以它们的相应电路为对偶电路，其中图 1-11（a）的串联元件 R_a、L_a 和 C_a 分别与图 1-11（b）的并联元件 G_b、L_b 和 C_b 对应，电动势源电动势 e_a 与电流源电流 i_b 相对应。

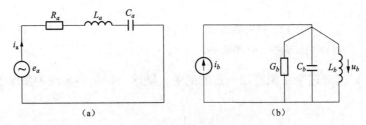

图 1-11　串、并联电路

（a）串联电路；（b）并联电路

由于对偶电路具有同样的数学方程，所以求出一个电路的解，通过对应关系，即可得到另一个电路的解。但需注意，对偶电路并不等效，组成两个电路的元件不同，电路的结构也不同。

2. 机电类比

图 1-12（a）所示为一机械系统，其运动方程为

$$F = m \frac{\mathrm{d}v}{\mathrm{d}t} + R_v v + K \int v \mathrm{d}t$$

图 1-12（b）所示为一串联电路，其电压方程为

$$e = L \frac{\mathrm{d}i}{\mathrm{d}t} + Ri + \frac{1}{C} \int i \mathrm{d}t$$

将两式相比较，可知两者具有类比关系。此时机械系统的力 F 与电路系统的电动势 e 相对应、速度 v 与电流 i 对应等，故这种类比称为力—电动势（$F\text{-}e$）类比。在这种类比中，质量 m 和电感 L 相对应，刚性系数 K 和电容的倒数 $\frac{1}{C}$ 相对应，阻力系数 R_v 相应于电阻 R。根据电路的对偶性，不难找出力—电流（$F\text{-}i$）类比。

1.4.3　机电系统的能量和拉格朗日函数

前面已经指出，在 $F\text{-}e$ 类比中，电动势 e 类比于力 F，电压平衡方程式相应于力学系统的达朗贝尔原理。机电系统中所产生的电磁力（机械力）是与耦合场能量变化率紧紧相关的，同时，弹簧产生的弹性力、运动物体产生的惯性力等也分别与它们的位能或动能变化率有关，因此，适当定义一个能量函数，便有可能通过此能量函数写出电磁力、弹性力、惯性力等的表达式，并进而写出系统的运动方程。

1. 弹簧质量系统

典型的弹簧质量系统如图 1-13 所示，图中质量 m 由一个刚性系数为 K 的弹簧所悬挂，没有损耗、没有外力。

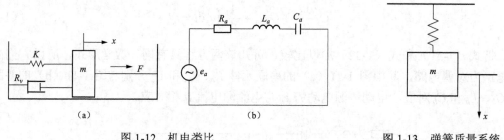

图 1-12 机电类比

(a) 机械系统；(b) 串联电路

图 1-13 弹簧质量系统

如果在任意时刻对这个系统施加一定的能量，则这一能量将表现为系统的动能 T 和位能 V，而

$$T = \frac{1}{2}mv^2 \tag{1-33}$$

$$V = \frac{1}{2}Kx^2 \tag{1-34}$$

由于总的能量必须守恒，所以 $T+V=$ 常数，这个关系在任何时间都是正确的。通过上述能量表达式可以推导出这个系统在运动过程中的加速力和回弹力，其中加速力 F_m 为

$$F_m = m\frac{\mathrm{d}}{\mathrm{d}t}v = \frac{\mathrm{d}}{\mathrm{d}t}(mv) \tag{1-35}$$

式中 mv——此质量系统的动量。

动量可以表达为

$$mv = \frac{\partial}{\partial v}\left(\frac{1}{2}mv^2\right) = \frac{\partial}{\partial v}T \tag{1-36}$$

所以，加速力为

$$F_m = \frac{\mathrm{d}}{\mathrm{d}t}\left(\frac{\partial}{\partial v}T\right) \tag{1-37}$$

式（1-37）说明，加速力 F_m 可以由动能推导出。

另外，系统的回弹力 F_K 可以由弹簧中所储存的位能推导出，即

$$F_K = \frac{\partial}{\partial x}V \tag{1-38}$$

由于这个系统中没有外力作用，故力的平衡方程式为

$$F_m + F_K = 0 \tag{1-39}$$

或者

$$\frac{\mathrm{d}}{\mathrm{d}t}\left(\frac{\partial}{\partial v}T\right) + \frac{\partial}{\partial v}V = 0 \tag{1-40}$$

如果令 $L = T - V$，则式（1-40）可变为

$$\frac{d}{dt}\left(\frac{\partial}{\partial v}L\right)-\frac{\partial}{\partial x}L=0 \tag{1-41}$$

式（1-41）就是拉格朗日方程，式中的 L 称为拉格朗日函数。由这个例子可知，拉格朗日函数就是代表系统动能和位能之差的一个新的能量函数，因此，它是一个状态函数。

2. 电路

图 1-14 所示电路由 R、L、C 串联组成。由于电系统的电压 u 对应机械系统的 F，所以电系统各部分的电压也可以通过其能量推导出来。

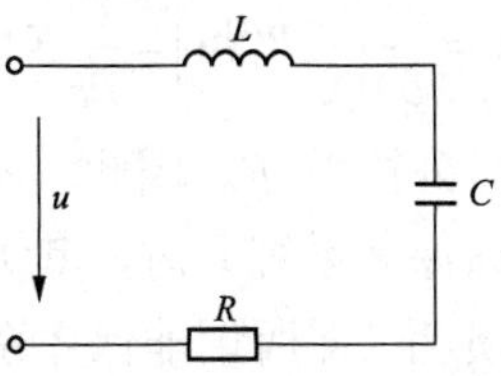

图 1-14　RLC 串联电路

电容中的储能 $W_C=\frac{1}{2}\frac{q^2}{C}$，所以电容器两端的电压为

$$u_c=\frac{q}{C}=\frac{\partial}{\partial q}\left(\frac{1}{2}\frac{q^2}{C}\right)=\frac{\partial}{\partial q}W_C \tag{1-42}$$

对于电感，磁链的变化率就是它的电压降，即 $u_L=\frac{d\psi}{dt}$，而

$$\psi=Li=\frac{\partial}{\partial i}\left(\frac{1}{2}Li^2\right)=\frac{\partial}{\partial i}W_L \tag{1-43}$$

$$W_L=\frac{1}{2}Li^2$$

式中　W_L——电感的磁能。

考虑到 $i=\frac{dq}{dt}$，则电感电压 u_L 可写为

$$u_L=\frac{d}{dt}\left(\frac{\partial}{\partial i}W_L\right) \tag{1-44}$$

电阻上的压降为

$$u_R=Ri=\frac{\partial}{\partial i}\left(\frac{1}{2}Ri^2\right)=\frac{\partial}{\partial i}F \tag{1-45}$$

损耗函数 F 为　　　　　　　　　　$$F=\frac{1}{2}Ri^2$$

考虑到以上各式，最后得到该电路系统的电压平衡方程式为

$$u=u_L+u_c+u_R=\frac{d}{dt}\left(\frac{\partial}{\partial i}W_L\right)+\frac{\partial}{\partial q}W_C+\frac{\partial}{\partial i}F \tag{1-46}$$

根据机电类比关系，如果仍把系统的动能和位能之差（在电系统中，即是 W_L-W_C），用拉格朗日函数 L 表示，则上述电路系统的方程就可以写为

$$\frac{d}{dt}\left(\frac{\partial}{\partial i}L\right)-\frac{\partial}{\partial q}L+\frac{\partial}{\partial i}F=u \tag{1-47}$$

式（1-47）也是拉格朗日方程，与式（1-41）相比，该式多了一项 $\frac{\partial}{\partial i}F$ 和外施电压 u，

其中 $\dfrac{\partial}{\partial i}F$ 为电阻压降，它是由具有损耗元件电阻 R 引起的。如果图 1-13 所示的机械系统中

也存在机械损耗（以参数 R_v 表示）并始终作用着外施力 F，则式（1-41）的左端也将有一项

$$R_v v = \frac{\partial}{\partial v}\left(\frac{1}{2}R_v v^2\right) = \frac{\partial}{\partial i}F \quad （其中\ i\ 表示\ v;\ F = \frac{1}{2}R_v v^2，也称为损耗函数），而右端也将不为零$$

而为外施力 F。因此，不论机械系统还是电系统，当系统不存在外施力（电压）和损耗（即
所谓保守系统）时，其力（电压）平衡方程式都可用式（1-41）写出；当系统存在外力作用
和损耗（即所谓非保守系统），其力（电压）方程便都可用式（1-47）写出。

　　对于机械系统来说，其运动方程包括力平衡方程和电压方程。从前面的讨论可知，
这两个方程都可以写成拉格朗日方程的形式。这样，对于保守的机电系统，其拉格朗日方
程为

$$\frac{\mathrm{d}}{\mathrm{d}t}\left(\frac{\partial}{\partial i_k}L\right) - \frac{\partial}{\partial q_k}L = 0 \quad (k = 1, 2, \cdots, N) \tag{1-48}$$

　　对于非保守系统，其拉格朗日方程为

$$\frac{\mathrm{d}}{\mathrm{d}t}\left(\frac{\partial}{\partial i_k}L\right) - \frac{\partial}{\partial q_k}L + \frac{\partial}{\partial i_k}F = Q_k \quad (k = 1, 2, \cdots, N) \tag{1-49}$$

　　式（1-49）中的 $Q_k = Q_k(t)$ 为作用在 q_k 上的外施非保守力（广义力）；$q_k = q_1, q_2, \cdots, q_N$ 称
为广义坐标，$i_k = i_1, i_2, \cdots, i_k$ 称为广义速度，它们是广义坐标和时间的函数。

　　由式（1-48）和式（1-49）可知，当利用拉格朗日方程来描述一个机电系统的运动状态
时，首先要选择广义坐标、广义速度和确定拉格朗日函数以及损耗函数等。

　　3. 广义坐标与拉格朗日函数

　　（1）广义坐标。广义坐标是动力学中的一个专门名词术语，其动力学的含义是：能决定
系统几何位置的彼此独立的量称为该系统的广义坐标，其主要特点是各自能独立变化，所以
也称为独立坐标。

　　对于机电系统而言，由于存在机、电两部分，所以广义坐标可以是长度，也可以是电荷
或与其相类比的其他物理量。

　　广义坐标通常用 q 表示，对于一个完整的约束系统来说，若系统的自由度为 N，就有 N
个独立坐标（广义坐标），即 $q_k(t)(k = 1, 2, \cdots, N)$。

　　对于运动学系统，除广义坐标外，还要加上坐标的导数——广义速度（机械系统中的运
动速度，电路中的电流等），才能完整地描述一个系统，这些广义坐标和广义速度两者就称为
系统的动力变量。

　　表 1-3 表示机电系统中通常选用的广义变量，表中机械系统的广义坐标选为位移 x（对
平移运动）或偏转角 θ（对旋转运动），相应的广义速度为线速度 v 或角速度 ω。电系统
的广义坐标选为电荷 q，相应的广义速度为电流 i。设电的广义坐标有 n 个，机械的广义
坐标有 m 个，则 $m + n = N$，N 就是系统的广义坐标数，在完整的约束情况下，也就是自由
度数。

表 1-3		机电系统的广义变量	
广义变量	电（$k=1,2,\cdots,n$）	机械（$k=1,2,\cdots,m$）	
		平移	转动
广义坐标 q_k	电荷 q_k	位移 x_k	角位移 θ_k
广义速度 i_k	电流 i_k	速度 v_k	角速度 ω_k
广义动量 p_k	磁链 Ψ_k	动量 mv_k	角动量 $m\omega_k$
广义力 f_k	电压 U_k	机械力 F_k	转矩 T_k

（2）拉格朗日函数。机电系统储能是一个状态函数，系统的储能可分为动能和位能两类。

对于机械系统，动能就是物体运动时所储存的能量，它与速度有关。根据动力学可知，物体的动能为

$$\begin{cases} T = \dfrac{1}{2}mv^2 & （平移运动）\\[2mm] T = \dfrac{1}{2}J\omega^2 & （旋转运动）\end{cases} \tag{1-50}$$

位能是物体内储存的仅与位置（坐标）有关的能量，例如对于受力的弹簧，其位能为

$$V = \frac{1}{2}Kx^2 \tag{1-51}$$

对于电系统，若选电荷 q 作为电的广义坐标，电流 i 作为广义速度，则电容器内所储存的能量（电场能量）就可以作为位能，因为它仅与广义坐标 q 有关，即

$$V = W_C = \frac{1}{2}\frac{q^2}{C} \tag{1-52}$$

相应地，电感内存储的能量（磁场能量）应作为动能，因为它与电的广义速度 i 有关，即

$$T = W_L = \frac{1}{2}Li^2 \tag{1-53}$$

总之，不论是机械系统还是电系统，位能仅是广义坐标的函数，动能则是广义速度的函数（有时也与广义坐标有关）。

另外，前面写出的拉格朗日函数 L，定义为系统的动能 T 与位能 V 之差，即 $L=T-V$，这里 T 应为机电系统的总动能，包括机械系统的动能和电系统的磁场能量；V 也应为机电系统的总位能，包括机械系统的位能和电系统的电场能量。一般说来，拉格朗日函数 L 是广义坐标、广义速度和时间三者的函数，即

$$L(q_k, i_k, t) = T(q_k, j_k, t) - V(q_k, t) \tag{1-54}$$

若系统为非线性，需要引进动共能 T'，此时的拉格朗日函数定义为

$$L = T' - V \tag{1-55}$$

对于机械系统，动能与动共能两者相等；对于电系统，动共能就是磁共能[2]。

1.5　热力学基本定律

热能的利用有热利用和动力利用两种基本形式。

热能的热利用或称为热能的直接利用，即将热能直接用于加热物体，以满足烘干、采暖、熔炼等生产工艺和人们生活需要。热能的热利用有两个特点：一是能量形式无变化，即产热体提供的是热能，受热体利用的也是热能；二是理论上无损失，即如不考虑实际上的热损失的话，理论上可以百分之百的利用。在这种方式中，由于提供热能与利用热能的往往不是同一个物体或物体的同一部分，所以需提高其利用效率就必须研究热能传递的规律与特征。

热能的动力利用或称为热能的间接利用，通常是指通过各种热能动力装置将热能转换成机械能或者再转换成电能加以利用，为人们的日常生活和工农业生产及交通运输提供动力。这种利用方式具有与前种利用方式相反的两种特点：一是能量形式有变化，即供热体提供的是热能，而受热体输出的可能是机械能或电能；二是理论上必有损失，即在完全理想化的条件下，由于受到热力学第二定律的限制，热能也不能百分之百地转换为机械能或电能。事实上也正是这个原因，当今世界，热能通过各种热能动力装置转换为机械能的有效利用程度较低。早期蒸汽机的热效率只有 1%～2%。目前燃气轮机装置的热效率为 20%～30%，内燃机的热效率为 25%～35%，蒸汽电站的热效率也只有 40% 左右。如何更有效地实现热工转换，是一个十分迫切而又重要的课题。

1.5.1　能量守恒定律及热力学第一定律的实质

人们从无数的实践经验总结出了这样一条定律：自然界中存在着各种形式的能量，如热能、机械能、电磁能、化学能、光能、原子能等，各种不同形式的能量都可以彼此转移（从一个物体传递到另一个物体或由物体的一部分传递到另一个部分），也可以相互转换（从一种能量形式转变为另一种能量形式），但在转移和转换过程中，尽管能量的形式可以改变，但是它们的总量保持不变，这一规律称为能量守恒与转换定律。能量守恒和转换定律应用在热力学中，或者说应用在伴有热效应的各种过程中，便是热力学第一定律。在工程热力学中，热力学第一定律主要说明热能和机械能在相互转换时，能量的总量必定守恒。热力学第一定律是热力学的基本定律，它建立了热能与机械能等其他形式能量在相互转换时的数量关系，是热工分析和计算的基础[3]。

（1）热力系具有的总能量。设有一热力系如图 1-15 中虚线（界面）所包围的体积所示。假设，热力系具有的质量为 m，能量为 E［见图 1-15（a）］。热力系作为一个整体，在空间运动速度为 c，它所具有的动能为 E_k，热力系质心位置离开地面的高度为 z，它所具有的重力位能为 E_p，则有 $E_k = mc^2/2$，$E_p = mgz$。由于这种宏观动能和重力位能是热力系本身所储存的机械能，它们需要借助热力系外的参考坐标系内测量的参数（c，z）来表示，故而也称之为外部存储能。

此外，热力系的能量是与热力系内部大量粒子微观运动和粒子空间位形有关的能量，称作热力学能，记为 U。

综前所述，热力系总能量是指热力学能（U）、宏观动能（E_k）和重力位能（E_p）的总和，即

$$E = U + E_k + E_p \tag{1-56}$$

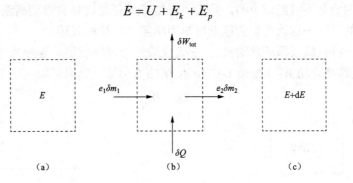

图 1-15　热力系能量方程推导示意图

（a）初始状态；（b）中间状态；（c）终了状态

（2）一般热力系的能量方程。如图 1-15 所示，假定这一热力系在一段极短的时间 $d\tau$ 内从外界吸收了微小的热量 δQ，又从外界流进了每千克总能量为 $e_1(e_1 = u_1 + e_{k1} + e_{p1})$ 的质量 δm_1（注意：这里用"δ"表示微元过程中传递的微小能量，以便和用全微分符号"d"表示的状态量的微小增量区分开）；与此同时，热力系对外界做出了微小的总功 δW_{tot}（即各种形式功的总和），并向外界流出了每千克总能量为 $e_2(e_2 = u_2 + e_{k2} + e_{p2})$ 的质量 δm_2 [见图 1-15（b）]。经过这段时间（$d\tau$）后，热力系的总能量变成了 $E+dE$ [见图 1-15（c）]。

根据质量守恒定律可知，热力系质量的变化等于流进和流出质量的差，即

$$dm = \delta m_1 - \delta m_2 \tag{1-57}$$

式中　dm ——热力系在 $d\tau$ 时间内质量的增量，它是热力系状态量的变化；

δm_1、δm_2 ——热力系在 $d\tau$ 时间内和外界交换的质量，它们是过程量。

根据热力学第一定律可知

加入热力系的能量的总和–热力系输出的能量的总和 = 热力系总能量的增量

即

$$\begin{aligned} (\delta Q + e_1 \delta m_1) - (\delta W_{tot} + e_2 \delta m_2) &= (E + dE) - E \\ \delta Q &= dE + (e_2 \delta m_2 - e_1 \delta m_1) + \delta W_{tot} \end{aligned} \tag{1-58}$$

或

对有限长的时间 τ，可将式（1-58）积分，从而得

$$Q = \Delta E + \int_{(\tau)} (e_2 \delta m_2 - e_1 \delta m_1) + W_{tot} \tag{1-59}$$

式（1-58）和式（1-59）是热力学第一定律的最基本的表达式，适用于任何工质进行的任何无摩擦或有摩擦的过程。

1.5.2　热力学第二定律各种表述的等效性

假定有一种机器能使热量 Q 从低温热源（T_2）转移到高温热源（T_1）而机器并没有消耗功，也没有产生其他变化（见图 1-16），那么包括两个恒温热源（$\Delta S_{h,ry}, \Delta S_{l,ry}$）和机器（$\Delta S_{mach}$）在内的孤立系熵的变化为

$$\begin{aligned} \Delta S_{id} &= \Delta S_{h,ry} + \Delta S_{l,ry} + \Delta S_{mach} \\ &= \frac{Q}{T_1} + \frac{-Q}{T_2} + 0 = Q\left(\frac{1}{T_1} - \frac{1}{T_2}\right) < 0 \qquad （因为 T_1 > T_2） \end{aligned} \tag{1-60}$$

但孤立系的熵是不可能减少的，所以，"使能量从低温物体转移到高温物体而不产生其他变化是不可能的"——这就是克劳修斯对热力学第二定律的表述。

再假定有一种热机（循环发动机），它每完成一个循环就能从温度为 T_0 的单一热源取得热量 Q_0 并使之转换为功 W_0（见图 1-17），根据热力学第一定律可知

$$Q_0 = W_0$$

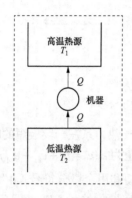

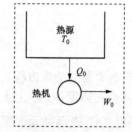

图 1-16　证明克劳修斯表述示意图　　　　图 1-17　证明开尔文—普朗克表述示意图

当热机完成一个循环，工质回到原状态后，包括热源和热机的整个孤立系熵的变化为

$$\Delta S_{id} = \Delta S_{ry} + \Delta S_{rj} = \frac{-Q_0}{T_0} + 0 < 0 \qquad (1\text{-}61)$$

热机中的工质完成一个循环后回到原状态，因此熵未变。但是孤立系的熵不可能减少，所以，"利用单一热源而不断做工的循环发动机是不可能控制的"——这就是开尔文—普朗克对热力学第二定律的表述。

如上面的推理所表明的，热力学第二定律的各种表述是逻辑上相互联系的、一致的、等效的。一种表述成立必然导致另一种表述也成立，一种表述不成立将会导致另一种表述也不成立[3]。

1.6　能源化学基本理论

1.6.1　离子导体的导电机理

1. 电解质溶液

电解质水溶液是最常见的离子导体。溶液中带正电的离子和带负电的离子总是同时存在，它们在电场作用下分别沿着相反方向移动而导电。正离子和负离子移动方向虽相反，但它们导电的方向却是一致的。

2. 熔融电解质和离子液体

离子晶体熔化后就成为熔融电解质，也属于离子导体。它是由构成熔融液的阴离子和阳离子在熔体中的移动而导电。例如加热 NaCl 晶体使之熔化为液态，由于其中含有可以自由移动的 Na^+ 和 Cl^-，故具有离子导电性。熔融盐电解工业使用熔融电解质制取铝、镁、钙、锂等轻金属。熔融碳酸盐燃料电池使用熔融二元碱金属（锂钾或锂钠）碳酸盐作为电

解质。

熔融电解质还可细分为强电解质和弱电解质。强电解质是离子晶体的熔融盐,如碱金属、碱土金属的卤化物或氢氧化物、硝酸盐、碳酸盐、硫酸盐等,其在熔融时完全解离。而弱电解质是分子晶体或半离子晶体的熔融物,如 $AlCl_3$,其在熔融态下同时含有离子和未离解的分子。在熔融体中溶解某种盐也可获得熔融的电解质,这类熔融物通常显示极宽的电化学窗口及工作温度范围,因此在现代电池研究中广为关注。

室温离子液体又称室温熔盐,主要是由特定的有机阳离子和无机阴离子(如 Cl^-、$AlCl_4^-$等)构成的在室温或近室温条件下呈液态的新型介质,电导率高,电化学稳定性好,被誉为绿色溶剂。而且可以选择性地将某种有机阳离子和某种阴离子结合在一起,设计合成需要的离子液体,因而又被称为设计者溶剂。

离子液体中巨大的阳离子与相对简单的阴离子具有高度不对称性,造成空间位阻,使阴、阳离子微观上难以紧密堆积,从而阻碍其结晶,故熔点很低,一般在室温或室温附近,可通过调节组成改变。离子液体是室温下的熔融盐,所以它的导电机理与熔融电解质相同。

离子液体与水溶液相比,电化学窗口宽,不挥发,不易燃,又具有较宽的液态温度范围,故它在电化学中应用日益广泛。在离子液体中加入适当的锂盐后,可用作锂离子电池的电解质。有些金属(如锂、钠)会与水反应,不能从水溶液中电解沉积,但可以从离子液体中沉积,而且沉积过程不释放氢气,产物的质量和纯度更高[4]。

3. 无机固体电解质

固体电解质是指在电场作用下由于离子移动而具有导电性的固态物质。不同固体电解质的导电能力往往相差悬殊。例如常温下 KAg_4I_5 电导率为 24S/m,而 AgBr 为 $4×10^{-7}$S/m。固体电解质在电池、电化学传感器等方面都有应用,如在 350℃下工作的钠/硫电池使用 β-Al_2O_3(即 $Na_2O \cdot 11Al_2O_3$)作为固体电解质传导钠离子,1000℃下工作的固体氧化物燃料电池采用掺杂 8%~10%(摩尔分数)Y_2O_3 的 ZrO_2 固体电解质传导 O^{2-}。

原则上,完整的晶格是不能支持离子传导的,然而在 0K 以上没有完整无缺的晶格,实际晶体中存在着各种类型的晶体缺陷,离子晶体的导电性就是由其中的点缺陷引起的。

在一定温度下,晶体中的原子在其平衡位置附近进行热振动。由于热振动能量的涨落,在某一瞬间,原子有可能获得足够的能量克服周围原子对它的束缚,挤入附近原子间的空隙中成为间隙离子,而原子的原来位置就形成空位,如图 1-18 所示。此外,晶体表面原子也有可能集聚足够大的动能而由原来的位置转移到另一新位置,使表面上形成空位,然后再扩散到晶体内部成为间隙离子。

在外电场的作用下,正、负离子的点缺陷将沿着一定的方向移动而导电,可以有三种不同的方式运动:①从晶格空位到晶格空位,例如邻近的离子在电场作用下移入空位后,在离子的原来位置上就出现了新的空位;②由晶格间隙到晶格间隙;③在晶格间隙上的离子运动到晶格位置,并迫使原晶格

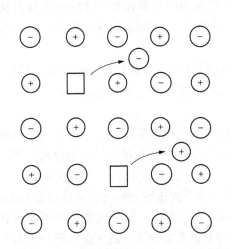

图 1-18　正、负离子空位和正、离子示意图

上的原子移动到邻近的晶格间隙。

由于固体电解质中的离子可以在外电场作用下作快速移动，故固体电解质有时也称快离子导体。由于晶体中点缺陷不会太多，而且离子在晶体中跃迁的频率也不大，一般情况下固体电解质的导电能力不高。

作为固体电解质，要求在使用的条件下电子迁移的禁带宽度大于 3eV，离子迁移激活能远小于电子迁移激活能。对原有基体掺杂或改性可以改变晶体场，增加离子电导率。

4. 聚合物电解质

聚合物电解质主要是由聚合物和盐构成的一类新型离子导体，具有质量轻、易成薄膜、黏弹性好等优点。如用在锂离子电池中的 PEO（聚环氧乙烯）-LiClO$_4$、PEO-LiCF$_3$SO$_3$ 等电解质（传导 Li$^+$），以及在质子交换膜燃料电池中使用的全氟磺酸聚合物膜。

各种不同类型的聚合物电解质导电机理不尽相同。如在 PEO$^-$锂盐体系聚合物膜中，Li$^+$ 与聚合物骨架的 O 原子发生较强配位作用，Li$^+$导电主要在 PEO 非晶态区域内进行。Li$^+$定向迁移伴随着两个过程：一是有助于离子迁移的聚合物链段的局部运动；二是离子运动伴随着离子配位位置在聚合物链内和链间的变换。聚合物链段的弛豫有助于促进聚合物与阳离子之间配位键的破坏和形成，为阳离子的迁移提供自由体积，增加阳离子的迁移能力，即 Li$^+$ 在 PEO 中的迁移可以看作是该离子通过 PEO 链段的运动在配位位置上通过反复连续"解配位-配位"的机理而发生的。

而在全氟磺酸聚合物膜中，H$^+$在各磺酸基间迁移。电解质膜本身经常是高度水合的，它实际上由细通道连起来的胶束组成，这些胶束的内表面包含磺酸基。对该结构的研究表明，H$^+$能够很容易地通过细通道从一个胶束迁移到另一个胶束，但是由于通道内磺酸基离子的排斥作用，阴离子是不能穿越这些通道的[4]。

1.6.2 离子水化

1. 电解质的分类

溶液中的电解质有两类。一类是离子键化合物，其自身就是由离子组成的离子晶体，可称之为真实电解质。离子键化合物借助于溶剂与离子间的相互作用，离子晶体可以在溶剂作用下被瓦解为可以自由移动的离子，形成电解质溶液。另一类是共键化合物，它们本身并不是离子，只是在一定条件下，通过溶质与溶剂间的化学作用，才能使之解离称为离子，可称之为潜在电解质。例如，HCl 是共键化合物，在它与水相互作用后，方可形成离子。

同一物质在不同溶剂中，可以表现出完全不同的性质。例如，虽然 HCl 在水中是电解质，但在苯中则为非电解质；葡萄糖在水中系非电解质，而在液态 HF 中却是电解质。因此，在谈到电解质时，决不能脱离开溶剂。

根据溶质解离度的大小，又可将电解质分为强电解质和弱电解质两类。一般认为解离度大于 30% 为强电解质，解离度小于 3% 为弱电解质。这种分类法，只是为了讨论问题方便，定义并不太确切，不能反映电解质的本质。

根据电解质在溶液中所处的状态，还可将它们分为非缔合式电解质和缔合式电解质两类。前者系指溶液中的溶质全部以单个的可以自由移动的离子形式存在，而后者指溶液中的溶质除了单个可自由移动的离子外，还存在以化学键结合的未解离的分子，或者是由两个或两个以上的离子靠静电作用而形成的缔合体。如 KCl 稀溶液为非缔合式，而 KCl 浓溶液则存在

K^+–Cl^- 缔合离子对。

2. 水的结构与水化焓

根据杂化轨道理论，水分子中氧原子的 6 个 2s 和 2p 电子能够形成 4 个 sp^3 杂化轨道。其中两个轨道与氢的 1s 电子形成 O-H 键，另外两个轨道每个轨道有一对孤对电子。可见 O 的 4 个杂化轨道并非完全一样，孤对电子的存在使轨道出现了不等性杂化。实验测得水分子具有非线性的结构，H—O—H 键夹角为 104.45°。因此水分子是极性分子，具有很大的偶极距，其偶极距为 $6.17 \times 10^{-30} C \cdot m$，如图 1-19 所示。在更精确的模型中，可以把以偶极子形式存在的水分子进一步看作电荷相等的四极子，两个氢原子是两个正电荷区，而氧原子上两对孤电子对则是两个负电荷区。

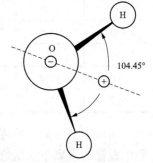

图 1-19　水分子结构示意图

水分子的偶极距很大，由于氢原子半径很小，而且没有内层电子，所以容许另一个带有孤对电子的原子充分接近它，产生强烈的吸引作用。在强烈的静电作用下形成的这种键就是氢键，可用原子间的虚线表示：O—H…O。氢键的键能很小，对水来说，仅为 18.8kJ/mol，而 O—H 键的键能达 464kJ/mol。由于水分子中有两个氢原子，而且在氧原子上有两对孤对电子，故 1 个水分子最多可以和另外 4 个水分子形成 4 个氢键。因此，氢键是具有饱和性和方向性的，由氢键形成的水的晶体（冰）也是正四面体结构，如图 1-20 所示。

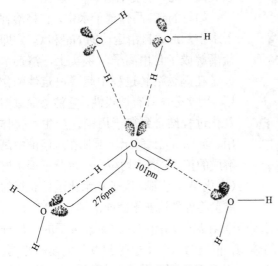

图 1-20　冰中氢键的结构

电解质溶解于水后，它所解离出的正、负离子将与水分子发生一定的相互作用。可用能量的变化从宏观上来反映离子与水分子间的相互作用。

在一定温度下，1mol 自由的气态离子由真空中转移到大量水中形成无限稀溶液过程的焓变，称为离子的水化焓。任一电解质在水溶液中总是正、负离子同时存在，根据晶格能和溶解焓，只能求出电解质的正负离子水化焓之和 ΔH_{MX}。

晶格能 U_0 是自由的气态离子在绝对零度下形成 1mol 晶体时的焓变。温度升高，晶体的焓变变化不大，仍可近似地用 U_0 表示。可以设想先将 1mol 晶体在恒温下升华为自由的气态离子，其焓变为 $-U_0$；然后再将气态离子于恒温下溶解于水中，形成无限稀溶液，其焓变为 ΔH_{MX}。因为状态函数与途径无关，所以上述过程焓变之和 $(-U0 + \Delta H_{MX})$ 应当等于 1mol 晶体直接溶解于水中形成无限稀溶液的溶解焓 ΔH_B，故 $\Delta H_{MX} = U_0 + \Delta H_B$。

表 1-4 给出了部分晶体的相关数据。溶液中存在着正、负两种离子，ΔH_{MX} 应为正离子水化焓 ΔH_M^+ 和负离子水化焓 ΔH_X^- 之和，即 $\Delta H_{MX} = \Delta H_M^+ + \Delta H_X^-$。只要能设法得到一种离子的水化焓，其他离子的水化焓可由此式求出。

表 1-4　　　　　　　　　在 25℃下碱金属卤化物的晶格能、溶解焓和水化焓　　　　　　　　kJ/mol

盐	U_0	ΔH_B	ΔH_{MX}	盐	U_0	ΔH_B	ΔH_{MX}
LiF	−1025	4.6	−1020	NaBr	−716	0.8	−715
LiCl	−845	−36	−881	NaI	−696	−5.9	−702
LiBr	−799	−46	−845	KF	−812	−17	−829
LiI	−745	−61.9	−807	KCl	−707	18.4	−689
NaF	−908	2.5	−905	KBr	−682	21.3	−661
NaCl	−774	5.4	−769	KI	−644	21.3	−623

　　向水中引入某一种离子时，不可避免地要带入另一种电荷符号相反的离子。因此，由实验中直接测量离子水化焓是不可能的，只能根据离子与水相互作用的某些模型，设法从理论上计算。由于各种模型所考虑的因素常常不够全面，故计算结果的局限性比较大。

　　3. 离子的水化膜

　　在固态离子晶体中，电荷通常被束缚在晶体的晶格位点上。如 NaCl 中，晶格位点不是由中性原子所填充，而是由带正电荷的 Na^+ 和带负电荷的 Cl^- 所占据（见图 1-21），正、负电荷间的静电作用力维持该类离子晶体稳定存在。

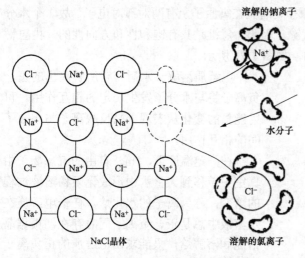

图 1-21　NaCl 晶体水化过程的二维描述

　　如将 NaCl 晶体置于水中，它将溶解于水中，形成自由运动的 Na^+ 和 Cl^-，即盐离解成了自由离子。事实上，溶剂水分子在晶体溶解过程中起了决定性的作用，因水分子具有偶极性，它能够通过溶剂化过程结合到离子周围，产生水化作用。如图 1-21 所示，晶体在水溶液中离解成的正、负离子均被一层水分子偶极层（水化层）包围，离子从水化过程获得的能量将促使溶解平衡向溶解方向移动。

　　离子进入水中后，一定数量的偶极分子（水分子）在离子周围取向，紧靠离子的一部分水分子能与离子一起移动，相应地增大了离子的体积，稍远的水分子也受到离子电场的影响。通常将这种由于离子在水中出现而引起结构上的总变化称为离子水化。常把离子水化的结果形象化地用水化膜表示，也就是说，可以认为在溶液中离子周围存在着一层水化膜。

　　离子水化的基本模型如图 1-22 所示。该模型中存在一层内水化层，其中的水分子定向完全取决于中心离子产生的电场，水分子的数量取决于中心离子的大小和它的化学性质，例如 1 价碱金属离子的内水化层的水分子数约为 3，Be^{2+} 为 4，Mg^{2+}、Al^{3+} 及第四周期的过渡金属离子为 6。

　　内水化层的外面还有第二水化层，与内水化层水分子通过氢键作用结合，其结构比较疏松，水分子的定向取决于氢键作用力的大小，近年来 X 射线衍射和散射以及红外光谱的研究证实了第二水化层的存在。第二水化层的厚度取决于阳离子的性质。多价阳离子第二水化层很厚，如内水化层有 6 个水分子，第二水化层有 13 个水分子。而像 K^+、Cs^+、Tl^+等半径较大的单价阳离子，其第二水化层很薄且不稳定。

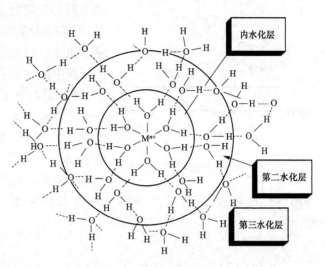

图 1-22　离子水化的基本模型

在第二水化层外还可能存在由更自由的水分子组成的第三水化层，是从水化膜到体相水的一个过渡层。这个区域已经没有足以使水分子定向的力，因此它们处于无序状态。一般而言，内水化层和第二水化层之间的分界线清楚，而且两区之间的水分子交换极为缓慢。然而，第二水化层和第三水化层的界限却很模糊。

阳离子水合能力较强，价位高、尺寸小的离子容易被水合。对于同价态阳离子，随离子半径增加，取向水分子与离子电荷中心间距离增大，相互作用减弱，因而水化数明显变小。如碱金属离子半径大小次序为 $Li^+<Na^+<K^+$，而其水合离子半径大小次序为 $K^+<Na^+<Li^+$。实验测得 K^+ 的水合水分子数为 5.4，Na^+ 为 8.4，Li^+ 为 14。

一般而言，阴离子的水合能力比阳离子的要小得多，但是中子衍射数据表明，卤素离子的周围也存在第一水化层，对于 Cl^- 而言，其第一水化层包含 4~6 个水分子，确切的数目主要取决于浓度和相应阳离子的性质。对于含有 O、N 等元素的阴离子，如 SO_4^{2-} 等，水合程度几乎可以忽略不计。

当考虑水化离子在电场作用下的迁移时，中心离子将带着部分水化层分子随其一起迁移，因此处于电场中的中心离子的水化层应是一动态结构，而如图 1-22 中所示的完整的内水化层结构，主要在高价态离子如 Cr^{3+} 体系中才观察到。

至今，光谱、散射和衍射技术都被用来研究金属离子的水合结构，但是由于利用这些技术测量时的时间尺度不同，所以它们给出的金属离子的水合结构并不完全相同[4]。

1.7　太阳能的基本理论

1.7.1　太阳能的本质与黑体辐射基本定律

1. 太阳能的定义

太阳能一般是指太阳的辐射能量,是太阳源源不断的以电磁波的形式向四周发射的能量。广义太阳能包含生物质能、风能、海洋能、水能等可再生资源。狭义太阳能限于太阳辐射能的光热、光电和光化学的直接转换。太阳能是各种可再生能源中最重要的基本能源。

2. 太阳辐射能

太阳是以光辐射的方式将能量输送到地球表面的,必须经过大气层。太阳辐射通过大气层时被吸收、散射或反射,辐射强度减弱。通常用光学大气质量（AM）来表达上述情况。

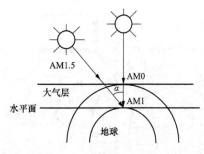

图1-23　大气质量通照射角度的关系

当太阳与天顶轴重合时路程最短，只通过一个大气层厚度，太阳光线实际路程与最短路程之比，称为光学大气质量，如图1-23所示。

其中大气质量 AM1.5 的定义为：当太阳光入射角 $\alpha = 48°$，总功率密度为 $1kW/m^2$ 时，地球表面接收到的功率密度的最大值。

其中，大气质量 AM0 的定义：在地球大气层之外，地球-太阳平均距离处，垂直于太阳光方向的单位面积上的辐射能基本为一常数，这个辐射强度称为太阳常数，可用符号 I_{sc} 表示，其单位为 W/m^2，约为 $1367W/m^2$，换算后 $8.16J/(cm^2 \cdot min)$，如图1-24所示。

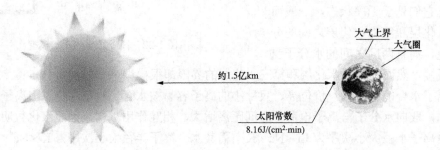

图1-24　地球表面的太阳辐射能

3. 太阳光谱

太阳光本质上是一种电磁波，太阳光中可见光、紫外线和红外线的电磁波谱如图1-25所示，电磁波谱的特征参量分别为频率 f、波长 λ 和光子能量 E 或 hf（h 为普朗克常数，等于 $6.6260693 \times 10^{-34} J \cdot s$），单位分别为 Hz、m 和 eV。关系式如下

$$f = c/\lambda$$

$$E = hf = hc/\lambda$$

式中　c——光速，其真空中的近似值等于 $3 \times 10^8 m/s$。

太阳光分为可见光与不可见光两部分，如图1-26所示。太阳辐射主要集中在可见光部分（0.4～0.76μm），波长大于可见光的红外线（>0.76μm）和小于可见光的紫外线（<0.4μm）的部分少。

太阳光谱是卫星电源系统、宇航器环境最佳设计及材料选择的重要依据。太阳辐射的波长包括 0.1nm 以下宇宙射线到无线电波电磁波谱的绝大部分。其中 AM1.5 的能量光谱被国际上普遍采用，作为地球表面测量太阳电池效率的标准光谱，如图1-27所示。

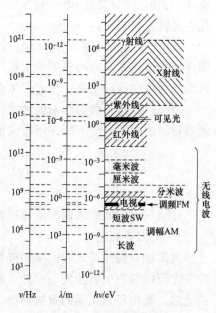

图1-25　电磁波谱

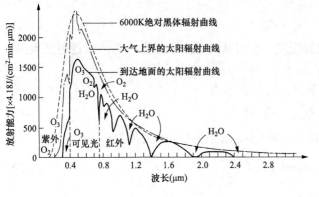

图 1-26　太阳光谱　　　　　　　　　　图 1-27　光谱强度与波长的关系图

4. 经典黑体辐射基本定律

（1）普郎克定律（Plank Law）描述黑体（物理学家定义的能够吸收外来的全部电磁辐射，并且不会有任何的反射与透射的理想物体）的光谱辐射力随光子波长变化为

$$E_{b,\lambda,T} = \frac{c_1 \lambda^{-5}}{e^{c_2/\lambda T} - 1}\qquad(1\text{-}62)$$

式中　c_1、c_2——第一和第二辐射系数；

　　　　T——黑体温度；

　　　　λ——辐射光子的波长。

（2）斯蒂芬-玻尔兹曼（Stefan-Boltzmann）推导出了描述黑体辐射力 E_h 与黑体热力学温度 T 之间关系的黑体辐射四次方定律，即

$$E_h = \sigma T^4\qquad(1\text{-}63)$$

式中　σ——斯蒂芬-玻尔兹曼常数，$\sigma = 5.67 \times 10^{-8} \text{W}/(\text{m}^2 \cdot \text{K}^4)$。

（3）维恩（Wien）则发现了最大光谱辐射力的波长 λ_m 与黑体温度 T 之间的关系，即维恩位移定律

$$\lambda_m T = b = 2.8976 \times 10^{-3} \text{m} \cdot \text{K}\qquad(1\text{-}64)$$

（4）朗伯-比尔（Lambert-Beer）定律

$$\phi = \phi_0 e^{-\mu L}\qquad(1\text{-}65)$$

式中　ϕ——太阳辐射通量；

　　　　L——太阳能辐射穿过的大气层厚度；

　　　　ϕ_0——初始辐射通量；

　　　　μ——线性衰减系数。

1.7.2　接收器的照射辐射强度理论

定义照射到辐射接收器表面某一点处的面元上的太阳辐射通量除以该面元的面积为照射辐射强度，即

$$G = \frac{\partial \phi}{\partial A}\qquad(1\text{-}66)$$

对太阳直辐射有

$$G_m = G_0 \tau^m \tag{1-67}$$

式中 G_0——大气层的初始入射照射辐射强度，也可认为是太阳常数，为大气透射系数；

   m——大气光学质量。

对于不同辐射波长对应的照射辐射强度，可以表示为

$$G_{m,\lambda} = G_{0,\lambda} \tau_\lambda^m \tag{1-68}$$

太阳赤纬角，即地球赤道平面与太阳和地球中心的连线之间的夹角为

$$\delta = 23.45 \sin\left(2\pi \times \frac{284 + n}{365}\right) \tag{1-69}$$

式中 n——一年中的某一天，取 0～365。

太阳高度角，即太阳光的入射方向和地平面之间的夹角，为

$$\sin\alpha = \sin\varphi\sin\delta + \cos\varphi\cos\delta\cos\omega \tag{1-70}$$

式中 φ——辐射接收器所在纬度；

   ω——太阳时角，在正午时为 0°，每隔 1h 增加 15°，上午为正，下午为负，如图 1-28 所示。

太阳方位角，即太阳光线在地平面上的投影与当地经线的夹角，如图 1-29 所示，计算为

$$\sin A_S = \cos\delta\sin\omega / \cos\alpha \tag{1-71}$$

对斜面有

$$\cos\theta_T = \cos(\varphi - s)\cos\delta\cos\omega + \sin(\varphi - s)\sin\delta \tag{1-72}$$

式中 θ_T——倾斜接受面上的太阳入射角；

   s——辐射接收器表面与海平面的夹角，即接收器接收面的倾斜角。

到达辐射接收器表面的直辐射射量为

$$G_{b,T} = G_{b,n}\cos\theta_T \tag{1-73}$$

式中 $G_{b,T}$——此时的入射太阳直射辐射量。

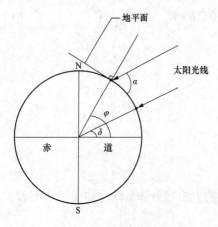

图 1-28　太阳高度角

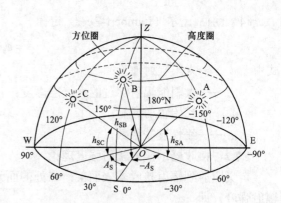

图 1-29　太阳方位角

如果辐射接收器水平放置时，则

$$G_b = G_{b,n} \cos\theta_g \tag{1-74}$$

式中　θ_g——入射光线与接收面法线的夹角。

倾斜面上得到的全部太阳辐射量（包括太阳漫辐射）为

$$G_T = G_{b,T} + G_d + \frac{1+\cos s}{2} + (G_b + G_d)\left(\frac{1-\cos s}{2}\right)\rho_c \tag{1-75}$$

式中　G_d——到达辐射接收面的漫辐射量；

　　　ρ_c——地面建筑、地面或者水面的反射率。

式（1-75）理论上全面考虑了到达辐射接收面的直射辐射、天空漫射和地面及其四周物体反射辐射三部分之和，可对具有一定倾角的辐射接收面上的全部太阳辐射进行理论计算。

参 考 文 献

[1] 谢娟，林元华，周莹，胡文成. 能量转换材料与器件 [M]. 北京：科学出版社，2013.

[2] 周顺荣. 电磁场与机电能量转换 [M]. 上海：上海交通大学出版社，2008.

[3] 杨玉顺. 工程热力学 [M]. 北京：机械工业出版社，2009.

[4] 高鹏，朱永明. 电化学基础教程 [M]. 北京：化学工业出版社，2013.

第 2 章　大规模集中式机电能量转换

在大型风力发电系统中，根据其结构和工作原理，风力发电机可分为两大类：异步发电机（IG）和同步发电机（SG）。异步发电机和同步发电机均具有绕线式转子，并通过电刷和集电环进行馈电，或通过无刷电磁式励磁机进行馈电。绕线转子异步发电机，也即通常所说的双馈异步发电机（DFIG），是风力发电系统中最为常用的一种发电机。然而，在实际的多极、低转速风力发电系统中，绕线转子同步发电机（WRSG）也得到了较多的应用。笼型异步发电机（SCIG）同样广泛应用于风力发电系统中，其转子绕组（转子导条）内部被短路，与外部电路之间没有连接。对于永磁同步发电机（PMSG）而言，其转子磁通是由永磁体产生的。本章详细介绍异步发电机和同步发电机的结构和工作原理，介绍它们的动态和稳态模型，并以实例方式对发电机相关的主要概念和性能进行说明[1, 2]。

2.1　旋转机电能量转换的参考坐标系变换

对于风力发电系统而言，参考坐标系理论不仅可用于简化电机的分析，还有利于相关控制策略的计算机仿真和数字化实现。多年来，人们提出了很多种参考坐标系，其中三相静止坐标系（也即常说的 *abc* 坐标系）、两相静止坐标系（*αβ* 坐标系）和同步坐标系（*dq* 旋转坐标系）得到了最为广泛的使用。

2.1.1　*abc/dq* 参考坐标系变换

为了简单，用 x_a、x_b 和 x_c 表示三个变量，其可以为电压、电流或磁链。在三相 *abc* 静止参考坐标系中，可使用空间矢量 $\dot{x}$ 代表这三相变量。图 2-1 给出了空间矢量和与其对应的三相变量之间的关系，相对于 *abc* 静止坐标系而言，其中的空间矢量 $\dot{x}$ 将以任意速度 ω 进行旋转。

对于每相上的值 x_a、x_b 和 x_c，可通过将空间矢量 $\dot{x}$ 投影至相应 a、b 和 c 轴上求得，其中 a、b 和 c 轴在空间中相互间隔为 $2\pi/3$。由于 *abc* 轴处于静止空间中，当 $\dot{x}$ 在空间内旋转一个周期时，相应的三相变量值在时间上也将完成一个周期的变化。若空间矢量 $\dot{x}$ 的幅值和旋转速度保持恒定，那么 x_a、x_b 和 x_c 的波形将为正弦波，且任意两个波形之间的相位差均为 $2\pi/3$，如图 2-1 所示。由空间矢量图及其对应的波形可知，在 ωt_1 时刻，x_b 大于 x_a，且 x_c 为负值。

abc 静止坐标系中的三相变量还可变换为另一个参考坐标系中的两相变量，这里的参考

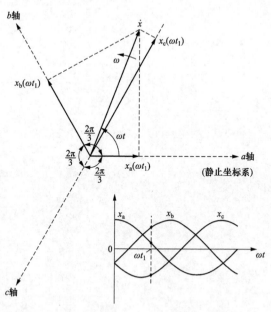

图 2-1　空间矢量 $\dot{x}$ 及其三相变量 x_a、x_b 和 x_c

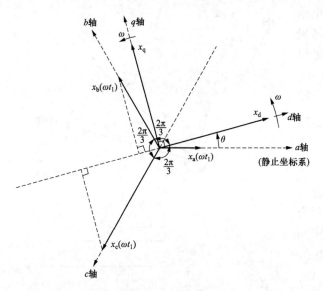

图 2-2　变量从三相 abc 静止坐标系到
任意两相 dq 坐标系之间的变换

坐标系定义为互相垂直的 d（直轴）轴和 q（交轴）轴，如图 2-2 所示。相对于 abc 轴静止坐标系而言，若给定了 a 轴和 d 轴之间的夹角 θ，那么 dq 轴坐标系可处于任意位置。同时 dq 轴坐标系可在空间中以任意速度 ω 旋转，ω 与角度 θ 之间的关系为 $\omega = \mathrm{d}\theta / \mathrm{d}t$。

从 abc 静止坐标系向 dq 旋转坐标系进行变量变换时，采用简单的三角函数即可求得 x_a、x_b 和 x_c 到 dq 轴上的正交投影，如图 2-2 所示，其中仅给出了在 d 轴的投影。d 轴上所有投影之和对应于变量 x_d，即 $x_d = x_a \cos\theta + x_b \cos(2\pi/3 - \theta) + x_c \cos(4\pi/3 - \theta)$，并可重写为 $x_d = x_a \cos\theta + x_b \cos(\theta - 2\pi/3) + x_c \cos(\theta - 4\pi/3)$。类似地，这一方法还可实现 abc 变量到 dq 轴的坐标变换。abc 坐标系变量到 dq 坐标系之间的变换常被表示为 abc/dq 变换，可以用矩阵形式表示为

$$\begin{bmatrix} x_d \\ x_q \end{bmatrix} = \frac{2}{3}\begin{bmatrix} \cos\theta & \cos(\theta - 2\pi/3) & \cos(\theta - 4\pi/3) \\ -\sin\theta & -\sin(\theta - 2\pi/3) & -\sin(\theta - 4\pi/3) \end{bmatrix}\begin{bmatrix} x_a \\ x_b \\ x_c \end{bmatrix} \tag{2-1}$$

对于上述 abc/dq 变换，需要注意以下几点：

矩阵方程中的系数 2/3 可为任意值，但 2/3 或 $\sqrt{2/3}$ 为最常用的系数值。使用 2/3 作为系数的主要优点在于变换前后两相电压的幅值与三相电压的幅值相等。

变换后的两相 dq 轴变量包含了三相 abc 轴变量的所有信息，其前提条件是三相系统必须是对称的。对于三相对称系统中的三个变量，仅有两个变量是相互独立的。若给定了两个独立的变量，则可由下式求出第三个变量

$$x_a + x_b + x_c = 0 \tag{2-2}$$

通过矩阵运算，可实现上面矩阵方程的逆变换，即将旋转坐标系中的 dq 轴变量变换回静止坐标系中的 abc 轴变量。这一变换被表示为 dq/abc 变换，可表示为

$$\begin{bmatrix} x_a \\ x_b \\ x_c \end{bmatrix} = \begin{bmatrix} \cos\theta & -\sin\theta \\ \cos(\theta - 2\pi/3) & -\sin(\theta - 2\pi/3) \\ \cos(\theta - 4\pi/3) & -\sin(\theta - 4\pi/3) \end{bmatrix}\begin{bmatrix} x_d \\ x_q \end{bmatrix} \tag{2-3}$$

图 2-3 给出了空间矢量 $\dot{x}$ 在 dq 旋转参考坐标系的分解方法。若空间矢量 $\dot{x}$ 与 dq 坐标系的旋转速度相同，则 $\dot{x}$ 与 d 轴之间的矢量角 φ 将为恒定值，且相应的 dq 轴分量 x_d 和 x_q 均为直流变量。这一性质是 abc/dq 变换的优点之一。通过这种变换，可将三相交流变量有效地表示为两相直流变量。

同步参考坐标系常被用于风力发电系统的控制。若使用这种坐标系，任意参考坐标系的旋转速度 ω 将被设定为异步发电机或同步发电机的同步转速 ω_s，即

$$\omega_s = 2\pi f_s \tag{2-4}$$

$$\theta(t) = \int_0^t \omega_s(t)\mathrm{d}t + \theta_0 \tag{2-5}$$

式中　θ_0——初始角位置。

2.1.2　abc/αβ 参考坐标系变换

静止参考坐标系中的三相变量到静止坐标系中的两相变量之间的变换常表示为 abc/αβ 变换。由于 αβ 参考坐标系不在空间旋转，因此可将式（2-1）中的角度 θ 设为 0，则该变换可表示为

$$\begin{bmatrix} x_\alpha \\ x_\beta \end{bmatrix} = \frac{2}{3}\begin{bmatrix} 1 & -1/2 & -1/2 \\ 0 & \sqrt{3}/2 & -\sqrt{3}/2 \end{bmatrix}\begin{bmatrix} x_a \\ x_b \\ x_c \end{bmatrix} \tag{2-6}$$

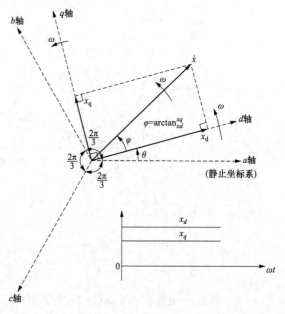

图 2-3　空间矢量 x 在 dq 旋转参考坐标系中的分解方法

需引起注意的是，对于三相对称系统，有 $x_a + x_b + x_c = 0$，$\alpha\beta$ 参考坐标系中的 x_a 与 abc 坐标系中的 x_a 之间的关系可表示为

$$x_\alpha = \frac{2}{3}\left(x_a - \frac{1}{2}x_b - \frac{1}{2}x_c\right) = x_a \tag{2-7}$$

同样地，静止坐标系下两相变量到三相变量之间的变换被表示为 αβ/abc 变换，可通过下式实现

$$\begin{bmatrix} x_a \\ x_b \\ x_c \end{bmatrix} = \begin{bmatrix} 1 & 0 \\ -1/2 & \sqrt{3}/2 \\ -1/2 & -\sqrt{3}/2 \end{bmatrix}\begin{bmatrix} x_\alpha \\ x_\beta \end{bmatrix} \tag{2-8}$$

2.2　同步电机的机电能量转换基本方程

2.2.1　同步发电机的稳态运行原理与能量转换

1. 同步发电机的空载运行

（1）空载运行时的物理情况。同步发电机被原动机拖动到同步转速，转子励磁绕组通入直流励磁电流而定子绕组开路时的运行工况称之为空载运行。此时，定子电流为零，发电机内的磁场仅由转子励磁电流 I_f 及相应的励磁磁通势 F_f 单独建立，称为励磁磁场。图 2-4 所示为一台四极凸极同步发电机空载运行时励磁磁场分布示意图。图中既交链转子又经过气隙交链定子的磁通，称为主磁通。该磁场是一个被原动机拖动到同步转速的机械旋转磁场，其磁密波形沿气隙圆周近似作正弦分布，基波分量的每极磁通量用 Φ_0 表示。Φ_0 将参与发电机的机电能量转换过程。

除基波主磁通 Φ_0 之外的所有谐波成分（称为谐波漏磁通）和励磁磁场中仅与转子励磁绕

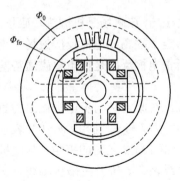

图 2-4　凸极发电机空载磁场示意图

组交链而不与定子交链的磁通均不参与机电能量转换过程，故该磁通称为漏磁通，用符号 $\Phi_{f\sigma}$ 表示。下标 f 表示由励磁磁场产生的漏磁通。

设转子的同步转速为 n_1，则基波主磁通切割定子绕组感应出频率 $f = pn_1/60$ 的对称三相基波电动势，其有效值为

$$E_0 = 4.44 f N K_{N1} \Phi_0 \qquad (2-9)$$

（2）空载磁化曲线和磁饱和系数。

1）空载磁化曲线。改变励磁电流 I_f（亦即改变励磁磁通势 F_f）可得到不同的 Φ_0 和 E_0。由此可得空载特性曲线（称磁化曲线）$E_0 = f(I_f)$ 或 $\Phi_0 = f(I_f)$，如图 2-5 所示，空载特性曲线起始段为直线，其延长线为气隙线。

2）磁饱和系数。取 $\overline{oa}$ 代表额定电压 U_N，则发电机磁路饱和系数为

$$k_\mu = \frac{\overline{ac}}{\overline{ab}} = \frac{I_{f0}}{I_{fg}} = \frac{F_{f0}}{F_{fg}} \qquad (2-10)$$

式中　I_{f0}——考虑磁路饱和时产生额定电压 U_N 对应的励磁电流；

　　　I_{fg}——不考虑磁路饱和时产生额定电压 U_N 对应的励磁电流。

普通同步发电机 k_μ 的取值范围约在 1.1～1.25 之间，表明磁路饱和后，由励磁磁通势 F_{f0} 建立的基波主磁通和感应的基波电动势都降低为饱和值的 $1/k_\mu$，或者说所需磁通势是未饱和时的 k_μ 倍，见图 2-5。

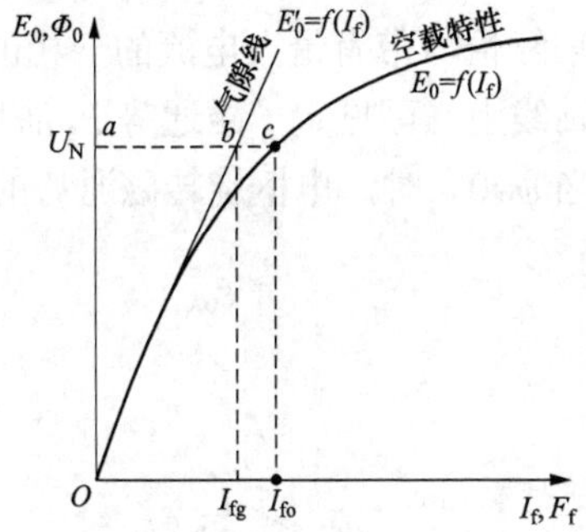

（3）气隙谐波磁场的影响。实际电机中，由于气隙磁密波形不可能为理想正弦，定子绕组电动势中势必会存在一系列谐波，各次谐波电压有效值的计算公式为

$$U_\nu = 4.44 f_\nu N K_{N\nu} \Phi_\nu \quad (\nu = 2,\ 3,\ \cdots) \qquad (2-11)$$

并采用电压波形正弦性畸变率和电压谐波系数来衡量波形的质量及其对通信的影响。

电压波形正弦性畸变率为

$$k_M = \frac{\sqrt{\sum_{\nu=2}^{\infty} U_\nu^2}}{U_1} \times 100\% \qquad (2-12)$$

电压谐波系数为

$$K_{THF} = \frac{\sqrt{\sum_{\nu=1}^{5000} (\lambda_\nu U_\nu)^2}}{U} \times 100\% \qquad (2-13)$$

图 2-5　同步发电机空载特性（磁化曲线）

式中　U_1——基波电压有效值；

　　　U——实际电压波形的有效值（包含所有谐波成分）；

　　　λ_ν——加权系数。

对于中等容量以上（$P_N > 5000\mathrm{kW}$）的同步发电机，要求 $k_M < 5\%$，$K_{THF} < 1.5\%$[3, 4]。

2. 对称三相负载时同步发电机的电枢反应

同步发电机空载运行时气隙仅存在由主磁极磁通势产生的磁场，该磁场是机械旋转磁场。当负载电流流过同步电机的定子绕组时，将产生另一磁场，即定子磁场或电枢反应磁场。这一磁场将和原有的空载磁场相加而得空气隙中的合成磁场。所谓电枢反应是指电枢磁通势基波对主极磁通势基波的影响。

同步发电机带不同性质的负载，就有不同性质的电枢反应。在此定义同步电机输出的负载电流 I 和空载电动势 E_0 之间的相角为内功率因数角 ψ，$\psi=0°$ 为 I 与 E_0 同相，$\psi>0°$ 表示电流 I 滞后于 E_0，$\psi<0°$ 表示 I 超前于 E_0。空载电动势 E_0 和电枢电流 I 之间的夹角，与电机本身参数和负载性质有关。为了说明电枢反应，还定义直轴（纵轴、d 轴）主磁极轴线、交轴（横轴、q 轴）与直轴正交，在与直轴成 90°电角度的位置。本节分析电枢反应的作用时忽略电枢电阻的影响。下面具体分析不同性质负载时电枢反应的作用。

（1）内功率因数角 $\psi=0°$ 时的电枢反应。此时同步发电机输出的负载电流和空载电动势同相位，有功功率将从发电机输送至电网。由于内功率因数为 1，该发电机并不发出无功功率。图 2-6（a）表示同步发电机的电势相量图，按图中所示瞬间，转子磁场的磁轴正好截切 A 相绕组，此时 A 相电动势有最大值，其方向可按右手定则确定。因为 $\psi=0°$，所以这时 A 相的电流也是最大值。图 2-6（b）所示 A 相绕组中标出了电流最大值的方向（为清晰起见，各相的电动势及 B、C 相的电流不予画出）。按定子三相合成旋转磁通势的性质，此时磁通势的轴线恰与带有最大电流的一相的轴线相重合，所以此瞬间定子旋转磁势的振幅正出现在 A 相的轴线上。可见定子磁通势 F_a 滞后转子磁通势 F_f 90°，图 2-6（c）所为同步发电机的展开图。故当 $\psi=0°$ 时，电枢旋转磁通势的轴线作用在 q 轴，称为交轴电枢反应，呈纯粹的交磁作用。

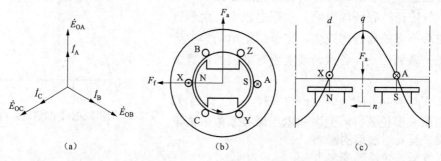

图 2-6 $\psi=0°$ 的电枢反应

（a）同步发电机电动势相量图；（b）A 相电流为最大时的转子位置；（c）同步发电机展开图

（2）内功率因数角 $\psi=90°$ 时的电枢反应。此时同步发电机带纯感性负载，输出滞后于空载电动势 90°的电流，图 2-7（a）所示为电动势相量图（因三相对称故只画一相）。此时发电机发出的有功功率为零，仅输送感性无功功率至电网。或者说，发电机将从电网吸取电容性无功功率。图 2-7（b）所示为 A 相电动势为最大时转子位置，因 $\psi=90°$，此时电流等于零。只有当转子逆时针转过 90°时，A 相电流才达到最大值，此时转子的相对位置将如图 2-7（c）所示。因此电枢磁通势 F_a 与转子磁通势 F_f 两个轴线重合而方向相反。F_a 的轴线出现在 d 轴，故称直轴电枢反应，二者方向相反，图 2-7（d）所示为电枢反应磁通势的波形图。电枢反应为纯粹的直轴去磁电枢反应。

当发电机的端电压即电网电压保持不变时，合成的空气隙磁场也为近似不变。故当电枢反应呈去磁作用时，为要激励所需的空气隙磁场，原有的（相当于 $\psi=0°$ 时的）直流励磁就不够了，必须增大，便称此时的同步发电机处于过励磁状态。由此可得结论：过励磁的同步发电机将输送感性无功功率至电网，或自电网吸取容性无功功率。

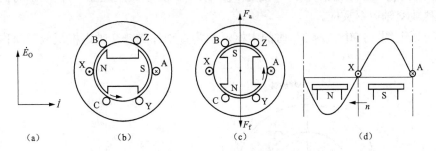

图 2-7 $\psi=90°$ 时的电枢反应

（a）电动势相量图；（b）A 相电动势为最大时的转子位置；（c）A 相电流为

最大时的转子位置；（d）电枢反应磁通势波形图

（3）内功率因数角 $\psi=-90°$ 时的电枢反应。此时同步发电机带纯电容负载，输出超前于空载电动势 90° 的电流，图 2-8（a）所示为电动势相量图。此时发电机发出的有功功率为零，仅输送容性无功功率至电网。或者说，发电机将从电网吸取感性无功功率。图 2-8（b）所示为 A 相电动势为最大的情况，因 $\psi=-90°$，此时电流等于零。只有当转子倒退 90° 时，A 相电流才达到最大值，此时转子的相对位置如图 2-7（c）所示。因此电枢磁通势 F_a 与转子磁通势 F_f 两个轴线重合而方向相同。F_a 的轴线出现在 d 轴，故称直轴电枢反应，二者方向相同，图 2-8（d）所示是电枢反应磁通势的波形图。电枢反应为纯粹的直轴加磁（磁化）电枢反应。

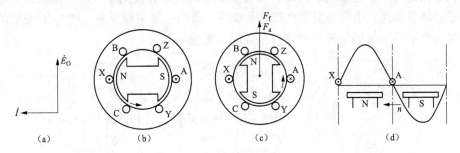

图 2-8 $\psi=-90°$ 时的电枢反应

（a）电动势相量图；（b）A 相电动势最大时的转子位置；（c）A 相电流

最大时的转子位置；（d）电枢反应磁通势波形图

当电网电压保持不变时，为要激励所需的合成空气隙磁场，原有的（相当于 $\psi=0°$ 时的）直流励磁就多了，必须减少，因此称此时的同步发电机处于欠励磁状态。由此可得结论：欠励磁的同步发电机将输送容性无功功率至电网，或自电网吸取感性无功功率。

（4）一般情况 $0°<\psi<90°$ 时的电枢反应。图 2-9 表示了同步发电机最常见的运行情况（$0°<\psi<90°$）时的电枢反应，此时 F_a 滞后 F_f 一个（$90°+\psi$）角。该电枢磁通势可分解为直轴分量 F_{ad} 和交轴分量 F_{aq}。F_{aq} 呈交磁作用，F_{ad} 呈去磁作用。此时的电枢反应也可以这样说明，如将电枢负载电流 I 分解为两个分量：一个是和空载电动势 $\dot{E}_0$ 同相的分量 $\dot{I}_q$，称为交轴分量，

显然 $\dot{I}_q = \dot{I}\cos\psi$，它所产生的电枢反应与图 2-4 一样，为交轴电枢反应 F_{aq}；另一个是与空载电动势 $\dot{E}_0$ 成 90°的分量 $\dot{I}_d$，称为直轴分量，$\dot{I}_d = \dot{I}\sin\psi$，它产生的电枢反应与图 2-5 一样，为直轴电枢反应 F_{ad}。总的电枢反应 F_a 便是 F_{aq} 与 F_{ad} 的合成。故此 0°$<\psi<$90°时的电枢反应为直轴去磁兼交轴电枢反应。

同理可以证明，$-90°<\psi<0°$ 时的电枢反应是直轴加磁兼交轴电枢反应，简称交磁加磁电枢反应。

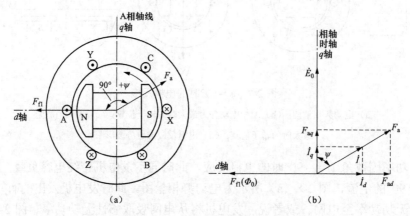

图 2-9　0°$<\psi<$90°时的电枢反应

（a）位置图；（b）相量图

（5）电枢反应在能量转换中的作用。电枢反应的存在是电机实现能量传递的关键，当同步发电机空载运行时，定子绕组开路，没有负载电流，不存在电枢反应，因此也不存在由转子到定子的能量传递。当同步发电机带有负载后，就产生了电枢反应。图 2-10 表示了不同性质负载时，电枢反应磁场与转子电流产生电磁力的情况。

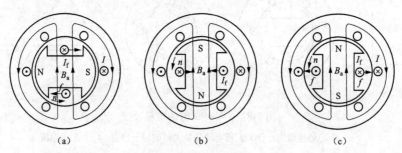

图 2-10　不同负载性质时的电枢反应磁场与转子电流的作用

（a）$\psi=0°$；（b）$\psi=90°$；（c）$\psi=-90°$

图 2-10（a）为交轴电枢磁场对转子电流产生电磁转矩的情况，由左手定则可见，这时的电磁力将构成一个电磁转矩，它的方向正好和转子的旋转方向相反，企图阻止转子旋转。交轴电枢磁场是由与空载电动势同相的电流分量，即由电流的有功分量 $\dot{I}_q$ 产生的。这就是说，发电机要输出有功功率，原动机就必须克服由于有功电流分量 $\dot{I}_q$ 引起的交轴电枢反应对转子的阻力转矩。输出的有功功率越大，有功电流分量 $\dot{I}_q$ 越大，交轴电枢反应磁场就

越强，所产生的阻力转矩也就越大，这就需汽轮机进更多的蒸汽（或水轮机进更多的水），才能克服电磁反力矩，以维持发电机的转速不变。

由图 2-10（b）和（c）可见，电枢电流的无功分量 $\dot{I}_d = \dot{I} \sin\psi$ 所产生的直轴电枢反应磁场与转子电流相互作用所产生的电磁力，不形成转矩，不妨碍转子的旋转。这就表明了，当发电机供给纯感性（$\psi = 90°$）或纯容性（$\psi = -90°$）无功功率负载时，并不需要原动机输出功率。但直轴电枢磁场对转子磁场起去磁作用或磁化作用，为维持一定电压所需的转子直流励磁电流也就应增加或减少。综上所述，为了维持发电机的转速不变，必须随着有功负载的变化调节原动机的输入功率；为了维持发电机的端电压，必须随着无功负载的变化，调节转子的直流励磁。发电机定子方面的负载变化，就是这样通过电枢反应作用到转子上来的。同理也可说明同步电动机的电磁转矩：有功电流所产生的电磁转矩，其作用方向与转子旋转方向为同一方向；无功电流也不产生电磁转矩。

3. 凸极同步发电机的电压方程和相量图

凸极同步发电机的气隙沿电枢圆周是不均匀的，因此在定量分析电枢反应的作用时，需要应用到双反应理论。

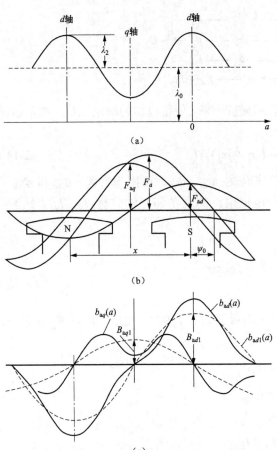

图 2-11　凸极同步发电机的气隙磁导和双反应理论
（a）磁导 λ 的近似分布图；（b）电枢反应磁通势作用在空间任意位置时的情况；（c）合成的磁密分布波形图

（1）双反应理论。凸极同步发电机的气隙是不均匀的，极面下气隙较小，两极之间气隙较大，因而沿电枢圆周各点单位面积的气隙磁导 λ（$\lambda = \mu_0 / \delta$）各不相同。由于 λ 的变化与主极轴线对称，并以 180° 电角度为周期，因此可用仅含偶次谐波的余弦级数表示，即

$$\lambda \approx \lambda_0 + \lambda_2 \cos 2\alpha + \lambda_4 \cos 4\alpha + \cdots$$

上式的坐标原点取在主极轴线处，为由原点量起的电角度值。忽略式中 4 次及以上的谐波项，可得

$$\lambda \approx \lambda_0 + \lambda_2 \cos 2\alpha$$

图 2-11（a）表示 λ 的近似分布图。从图可见，由于直轴处的气隙比交轴处小，故直轴磁导比交轴磁导大。这样，同样大小的电枢磁通势作用在直轴和交轴上时，所产生的电枢磁场将有明显差别。

一般情况下，若电枢磁通势既不在直轴、也不在交轴，而是作用在空间任意位置时，可把电枢磁通势分解成直轴和交轴两个分量 [见图 2-11（b）]，再用对应的直轴磁导和交轴磁导分别算出直轴和交轴电枢反应，最后再把它们的效果叠加起来。当正弦分布的电枢磁通势作用在直轴上时，由于极面下的磁导较大，故相对来说，基波磁场的

幅值 B_{ad1} 比直轴电枢磁场的幅值 B_{ad} 减小得不多。当正弦分布的电枢磁通势作用在交轴上时，在极间区域，交轴磁场将出现明显下凹，相对来讲，基波幅值 B_{aq1} 将显著减小，如图 2-11（c）所示。

这种考虑到凸极电机气隙的不均匀性，把电枢反应分成直轴和交轴电枢反应来分别处理的方法，就称为双反应理论。实践证明，不计磁饱和时，采用这种方法来分析凸极同步电机，其效果是令人满意的。

在凸极电机中，直轴电枢磁通势 F_{ad} 换算到励磁磁通势时应乘以直轴换算系数 k_{ad}，交轴电枢磁通势换算到励磁磁通势时应乘以交轴换算系数 k_{aq}。k_{ad} 和 k_{aq} 的意义是，产生同样大小的基波气隙磁场时，一安匝的直轴或交轴磁通势所相当的主极磁通势值。

（2）凸极同步发电机的电压方程和参数。不计磁饱和时，根据双反应理论，把电枢磁通势 F_a 分解成直轴和交轴磁通势 F_{ad}、F_{aq}，分别求出其所产生的直轴、交轴电枢磁通 $\dot{\Phi}_{ad}$、$\dot{\Phi}_{aq}$ 和电枢绕组中相应的电动势 $\dot{E}_{ad}$、$\dot{E}_{aq}$，再与主磁场 $\dot{\Phi}_0$ 所产生的励磁电动势 $\dot{E}_0$ 相量相加，便得一相绕组的合成电动势 $\dot{E}'$（通常称为气隙电动势）。上述关系可表示如下：

$$I_f \longrightarrow F_f \longrightarrow \dot{\Phi}_0 \longrightarrow \dot{E}_0$$
$$I \longrightarrow F_a \begin{cases} \longrightarrow F_{ad} \longrightarrow \dot{\Phi}_{ad} \longrightarrow \dot{E}_{ad} \\ \longrightarrow F_{aq} \longrightarrow \dot{\Phi}_{aq} \longrightarrow \dot{E}_{aq} \end{cases} \longrightarrow \dot{E}'$$
$$\longrightarrow \dot{\Phi}_\sigma \longrightarrow \dot{E}_\sigma = -\mathrm{j}IX_\sigma$$

再从气隙电动势 $\dot{E}'$ 中减去电枢绕组的电阻和漏抗压降，便得电枢的端电压 $\dot{U}$。按基尔霍夫电压定律可以列写电压平衡方程式

$$\dot{E}_0 + \dot{E}_{ad} + \dot{E}_{aq} - \dot{I}(r_a + \mathrm{j}x_\sigma) = \dot{U} \tag{2-14}$$

磁路不饱和时，由于 E_{ad} 和 E_{aq} 分别正比于相应的 Φ_{ad}、Φ_{aq}，磁阻为常数，Φ_{ad} 和 Φ_{aq} 又分别正比于 F_{ad}、F_{aq}，而 F_{ad}、F_{aq} 又正比于电枢电流的直轴和交轴分量 I_d、I_q，于是可得 $E_{ad} \propto I_d$，$E_{aq} \propto I_q$。

这里

$$I_d = I\sin\psi, \quad I_q = I\cos\psi$$
$$\dot{I} = \dot{I}_d + \dot{I}_q \tag{2-15}$$

在时间上，不计定子铁耗时，$\dot{E}_{ad}$ 和 $\dot{E}_{aq}$ 分别滞后于 $\dot{I}_d$、$\dot{I}_d$ 90°电角度，所以 $\dot{E}_{ad}$ 和 $\dot{E}_{aq}$ 可以用相应的电抗压降来表示，即

$$\dot{E}_{ad} = -\mathrm{j}\dot{I}_d x_{ad}$$
$$\dot{E}_{aq} = -\mathrm{j}\dot{I}_q x_{aq} \tag{2-16}$$
$$x_{ad} = E_{ad} / I_d$$
$$x_{aq} = E_{aq} / I_q$$

式中　　X_{ad}——直轴电枢反应电抗，即等于单位直轴电流产生的直轴电枢反应电动势；

　　　　X_{aq}——交轴电枢反应电抗，即等于单位交轴电流产生的交轴电枢反应电动势。

将式（2-16）代入式（2-14），并考虑到 $\dot{I} = \dot{I}_d + \dot{I}_q$，可得

$$\begin{aligned}
\dot{E}_0 &= \dot{U} + \dot{I}r_a + j\dot{I}x_\sigma + j\dot{I}_d x_{ad} + j\dot{I}_q x_{aq} \\
&= \dot{U} + \dot{I}r_a + j\dot{I}_d(x_\sigma + x_{ad}) + j\dot{I}_q(x_\sigma + x_{aq}) \\
&= \dot{U} + \dot{I}r_a + j\dot{I}_d x_d + j\dot{I}_q x_q
\end{aligned} \tag{2-17}$$

忽略电枢电阻时

$$\dot{E}_0 = \dot{U} + j\dot{I}_d x_d + j\dot{I}_q x_q \tag{2-18}$$

$$x_d = x_\sigma + x_{ad}$$

$$x_q = x_\sigma + x_{aq}$$

式中　　x_d、x_q——直轴同步电抗和交轴同步电抗，是表征对称稳态运行时电枢漏磁和直轴或交轴电枢反应的综合参数。

（3）凸极同步发电机的相量图。设已知发电机的励磁电动势 $\dot{E}_0$、电流 $\dot{I}$、内功率因数角 ψ 以及发电机的参数 x_d 和 x_q。相量图的绘制步骤如下：

1）以电动势 $\dot{E}_0$ 为参考向量，按 ψ 角画出 $\dot{I}$；

2）将电枢电流分解成直轴和交轴两个分量，$I_d = I\sin\psi$，$I_q = I\cos\psi$；

3）按方程式 $\dot{U} = \dot{E}_0 - j\dot{I}_d x_d - j\dot{I}_q x_q$ 画出 $\dot{U}$。

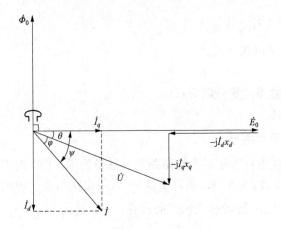
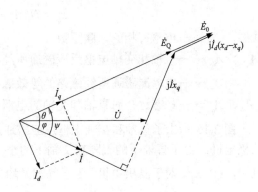

图 2-12　凸极同步发电机的相量图　　　　　图 2-13　ψ 角的确定

图 2-12 表示与式（2-18）相对应的凸极同步发电机的相量图。

4. 凸极同步发电机的实用相量图和虚构等效电路

实际发电机运行时已知端电压 $\dot{U}$、电流 $\dot{I}$、负载的功率因数角 φ 以及电机的参数 x_d 和 x_q，因需要先把电枢电流分解成直轴和交轴两个分量，为此须先确定 ψ 角，故无法直接画出图 2-12，为此将式（2-17）的两边都减去 $j\dot{I}_d(x_d - x_q)$，并设 $\dot{E}_0 - j\dot{I}_d(x_d - x_q) = \dot{E}_Q$，可得

$$\begin{aligned}
\dot{E}_Q &= \dot{E}_0 - j\dot{I}_d(x_d - x_q) = \dot{U} + \dot{I}r_a + j\dot{I}_d x_d + j\dot{I}_q x_q - j\dot{I}_d(x_d - x_q) \\
&= \dot{U} + \dot{I}r_a + j\dot{I}x_q
\end{aligned} \tag{2-19}$$

式中　　$\dot{E}_Q$——虚构电动势。

因为相量 $\dot{I}_d$ 与 $\dot{E}_0$ 相垂直，故 $j\dot{I}_d(x_d - x_q)$ 必与 $\dot{E}_0$ 同相位，因此 $\dot{E}_Q$ 与 $\dot{E}_0$ 亦是同相位，如

图 2-13 所示。由此利用式（2-19），即可确定 ψ 角。

根据图 2-12 和图 2-13 相量图的几何关系，可得

$$\psi = \arctan \frac{U \sin\varphi + I x_q}{U \cos\varphi} \tag{2-20}$$

$$E_0 = U \cos\theta + I_d x_d \tag{2-21}$$

引入虚构电动势 $\dot{E}_Q$ 后，由式（2-19）可得凸极同步发电机的等效电路，如图 2-14 所示，此电路在计算凸极同步发电机在电网中的运行性能和功角时常常用到。

对于实际的同步电机，由于交轴方面的气隙大，交轴磁路可以近似认为不饱和，直轴磁路则将受到饱和的影响。近似认为直轴和交轴磁场相互没有影响，则可应用双反应理论分别求出直轴和交轴上的合成磁通势，再利用电机的磁化曲线来计及直轴磁路饱和的影响[3, 4]。

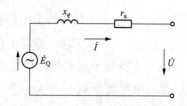

图 2-14 凸极同步发电机的虚构等效电路

5. 直轴和交轴同步电抗的意义

在凸极同步电机中，由于直轴和交轴下的气隙不等，所以有直轴同步电抗 x_d 和交轴同步电抗 x_q 之分。由于电抗与绕组匝数的平方和所经磁路的磁导成正比，所以

$$x_d \propto N_1^2 \Lambda_d \propto N_1^2 (\Lambda_\sigma + \Lambda_{ad})$$

$$x_q \propto N_1^2 \Lambda_q \propto N_1^2 (\Lambda_\sigma + \Lambda_{aq})$$

式中　N_1——电枢每相的串联匝数；

Λ_{ad}、Λ_{aq}——直轴和交轴电枢反应磁通所经磁路的等效磁导；

Λ_σ——电枢漏磁通所经磁路的等效磁导；

Λ_d、Λ_q——稳态运行时直轴和交轴的电枢等效磁导。

图 2-15 示出了直轴和交轴电枢反应磁通及电枢漏磁通所经磁路及其磁导的示意图。对于凸极电机，由于直轴下的气隙较交轴下的小（$\Lambda_{ad} > \Lambda_{aq}$），所以 $x_{ad} > x_{aq}$，因此在凸极同步电机中，$x_d > x_q$。对于隐极电机，由于气隙是均匀的，直轴和交轴方面没有差别，故 $x_d \approx x_q = x_s$。

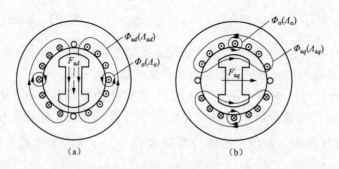

图 2-15 凸极同步电机电枢反应磁通及漏磁通所经磁路及其等效磁导

(a) 直轴电枢磁导；(b) 交轴电枢磁导

【例 2-1】 一台凸极同步发电机，其直轴和交轴同步电抗的标幺值为 $x_d^* = 1.0$，$x_q^* = 0.6$，电枢电阻略去不计，试计算该机在额定电压、额定电流、$\cos\varphi = 0.8$（滞后）时励磁电动势 E_0^*。

解　以端电压作为参考相量

$$\dot{U}^* = 1\underline{/0°}$$

$$\dot{I}^* = 1\underline{/-36.87°}$$

虚构电动势 $\dot{E}_Q^*$ 为

$$\dot{E}_Q^* = \dot{U}^* + j\dot{I}^* x_q^* = 1.0 + j0.6\underline{/-36.87°} = 1.442\underline{/19.44°}$$

即 θ 角为 19.44°，于是

$$\psi = \theta + \varphi = 19.44° + 36.87° = 56.31°$$

电枢电流的直轴和交轴分量分别为

$$I_d^* = I^* \sin\psi = 0.8321$$

$$I_q^* = I^* \cos\psi = 0.5547$$

于是

$$E_0^* = E_Q^* + I_d^*(x_d^* - x_q^*) = 1.442 + 0.8321 \cdot (1.0 - 0.6) = 1.775$$

即

$$\dot{E}_0^* = 1.775\underline{/19.44°}$$

2.2.2　dq0 坐标下的同步发电机动态有名值方程

与同步电机稳态过程不同，动态过程需要借助详细的微分代数方程组进行分析，图 2-16 所示是双极理想电机的示意图，图中标明了各绕组电磁量的正方向，定子 a、b、c 三相绕组的对称轴 a、b、c 空间互差 120°电角度。设转子逆时针旋转为旋转正方向，则其依次与静止的 a、b、c 三轴相遇。定子三相绕组磁链 Ψ_a、Ψ_b、Ψ_c 的正方向分别与 a、b、c 三轴正方向一致。定子三相电流 i_a、i_b、i_c 的正方向如图 2-16 所示。正值相电流产生相应相的负值磁通势和磁链。这种正方向设定与正常运行时定子电流的去磁作用（电枢反应）相对应，有利于分析计算。而定子三相绕组端电压的极性与相电流正方向则按发电机惯例来定义，即正值电流 i_a 从端电压 u_a 的正极性端流出发电机，b 相和 c 相类同。

转子励磁绕组中心轴为 d 轴，并设 q 轴沿转子旋转方向领先 d 轴 90°电角度。在 d 轴上有励磁绕组 f 及一个等值阻尼绕组 D，在 q 轴上有一个等值阻尼绕组 Q。上述假定一般能满足多机电力系统分析的需要。对于汽轮机实心转子，转子 q 轴的暂态过程有时需用两个等值阻尼绕组来描写，即除了与次暂态（又称超瞬变）过程对应的时间常数很小的

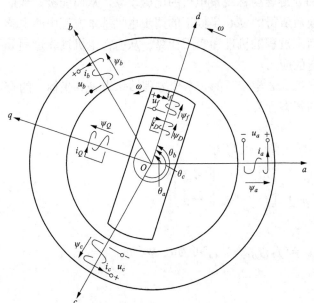

图 2-16　双极理想电机的示意图

等值阻尼绕组 Q 外，还应考虑与暂态过程对应的时间常数较大的等值阻尼绕组 g，该绕组在暂态过程中的特点与 d 轴的励磁绕组 f 对应，只是无电源激励。为简便起见，后面的分析将不考虑 g 绕组存在。q 轴有 g 绕组时的分析可参考 d 轴的分析，并令励磁电压为零即可。

由于转子的旋转和凸极效应，造成了相应同步电机方程中存在大量变化参数，给分析和计算带来了很大困难。为了解决这个问题，通常根据同步电机的双反应理论，把定子 a、b、c 三相绕组经过适当变换而等值成 2 个分别固定在 d、q 轴上，并与转子同步旋转的等值定子绕组，以后分别称为定子 d、q 绕组，这就是著名的派克变换。电流、电压和磁链均可作派克变换。

$$\begin{bmatrix} f_d \\ f_q \\ f_0 \end{bmatrix} = \frac{2}{3} \begin{bmatrix} \cos\theta_a & \cos\theta_b & \cos\theta_c \\ -\sin\theta_a & -\sin\theta_b & -\sin\theta_c \\ \frac{1}{2} & \frac{1}{2} & \frac{1}{2} \end{bmatrix} \begin{bmatrix} f_a \\ f_b \\ f_c \end{bmatrix}$$

或记作

$$\boldsymbol{f}_{dq0} = \boldsymbol{D}\boldsymbol{f}_{abc}$$

其逆变换为

$$\boldsymbol{f}_{abc} = \boldsymbol{D}^{-1}\boldsymbol{f}_{dq0}$$

式中 $\boldsymbol{D}^{-1} = \begin{bmatrix} \cos\theta_a & -\sin\theta_a & 1 \\ \cos\theta_b & -\sin\theta_b & 1 \\ \cos\theta_c & -\sin\theta_c & 1 \end{bmatrix}$，为派克变换逆矩阵。

派克变换通过等值变换，立足于 d 和 q 旋转坐标观察电机的电磁现象，从而能极好地适应转子的旋转以及凸极效应。经派克变换后所得的 $dq0$ 坐标下的同步电机基本方程中的电感参数均为定常值，大大有助于分析电机暂态过程的机理和实用计算，从而在电机过渡过程分析及大规模电力系统动态分析中得到广泛的应用。

下面介绍怎样通过派克变换把同步电机 abc 坐标下的有名值方程转化为 $dq0$ 坐标下的有名值方程，从而在 $dq0$ 坐标上分析电机的暂态行为。

1. 电压方程

将 abc 坐标下的电压方程分成定子、转子量，改写为

$$\begin{bmatrix} \boldsymbol{u}_{abc} \\ \boldsymbol{u}_{fDQ} \end{bmatrix} = \begin{bmatrix} p\boldsymbol{\psi}_{abc} \\ p\boldsymbol{\psi}_{fDQ} \end{bmatrix} + \begin{bmatrix} \boldsymbol{r}_{abc} & \\ & \boldsymbol{r}_{fDQ} \end{bmatrix} \begin{bmatrix} -\boldsymbol{i}_{abc} \\ \boldsymbol{i}_{fDQ} \end{bmatrix} \tag{2-22}$$

式（2-22）中

$$\boldsymbol{f}_{abc} = (f_a, f_b, f_c)^{\mathrm{T}}, \boldsymbol{f}_{fDQ} = (f_f, f_D, f_Q)^{\mathrm{T}}, \boldsymbol{f} 可为 u、\psi、i$$
$$\boldsymbol{r}_{abc} = diag(r_a, r_b, r_c);$$
$$\boldsymbol{r}_{fDQ} = diag(r_f, r_D, r_Q)$$

对式（2-22）两边左乘矩阵

$$\begin{bmatrix} \boldsymbol{D}_{(3\times3)} & \\ & \boldsymbol{I}_{(3\times3)} \end{bmatrix} \tag{2-23}$$

其中，$\boldsymbol{D}_{(3\times3)}$ 为派克变换矩阵，$\boldsymbol{I}$ 为单位阵，0 为零矩阵，则式（2-22）可化为

$$\begin{bmatrix} \boldsymbol{D} & \\ & \boldsymbol{I} \end{bmatrix}\begin{bmatrix} \boldsymbol{u}_{abc} \\ \boldsymbol{u}_{fDQ} \end{bmatrix} = \begin{bmatrix} \boldsymbol{D} & \\ & \boldsymbol{I} \end{bmatrix}\begin{bmatrix} p\boldsymbol{\psi}_{abc} \\ p\boldsymbol{\psi}_{fDQ} \end{bmatrix} + \begin{bmatrix} \boldsymbol{D} & \\ & \boldsymbol{I} \end{bmatrix}\begin{bmatrix} \boldsymbol{r}_{abc} & \\ & \boldsymbol{r}_{fDQ} \end{bmatrix}\begin{bmatrix} \boldsymbol{D}^{-1} & \\ & \boldsymbol{I}^{-1} \end{bmatrix}\begin{bmatrix} \boldsymbol{D} & \\ & \boldsymbol{I} \end{bmatrix}\begin{bmatrix} -\boldsymbol{i}_{abc} \\ \boldsymbol{i}_{fDQ} \end{bmatrix}$$

即

$$\begin{bmatrix} \boldsymbol{u}_{dq0} \\ \boldsymbol{u}_{fDQ} \end{bmatrix} = \begin{bmatrix} \boldsymbol{D}p\boldsymbol{\psi}_{abc} \\ p\boldsymbol{\psi}_{fDQ} \end{bmatrix} + \begin{bmatrix} \boldsymbol{r}_{dq0} & \\ & \boldsymbol{r}_{fDQ} \end{bmatrix}\begin{bmatrix} -\boldsymbol{i}_{dq0} \\ \boldsymbol{i}_{fDQ} \end{bmatrix} \tag{2-24}$$

式中，$\boldsymbol{r}_{dp0} = \boldsymbol{r}_{abc} = diag(r_a, r_b, r_c)$；$\boldsymbol{f}_{dq0} = (f_d, f_q, f_0)^{\mathrm{T}}$，其中 f 可为 u、i。

式（2-24）中 i_{dq0} 前面的负号是由于 $dq0$ 等值绕组的电流、电压正方向定义和 abc 绕组相似，也是服从发电机惯例的。下面讨论式（2-24）中 $\boldsymbol{D}_p\boldsymbol{\psi}_{abc}$ 这一项，将之化为 $dq0$ 坐标下变量表示。由矩阵乘积的微分性质，有

$$\boldsymbol{D}p\boldsymbol{\psi}_{abc} = p[\boldsymbol{D}\boldsymbol{\psi}_{abc}] - [p\boldsymbol{D}]\boldsymbol{\psi}_{abc} = p\boldsymbol{\psi}_{dq0} - p\boldsymbol{D}(\boldsymbol{D}^{-1}\boldsymbol{\psi}_{dq0}) \tag{2-25}$$

由于

$$(\boldsymbol{PD})\boldsymbol{D}^{-1} = \frac{2}{3}\begin{bmatrix} -\sin\theta_a & -\sin\theta_b & -\sin\theta_c \\ -\cos\theta_a & -\cos\theta_b & -\cos\theta_c \\ 0 & 0 & 0 \end{bmatrix} \times \begin{bmatrix} \cos\theta_a & -\sin\theta_a & 1 \\ \cos\theta_b & -\sin\theta_b & 1 \\ \cos\theta_c & -\sin\theta_c & 1 \end{bmatrix} \times \frac{\mathrm{d}\theta}{\mathrm{d}t}$$

$$= \begin{bmatrix} 0 & +1 & 0 \\ -1 & 0 & 0 \\ 0 & 0 & 0 \end{bmatrix} \times \omega \tag{2-26}$$

将式（2-26）代入式（2-25）得

$$\boldsymbol{D}p\boldsymbol{\psi}_{abc} = p\boldsymbol{\psi}_{dq0} + \begin{bmatrix} -\omega\psi_q \\ \omega\psi_q \\ 0 \end{bmatrix} \overset{def}{=} p\boldsymbol{\psi}_{dq0} + \boldsymbol{S}_{dq0} \tag{2-27}$$

将式（2-27）代入式（2-24），得 $dq0$ 坐标下有名值电压方程为

$$\begin{bmatrix} \boldsymbol{u}_{dq0} \\ \boldsymbol{u}_{fDQ} \end{bmatrix} = p\begin{bmatrix} \boldsymbol{\psi}_{dq0} \\ \boldsymbol{\psi}_{fDQ} \end{bmatrix} + \begin{bmatrix} \boldsymbol{S}_{dq0} \\ 0 \end{bmatrix} + \begin{bmatrix} \boldsymbol{r}_{dq0} & \\ & \boldsymbol{r}_{fDQ} \end{bmatrix}\begin{bmatrix} -\boldsymbol{i}_{dq0} \\ \boldsymbol{i}_{fDQ} \end{bmatrix} \tag{2-28}$$

$$(\boldsymbol{S}_{dq0}) = (-\omega\psi_q, \omega\psi_d, 0)^{\mathrm{T}}$$

下面对式（2-28）做简要的说明：

（1）式（2-28）右边第一项通常称为变压器电动势，是电磁感应效应引起的绕组电压。

（2）式（2-28）右边第二项称为速度电动势。当转子静止（$\omega=0$）时，此项为零。这一项在 abc 坐标下没有，是因为在 abc 坐标下观察 abc 绕组，两者间是相对静止的。而当在旋转坐标系 dq 上去观察静止的 abc 绕组时，两者间的相对运动引起了这一项。物理上速度电动势项反映了由于转子运动，使定子绕组切割磁力线而引起的电动势，它在定子、转子间能量

交换中起主要作用。

（3）式（2-28）右边第三项是欧姆电压项，反映了相应绕组的电阻压降。

2. 磁链方程

abc 坐标下的磁链方程为

$$
\begin{bmatrix} \boldsymbol{\psi}_{abc} \\ \boldsymbol{\psi}_{fDQ} \end{bmatrix} = \begin{bmatrix} \boldsymbol{L}_{11} & \boldsymbol{L}_{12} \\ \boldsymbol{L}_{21} & \boldsymbol{L}_{22} \end{bmatrix} \begin{bmatrix} -\boldsymbol{i}_{abc} \\ \boldsymbol{i}_{fDQ} \end{bmatrix} \tag{2-29}
$$

与电压方程相似，两边左乘矩阵

$$
\begin{bmatrix} \boldsymbol{D}_{(3\times3)} & \\ & \boldsymbol{I}_{(3\times3)} \end{bmatrix}
$$

并在式（2-29）右边两矩阵间插入 $\begin{bmatrix} \boldsymbol{D}^{-1} & \\ & \boldsymbol{I} \end{bmatrix}\begin{bmatrix} \boldsymbol{D} & \\ & \boldsymbol{I} \end{bmatrix}$ 项，经整理后可得

$$
\begin{bmatrix} \boldsymbol{\psi}_{dq0} \\ \boldsymbol{\psi}_{fDQ} \end{bmatrix} = \begin{bmatrix} \boldsymbol{DL}_{11}\boldsymbol{D}^{-1} & \boldsymbol{DL}_{12} \\ \boldsymbol{L}_{21}\boldsymbol{D}^{-1} & \boldsymbol{L}_{22} \end{bmatrix} \begin{bmatrix} -\boldsymbol{i}_{dq0} \\ \boldsymbol{i}_{fDQ} \end{bmatrix} \stackrel{def}{=} \begin{bmatrix} \boldsymbol{L}_{SS} & \boldsymbol{L}_{SR} \\ \boldsymbol{L}_{RS} & \boldsymbol{L}_{RR} \end{bmatrix} \begin{bmatrix} -\boldsymbol{i}_{dq0} \\ \boldsymbol{i}_{fDQ} \end{bmatrix} \tag{2-30}
$$

式（2-30）中电感矩阵下标 S 和 R 分别表示定子和转子。

下面对式（2-30）中电感矩阵进行讨论。

（1）定子绕组的自感与互感 L_{SS}。

$$
\boldsymbol{L}_{ss} \stackrel{def}{=} \boldsymbol{DL}_{11}\boldsymbol{D}^{-1} = diag(L_d, L_q, L_0) \tag{2-31}
$$

式中

$$
\begin{cases} L_d = L_S + M_S + \dfrac{3}{2}L_t = \text{const} \\[2mm] L_q = L_S + M_S - \dfrac{3}{2}L_t = \text{const} \\[2mm] L_0 = L_S - 2M_S = \text{const} \end{cases} \tag{2-32}
$$

L_d 和 L_q 分别称为同步电机 d 轴、q 轴的同步电感。对于隐极机 $L_t = 0$，从而 $L_d = L_q$。L_{SS} 是对角阵，它反映了定子等值绕组 d，q，0 间的互感为零，是互相解耦的，而且 L_{SS} 是定常阵，不随转子位置而变化。

（2）转子绕组的自感与互感 L_{RR}。

$$
\boldsymbol{L}_{RR} = \boldsymbol{L}_{22} = \begin{bmatrix} L_f & M_D & 0 \\ M_R & L_D & 0 \\ 0 & 0 & L_Q \end{bmatrix} \tag{2-33}
$$

（3）定子绕组与转子绕组间的互感 L_{SR} 和 L_{RS}。

$$
\boldsymbol{L}_{SR} = \boldsymbol{DL}_{12} = \begin{bmatrix} M_f & M_D & 0 \\ 0 & 0 & M_Q \\ 0 & 0 & 0 \end{bmatrix} \tag{2-34}
$$

$$L_{RS} = L_{21}D^{-1} = \begin{bmatrix} \dfrac{3}{2}M_f & 0 & 0 \\[2mm] \dfrac{3}{2}M_D & 0 & 0 \\[2mm] 0 & \dfrac{3}{2}M_Q & 0 \end{bmatrix} . \tag{2-35}$$

由于 $L_{SR}^{T} \neq L_{RS}$，说明 $dq0$ 坐标下同步电机有名值方程中定子、转子绕组间的互感不可逆，这个问题将在标幺制基值选取中予以解决。

由式（2-31）～式（2-35）汇总可得 $dq0$ 坐标下电感矩阵为

$$\begin{bmatrix} L_{SS} & L_{RS} \\ L_{RS} & L_{RR} \end{bmatrix} = \begin{bmatrix} L_d & 0 & 0 & M_f & M_D & 0 \\[1mm] 0 & L_q & 0 & 0 & 0 & M_Q \\[1mm] 0 & 0 & L_0 & 0 & 0 & 0 \\[1mm] \dfrac{3}{2}M_f & 0 & 0 & L_f & M_R & 0 \\[1mm] \dfrac{3}{2}M_D & 0 & 0 & M_R & L_D & 0 \\[1mm] 0 & \dfrac{3}{2}M_Q & 0 & 0 & 0 & L_Q \end{bmatrix} \tag{2-36}$$

相应的 $dq0$ 坐标下磁链方程为

$$\begin{bmatrix} \boldsymbol{\psi}_{dq0} \\ \boldsymbol{\psi}_{fDQ} \end{bmatrix} = \begin{bmatrix} L_{SS} & L_{SR} \\ L_{RS} & L_{RR} \end{bmatrix} \begin{bmatrix} -\boldsymbol{i}_{dq0} \\ \boldsymbol{i}_{fDQ} \end{bmatrix} \tag{2-37}$$

显然由式（2-36）可知，d 轴上的绕组与 q 轴上的绕组间相互是解耦的（互感为零）。而零轴磁链为 $\boldsymbol{\psi}_0 = L_0(-\boldsymbol{i}_0)$，与 d 轴、q 轴各绕组完全解耦而独立。另外电感矩阵为定常稀疏矩阵，为分析计算提供了方便。式（2-37）中 $\boldsymbol{i}_{dq0}$ 前面有一负号是由于负值定子绕组电流产生正值相应绕组磁链而引起的，故电感元素的符号与习惯相同，这点和 abc 坐标下的磁链方程相同。

3. 功率、力矩及转子运动方程

（1）功率方程。

在 $dq0$ 坐标下电机输出电功率瞬时值为

$$P_e = \frac{3}{2}(u_d i_d + u_q i_q) + 3u_0 i_0 \tag{2-38}$$

若将定子电压方程

$$u_d = p\psi_d - \omega\psi_q - r_a i_d$$
$$u_q = p\psi_q + \omega\psi_d - r_a i_q$$
$$u_0 = p\psi_0 - r_a i_0$$

代入式（2-38），可整理得

$$P_e = \frac{3}{2}(i_d p\psi_d + i_q p\psi_q + 2i_0 p\psi_0) + \frac{3}{2}\omega(\psi_d i_q - \psi_q i_d) - \frac{3}{2}(i_d^2 + i_q^2 + 2i_0^2)r_a \qquad (2\text{-}39)$$

式（2-39）等号右边第一项反映了与变压器电动势对应的电机输出功率；第二项反映了速度电动势对输出电功率的贡献，其值即为跨气隙传输到定子的机电功率（参见后面力矩方程）；第三项是定子绕组的损耗。从功率平衡的概念可知这三项的代数和应为同步电机的输出功率。

（2）电磁力矩方程。

由 abc 坐标下的电磁力矩方程出发，根据派克变换得

$$
\begin{aligned}
T_e &= p_p \frac{1}{\sqrt{3}} \boldsymbol{\psi}_{abc}^{\mathrm{T}} \begin{bmatrix} 0 & 1 & -1 \\ -1 & 0 & 1 \\ 1 & -1 & 0 \end{bmatrix} \boldsymbol{i}_{abc} \\
&= p_p \frac{1}{\sqrt{3}} (\boldsymbol{D}^{-1}\boldsymbol{\psi}_{dq0}^{-1})^{\mathrm{T}} \begin{bmatrix} 0 & 1 & -1 \\ -1 & 0 & 1 \\ 1 & -1 & 0 \end{bmatrix} (\boldsymbol{D}^{-1}\boldsymbol{i}_{dq0}) \\
&= p_p \frac{1}{\sqrt{3}} \boldsymbol{\psi}_{abc}^{\mathrm{T}} (\boldsymbol{D}^{-1})^{\mathrm{T}} \begin{bmatrix} 0 & 1 & -1 \\ -1 & 0 & 1 \\ 1 & -1 & 0 \end{bmatrix} \boldsymbol{D}^{-1} \boldsymbol{i}_{dq0} \\
&= p_p \frac{3}{2}(\psi_d i_q - \psi_q i_d)
\end{aligned}
\qquad (2\text{-}40)
$$

式中

$$(\boldsymbol{D}^{-1})^{\mathrm{T}} \begin{bmatrix} 0 & 1 & -1 \\ -1 & 0 & 1 \\ 1 & -1 & 0 \end{bmatrix} \boldsymbol{D}^{-1} = \frac{3}{2}\sqrt{3} \begin{bmatrix} 0 & 1 & 0 \\ -1 & 0 & 0 \\ 0 & 0 & 0 \end{bmatrix}$$

式（2-40）说明了式（2-39）中的右边第二项的确为跨过气隙传到定子的机电功率，因为由式（2-40）可得

$$T_e \omega_m = p_p \frac{3}{2}(\psi_d i_q - \psi_q i_d)\omega_m = \frac{3}{2}\omega(\psi_d i_q - \psi_q i_d)$$

此即式（2-40）中的第二项，ω_m 为机械速度。

（3）转子运动方程。$dq0$ 坐标下的转子运动方程与 abc 坐标下的转子运动方程相同，只是 T_e 应按式（2-40）进行计算，即为

$$\frac{1}{p_p} J \frac{\mathrm{d}\omega}{\mathrm{d}t} = T_m - T_e = T_m - \frac{3}{2}p_p(\psi_d i_q - \psi_q i_d)$$

$$\frac{\mathrm{d}\theta}{\mathrm{d}t} = \omega$$

$$(2\text{-}41)$$

根据派克变换把同步电机 abc 坐标下的有名值方程转换为 $dq0$ 旋转坐标下的有名值方程，即式（2-28）、式（2-37）、式（2-40）及式（2-41），其中包含了 6 个电压微分方程、6 个磁链方程和 2 个转子运动方程，共 14 个方程，仍为 8 阶动态模型。与 abc 坐标下的方程相似，根据方程中的变量数，还需要 5 个约束条件或已知条件方可求解，它们是：励磁电压 u_f，设为已知；原动机输出机械力矩 T_m，设为已知；另外还有 3 个网络接口方程。机网接口分析时要

注意接口处电量的 $dq0$-abc 坐标变换。由电压方程中的速度电动势项及运动方程中电磁力矩 T_e 的表达式可知，同步电机 $dq0$ 坐标下的暂态方程（又称派克方程）是一组非线性的微分方程组。

由于 $dq0$ 三轴间的解耦以及 $dq0$ 坐标下的电感参数是常数，因而派克变换和同步电机派克方程在实用分析计算中得到了广泛应用。

2.2.3　同步电机标幺制

2.2.3.1　用有名值进行同步电机分析的缺点

与用归算到电机自身容量基值下的标幺值来计算相比，用有名值进行同步电机分析有一些缺点，其主要表现在以下两个方面：

（1）不同容量的电机，其同一参数用有名值表示时数值相差很大，而用归算到自身容量基值下的标幺值表示则数值相对接近，且能反映该电机的物理特征。例如发电机的 d 轴同步电抗 X_d 的标幺值一般在 $0.6\sim2.5$，当 X_d 较小时，反映该电机气隙较大，反之亦然。这样在使用标幺参数时，可根据其正常取值范围来判断参数是否有误，并了解相应电机的物理特性。

（2）发电机定子电量与转子电量用有名值表示时往往差别很大，如定子电压可达上万伏，而转子电压只有几百伏，而当采用标幺值时，则相对较为合理。此外厂家出厂的参数一般是归算到发电机自身容量基值下的标幺值参数。对于多机系统，当采用公共容量基值时，只要对出厂参数进行容量折算，计算十分方便，也便于对计算结果进行分析比较。

2.2.3.2　标幺制基值系统的选取原则

1. 原则

为了构造一个物理概念清晰、使用方便的同步电机标幺制系统，必须首先确定标幺制基值系统的选取原则。这些原则可归纳为以下 3 个方面：

原则一：标幺基值的选取应使各种电路或力学定律相应的有名值方程和标幺值方程形式相同，从而使同步电机标幺值方程和有名值方程有相同的形式。例如对于欧姆定律，有名值方程为

$$U = RI \tag{2-42}$$

式中，U、R、I 单位分别为 V，Ω，A。根据原则，三者基值的选取一般服从 $U_B = R_B I_B$，下标 B 表示相应量的基值，从而

$$\frac{U}{U_B} = \frac{R}{R_B} \times \frac{I}{I_B}$$

即

$$U^* = R^* I^* \tag{2-43}$$

式中，上标*表示标幺值。显然式（2-43）和式（2-42）的形式完全相同，而 $U_B = R_B I_B$ 即为选取 U、R、I 基值时必须满足的条件。

原则二：通过适当选取电感的基值，可解决同步电机 $dq0$ 坐标下有名值方程中定子、转子绕组互感不可逆的问题，亦即使标幺值方程中互感完全可逆，相应电感矩阵为对称阵。

原则三：通过适当选取基值，使传统的标幺电机参数（如 d 轴、q 轴同步电抗 X_d 与 X_q 和 d 轴、q 轴电枢反应电抗 X_{ad} 与 X_{aq} 等）保留在标幺值电机方程中，这样可大大减少参数准备工作，且分析过程中物理透明度也大，使用方便。

2. 基值选取的步骤

（1）确定各绕组的公共基值。如电气频率的基值 f_B，电气角频率（角速度）基值 ω_B，时间基值 t_B 等。

（2）将同步电机绕组分为 4 个绕组系统，即定子 abc（或 $dq0$）绕组系统，励磁绕组（f）系统，d 轴阻尼绕组（D）系统和 q 轴阻尼绕组（Q）系统。先假设各个绕组系统间相互独立，即无电磁耦合，从而对每个绕组系统任选电压基值及电流基值，再根据电磁定律及原则一导出该绕组系统的其他变量的基值。

各绕组系统间实际上相互是不独立的，有电磁耦合，并希望基值选取能保证标幺互感可逆，此即基值选取原则二。据此要求，可导出各绕组系统的电流、电压基值应服从的第一个约束，亦即标幺互感可逆约束。

根据基值选取原则三，还应使实用的标幺电机参数保留在标幺值电机方程中，因此各绕组系统的电流、电压基值还应服从第二个约束，即保留实用的标幺电机参数的约束。

根据上述 4 个步骤，即可完成全部基值选取工作。

2.2.3.3 X_{ab} 基值系统

满足上述各个原则的基值系统不是唯一的，这里只介绍最常用的一种，又称为 X_{ab} 基值系统。目前生产厂家给出的实用标幺参数一般均为 X_{ab} 基值系统下的参数。

1. 各绕组的基值

（1）同步电机各绕组的公用基值。取电网额定运行频率（又称工频）为频率基值（f_B），在我国电网额定运行频率为 50Hz，故

$$f_B = 50Hz \tag{2-44}$$

相应地电角频率基值或电角速值 ω_B 为

$$\omega_B = 2\pi f_B \approx 314.16 rad/s \tag{2-45}$$

对于时间基值 t_B，有些文献中采用 1s 作基值，这样做的优点是有名值时间即为标幺值时间，但是同步电机有名值方程化为标幺值方程时，有时会出现一些 ω_B 的系数，即标幺值方程和有名值方程形式上有不同，不注意时会造成差错。故本书除特殊说明外，不采用秒作基值单位。而将转子以 ω_B 为电角速旋转 1rad 所需要的时间定义为时间基值 t_B，又称为 1rad 时，即

$$\omega_B t_B = 1rad \tag{2-46}$$

（2）定子绕组（a、b、c 或 d、q、0）的基值。选定子绕组电流基值 i_{aB} 为

$$i_{aB} = 2I_R \tag{2-47}$$

式中 a——表示电枢绕组，可代表 a、b、c 或 d、q、0 中任一绕组；

I_R——发电机额定相电流的有效值，则 $2I_R$ 为额定相电流的峰值。

选定子绕组电压基值 u_{aB} 为

$$u_{aB} = 2U_R \tag{2-48}$$

式中 U_R——定子额定相电压的有效值，$2U_R$ 为额定相电压的峰值。

由 i_{aB} 和 u_{aB}，可根据基值选取原则一导出定子绕组的其他变量的基值。定子绕组容量基值为

$$S_{aB} = 3U_R I_R = S_R = \frac{3}{2} u_{aB} i_{aB} \tag{2-49}$$

定子绕组电阻、电抗及阻抗基值为

$$R_{aB} = X_{aB} = Z_{aB} = \frac{u_{aB}}{i_{aB}} = \frac{U_R}{I_R} \tag{2-50}$$

根据 $L \dfrac{\mathrm{d}i}{\mathrm{d}t} = u$，定子绕组自感基值可定义为

$$L_{aB} = \frac{u_{aB}}{i_{aB}} t_B = X_{aB} / \omega_B \tag{2-51}$$

定子绕组磁链基值

$$\psi_{aB} = L_{aB} i_{aB} = \frac{u_{aB}}{\omega_B} \tag{2-52}$$

应当指出：有名值电抗 X 在工频下相应的标幺值 X_* 与电感 L 的标幺值 L_* 相等，以后不加区分。可证明如下

$$X_* = \frac{X}{X_B} = \frac{\omega_B L}{\omega_B L_B} = \frac{L}{L_B} = L_*$$

（3）励磁绕组 f 的基值。先假设 f 绕组与其他绕组独立，而任选其电压 u_{fB} 和电流基值 i_{fB}，以后再根据基值选取原则二与原则三确定 u_{fB} 和 i_{fB} 应服从的 2 个约束，从而最终合理地选择 u_{fB} 和 i_{fB}。现假设 u_{fB} 与 i_{fB} 已选定，则可根据基值选取原则一，和定子绕组相似导出其他量的基值。

$$容量基值 S_{fB} = u_{fB} i_{fB}$$

$$阻抗基值 S_{fB} = u_{fB} = Z_{fB} = \frac{u_{fB}}{i_{fB}}$$

$$自感基值 L_{fB} = \frac{X_{fB}}{\omega_B} \tag{2-53}$$

$$磁链基值 \psi_{fB} = L_{fB} i_{fB} = \frac{u_{fB}}{\omega_B}$$

2. 确保标幺值互感可逆的约束（第一约束）

由于各个绕组系统电磁上的耦合，事实上相互间是不独立的，为确保标幺值互感可逆，这就要对绕组间互感基值的选取提出一定要求。互感基值的选取一方面必须按原则一使有名值电磁量间的相互关系在标幺值条件下依然成立，另一方面应使标幺互感可逆。

下面以定子绕组和励磁绕组间的互感基值选取为例，加以说明：

根据定子绕组（下标为 a 表示电枢绕组，指 a、b、c 或 d、q、0 中任一个绕组）与励磁绕组间互感有名定义，又根据基值选取原则一，应取二者间互感基值为

$$L_{afB} = \frac{\psi_{aB}}{i_{fB}}$$

$$L_{faB} = \frac{\psi_{fB}}{i_{aB}} \tag{2-54}$$

　　而由式（2-36）可知，定子绕组 d 和励磁绕组 f 间的有名值互感为

$$L_{df} = M_f$$

$$L_{fd} = \frac{3}{2} M_f = \frac{3}{2} L_{df} \tag{2-55}$$

　　因此为使标幺值互感可逆，需且只需使

$$L_{faB} = \frac{3}{2} L_{afB} \tag{2-56}$$

从而

$$L_{df*} = \frac{L_{df}}{L_{afB}} = \frac{M_f}{L_{afB}}$$

$$L_{fd*} = \frac{L_{fd}}{L_{faB}} = \frac{\frac{3}{2} M_f}{\frac{3}{2} L_{afB}} = \frac{M_f}{L_{afB}} = L_{df*} \tag{2-57}$$

　　这就达到了定子、转子标幺值互感可逆的目的。下面根据式（2-54）和式（2-58）导出相应的 u_{fB} 与 i_{fB} 间应满足的第一约束。

　　将式（2-54）代入式（2-56）得

$$L_{faB} = \frac{\psi_{fB}}{i_{aB}} = \frac{3}{2} L_{afB} = \frac{\frac{3}{2} \psi_{aB}}{i_{fB}}$$

即

$$\psi_{fB} i_{fB} = \frac{3}{2} \psi_{aB} i_{aB} \tag{2-58}$$

　　而由式（2-52）及式（2-53）可知 $\psi_{fB} = \dfrac{u_{fB}}{\omega_B}$，$\psi_{aB} = \dfrac{u_{aB}}{\omega_B}$ 将之代入式（2-58），二边消去 ω_B，可得

$$u_{fB} i_{fB} = \frac{3}{2} u_{aB} i_{aB} \tag{2-59}$$

或

$$S_{fB} = S_{aB} \tag{2-60}$$

式（2-59）即为满足定子绕组与励磁绕组标幺值互感可逆的约束条件。显然由式（2-60）可知，使上述绕组间互感可逆需且只需使定子绕组与转子 f 绕组的容量基值取为相等。

　　同理可以导出定子绕组与 d 轴阻尼绕组 D 间标幺值互感可逆的条件，只要把式（2-54）～式（2-60）各式中变量下标 f 改为 D 即可，最后所得定子绕组与 d 轴阻尼绕组 D 间标幺值互感可逆的条件为

$$u_{DB} i_{DB} = \frac{3}{2} u_{aB} i_{aB} \tag{2-61}$$

即

$$S_{DB} = S_{aB} \tag{2-62}$$

而定子绕组与 Q 绕组间标幺值互感可逆条件，则只要把式（2-54）～式（2-60）各式中下标 d 改为 q，下标 f 改为 Q 即可导出，最后得相应条件为

$$u_{QB} i_{QB} = \frac{3}{2} u_{aB} i_{aB} \tag{2-63}$$

即

$$S_{QB} = S_{aB} \tag{2-64}$$

至于转子绕组 f 与 D 间的互感有名值为 M_R，原来即为可逆的，与前面证明过程相似，可以证明取 $S_{fB} = S_{DB}$ 时，二者标幺值互感仍是可逆的。

总结上面的分析可知，使电机各绕组间的标幺值互感可逆的条件为各绕组的容量基值应取为相等，即

$$S_{aB} = S_{fB} = S_{DB} = S_{QB} \tag{2-65}$$

此式与下式等价，亦即使标幺值互感相等的约束为

$$\frac{3}{2} u_{aB} i_{aB} = u_{fB} i_{fB} = u_{DB} i_{DB} = u_{QB} i_{QB} \tag{2-66}$$

下面给出互感基值与相应绕组自感基值间的关系，以便于分析计算。以定子绕组与转子 f 绕组为例，由相应绕组互感与自感的基值定义可知

$$L_{afB} = \frac{\psi_{aB}}{i_{fB}} = \frac{\psi_{aB}}{i_{aB}} \frac{i_{aB}}{\psi_{fB}} \frac{\psi_{fB}}{i_{fB}} = \frac{L_{aB} L_{fB}}{L_{faB}}$$

即

$$L_{afB} L_{faB} = L_{aB} L_{fB} \tag{2-67}$$

而式（2-56）代入式（2-67），可得

$$L_{afB} = \frac{2}{3} L_{aB} L_{fB} \tag{2-68}$$
$$L_{faB} = \frac{3}{2} L_{aB} L_{fB} = \frac{3}{2} L_{afB}$$

同理可导出 D 绕组、Q 绕组与定子绕组间互感基值与自感基值间关系为

$$L_{aDB} = \frac{2}{3} L_{aB} L_{DB} \tag{2-69}$$
$$L_{DaB} = \frac{3}{2} L_{aB} L_{DB} = \frac{3}{2} L_{aDB}$$

及

$$L_{aQB} = \frac{2}{3} L_{aB} L_{QB} \tag{2-70}$$
$$L_{QaB} = \frac{3}{2} L_{aB} L_{QB} = \frac{3}{2} L_{aQB}$$

另外可导出

$$L_{fDB} = L_{DfB} = l_{DB}L_{fB} \tag{2-71}$$

至此绕组间互感基值与自感基值间关系式已全部得出。

3. 保留传统的标幺电机参数的约束（第二约束）

X_{ad} 基值系统规定了转子绕组电流基值的选取标准，从而使 d 轴、q 轴转子与定子绕组间的互感在标幺值方程中分别等于 X_{ad} 或 X_{aq}，称此保留传统标幺电机参数的转子电流基值选取约束为第二约束。

转子励磁绕组的电流基值是这样规定的：在转子以同步速度旋转时，励磁绕组的基值电流 i_{fB} 在定子相应绕组中所产生的开路电动势的有名值（峰值）为 X_{ad}、i_{aB}。

由 $dq0$ 坐标下有名值派克方程可知，当定子开路，励磁绕组电流为 i_{fB}，而转子以同步速旋转时

$$\psi_q = 0$$
$$\psi_d = L_{df}i_{fB} = \text{const}$$

从而

$$u_d = p\psi_d - \omega\psi_q = 0$$
$$u_q = p\psi_q + \omega\psi_d = \omega_B L_{df}i_{fB}$$

故由 i_{fB} 规定条件可知，此时定子绕组端电压峰值（有名值）为

$$u = u_d^2 + u_q^2 = u_q = \omega_B L_{df}i_{fB} = X_{ad}i_{aB} \tag{2-72}$$

下面证明按式（2-70）选择的 i_{fB} 可使定子 d 绕组和转子 f 绕组间互感标幺值为 X_{ad}，即

$$L_{df*} = L_{fd*} = X_{ad*} \tag{2-73}$$

对式（2-70）两边除以 $\omega_B L_{afB}i_{fB}$，则

$$L_{df*} = \frac{X_{ad}i_{aB}}{\omega_B L_{afB}i_{fB}}$$

将 $L_{afB} = \dfrac{\psi_{dB}}{i_{fB}}$ 及 $\omega_B\psi_{aB} = u_{aB}$ 代入式（2-73），则

$$\text{式（2-72）右边} = \frac{X_{ad}i_{aB}}{u_{aB}} = X_{ad*} \tag{2-74}$$

从而

$$L_{df*} = X_{ad*} \tag{2-75}$$

而由前面第一个约束可知，当取 $S_{aB} = S_{fB}$ 时，有

$$L_{df*} = X_{fd*} \tag{2-76}$$

因此，由式（2-75）和式（2-76）可知，当转子电流基值选取满足式（2-72）时，有

$$L_{df*} = L_{fd*} = X_{ad*} \tag{2-77}$$

按同样原则，可选择阻尼绕组的基值电流 i_{DB} 及 i_{QB}，但应注意，阻尼绕组是等值虚设的，故 i_{DB} 和 i_{QB} 并无实际意义。

若选择 d 轴等值阻尼绕组 D 的电流基值 i_{DB}，使在同步速下，d 轴阻尼绕组 D 的基值电流 i_{DB} 在定子相绕组中产生的开路电势有名值（峰值）为 $X_{ad}i_{aB}$，亦即 i_{DB} 服从约束

$$\omega_B = L_{dD}i_{DB} = X_{ad}i_{aB} \tag{2-78}$$

则可根据式（2-78）导出定子 d 绕组和转子 D 绕组间互感标幺值等于 X_{ad*}，即

$$L_{dD*} = L_{dD*} = X_{ad*} \tag{2-79}$$

同样，q 轴等值阻尼绕组 Q 的电流基值 i_{DB}，应使同步速下 q 轴阻尼绕组 Q 的基值电流 i_{QB} 在定子相绕组中产生的开路电动势有名值（峰值）$X_{ad}i_{aB}$，亦即 i_{QB} 服从约束

$$\omega_B L_{qQ}i_{QB} = X_{aq}i_{aB} \tag{2-80}$$

则可与前面相似，导出定子 q 绕组和转子 Q 绕组间的互感标幺值等于 X_{aq*}，即

$$L_{qQ*} = L_{Qq*} = X_{aq*} \tag{2-81}$$

可见上面的 i_{fB}、i_{DB}、i_{QB} 的选择使 d 轴、q 轴定子与转子间互感标幺值分别等于传统的电机标幺参数 X_{ad} 或 X_{aq}，这给分析计算带来极大的方便。

还有一个尚未解决的问题是转子 f 绕组和 D 绕组间的互感标幺值在上述基值电流的约束条件下，能否用传统的电机标幺系数 X_{ad*} 表示。其结论是这样的：若假定 d、f、D 3 个绕组除了各自的漏磁通 Φ_{d1}、Φ_{f1}、Φ_{D1} 以外，只存在同时和这 3 个绕组都交链的公共磁通 Φ_{Dm}，而不存在只和其中任 2 个绕组交链的磁通，则参见图 2-17，在前面所述转子电流基值选择条件下

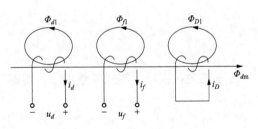

$$L_{fD*} = L_{Df*} = M_{R*} = X_{ad*} \tag{2-82}$$

其证明将在导出 $dq0$ 坐标下标幺值磁链方程后给出。这里先假定，在上述公共磁链的假定下，式（2-82）成立。但应当指出，在对转子电量的分析精度要求较高时，这个假定会带来较大误差，不宜采用。

图 2-17　公共磁通假设示意图

综上所述，可按式（2-70）、式（2-78）及式（2-80）选择 i_{fB}、i_{DB} 及 i_{QB}，而使

$$L_{df*} = L_{fd*} = X_{ad*}$$
$$L_{dD*} = L_{Dd*} = X_{ad*} \tag{2-83}$$
$$L_{qQ*} = L_{Qq*} = X_{aq*}$$

若进一步作公共磁链假定，则

$$L_{fD*} = L_{Df*} = M_{R*} = X_{ad*} \tag{2-84}$$

2.2.4　$dq0$ 坐标下的同步发电机动态标幺值方程

用 X_{ad} 基值系统可把同步电机 abc 或 $dq0$ 坐标下的有名值方程转化为标幺值方程。由于 abc 坐标下的同步电机方程在解析分析时难以适应转子旋转和凸极效应，故本书只推导 $dq0$ 坐标下的标幺值方程。

1. 电压方程

将 $dq0$ 坐标下的有名值电压方程式（2-28）展开得

$$\begin{bmatrix} u_d \\ u_q \\ u_0 \\ u_f \\ u_D(=0) \\ u_Q(=0) \end{bmatrix} = \frac{\mathrm{d}}{\mathrm{d}t}\begin{bmatrix} \psi_d \\ \psi_q \\ \psi_0 \\ \psi_f \\ \psi_D \\ \psi_Q \end{bmatrix} + \begin{bmatrix} -\omega\psi_q \\ \omega\psi_d \\ 0 \\ 0 \\ 0 \\ 0 \end{bmatrix} + \begin{bmatrix} -r_a i_d \\ -r_a i_q \\ -r_a i_0 \\ r_f i_f \\ r_D i_D \\ r_Q i_Q \end{bmatrix} \tag{2-85}$$

由于基值选取中

$$\begin{cases} u_{aB} = \omega_B \psi_{aB} = R_{aB} i_{aB} \\ u_{fB} = \omega_B \psi_{fB} = R_{fB} i_{fB} \\ u_{DB} = \omega_B \psi_{DB} = R_{DB} i_{DB} \\ u_{QB} = \omega_B \psi_{QB} = R_{QB} i_{QB} \end{cases} \tag{2-86}$$

将式（2-85）中前三式各项分别除以式（2-86）中第一式之相应项，等式仍成立，并得

$$\begin{cases} u_{d*} = \dfrac{\mathrm{d}}{\mathrm{d}t*}(\psi_{d*}) - \omega_{q*} - r_{a*}i_{d*} \\ u_{q*} = \dfrac{\mathrm{d}}{\mathrm{d}t*}(\psi_{q*}) - \omega_* \psi_{d*} - r_{a*}i_{q*} \\ u_{0*} = \dfrac{\mathrm{d}}{\mathrm{d}t*}(\psi_{0*}) - r_{a*}i_{0*} \end{cases} \tag{2-87}$$

式中

$$\frac{\mathrm{d}}{\mathrm{d}t*} = \frac{\mathrm{d}}{\omega_B \mathrm{d}t}$$

式（2-87）即为标幺值定子电压方程。

再将式（2-85）中后三式分别除以式（2-86）中后三式之相应项，等式依然成立，得标幺值转子电压方程

$$u_{f*} = \frac{\mathrm{d}}{\mathrm{d}t*}\psi_{f*} + r_{f*}i_{f*}$$
$$u_{D*} = \frac{\mathrm{d}}{\mathrm{d}t*}\psi_{D*} + r_{D*}i_{D*} \equiv 0 \tag{2-88}$$
$$u_{Q*} = \frac{\mathrm{d}}{\mathrm{d}t*}\psi_{Q*} + r_{Q*}i_{Q*} \equiv 0$$

综合式（2-87）和式（2-88）可得 $dq0$ 坐标下同步电机标幺值电压矩阵形式方程为（下标*从略）

$$\begin{bmatrix} u_{dq0} \\ u_{fDQ} \end{bmatrix} = p\begin{bmatrix} \psi_{dq0} \\ \psi_{fDQ} \end{bmatrix} + \begin{bmatrix} S_{dq0} \\ 0 \end{bmatrix} + \begin{bmatrix} r_{dq0} & \\ & r_{fDQ} \end{bmatrix}\begin{bmatrix} -i_{dq0} \\ i_{fDQ} \end{bmatrix} \tag{2-89}$$

式中

$$S_{dq0} = \begin{bmatrix} -\omega\psi_q \\ \omega\psi_d \\ 0 \end{bmatrix}$$

这里应强调的是算子 p 在标幺值方程中表示 $\dfrac{\mathrm{d}}{\mathrm{d}t*}$，即对时间的标幺值求导，它与对时间的有名值（$s$）求导的关系为

$$\frac{\mathrm{d}}{\mathrm{d}t*} = \frac{\mathrm{d}}{\omega_{\mathrm{B}}\mathrm{d}t(s)}$$

二者相差一个 ω_{B} 因子。采用标幺值时间，可使标幺值电压方程式（2-89）和有名值电压方程式（2-28）有完全相同的形式，符合标幺制建立的原则一。本书的标幺值方程除特殊说明外均采用标幺值时间。

2. 磁链方程

将式（2-37）（即 $dq0$ 坐标有名值磁链方程）展开得

$$\begin{bmatrix} \psi_d \\ \psi_q \\ \psi_0 \\ \psi_f \\ \psi_D \\ \psi_Q \end{bmatrix} = \begin{bmatrix} L_d & 0 & 0 & L_{df} & L_{dD} & 0 \\ 0 & L_q & 0 & 0 & 0 & L_{qQ} \\ 0 & 0 & L_0 & 0 & 0 & 0 \\ L_{fd} & 0 & 0 & L_f & L_{fD} & 0 \\ L_{Dd} & 0 & 0 & L_{Df} & L_D & 0 \\ 0 & L_{Qq} & 0 & 0 & 0 & L_Q \end{bmatrix} \begin{bmatrix} -i_d \\ -i_q \\ -i_0 \\ i_f \\ i_D \\ i_Q \end{bmatrix} \tag{2-90}$$

式中

$$L_{df} = M_f,\ L_{dD} = M_D,\ L_{qQ} = M_Q$$

$$L_{fd} = \frac{3}{2}M_f,\ L_{Dd} = \frac{3}{2}M_D,\ L_{Qq} = \frac{3}{2}M_Q$$

$$L_{Df} = L_{fD} = M_R$$

由于各绕组自感、互感、电流和磁链基值选取中满足

$$\begin{cases} \psi_{a\mathrm{B}} = L_{a\mathrm{B}}i_{a\mathrm{B}} = L_{af\mathrm{B}}i_{f\mathrm{B}} = L_{aD\mathrm{B}}i_{D\mathrm{B}} = L_{aQ\mathrm{B}}i_{Q\mathrm{B}} \\ \psi_{f\mathrm{B}} = L_{f\mathrm{B}}i_{f\mathrm{B}} = L_{fa\mathrm{B}}i_{a\mathrm{B}} = L_{fD\mathrm{B}}i_{D\mathrm{B}} \\ \psi_{D\mathrm{B}} = L_{D\mathrm{B}}i_{D\mathrm{B}} = L_{Da\mathrm{B}}i_{a\mathrm{B}} = L_{Df\mathrm{B}}i_{f\mathrm{B}} \\ \psi_{Q\mathrm{B}} = L_{Q\mathrm{B}}i_{Q\mathrm{B}} = L_{Qa\mathrm{B}}i_{a\mathrm{B}} \end{cases} \tag{2-91}$$

将式（2-90）之前三式分别除以式（2-91）之第一式中的适当项，等式仍成立，再将式（2-90）之后三式分别除以式（2-91）之后三式中的适当项，等式也仍成立，可得

$$\begin{bmatrix} \psi_{d*} \\ \psi_{q*} \\ \psi_{0*} \\ \psi_{f*} \\ \psi_{D*} \\ \psi_{Q*} \end{bmatrix} = \begin{bmatrix} L_{d*} & 0 & 0 & L_{df*} & L_{dD*} & 0 \\ 0 & L_{q*} & 0 & 0 & 0 & L_{qQ*} \\ 0 & 0 & L_{0*} & 0 & 0 & 0 \\ L_{fd*} & 0 & 0 & L_{f*} & L_{fD*} & 0 \\ L_{Dd*} & 0 & 0 & L_{Df*} & L_{D*} & 0 \\ 0 & L_{Qq*} & 0 & 0 & 0 & L_{Q*} \end{bmatrix} \begin{bmatrix} -i_{d*} \\ -i_{q*} \\ -i_{0*} \\ i_{f*} \\ i_{D*} \\ i_{Q*} \end{bmatrix} \tag{2-92}$$

而由于标幺值基值选取满足上述 2 个约束，从而

$$\begin{cases} L_{df*} = L_{fd*} = X_{ad*} \\ L_{dD*} = L_{Dd*} = X_{ad*} \\ L_{qQ*} = L_{Qq*} = X_{aq*} \\ L_{fD*} = L_{Df*} = X_{R*} \end{cases} \qquad (2\text{-}93)$$

另外由于电感标幺值等于工频下电抗标幺值，可不予区分，故式（2-92）的 $dq0$ 坐标标幺值磁链方程可改写为（下标*从略）

$$\begin{bmatrix} \psi_{dq0} \\ \psi_{fDQ} \end{bmatrix} = \begin{bmatrix} \psi_d \\ \psi_d \\ \psi_0 \\ \psi_f \\ \psi_D \\ \psi_Q \end{bmatrix} = \begin{bmatrix} X_d & 0 & 0 & X_{ad} & X_{ad} & 0 \\ 0 & X_q & 0 & 0 & 0 & X_{aq} \\ 0 & _0 & X_0 & 0 & 0 & 0 \\ X_{ad} & 0 & 0 & X_f & M_R & 0 \\ X_{ad} & 0 & 0 & M_R & X_D & 0 \\ 0 & X_{aq} & 0 & 0 & 0 & X_Q \end{bmatrix} \begin{bmatrix} -i_d \\ -i_q \\ -i_0 \\ i_f \\ i_D \\ i_Q \end{bmatrix} \qquad (2\text{-}94)$$

$$= \begin{bmatrix} X_{SS} & X_{SR} \\ X_{RS} & X_{RR} \end{bmatrix} \begin{bmatrix} -i_{dq0} \\ i_{fDQ} \end{bmatrix}$$

显然标幺值磁链方程与有名值磁链方程式（2-37）有完全相同的形式，但标幺值方程中除转子绕组的自感和互感外，其他参数均已为实用的电机标幺参数了，且标幺值磁链方程中的电感矩阵是对称阵（即标幺值互感可逆），这就是 X_{ad} 基值系统的优越性。

下面将证明，当假定 d 轴各绕组 d、f、D 间的公共磁链同时和 3 个绕组交链，即不存在只和其中任意 2 个绕组交链的磁通时，d 轴转子励磁绕组和阻尼绕组间互感 M_R 的标幺值也等于 X_{ad}，即

$$L_{fD*} = L_{Df*} = M_{R*} = X_{ad*} \qquad (2\text{-}95)$$

为了证明这一点，先介绍各绕组匝数的基值和磁通的基值。为使磁通连续性定理对于标幺值也成立，需且只需取各绕组的磁通基值相等，即

$$\Phi_{aB} = \Phi_{fB} = \Phi_{DB} = \Phi_{QB} \qquad (2\text{-}96)$$

另外，据基值选取原则一，应使各绕组的等值匝数的基值乘以其磁通基值等于其磁链基值，即

$$\begin{cases} \psi_{aB} = N_{aB}\Phi_{aB} \\ \psi_{fB} = N_{fB}\Phi_{fB} \\ \psi_{DB} = N_{DB}\Phi_{DB} \\ \psi_{QB} = N_{QB}\Phi_{QB} \end{cases} \qquad (2\text{-}97)$$

故若取定子相绕组的等值匝数为 N_{aB}（此值具体取为多少，对分析结果无影响），则由式（2-96）和式（2-97）及前面已设定的 ψ_{aB}、ψ_{fB}、ψ_{DB}、ψ_{QB}，可确定各绕组的匝数基值和磁通基值。下面再补充说明一下各绕组的磁通势基值和磁阻基值，这对证明式（2-95）没有直接关系，但有助于得到一个更完整的基值系统概念。由

$$S_B = \frac{3}{2} u_{aB} i_{aB} = u_{fB} i_{fB} = u_{DB} i_{DB} = u_{QB} i_{QB} \qquad (2\text{-}98)$$

将 $u_{aB} = \psi_{aB}\omega_B$、$u_{fB} = \psi_{fB}\omega_B$、$u_{DB} = \psi_{DB}\omega_B$ 及 $u_{QB} = \psi_{QB}\omega_B$ 代入式（2-98），并消去 ω_B 得

$$\frac{3}{2}\psi_{aB}i_{aB} = \psi_{fB}i_{fB} = \psi_{DB}i_{DB} = \psi_{QB}i_{QB} \qquad (2\text{-}99)$$

若再将式（2-97）代入式（2-99），并根据式（2-96）消去磁通基值，得

$$\frac{3}{2}N_{aB}i_{aB} = N_{fB}i_{fB} = N_{DB}i_{DB} = N_{QB}i_{QB} \qquad (2\text{-}100)$$

把式（2-100）中各项定义为相应绕组的磁动势基值，则显然

$$F_{aB} = F_{fB} = F_{DB} = F_{QB} \qquad (2\text{-}101)$$

这种磁通势基值的取法可使各绕组的标幺值磁通势像有名值磁通势一样直接进行矢量合成和分解。若进一步据磁路定律取各绕组磁阻基值（以 R_m 和相应下标表示）为

$$\begin{cases} (R_m)_{aB} = \dfrac{F_{aB}}{\Phi_{aB}}, & (R_m)_{fB} = \dfrac{F_{fB}}{\Phi_{fB}} \\[3mm] (R_m)_{DB} = \dfrac{F_{DB}}{\Phi_{DB}}, & (R_m)_{QB} = \dfrac{F_{QB}}{\Phi_{QB}} \end{cases} \qquad (2\text{-}102)$$

则由式（2-96）和式（2-101）可知

$$(R_m)_{aB} = (R_m)_{fB} = (R_m)_{DB} = (R_m)_{QB} \qquad (2\text{-}103)$$

亦即各绕组磁阻基值相等，从而标幺值磁阻也可和有名值磁阻一样进行磁路串联、并联分析。

下面证明式（2-95）：

由式（2-94）可知，d 轴上 3 个绕组（d、f、D）的标幺值磁链方程为

$$\begin{cases} \psi_{d*} = -X_{d*}i_{d*} + X_{ad*}i_{f*} + X_{ad*}i_{D*} \\ \psi_{f*} = -X_{ad*}i_{d*} + X_{f*}i_{f*} + M_{R*}i_{D*} \\ \psi_{D*} = -X_{ad*}i_{d*} + M_{R}i_{f*} + X_{D*}i_{D*} \end{cases} \qquad (2\text{-}104)$$

先设 $i_{d*} \neq 0$，而 $i_{f*} = i_{D*} = 0$，则由公共磁链假定（参见图 2-17）有（下标 l 表示漏磁通）：$\Phi_{fl*} = 0$，$\Phi_{Dl*} = 0$（因为 $i_{f*} = 0$，$i_{D*} = 0$），从而 d 轴公共磁通标幺值 Φ_{dm*} 为（注意有名值公共磁通的假定在标幺值下也成立，因各绕组磁通的标幺基值相等）

$$\Phi_{dm*} = \Phi_{f*} = \Phi_{D*} \qquad (2\text{-}105)$$

另外，d 绕组磁通 Φ_{d*} 为

$$\Phi_{dm*} = \Phi_{dl*} = \Phi_{dm*} \qquad (2\text{-}106)$$

而由式（2-104）可知，此时

$$\psi_{f*} = \psi_{d*} = -X_{ad*}i_{d*} = \psi_{dm*} \qquad (2\text{-}107)$$

及

$$\psi_{d*} = -X_{d*}i_{d*} = -(X_{1*} + X_{ad*})i_{d*} = \psi_{dl*} + \psi_{dm*} \qquad (2\text{-}108)$$

则由式（2-105）及式（2-107）可知

$$\frac{\psi_{f*}}{\varPhi_{f*}} = \frac{\psi_{D*}}{\varPhi_{D*}} = \frac{\psi_{dm*}}{\varPhi_{dm*}} \tag{2-109}$$

即

$$N_{f*} = N_{D*} = N_{d*} \tag{2-110}$$

这是前述公共磁链假定下一个很重要的性质，即 d 轴各绕组的标幺匝数相等。

然后再设 $i_{D*} \neq 0, i_{d*} = i_{f*} = 0$，代入式（2-104）得

$$\begin{cases} \psi_{d*} = X_{ad*} i_{D*} \\ \psi_{f*} = M_{R*} i_{D*} \end{cases} \tag{2-111}$$

而由公共磁通假定，此时应有

$$\varPhi_{d*} = \varPhi_{f*} = \varPhi_{dm*} \tag{2-112}$$

而前面已证

$$N_{d*} = N_{f*} \tag{2-113}$$

因此由式（2-112）及式（2-113）可知，此时 $\psi_{d*} = N_{d*} \varPhi_{d*} = N_{f*} \varPhi_{f*} = \psi_{f*}$，将之代入式（2-94），亦即

$$X_{ad*} i_{D*} = M_{R*} i_{D*}$$

故 $M_{R*} = X_{ad*}$ 得证。

因此在上述 d、f、D 公共磁链的假定下，f 绕组、D 绕组的互感标幺值也等于 X_{ad*}，即 $L_{fD*} = L_{Df*} = M_{R*} = X_{ad*}$，从而标幺磁链方程式（2-94）中所有的绕组间互感均为 X_{ad*} 或 X_{aq*} 实用标幺参数。

显然在公共磁链假定下，d 轴上各个绕组的自感抗可分为两部分，一部分与公共磁链相对应，其标幺电抗值均为 X_{ad}，剩余部分与该绕组的漏磁链对应，其标幺值分别为各绕组的漏抗部分，即

$$\begin{cases} X_d = X_1 + X_{ad} \\ X_f = X_{f1} + X_{ad} \\ X_D = X_{D1} + X_{ad} \end{cases} \tag{2-114}$$

同理，q 轴的 2 个绕组有

$$\begin{cases} X_q = X_1 + X_{aq} \\ X_Q = X_{Q1} + X_{aq} \end{cases} \tag{2-115}$$

至此式（2-94）中各电感系数的物理意义已进一步阐明，这将为后面导出 d、q 轴等值电路打下基础。本书后面将采用公共磁链假定，以简化分析计算。

3. 功率、力矩及转子运动方程

（1）标幺值功率方程。对 $dq0$ 坐标下的同步电机输出瞬时功率有名值计算式

$$P_e = \frac{3}{2}(u_d i_d + u_q i_q) + 3u_0 i_0$$

二边分别除以 S_{aB} 及 $\frac{3}{2} u_{aB} i_{aB}$，则等式仍成立，得

$$P_{e*} = u_{d*}i_{d*} + u_{q*}i_{q*} + 2u_{0*}i_{0*} \tag{2-116}$$

将定子电压标幺值方程式（2-89）代入式（2-116）得

$$P_e = (i_{dp}\psi_d + i_{qp}\psi_q + 2i_{0p}\psi_0) + \omega(\psi_d i_q - \psi_q i_d) - r_a(i_d^2 + i_q^2 + 2i_0^2) \tag{2-117}$$

式中下标*从略，各项物理意义与式（2-39）相同，不予重复。由式（2-116）及式（2-117）可知，由于零轴分量项相应系数不为 1，故电机 $dq0$ 坐标下标幺值输出功率也不满足功率不变性原则。但当零轴分量不存在时，则 d、q 轴标幺值输出功率各项系数为 1。

（2）标幺值力矩方程。由有名值力矩方程，即式（2-40）$T_e = p_p \dfrac{3}{2}(\psi_d i_q - \psi_q i_d)$，若取力矩基值 T_B 为

$$T_B = \frac{S_{aB}}{\omega_{mB}} = \frac{S_{aB}}{\dfrac{\omega_{aB}}{p_p}} = p_p \frac{\dfrac{3}{2}u_{aB}i_{aB}}{\omega_{aB}} = p_p \frac{3}{2}\psi_{aB}i_{aB} \tag{2-118}$$

将式（2-40）两边分别除以 T_B 及 $p_p \dfrac{3}{2}\psi_{aB}i_{aB}$，则由式（2-118）可知等式依然成立，即得标幺值电磁力矩方程为

$$T_{e*} = \psi_{d*}i_{q*} - \psi_{q*}i_{d*} \tag{2-119}$$

显然这和式（2-117）中第二项一致。这里应注意，因为取 $\omega_{mB} = \omega_{eB}/p_p$，以及 $\omega_m = \omega_e/p_p$，因此

$$\omega_{m*} = \omega_{e*} = \omega* \tag{2-120}$$

（3）标幺值转子运动方程。由有名值转子运动方程式（2-41），即

$$\frac{1}{p_p}J\frac{d\omega}{dt} = T_m - T_e \tag{2-121}$$

两边分别除以 T_B 及 $\dfrac{S_{aB}}{\omega_{eB}/p_p}$，由式（2-118）可知，等式仍成立，即

$$T_{m*} - T_{e*} = \frac{\dfrac{1}{p_p}J\dfrac{d\omega}{dt}}{\dfrac{S_{aB}}{\dfrac{\omega_B}{p_p}}} = \frac{1}{p_p^2}J\omega_B^2 \frac{d\dfrac{\omega}{\omega_B}}{dt}\frac{1}{S_{aB}} = \frac{J\omega_{mB}^2}{S_{aB}}\frac{d\omega_*}{dt} \tag{2-122}$$

若定义机组惯性时间常数

$$H = \frac{\dfrac{1}{2}J\omega_{mB}^2}{S_{aB}} \tag{2-123}$$

则将式（2-123）代入式（2-122），并和式（2-121）合成可得

$$2H\frac{d\omega_*}{dt} = T_{m*} - T_{e*} \tag{2-124}$$

其中，T_{e*} 可由式（2-119）计算。进一步将时间量全化为标幺值，即对式（2-124）左边分子、分母除以 t_b，则

$$2H_* \frac{\mathrm{d}\omega_*}{\mathrm{d}t_*} = T_{\mathrm{m}*} - T_{\mathrm{e}*} \tag{2-125}$$

应当指出，在英美文献中常采用式（2-124），即取时间单位为秒，则在电压方程中"d/dt"项将出现 ω_B 因子；本书中则用式（2-125），时间用标幺值，这样不易出差错。H 之物理意义由式（2-123）可知为额定转速下机组转子储能与电机额定容量之比，有名值单位为 s。在俄文资料中常定义机组惯性时间常数

$$T_\mathrm{J} = \frac{J\omega_{\mathrm{mB}}^2}{S_{a\mathrm{B}}} = 2H \tag{2-126}$$

则相应标幺值运动方程为

$$T_{\mathrm{J}*} = \frac{\mathrm{d}\omega_*}{\mathrm{d}t_*} = T_{\mathrm{m}*} - T_{\mathrm{e}*} \tag{2-127}$$

式中，T_J 是当机组从零起升速时，若加速力矩恒为 1（标幺值），转子达额定转速 $\omega=1$（标幺值）所需的时间。这点由式（2-127）两边对时间积分即可证明。

下面讨论转子角运动方程，即式（2-41）第二式

$$\frac{\mathrm{d}\theta}{\mathrm{d}t} = \omega$$

式中，θ 为 d 轴领先 a 轴的电角度，即使在稳态，θ 也是一个以同步速为角频率的变量。因此实际转子运动方程常采用转子 q 轴相对于同步旋转坐标系（又称 xy 坐标系）的实轴 x 的角位移 δ 来代替 θ 作为状态变量，后者在稳态运行时是常量。

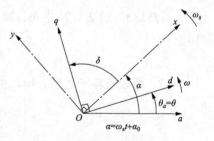

图 2-18　dq-xy 坐标系空间关系

下面进行角位移变量置换的推导。为不失一般性，设 $t=0$ 时同步坐标系 x 轴领先静止坐标 a 轴角度为 α_0，则在任一时刻 t，由图 2-18 可知 x 轴领先 a 轴的角度为

$$\alpha = \omega_\mathrm{s}t + \alpha_0 \tag{2-128}$$

式中，ω_s 为同步转速，即 ω_B。现定义转子 q 轴领先 x 轴的角度为 δ，则由图 2-18 可知

$$\delta = \frac{\pi}{2} - (a - \theta) \tag{2-129}$$

式中，$(a-\theta)$ 为 x 轴领先 d 轴的电角度。根据（2-129），再将式（2-128）代入，可整理得

$$\theta = \delta + (\omega_\mathrm{s}t + \alpha_0) - \frac{\pi}{2} \tag{2-130}$$

从而

$$\frac{\mathrm{d}\theta}{\mathrm{d}t} = \frac{\mathrm{d}\delta}{\mathrm{d}t} + \omega_\mathrm{s} \tag{2-131}$$

将式（2-131）代入式（2-41），得到以 δ 为变量的有名值方程为

$$\frac{\mathrm{d}\delta}{\mathrm{d}t} = \omega - \omega_\mathrm{s} \tag{2-132}$$

将其两边除以 ω_B，并注意到 $\omega_\mathrm{S} = \omega_\mathrm{B}$，及 $\dfrac{\mathrm{d}}{\omega_\mathrm{B}\mathrm{d}t} = \dfrac{\mathrm{d}}{\mathrm{d}t_*}$，即得标幺值方程

$$\frac{\mathrm{d}\delta}{\mathrm{d}t_*} = \omega_* - 1 \qquad (2\text{-}133)$$

这里再强调一下，当稳态运行时，δ 为常量，$\dfrac{\mathrm{d}\delta}{\mathrm{d}t_*} = 0$，而此时 $\omega_* = 1$(标幺值)$= \omega_\mathrm{s}$。当 $\omega_* \neq 1$ 时，q 轴和 x 轴有相对运动，则 δ 要变化。由式（2-131）和式（2-41）可知

$$\frac{\mathrm{d}^2\theta}{\mathrm{d}^2t} = \frac{\mathrm{d}^2\delta}{\mathrm{d}^2t} = \frac{\mathrm{d}\omega}{\mathrm{d}t} \qquad (2\text{-}134)$$

因此在将 θ 换为 δ 作角位移变量时，转子加速度方程不变。故实际使用的转子运动方程的标幺值形式为

$$\begin{cases} 2H_* \dfrac{\mathrm{d}\omega_*}{\mathrm{d}t_*} = T_{\mathrm{m}*} - T_{\mathrm{e}*} \\[2mm] \dfrac{\mathrm{d}\delta}{\mathrm{d}t_*} = \omega_* - 1 \end{cases} \qquad (2\text{-}135)$$

或

$$\begin{cases} T_{J*} \dfrac{\mathrm{d}\omega_*}{\mathrm{d}t_*} = T_{\mathrm{m}*} - T_{\mathrm{e}*} \\[2mm] \dfrac{\mathrm{d}\delta}{\mathrm{d}t_*} = \omega_* - 1 \end{cases} \qquad (2\text{-}136)$$

式中

$$T_{\mathrm{e}*} = \psi_{d*} i_{q*} - \psi_{q*} i_{d*}$$

δ 为 q 轴领先同步坐标系实轴 x 的角度，单位为 rad，在多机系统中用 δ 作变量是十分方便的。下面再对式（2-135）中转子加速度方程的右边项作一简单讨论。$T_{\mathrm{m}*} - T_{\mathrm{e}*}$ 是转子的加速力矩，其中 $T_{\mathrm{e}*}$ 为跨气隙的机电功率 $P_{\mathrm{e}*}$ 与机械转速之比，而

$$T_{\mathrm{m}*} - T_{\mathrm{e}*} = \frac{P_{\mathrm{m}*}}{\omega_{\mathrm{m}*}} - \frac{P_{\mathrm{e}*}(\text{跨气隙机电气隙})}{\omega_{\mathrm{m}*}}$$

对于有些暂态过程转速变化很小，即 $\omega_{\mathrm{m}*} \approx 1$(标幺值)，从而

$$T_{\mathrm{m}*} - T_{\mathrm{e}*} \approx P_{\mathrm{m}*} - P_{\mathrm{e}*}(\text{跨气隙机电气隙}) \qquad (2\text{-}137)$$

而由式（2-117）可知，同步电机标幺值输出功率为

$$P_{\mathrm{e}*} = (i_{d*} p\psi_{d*} + i_{q*} p\psi_{q*} + 2i_{0*} p\psi_{0*}) + \omega^* (\psi_{d*} i_{q*} - \psi_{q*} i_{d*}) - r_{a*}(i_{d*}^2 + i_{q*}^2 + 2i_{0*}^2)$$

其中，等式右边第二项为跨气隙的机电功率，在实际电力系统分析中常忽略定子绕组的暂态，并假定无 0 轴分量，即认为

$$p\psi_d = p\psi_q = p\psi_0 = 0$$

一般说来，式（2-117）右边第一项与第二项值相比是很小的，可近似取为零，同时第三项定子绕组电阻损耗也极小，可近似忽略，这样跨气隙的机电功率可近似认为等于定子输出功率。这样，转子加速度方程在速度变化不大的暂态过程中，可近似为

$$2H_* \frac{\mathrm{d}\omega_*}{\mathrm{d}t_*} = p_{\mathrm{m}*} - p_{\mathrm{e}*}$$

其中，P_{e*} 可取为同步电机的输出功率，从而可方便地用端电压和端电流对它进行计算。

至此同步电机 $dq0$ 坐标下标幺值方程推导毕，它由式（2-89）、式（2-94）、式（2-119）及式（2-135）组成，它与有名值方程有相同形式。电感系数已保留实用的标幺电机参数，转子运动方程也换以 δ 为变量。对不同文献中时间及速度变量所采用的单位要特别注意，以免分析计算中出现差错。以后标幺值下标*从略，各量均为标幺值。

2.3 同步电机的参数与等效电路

2.3.1 等值电路、运算电抗及实用参数

为了更直观地进行电机暂态过程分析，可根据 $dq0$ 坐标下的同步电机标幺值方程导出 d 轴、q 轴等值电路，并据此定义运算电抗和实用参数。

1. q 轴等值电路、运算电抗及实用参数

由 q 轴磁链方程

$$\begin{cases} \psi_q = -X_q i_q + X_{aq} i_Q = -X_1 i_q + X_{aq}(-i_q + i_Q) \\ \psi_Q = -X_{aq} i_q + X_Q i_Q = X_{Q1} i_Q + X_{aq}(-i_q + i_Q) \end{cases} \tag{2-138}$$

式中 X_1、X_{Q1} ——q 绕组和 Q 绕组的漏抗。

据式（2-138）可得图 2-19（a）中的 q 轴电抗、电流和磁链关系图。再根据 q 轴电压方程

$$\begin{cases} u_q = p\psi_q + \omega\psi_d - r_a i_q \\ u_Q = p\psi_Q + r_Q i_Q = 0 \end{cases} \tag{2-139}$$

最终可得图 2-19（b）中的 q 轴等值电路。

根据 q 轴等值电路，通常定义 q 轴运算电抗（这里"p"为算子）为

$$X_q(p) = \frac{\psi_q}{(-i_q)} \text{ 或 } pX_q(p) = \frac{p\psi_q}{(-i_q)} \tag{2-140}$$

则根据图 2-19（b）（由 0–q 向电机内部看，"$//$"表示并联）可得

$$pX_q(p) = pX_1 + (pX_{aq})//(r_Q + pX_Q)$$

从而

$$X_q(p) = X_1 + \frac{X_{aq}X_Q + \dfrac{r_Q}{P}}{X_{aq} + X_Q + \dfrac{r_Q}{p}} \tag{2-141}$$

或

$$X_q(p) = X_q + \frac{pX_{aq}^2}{pX_Q + r_Q} \tag{2-142}$$

一些文献中根据式（2-141）把 $X_q(p)$ 表示成图 2-19（c）中的形式，即视 $\dfrac{r_Q}{p}$ 为"电容"，而视 X_1、X_{aq}、X_Q 为"电阻"，从而可直接写出 $X_q(p)$ 表达式。另外由于 q 轴等值电路和相应电

压方程、磁链方程等价，故式（2-142）也可将式（2-138）代入式（2-139），并用 u_Q 方程消去转子电流 i_Q 而得到。

由式（2-140）之定义式可知

$$\psi_q = -X_q(p)i_q \qquad\qquad (2\text{-}143)$$

式（2-143）为算子形式的 q 绕组磁链方程。由于它消去了转子电量 i_Q，故有利于在定子侧进行暂态分析。在电机过渡过程的解析分析及频域分析中常采用运算电抗概念。

下面给出同步电抗 q 轴实用参数的定义。

（1）q 轴同步电抗 X_q 电机稳态运行时定子 q 轴电路呈现的内电抗，且

$$X_q = X_1 + X_{aq} \qquad\qquad (2\text{-}144)$$

即 X_q 为定子 q 绕组漏抗 X_1 和定子 q 轴电枢反应电抗 X_{aq} 之和。

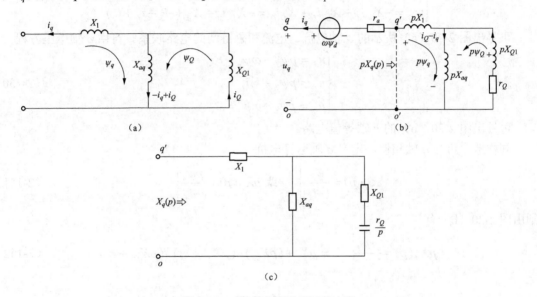

图 2-19　q 轴等值电路及运算电抗

（a）q 轴磁链方程等值电路；（b）q 轴等值电路；（c）q 轴运算电抗

（2）q 轴超瞬变电抗 X_q''：其定义为 $r_Q \approx 0$ 时之 $X_q(p)$。由式（2-142）及图 2-19（c）可知

$$X_q'' = X_1 + X_{aq} // X_Q = X_q - \frac{X_{aq}^2}{X_Q} \qquad\qquad (2\text{-}145)$$

X_q'' 在电机超瞬变过渡过程中起重要作用。

（3）q 轴开路超瞬变时间常数 T_{q0}''（下标 0 表示开路）：其定义为图 2-19（c）中定子 q 轴运算电抗的开路时间常数。由图 2-19（c）可知

$$T_{q0}'' \frac{X_Q + X_{aq}}{r_Q} = \frac{X_Q}{r_Q}（标幺值） \qquad\qquad (2\text{-}146)$$

若要以秒为单位，则要乘以 t_B。

（4）q 轴短路超瞬变时间常数 T_q''：其定义为定子 q 轴运算电抗的短路时间常数。由图 2-19（c）可知

$$T_q'' = \frac{X_{Q1} + X_{aq} // X_1}{r_Q} = \frac{X_Q - \dfrac{X_{aq}^2}{X_q}}{r_Q} \tag{2-147}$$

可以证明

$$\frac{T_q''}{T_{q0}''} = \frac{X_q''}{X_q} \tag{2-148}$$

2. d 轴等值电路、运算电抗及实用参数

与 q 轴相似，由 d 轴各绕组的磁链方程

$$\begin{cases} \psi_d = -X_d i_d + X_{ad} i_f + X_{ad} i_D = -X_1 i_d + X_{ad}(-i_d + i_f + i_D) \\ \psi_f = -X_{ad} i_d + X_f i_f + X_{ad} i_D = -X_{f1} i_f + X_{ad}(-i_d + i_f + i_D) \\ \psi_D = -X_{ad} i_d + X_{ad} i_f + X_D i_D = -X_{D1} i_D + X_{ad}(-i_d + i_f + i_D) \end{cases} \tag{2-149}$$

可导出图 2-20（a）所示的 d 轴电抗、电流和磁链间的电路联系。再由 d 轴电压方程

$$\begin{cases} u_d = p\psi_d - \omega\psi_q - r_a i_d \\ u_f = p\psi_f + r_f i_f \\ u_D = p\psi_D + r_D i_D = 0 \end{cases} \tag{2-150}$$

可导出图 2-20（b）的 d 轴等值电路。

同样地，可与 q 轴相似，定义 d 轴运算电抗

$$X_d(p) = \left.\frac{\psi_d}{(-i_d)}\right|_{u_f=0} \quad \text{或} \quad pX_d(p) = \left.\frac{p\psi_d}{-i_d}\right|_{u_f=0} \tag{2-151}$$

则由图 2-20（b）有

$$pX_d(p) = \left.\frac{p\psi_d}{-i_d}\right|_{u_f=0} = pX_1 + (pX_{ad}) // (pX_{f1} + r_f) // (pX_{D1} + r_D) \tag{2-152}$$

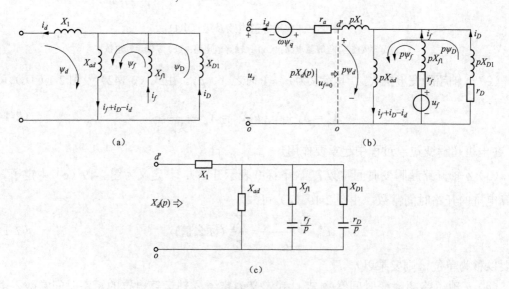

图 2-20　d 轴等值电路及运算电抗

（a）d 轴磁链方程等值电路；（b）d 轴等值电路；（c）d 轴运算电抗

即

$$X_d(p) = X_d - \frac{p^2(X_D + X_f - 2X_{ad})X_{ad}^2 + p(r_D + r_f)X_{ad}^2}{p^2(X_D X_f - X_{ad}^2) + p(X_D r_f + X_f r_D) + r_D r_f} \tag{2-153}$$

式（2-153）中 $X_d(p)$ 可用图 2-20（c）中等值电路直接表示。也可设 $u_f = 0$，由式（2-149）和式（2-150）消去转子电流 i_f 和 i_d 后得到式（2-152）。当忽略 D 绕组（即 D 支路开路，令 $r_D \to \infty$）时，相应之 $X_d(p)$ 为

$$X_d(p) = X_1 + X_{ad} // X_{f1} + \frac{r_f}{p} = X_d - \frac{pX_{ad}^2}{r_f + pX_f} \tag{2-154}$$

当 $u_f \neq 0$ 时，由 d–o 端口向电机内部看时，见图 2-20（c），由戴维南定理可知，相应的等值二端网络除有内电抗 $X_d(p)$ 外，还应有一个与 u_f 对应的 d 轴开路等值电动势，这个电动势可根据式（2-149）和式（2-150），令 $i_d = 0$，再消去 i_f 和 i_D 转子变量后得到，也可由图 2-20（b）直接导出，若定义 d 轴开路时 d'–o 端口电动势 E_{do} 为

$$E_{do} = pG(p)u_f \tag{2-155}$$

称式（2-155）中 $G(p)$ 为"运算电导"。事实上从有名值角度看，式（2-155）中 $G(p)$ 的量纲并非电导，而是时间量纲，$[pG(p)]$ 则为无量纲的系数。由戴维南定理以及式（2-151）和式（2-155）可知，在端口 d'–o 处，$i_d \neq 0$ 时电压为

$$p\psi_d = pG(p)u_f - pX_d(p)i_d \text{ 或 } \psi_d = G(p)u_f - X \tag{2-156}$$

式（2-156）即为算子形式的 d 轴磁链方程，其特点是消去了转子电流 i_D 和 i_f，有利于定子侧解析分析。下面由图 2-20（b）导出 $G(p)$ 的解析表达式。显然 u_f 引起的 d'–o 开路电压，由电路串联、并联关系

$$E_{do} = \frac{u_f}{r_f + pX_{f1} + (pX_{ad})//(r_D + pX_{D1})} \times \frac{r_D + pX_{D1}}{(r_D + pX_{D1}) + pX_{ad}} pX_{ad}^{\,def} pG(p)u_f$$

故

$$\begin{aligned}
G(p) &= \frac{X_{ad}(r_D + pX_{D1})}{r_f + pX_{f1} + (pX_{ad})//(r_D + pX_{D1})} \times \frac{1}{r_D + pX_D}\\
&= \frac{(pX_{D1} + r_D)X_{ad}}{p^2(X_D X_f - X_{ad}^2) + p(X_D r_f + X_f r_D) + r_D r_f}
\end{aligned} \tag{2-157}$$

当忽略 D 绕组（D 支路开路）时，相应 $G(p)$ 为

$$G(p) = \frac{X_{ad}}{r_f + pX_f} \tag{2-158}$$

总结上面分析可知：d 轴、q 轴运算电抗 $X_d(p)$ 和 $X_q(p)$ 及 d 轴运算电导 $G(p)$ 的引入，可得出算子形式的定子磁链方程（消去转子电流量）

$$\begin{aligned}
\psi_d &= G(p)u_f - X_d(p)i_d\\
\psi_q &= -X_q(p)i_q
\end{aligned} \tag{2-159}$$

式中

$$X_d(p) = \begin{cases} X_d - \dfrac{pX_{ad}^2}{r_f + pX_f} & (\text{无}D\text{绕组时}) \\[3mm] X_d - \dfrac{B(p)}{A(p)} & (\text{有}D\text{绕组时}) \end{cases}$$

$$X_q(p) = \begin{cases} X_q & (\text{无}Q\text{绕组时}) \\[3mm] X_q - \dfrac{pX_{aq}^2}{pX_Q + r_Q} & (\text{有}Q\text{绕组时}) \end{cases}$$

$$G(p) = \begin{cases} \dfrac{X_{ad}}{r_f + pX_f} & (\text{无}D\text{绕组时}) \\[3mm] \dfrac{(pX_{D1} + r_D)X_{ad}}{A(p)} & (\text{有}D\text{绕组时}) \end{cases}$$

$$A(p) = p^2(X_D X_f - X_{ad}^2) + p(X_D X_f + X_f r_D) + r_D r_f$$

$$B(p) = p^2(X_D + X_f - 2X_{ad})X_{ad}^2 + p(r_D + r_f)X_{ad}^2$$

算子形式的定子磁链方程在电机暂态过程的解析分析中得到了广泛的应用。

下面给出 d 轴实用参数的定义。

（1）d 轴同步电抗 X_d：其定义为 $p \to 0$ 时的 $X_d(p)$，即电机稳态运行时定子 d 轴电路呈现的内电抗。$X_d = X_1 + X_{ad}$，即 X_d 等于定子 d 轴等值绕组漏抗 X_1 及定子 d 轴电枢反应电抗 X_{ad} 之和。

（2）d 轴瞬变电抗 X_d'：其定义为 D 支路开路 $r_D \to \infty$、$r_f \approx 0$ 时的 $X_d(p)$。由式（2-153）及图 2-20（c）可知

$$X_d'' = X_1 + X_{ad} /\!/ X_{f1} = X_d - \frac{X_{ad}^2}{X_f} \tag{2-160}$$

它在 d 轴瞬变过程中起重要作用。

（3）d 轴超瞬变电抗 X_d''：其定义为 $r_D \approx 0$、$r_f \approx 0$ 时的 $X_d(p)$。由式（2-153）及图 2-20（c）可知

$$X_d'' = X_1 + X_{ad} /\!/ X_{f1} /\!/ X_{D1} = X_d - \frac{X_{ad}^2(X_D - 2X_{ad} + X_f)}{X_D X_f - X_{ad}^2} \tag{2-161}$$

X_d'' 在 d 轴超瞬变过程中起重要作用。

（4）d 轴开路暂态时间常数 T_{do}'：D 支路开路时，d 轴运算电抗的开路时间常数。由图 2-20（c）可知

$$T_{do}' = \frac{X_f}{r_f} \text{（标幺值）} \tag{2-162}$$

（5）d 轴短路暂态时间常数 T_d'：图 2-20（c）中 D 支路开路时，d 轴运算电抗的短路时间常数。

$$T'_d = \frac{X_{f1} + X_{ad} /\!/ X_1}{r_f} = \frac{X_f - \dfrac{X_{ad}^2}{X_d}}{r_f} \tag{2-163}$$

可以证明

$$\frac{T''_d}{T'_{d0}} = \frac{X'_d}{X_d} \tag{2-164}$$

T'_d 和 T'_d 在电机瞬变过程中起重要作用。

（6）d 轴开路次暂态（超瞬变）时间常数 T'_d：$r_f \approx 0$ 时，d 轴运算电抗的开路时间常数。

$$T''_{d0} = \frac{X_{D1} + X_{f1} /\!/ X_{ad}}{r_D} = \frac{X_D - \dfrac{X_{ad}^2}{X_f}}{r_D} \tag{2-165}$$

（7）d 轴短路次暂态（超瞬变）时间常 T''_d：$r_f \approx 0$ 时，d 轴运算电抗的短路时间常数。

$$T''_d = \frac{X_{D1} + X_{f1} /\!/ X_{ad} /\!/ X_1}{r_D} = \frac{X_{D1} + \left(\dfrac{1}{X_{f1}} + \dfrac{1}{X_{ad}} + \dfrac{1}{X_1} \right)^{-1}}{r_D} \tag{2-166}$$

可以证明

$$\frac{T''_d}{T''_{d0}} = \frac{X''_d}{X'_d} \tag{2-167}$$

T''_d 及 T''_{d0} 在电机超瞬变过程中起重要作用。

上述各时间常数的值为标幺值，即弧时。若要化为以秒为单位，则要乘以 t_B，即 $\dfrac{1}{\omega_B}$。

下面讨论如何由手册中得到的电机实用参数，计算派克方程中所需要的参数。若已知某三相同步电机的 X_1、X_d、X_q、X'_d、X''_d、X''_q 及 X'_{a0}、X''_{d0}、X''_{q0} 参数，可逐步求得派克方程中所需的电抗参数 X_{ad}、X_{aq}、X_f、X_D、X_Q 以及电阻参数 r_f、r_D、r_Q（电抗和电阻均为标幺值，$\omega_B = 314.16 \mathrm{rad/s}$）。

（1）$X_{ad} = X_d - X_1$。

（2）$X_{aq} = X_q - X_1$。

（3）由 $X'_d = X_d - \dfrac{X_{ad}^2}{X_f}$，可求得 $X_f = \dfrac{X_{ad}^2}{X_d - X'_d}$。

（4）由 $X''_d = X'_d - \dfrac{(X_{ad} /\!/ X_{f1})^2}{(X_{ad} /\!/ X_{f1}) + X_{D1}}$，式中 $X_{ad} /\!/ X_{f1} = X_1$，则可求得 X_{D1}，并进而由 $X_D = X_{D1} + X_{ad}$ 计算 X_D。

（5）由 $X''_q = X_q - \dfrac{X_{aq}^2}{X_Q}$ 可求得 $X_Q = \dfrac{X_{aq}^2}{X_q - X''_q}$。

（6）由 $T'_{d0} = \dfrac{X_f}{\omega_B r_f}(s)$ 可求得 $r_f = \dfrac{X_f}{\omega_B T'_{d0(s)}}$。

（7）由 $T''_{d0} = \dfrac{X_{D1} + (X_{f1} /\!/ X_{ad})}{\omega_{\mathrm{B}} r_D}(s)$，由于 $X_{f1} /\!/ X_{ad} = X'_d - X_1$ 均已经求出，故可以计算

$$r_D = \frac{(X_{D1} + X_{f1} /\!/ X_{ad})}{\omega_{\mathrm{B}} T''_{d0}(s)}$$

（8）$T''_{q0} = \dfrac{X_Q}{\omega_{\mathrm{B}} r_Q}(s)$ 可以计算

$$r_Q = \frac{X_Q}{\omega_{\mathrm{B}} T''_{q0}(s)}$$

若已知的是 T'_d、T''_d 及 T''_q，则可由式（2-164）、式（2-167）及式（2-148）转化为 T'_{a0}、T''_{d0} 及 T''_{q0} 然后再用上述公式计算派克方程参数，也可由其定义直接计算派克方程所需参数[5]。

2.3.2　同步电机实用模型

对于 $dq0$ 坐标下同步电机方程，如果单独考虑与定子 d 绕组、q 绕组相独立的 0 轴绕组，则在计及 d，q，f，D，Q5 个绕组的电磁过渡过程（以绕组磁链或电流为状态量）以及转子机械过渡过程（以 ω 及 δ 为状态量）时，电机为七阶模型。对于一个含有上百台发电机的多机电力系统，若再加上其励磁系统、调速器和原动机的动态方程，则将会出现"维数灾"，给分析计算带来极大的困难。因此在实际工程问题中，常对同步电机的数学模型作不同程度的简化，以便在不同的场合下使用。

此外，对派克方程中的转子变量，如 i_{fDQ}，ψ_{fDQ} 及 u_f，如果将其用折合到定子侧的实用物理量表示，以便在定子侧进行分析及度量，这将给分析带来方便，且便于互相进行比较。例如定义定子侧看到的励磁电压 E_f 为

$$E_f \stackrel{\mathrm{def}}{=} X_{ad} \frac{u_f}{r_f}$$

定义发电机空载电动势，又称 X_d 后面的电动势 E_q 为

$$E_q \stackrel{\mathrm{def}}{=} X_{ad} i_f$$

这样就可用这些定子侧等效量取代原来的相应转子量，得到用这些实用等效量表示的同步电机实用方程。这样做不仅物理意义明确，而且便于从定子侧分析、测量、比较，且标幺值取值范围也较为合理。

原派克方程中的定子量，保留易测量及计算的 i_d 和 i_q 及 u_d 和 u_q，而消去 ψ_d 和 ψ_q 两个变量。另外还希望在简化的实用模型中采用实用的电机标幺参数（如 X_d、X_q、X'_d、X''_d、X''_q 及 T'_{d0}、T''_{d0}、T''_{q0} 等）以便于参数准备及分析计算。

对于不同的实际问题及分析工具，电机模型应进行不同程度的简化，因此同步电机实用模型也有不同形式。同步电机实用模型最重要的简化假定是忽略定子绕组暂态，从而令定子电压微分方程中 $p\psi_d = p\psi_q = 0$，这样就把它化为代数方程。应当指出这种处理要求在电力网络和同步电机接口时，只让基波正序电量进入发电机定子绕组，从而变压器电动势 $|p\psi|$ 远小于速度电动势 $|\omega\psi|$，以便使定子电压方程代数化。在实际电力系统机电暂态分析中也是这样做的。另一假定是设定子电压方程中 $\omega \approx 1$，从而使方程线性化。下面主要介绍以下 3 种实用

模型：

（1）忽略定子绕组暂态（定子电压方程中，$p\psi_d = p\psi_q = 0$），并忽略阻尼绕组作用，只计及励磁绕组暂态和转子动态的三阶模型（E'_q、ω、δ 为状态量）。

（2）忽略定子绕组暂态（定子电压方程中，$p\psi_d = p\psi_q = 0$），但计及阻尼绕组 D、Q 以及励磁绕组暂态和转子动态的五阶模型（E'_q、E''_q、E''_q、ω 及 δ 为状态量）。

（3）二阶模型（以 ω 和 δ 为状态，并设 E' 恒定或 E'_q 恒定）。

本部分公式推导较繁复，但可看作是派克方程的应用实例，且得到的同步电机实用模型在电力系统动态分析中应用广泛，故需很好地掌握，并可在必要时据此推导新的实用模型。在实用模型导出中所引入的一些实用等效量，要注意了解其物理意义，以及在稳态和暂态时的数值计算和二者间的相互关系。另外要注意推导中的一些假定，以了解模型的局限性、适用范围，以便在实际工程问题中选用正确的模型。

1. 三阶实用模型

在实用电力系统动态分析中，当要计及励磁系统动态时，最简单的模型就是三阶模型。由于它简单而又能计算励磁系统动态，因而广泛地应用于精度要求不十分高、但仍需计及励磁系统动态的电力系统动态分析中。三阶模型较适用于凸极机。

这种实用模型的导出基于如下假定：①忽略定子 d 绕组、q 绕组的暂态，即定子电压方程中取 $p\psi_d = p\psi_q = 0$；②在定子电压方程中，设 $\omega \approx 1$（标幺值），在速度变化不大的过渡过程中，其引起的误差很小；③忽略 D 绕组、Q 绕组，其作用可在转子运动方程补入阻尼项来近似考虑。

（1）等效实用变量的引入。为了消去转子励磁绕组的变量 i_f、u_f、ψ_f，引入以下 3 个定子侧等效实用变量。

1）定子励磁电动势 E_f。

$$E_f = X_{ad}\frac{u_f}{r_f} \tag{2-168}$$

2）电机（q 轴）空载电动势 E_q（又称"X_d 后面的电动势"）。

$$E_q = X_{ad}j_f \tag{2-169}$$

3）电机 q 轴瞬变电动势 E'_q（又称"X'_d 后面的电动势"）。

$$E'_q = \frac{X_{ad}}{X_f}\psi_f \tag{2-170}$$

看到 E_f、E_q、E'_q 应分别联想 u_f、i_f、ψ_f。

稳态时，由于 $i_f = \dfrac{u_f}{r_f}$，故（下标 0 表示稳态值，下同）

$$E_{f0} = E_{q0} \tag{2-171}$$

另外由派克方程可知，稳态时

$$u_{q0} = E_{q0} - X_d i_{d0} - r_a i_0$$
$$E_{f0} = E_{q0} = u_{q0} + X_d i_{d0} + r_a i_{q0} \tag{2-172}$$

据式（2-172）可由稳态定子电量计算 E_{f0}、E_{q0}，同时可由式（2-172）了解将 E_q 称为发电机（q 轴）空载电动势及称为"X_d 后面的电动势"的物理背景。

电机 q 轴瞬变电动势 E_q' 与 f 绕组磁链成正比，由于暂态过程中磁链不突变，因而设扰动发生在 $t=0$，则

$$E_q'\big|_{t=0^-} = E_q'\big|_{t=0^+}$$

即可据稳态时的值确定 E_0' 在扰动发生时的初值。而由派克方程可知

$$\psi_{f0} = -X_{ad}i_{d0} + X_f i_{f0}$$

将之两边乘以 $\dfrac{X_{ad}}{X_f}$，则得

$$E_{q0}' = \frac{X_{ad}}{X_f}\psi_{f0} = \frac{-X_{ad}^2}{X_f}i_{d0} + X_{ad}i_{f0} \tag{2-173}$$

而由式（2-172）有 $X_{ad}i_{f0} = E_{q0} = u_{q0} + X_d i_{d0} + r_a i_{q0}$，因为 $X_d' = X_d - \dfrac{X_{ad}^2}{X_f}$，代入式（2-173）得

$$E_{q0}' = u_{q0} + X_d' i_{d0} + r_a i_{q0} \tag{2-174}$$

由式（2-174）可计算 E_q' 在扰动时的初值。E_{q0}' 反映了瞬变阶段初始时的 q 轴暂态电动势。由式（2-174）可知"X_d' 后面的电动势"的物理背景。

（2）三阶实用模型导出思路。为了从派克方程导出三阶实用模型，必须先弄清其推导的思路，其思路可简述如下：

1）对于派克方程，在忽略 D、Q 绕组（把相应方程及变量删去）后，尚有变量 u_{daf}、i_{daf}、ψ_{daf} 及 ω、δ、T_m，若设 u_f 和 T_m 为已知量（分别为励磁系统及原动机输出量），则有 10 个未知量。对应有 d、q、f 这 3 个绕组的电压方程、磁链方程及 2 个转子运动方程，共计 8 个方程，若和 d 轴、q 轴网络方程联立，则变量数和方程数平衡，可以求解。

2）在由派克方程推导三阶实用模型时，对原有变量要进行如下改进，即保留定子变量 u_{dq} 和 i_{dq}，而转子变量 u_f、i_f、ψ_f 分别用 E_f、E_q、E_q' 替代，然后再用 3 个磁链方程消去 ψ_d、ψ_q 及 i_f（或E_q），从而在最终同步电机模型中保留 u_{dq}、i_{dq}、E_f、E_q' 及 ω、δ、T_m 等 9 个变量，其中 E_q'、ω、δ 为状态量，电机方程由 3 个电压方程、2 个转子运动方程组成，当 E_f 和 T_m 已知，并和网络 d 轴、q 轴方程联立，即可求解。

3）变量转换及消去所用表达式推导。这里先导出消去 ψ_d、ψ_q 及 i_f（或 E_q）所用表达式，即将其用保留变量的函数来表示，然后再据此对原派克方程进行改造，得到三阶模型。

d 轴磁链方程为

$$\psi_d = -X_d i_d + X_{ad}i_f \tag{2-175}$$

$$\psi_f = -X_{ad}i_d + X_f i_f \tag{2-176}$$

将式（2-176）两边乘以 $\dfrac{X_{ad}}{X_f}$，则

$$E'_q = -\frac{X_{ad}^2}{X_f} i_d + X_{ad} i_f \tag{2-177}$$

因为 $X'_d = X_d - \dfrac{X_{ad}^2}{X_f}$ 及由式（2-175），式（2-177）可表示为

$$E'_q = \psi_d + X'_d i_d \qquad \psi_d = E'_q - X'_d i_d \tag{2-178}$$

式（2-178）即为消去 ψ_d 所用的表达式。

再由式（2-175）及 $E_q = X_{ad} i_f$［见式（2-169）］可知

$$\psi_d = E_q - X_d i_d \tag{2-179}$$

将式（2-178）代入式（2-179）得

$$E'_q - X'_d i_d = E_q - X_d i_d$$

从而

$$E_q = E'_q + (X_d - X'_d) i_d \tag{2-180}$$

式（2-180）即为消去 i_f（或 E_q）所用表达式，其表示忽略 D 绕组、Q 绕组时，E_q 与 E'_q 间的一个重要关系，但计及 D 绕组、Q 绕组暂态时，此关系式不成立。

q 轴磁链方程为

$$\psi_q = -X_q i_q \tag{2-181}$$

式（2-181）可直接用作消去 ψ_d 的表达式。

至此，消去 ψ_d、ψ_q 及 i_f（或 E_q）所用的表达式均已得到，此即式（2-178）、式（2-180）及式（2-181）。

（3）改造原方程，导出三阶模型。

对式（2-89）中定子电压方程，令 $p\psi_d = p\psi_q = 0$、$\omega \approx 1$，再将式（2-178）、式（2-181）代入，消去 ψ_d 和 ψ_q，得

$$\begin{cases} u_d = X_q i_q - r_a i_d \\ u_q = E'_q - X'_d i_d - r_a i_q \end{cases} \tag{2-182}$$

对转子 f 绕组电压方程，改造如下：将式（2-89）转子 f 绕组电压方程改写为

$$p\psi_f = u_f - r_f i_f \tag{2-183}$$

上式两边乘以 $\dfrac{X_{ad}}{X_f} \times \dfrac{X_f}{r_f}$，由于 $T'_{d0} = \dfrac{X_f}{r_f}$，再由 E_f、E_q、E'_q 的定义，可得

$$T'_{d0} p E'_q = E_f - E_q \tag{2-184}$$

将式（2-180）代入式（2-184），消去 E_q，得

$$T'_{d0} p E'_q = E_f - E_q - (X_d - X'_d) i_d \tag{2-185}$$

此即转子 f 绕组暂态方程。

另外再对转子运动方程改造如下：

由 $T_J \dfrac{\mathrm{d}\omega}{\mathrm{d}t} = T_m - (\psi_d i_q - \psi_q i_d)$，将 ψ_d 和 ψ_q 用式（2-179）和式（2-181）消去，得

$$T_J = \frac{\mathrm{d}\omega}{\mathrm{d}t} = T_m - T_e = T_m - [E_q'i_q - (X_d' - X_q)i_d i_q] \tag{2-186}$$

另一运动方程不变，为

$$\frac{\mathrm{d}\delta}{\mathrm{d}t} = \omega - 1 \tag{2-187}$$

式（2-182）、式（2-185）及式（2-186）、式（2-187）构成了同步电机的实用三阶模型，其以 E_q'、ω、δ 为状态变量，当励磁电动势 E_f 和机械力矩 T_m 已知时，可和 d 轴、q 轴网络方程联立求解。

下面对此模型作一讨论。

1）初值计算。在系统受扰动时，状态量是不突变的，需计算其稳态时的值作为扰动后初值。据此可计算 E_q'、ω、δ 的初值如下。

① $\omega_{(0^+)} = \omega_{(0^-)} = 1$(标幺值)，速度初值为同步速。

② δ 为同步电机 q 轴领先同步坐标系实轴 x 的角度。由同步电机稳态相量图和矢量图的一致性可知，其初值 δ_0 可由

$$\dot{E}_{qd} = \dot{U}_{(0^-)} + (r_a + jX_q)\dot{I}_{(0^-)} = E_{qd} < \delta_0$$

计算而得。$\dot{E}_{qd}$ 无实际物理意义，但其幅角 δ_0 反映了扰动初瞬 q 轴与 x 轴的相对位置。上式中 $\dot{U}_{(0^-)}$ 和 $\dot{I}_{(0^-)}$ 为稳态运行时同步电机的端电压及端电流，均为同步坐标下的复数相量。一旦 δ_0 确定，则由稳态矢量图可计算稳态运行时的 u_{d0}、u_{p0}、i_{d0}、i_{q0}。由于令 $p\psi_d = p\psi_q = 0$，解除了 i_d 及 i_q 不能突变的约束，这 4 个量在扰动中将发生突变，但其稳态值将用以计算 E_{f0}、E_{q0}'、T_{e0} 等变量初值。

③ E_q' 的初值 E_{q0}' 由式（2-174）计算。当粗略考虑励磁系统动态作用时，可设 E_q' 为恒定值。另外当忽略调速系统动态作用时，机械力矩 T_m 在速度变化不大的过渡过程中，近似不变，其值要由稳态运行工况计算，并在扰动暂态中保持恒定。当计及励磁系统及调速器动态时，励磁电动势 E_f 和机械力矩 T_m 一般为相应系统的状态量，均要由稳态值确定其扰动初值。

由式（2-174）可计算

$$E_{f0} = E_{q0} = u_{q0} + X_d i_{d0} + r_a i_{q0}$$

也可由式（2-180）计算

$$E_{f0} = E_{q0} = E_{q0}' + (X_d - X_d')i_{d0}$$

由转子运动方程可知，稳态时有 $T_{m0} = T_{e0}$，据式（2-186）可计算

$$T_{m0} = T_{e0} = E_{q0}'i_{q0} - (X_d' - X_q)i_{d0}i_{q0}$$

一般原动机传递函数框图中常采用原动机输出机械功率 P_m 为变量，因为 $\omega_{m0} = 1$(标幺值)，故稳态时 $P_{m0} = T_{m0}$(标幺值)。

2）转子运动方程中的阻尼项引入。当要近似计及 D 绕组、Q 绕组在动态过程中的阻尼作用以及转子运动中的机械阻尼时，常在转子运动方程中补入一等效阻尼项 $D(\omega - 1)$，D 为定阻尼系数，则式（2-186）改为

$$T_J \frac{\mathrm{d}\omega}{\mathrm{d}t} + D(\omega - 1) = T_m - [E'_q i_q - (X''_d - X_d)i_d i_q] \tag{2-188}$$

3）前面曾指出，对于汽轮机实心转子，转子 q 轴的过渡过程有时需用 2 个绕组来等值，即反映转子 q 轴超瞬变过程的 Q 绕组和反映转子 q 轴瞬变过程的 g 绕组。当忽略 d 轴、q 轴超瞬变过程，即忽略 D 绕组、Q 绕组时，与三阶实用模型相对应的实用模型由于 q 轴 g 绕组的存在而增为四阶（以 E'_d、E'_q、ω、δ 为状态量）。

若定义

$$\begin{cases} E'_d = -\dfrac{X_{aq}}{X_g}\psi_g \\[2mm] E_d = -X_{aq}i_g \end{cases} \tag{2-189}$$

则与三阶模型导出步骤相同，可导出计及 q 轴 g 绕组暂态的四阶实用模型为

$$\begin{cases} u_d = E'_d + X'_q i_q - r_a i_d \\ u_q = E'_q - X'_d i_d - r_a i_q \\ T'_{d0} p E'_q = E_f - E'_q - (X_d - X'_d)i_d \\ T'_{q0} p E'_d = -E'_d + (X_q - X'_q)i_q \\ T_J \dfrac{\mathrm{d}\omega}{\mathrm{d}t} + D(\omega - 1) = T_m - [E'_q i_q + E'_d i_d - (X'_d - X'_q)i_d i_q] \\ \dfrac{\mathrm{d}\delta}{\mathrm{d}t} = \omega - 1 \end{cases} \tag{2-190}$$

式中

$$X'_q = X_1 + X_{aq} // X_{g1} = X_q - \frac{X^2_{aq}}{X_g}, \ T'_{q0} = \frac{X_g}{r_g} \tag{2-191}$$

并且以下关系成立

$$\begin{cases} E_d - E'_d = -(X_q - X'_q)i_q \\ \psi_q = -(E'_d + X'_q i_q) \end{cases} \tag{2-192}$$

4）当同步电机忽略定子暂态时，定子绕组所连的交流网络一般也忽略暂态，而用准稳态模型描述，只考虑基波成分。当网络发生不对称故障时，会含有基波正序、负序及零序电量，其中零序电量可据零序网络单独考虑。即使发电机定子绕组根据零序网计算含有零序电流，它也不产生跨气隙的磁通，其对转子运动的影响可忽略。在负序电量分析中，发电机一般用一个等值的负阻抗接入相应的负序网络，亦即和网络方程联解的发电机三阶动态模型中的变量不包含负序分量所对应的成分。机网接口处的负序分量在处理中"不进入发电机"，而只和发电机负序等值阻抗接口的原因主要有 3 个：一是定子的负序分量电流，由于转子的凸极效应，将在定子和转子中分别感应出奇次和偶次的谐波。如处理中让它"进入发电机"，将给分析计算带来很大困难。二是负序电流分量相应的 $p\psi_d$ 和 $p\psi_q$ 数值较大，而在三阶模型中假定定子电压方程中 $p\psi_d \approx 0$ 及 $p\psi_q \approx 0$ 将会引起较大误差。三是定子的负序电流形成的空间磁场相对转子以约 2 倍的同步速顺时针旋转，其产生的旋转力矩本质为一异步制动力矩，可据电机原理导出相应的力矩计算公式，并在转子运动方程中计及。因此，真正和电机三阶实用模

型接口的仅为网络中的基波正序分量，该正序分量以同步坐标系中的复数相量表示，具体说就是机端正序电压 U^{+*} 及正序电流 I^{+*}，可参见图 2-21（b）。当知道各时刻发电机 q 轴领先同步坐标 x 轴的角度 δ 时，即可据图 2-21（b）中的坐标关系由 U^{+*} 及 I^{+*} 计算相应的 u_d、u_q 及 i_d、i_q，或由后者计算前者。要特别注意，这些量只和网络中的正序分量对应。

因为发电机三阶模型中的电量只和网络的正序分量对应，而网络负序分量在分析计算中和发电机等值负序阻抗接口，则转子运动方程的电磁力矩计算中也就只包含和正序分量对应的成分，它为同步力矩性质，而负序分量对应的负序力矩（它为异步制动力矩性质）则被忽略掉了。一些文献中根据电机理论推导了上述负序力矩的计算公式，但在一般暂态分析中常予以忽略。当精度要求较高时，则应在转子运动方程中补入负序力矩项（T_2），从而转子总加速力矩为 $T_m - T_e - D(\omega - 1) - T_2$。

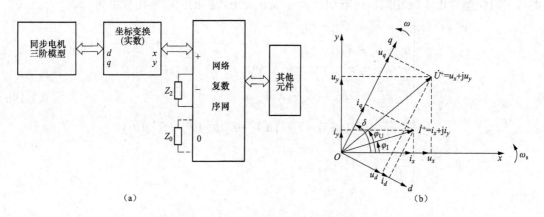

图 2-21　三阶实用模型和网络的接口

(a) 机网接口示意图；(b) 稳态分量关系

（4）三阶模型中忽略定子暂态，即令 $p\psi_d = p\psi_q = 0$ 解除了定子绕组磁链不突变的约束，分析计算中也就忽略了保证定子磁链不突变的非周分量及其相应的脉动力矩。这在转子摇摆稳定问题的研究中一般不会引起很大误差，却可大大地简化分析计算。但对有些问题需了解定子暂态中的瞬时值电量（如电磁暂态问题）或转子运动中的瞬时力矩（如轴系扭振问题），就不能进行上述简化，否则会引起很大误差。

2. 五阶实用模型

当对电力系统暂态稳定分析的精度要求较高时，可采用忽略定子电磁暂态但计及转子阻尼绕组作用的五阶模型，亦即考虑 f 绕组、D 绕组、Q 绕组的电磁暂态以及转子运动的机电暂态。其导出过程与三阶模型相似，只是繁复一些，下面加以介绍。

（1）引入新的实用变量。为导出五阶模型，需再引入下列新的实用变量，以取代转子变量。

1）q 轴超瞬变电动势 E_q''（又称" X_d'' 后面的电动势"）：它的物理意义是当 f 绕组磁链为 ψ_f、D 绕组磁链为 ψ_D 时，在同步速下相应的定子 q 轴开路电动势。

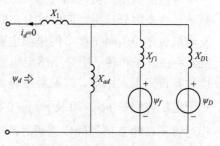

图 2-22　E_q'' 对应的 ψ_d 计算示意图

可据图 2-22 用叠加原理计算得此时 d 轴磁链 ψ_d 为

$$\psi_d = \frac{\psi_f}{X_{f1} + X_{ad} /\!/ X_{D1}} \times \frac{X_{D1}}{X_{ad} + X_{D1}} \times X_{ad} + \frac{\psi_D}{X_{D1} + X_{ad} /\!/ X_{f1}} \times \frac{X_{f1}}{X_{ad} + X_{f1}} \times X_{ad}$$

$$= \frac{X_{ad}}{X_f X_D - X_{ad}^2}(X_{D1}\psi_f + X_{f1}\psi_D)$$

当定子开路、$\omega = \omega_s = 1$(标幺值) 时，由定子电压方程可知，此时定子 q 轴开路电动势等于其速度电动势 $\omega\psi_d = \psi_d$，亦即 E_q'' 值即等于 ψ_d，故

$$E_q''^{\ def} = \frac{X_{ad}}{X_f X_D - X_{ad}^2}(X_{D1}\psi_f + X_{f1}\psi_D) \tag{2-193}$$

由于 E_q'' 是 ψ_f 和 ψ_D 的函数，故它在扰动中不能突变，其暂态过程初值可据稳态运行工况计算如下

$$E_{q0}'' = u_{q0} + r_a i_{q0} + X_d'' i_{d0} \tag{2-194}$$

后面分析中将对式（2-194）予以证明。由式（2-194）可知 E_q'' 又称为 " X_d'' 后面的电动势" 的物理背景，并可在稳态矢量图中作出 E_{q0}''。

2) d 轴超瞬变电动势 E_d''：又称为 " X_q'' 后面的电动势"。其物理意义是当 q 轴阻尼绕组磁链为 ψ_Q 时，在同步速下相应的定子 d 轴开路电动势。由于 q 轴转子只有一个绕组，即 Q 绕组，故当其磁链为 ψ_Q 时，据上述 E_d'' 定义可得

$$E_d''^{\ def} = \frac{X_{aq}}{X_Q}\psi_Q \tag{2-195}$$

同样地 E_d'' 在暂态中不能突变，其初值可计算如下

$$E_{d0}'' = u_{d0} + r_a i_{d0} - X_q'' i_{q0} \tag{2-196}$$

式（2-196）将在后面分析中予以证明。由式（2-196）可知将 E_d'' 称为 " X_q'' 后面的电动势" 的物理背景，并可据之在稳态矢量图中作出 E_{d0}''。

（2）五阶模型导出思路。原派克方程中 $p\psi_d = p\psi_q = 0$ 有 d、q、f、D、Q 这 5 个绕组的电压方程和磁链方程，外加 2 个转子运动方程，若设 $p\psi_d = p\psi_q = 0$ 则降为五阶，所含变量为 u_{dq}、i_{dqfDQ}、ψ_{dqfDQ} 及 $T_{m,\omega,\delta}$。在化为五阶实用模型时 u_{dq} 和 i_{dq} 保留，u_f 用 E_f 取代，再用 5 个磁链方程消去 3 个转子电流 i_f（或 E_q）、i_D、i_Q，以及 2 个定子磁链 ψ_d、ψ_q，而 ψ_f、ψ_D、ψ_Q 则用 E_q'、E_q''、E_d'' 实用变量取代。因此需先导出变量置换用的表达式，再对原派克方程加以改造。

（3）变量置换用的表达式推导。

1) d 轴变量置换用表达式推导。

由 d 轴磁链方程

$$\begin{cases} \psi_d = -X_d i_d + X_{ad} i_f + X_{ad} i_D \\ \psi_f = -X_{ad} i_d + X_f i_f + X_{ad} i_D \\ \psi_D = -X_{ad} i_d + X_{ad} i_f + X_D i_D \end{cases} \tag{2-197}$$

先由其中第二、三式解出用 i_d、ψ_f、ψ_D 表达的 i_f、i_D 式子，然后将其代入第一式并设法将 ψ_f、ψ_D 用 E_q'、E_q'' 来表示，即可得到用 i_d 和 E_q'' 表示的 ψ_d 表达式。下面进行具体推导。由式（2-197）的第二、三式可解得

$$\begin{bmatrix} i_f \\ i_D \end{bmatrix} = \begin{bmatrix} X_f & X_{ad} \\ X_{ad} & X_D \end{bmatrix}^{-1} \begin{bmatrix} \psi_f + X_{ad}i_d \\ \psi_D + X_{ad}i_d \end{bmatrix}$$

$$= \frac{1}{X_f X_D - X_{ad}^2} \begin{bmatrix} X_D \psi_f + X_D X_{ad}i_d - X_{ad}\psi_D - X_{ad}^2 i_d \\ -X_{ad}\psi_f - X_{ad}^2 i_d + X_f \psi_D + X_f X_{ad}i_d \end{bmatrix} \tag{2-198}$$

将它代入式（2-197）之第一式，得

$$\psi_d = -X_d i_d + \frac{X_{ad}}{X_f X_D - X_{ad}^2}[X_{D1}\psi_f + X_{f1}\psi_D + X_{ad}i_d(X_D + X_f - 2X_{ad})] \tag{2-199}$$

由 E_q''、X_d'' 定义可知，上式为

$$\psi_d = E_q'' - X_d - \frac{X_{ad}^2}{X_f X_D - X_{ad}^2}(X_D + X_f - 2X_{ad})i_d = E_q'' - X_d''i_d \tag{2-200}$$

式（2-200）即为消去 ψ_d 用的表达式。显然由定子电压方程及上式可知，稳态时

$$E_{q0}'' = u_{q0} + r_a i_{q0} + X_d'' i_{d0}$$

此即式（2-194），可用之计算 E_q'' 的暂态过程初值。

为导出用 E_q'、E_q'' 和 i_d 表示的 i_f 和 i_D 表达式，由式（2-198）可知，要先导出用 E_q'、E_q'' 表达的 ψ_f、ψ_D 算式，这可由 E_q'、E_q'' 的定义得到。由 $E_q' = \dfrac{X_{ad}}{X_f}\psi_f$ 可得

$$\psi_f = \frac{X_f}{X_{ad}}E_q' \tag{2-201}$$

而由

$$E_q'' = \frac{X_{ad}}{X_f X_D - X_{ad}^2}(X_{D1}\psi_f + X_{f1}\psi_D)$$

将式（2-201）代入上式，可解得用 E_q'、E_q'' 表示的 ψ_D 式子，式中系数已化为实用系数（可参阅本节末列出的一些常用的参数关系式），即

$$\psi_D = \frac{X_d' - X_1}{X_d' - X_d''}E_q'' - \frac{X_d'' - X_1}{X_d' - X_d''}E_q' \tag{2-202}$$

将式（2-201）及式（2-202）代入式（2-198），即得用实用变量表示的 $i_f(E_q)$ 及 i_D 算式，式中系数已用实用系数表示，即

$$E_q = \frac{X_d - X_1}{X_d' - X_1}E_q' - \frac{X_d - X_d'}{X_d' - X_1}E_q'' + \frac{(X_d - X_d')(X_d'' - X_1)}{X_d' - X_1}i_d \tag{2-203}$$

和

$$i_D = \frac{1}{X_d - X_d'}(E_q' - E_q) + i_d$$

$$= \frac{1}{X_d' - X_1}[E_q'' - E_q' + (X_d' - X_d'')i_d] \tag{2-204}$$

由式（2-204）可知，稳态时 $i_D = 0$，此时

$$\begin{cases} E_q - E_q' = (X_d - X_d')i_d \\ E_q' - E_q'' = (X_d' - X_d'')i_d \end{cases} \tag{2-205}$$

再由式（2-194）可知

$$E_{q0} - X_d i_{d0} = E_{q0}' - X_d' i_{d0} = E_{q0}'' - X_d'' i_{d0} = u_{q0} + r_a i_{q0}$$

可据此作稳态矢量图。当 $i_D \neq 0$ 时，式（2-205）不成立，这点应加以注意。

至此，式（2-200）～式（2-204）全部给出 d 轴变量 ψ_d、ψ_f、ψ_D 及 $i_f(E_q)$、i_D 的置换表达式。

2）q 轴变量置换表达式推导。

由 q 轴磁链方程

$$\begin{cases} \psi_q = -X_q i_q + X_{aq} i_Q \\ \psi_Q = -X_{aq} i_q + X_Q i_Q \end{cases} \tag{2-206}$$

将上式中第二式两边乘以 $\left(\dfrac{-X_{aq}}{X_Q}\right)$，即为

$$E_d'' = \frac{X_{aq}}{X_Q} \psi_Q = \frac{X_{aq}^2}{X_Q} i_q - X_{aq} i_Q$$

将式（2-206）第一式解出 i_Q，代入上式，并由 X_q'' 定义，得

$$E_d'' = -\psi_d - X_q'' i_q$$

亦即

$$\psi_d = -E_d'' - X_q'' i_q \tag{2-207}$$

此即消去 ψ_d 用的算式。将式（2-207）代入式（2-206）之第一式，可得

$$i_Q = \frac{1}{X_{aq}}[-E_d'' + (X_q - X_q'')i_q] \tag{2-208}$$

另外由 $E_d'' = -\dfrac{X_{aq}}{X_Q} \psi_Q$ 可知

$$\psi_Q = -\frac{X_Q}{X_{aq}} E_d'' \tag{2-209}$$

至此 q 轴变量 ψ_q、ψ_Q 及 i_Q 的置换表达式已由式（2-207）～式（2-209）全部给出。

（4）改造原派克方程。

1）定子电压方程。

令 $p\psi_d = p\psi_q = 0$ 及 $\omega = 1$，再进行变量置换后得

$$u_d = -\psi_q - r_a i_d = E_d'' + X_q'' i_q - r_a i_d \tag{2-210}$$

$$u_q = \psi_d - r_a i_q = E_d'' - X_d'' i_d - r_a i_q \tag{2-211}$$

2）转子 f 绕组电压方程。由 $p\psi_f = u_f - r_f i_f$，将其两边乘以 $\dfrac{X_{ad}}{X_f} \times \dfrac{X_f}{r_f}$，其中 $\dfrac{X_f}{r_f} = T'_{d0}$，进而作变量置换得

$$T'_{d0} p E'_p = E_f - E_q$$

$$= E_f - \frac{X_d - X_1}{X'_d - X_1} E'_q + \frac{X_d - X'_d}{X'_d - X_1} E''_q - \frac{(X_d - X'_d)(X''_d - X_1)}{X'_d - X_1} i_d \tag{2-212}$$

在实用计算中，有时近似取 $i_d \approx \dfrac{E''_q - E'_q}{X'_d - X''_d}$（此式仅在 $i_D = 0$ 时严格成立），则上式可简化为

$$T'_{d0} p E'_q = E_f - (E'_q - X_{dt} E'_q + X_{dt} E''_q)$$

其中

$$X_{dt} = \frac{X_d - X'_d}{X''_d - X'_d}$$

3）转子 D 绕组电压方程。

由 $p\psi_D = -r_D i_D$，将式（2-202）代入上式，并由 $T''_{d0} = \dfrac{X_D - \dfrac{X_{ad}^2}{X_f}}{r_D}$，可解出

$$r_D = \frac{(X'_d - X_1)^2}{(X'_d - X''_d) T''_{d0}}$$

代入上式，整理得

$$T''_{d0} p E''_q = \frac{X''_d - X_1}{X'_d - X_1} T''_{d0} p E'_q - E''_q + E''_q + E'_q - (X'_d - X''_d) i_d \tag{2-213}$$

可将式（2-212）代入而消去式（2-213）右边之 pE'_q 化为 $T''_{d0} p E'_q = f(E'_q, E''_q, i_d, E_f)$ 的形式。

当计及绕组 D、绕组 Q 暂态时，在 pE''_q 对应的超瞬变过程中，式（2-213）中 pE''_q 项往往很小（因为 $T''_{d0} \ll T'_{d0}$），在实用计算中式（2-213）右边之第一项常予忽略，但计及 D 绕组、Q 绕组暂态时，严格的数学表达式仍应为式（2-213）。

4）转子 Q 绕组电压方程。

由 $p\psi_Q = -r_Q i_Q$，对其两边乘以 $-\dfrac{X_{aq}}{X_Q} \times \dfrac{X_p}{r_Q}$，由于 $T''_{q0} = \dfrac{X_Q}{r_Q}$，及 $E''_d = -\dfrac{X_{aq}}{X_Q}\psi_Q$ 故

$$T''_{q0} p E''_d = X_{aq} i_Q = -E''_d + (X_q - X''_q) i_q \tag{2-214}$$

5）转子运动方程。

由 $T_J \dfrac{d\omega}{dt} = T_m - (\psi_d i_q - \psi_q i_d) - D(\omega - 1)$，将式（2-200）、式（2-232）代入消去 ψ_d 和 ψ_q 得

$$T_J \frac{d\omega}{dt} = T_m - [E''_q i_q + E''_d i_d - (X''_d - X''_q) i_d i_q] - D(\omega - 1) \tag{2-215}$$

另外有

$$\frac{d\delta}{dt} = \omega - 1 \tag{2-216}$$

式（2-210）～式（2-216）构成了同步电机的五阶实用模型，其以 E'_q、E''_q、E''_d、ω、δ 状态量，7 个方程中含 11 个变量，即 u_d、u_q、i_d、E'_q、i_q、E''_d、E''_q、E_f、T_m、ω、δ，当 E_f 和 T_m 已知，且和 d 轴、q 轴 2 个网络方程联立时，可全部求解。在实用模型推导中由于将派克方程中参数转化为实用参数，曾应用了下面关系（这里仅列出了 d 轴参数关系式，而 q 轴参数关系简单，可自行推）

$$
\begin{cases}
X'_d - X''_d = \dfrac{X^2_{ad} X^2_{f1}}{X_f (X_f X_D - X^2_{ad})} \\[3mm]
X''_d - X_1 = X_{ad} /\!/ X_{f1} /\!/ X_{D1} = \dfrac{X_{ad} X_{f1} X_{D1}}{X_1 X_D - X^2_{ad}} \\[3mm]
X'_d - X_1 = X_{ad} /\!/ X_{f1} = \dfrac{X_{ad} X_{f1}}{X_f} \\[3mm]
X_d - X'_d = \dfrac{X^2_{ad}}{X_f} \\[3mm]
X_d - X''_d = \dfrac{X^2_{ad}(X_{f1} + X_{D1})}{X_f X_D - X^2_{ad}} \\[3mm]
X'_d = X_1 + X_{ad} /\!/ X_{f1} = X_d - \dfrac{X^2_{ad}}{X_f} \\[3mm]
X''_d = X_1 + X_{ad} /\!/ X_{f1} /\!/ X_{D1} = X_1 + \dfrac{X_{ad} X_{f1} X_{D1}}{X_f X_D - X^2_{ad}} = X_d - \dfrac{X^2_{ad}(X_{D1} + X_{f1})}{X_f X_D - X^2_{ad}}
\end{cases} \tag{2-217}
$$

与三阶模型相似，当计及 q 轴 g 绕组暂态时，五阶模型升为六阶。同样地由于忽略定子暂态，网络用准稳态模型，只计及基波成分，而其中仅正序分量与发电机五阶模型接口。负序分量与同步电机的负序等值阻抗 Z_2 接口，而不进入发电机，将使电磁力矩 T_e 计算中忽略了负序力矩，在精度要求较高时在转子运动方程中可补入负序力矩项 T_2，从而转子运动总加速力矩为 $T_m - T_e - D(\omega - 1) - T_2$。

3. 二阶模型

（1）经典二阶模型。对于四阶实用模型［见式（2-190）］，若设 $pE'_q = 0$，$pE'_d = 0$，即令 $E'_q = E'_{q0} = \text{const}$，$E'_d = E'_{d0} = \text{const}$ 可得

$$
\begin{cases}
u_d = E'_d + X'_q i_q - r_a i_d \\[2mm]
u_q = E'_q - X'_d i_d - r_a i_q \\[2mm]
T_J \dfrac{\mathrm{d}\omega}{\mathrm{d}t} = T_m - T_d - D(\omega - 1) = T_m - [E'_q i_q + E'_d i_d - (X'_d - X'_q) i_d i_q] - D(\omega - 1) \\[2mm]
\dfrac{\mathrm{d}\delta}{\mathrm{d}t} = \omega - 1
\end{cases} \tag{2-218}
$$

这是一个只计及转子动态的二阶模型，模型中 $X'_d \neq X'_q$，即仍计及暂态凸极效应，但已假定 $E'_q = \text{const}$，$E'_d = \text{const}$。

若作进一步简化，忽略暂态凸极效应，即令 $X'_d = X'_q$，则可由式（2-218）之第一式加上

第二式乘以 j，而化为 dq 坐标下的复数量（用相应字母上加"∧"，以区别于 xy 同步坐标上观察得的复数量），则

$$\hat{u} = u_d + ju_q = (E'_d + jE'_q) - (r_a + jX'_d)(i_d + ji_q)$$
$$= \hat{E}' - (r_a + jX'_d)\hat{i} \tag{2-219}$$

若设 q 轴领先于 x 轴角度为 δ，则 d 轴领先 x 轴的角度为 $\delta - \dfrac{\pi}{2}$，将式（2-219）两边乘以 $e^{j\delta - \frac{\pi}{2}}$，即各复数变量幅角增加 $\delta - \dfrac{\pi}{2}$，可将 dq 坐标下的复数变量化为 xy 坐标下的复数变量［见图 2-23（b）］，即

$$u = \dot{E}' - (r_a + jX'_d) \quad \text{或} \quad \dot{U} = \dot{E}' - (r_a + jX''_d)\dot{I} \tag{2-220}$$

式中 $\dot{U}$ 和 $\dot{I}$ 为 xy 同步坐标下观察到的定子端电压和端电流的复数相量，$\dot{E}' = E'\underline{/\delta'}$。相应的等值电路见图 2-23（a），相应的空间矢量图和相量图一致［见图 2-23（b）］，二者不予区分。

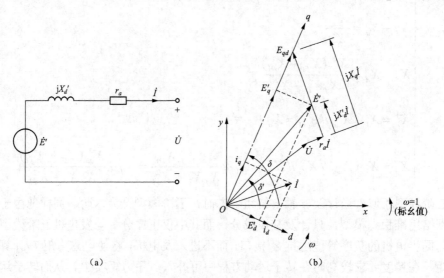

（a）　　　　　　　　　　　　　　（b）

图 2-23　经典二阶模型等效电路及矢量图（$X'_d \approx X'_q$）

（a）等效电路图；（b）空间矢量图

式（2-220）由于忽略了暂态凸极效应，从而与网络接口时可直接用 xy 坐标下的复数量，一切计算大大简化，其相应的转子运动方程近似用 δ' 代替 δ 为

$$T_J = \frac{\mathrm{d}\omega}{\mathrm{d}t} = T_m - T_e - D(\omega - 1) = T_m - (E'_q i_q + E'_d i_d) - D(\omega - 1)$$

$$= T_m - \mathrm{Re}(\dot{E}' \overset{*}{I}) - D(\omega - 1) \tag{2-221}$$

$$\frac{\mathrm{d}\delta'}{\mathrm{d}t} = \omega - 1$$

式中，Re 表示取实部，*表示共轭复数。

式（2-220）与式（2-221）构成了同步电机的经典二阶模型，由于其模型简单，机网接口方便，因而在大规模电力系统分析中得到了广泛应用。一般的远离扰动发生地点的发电机转子动态可优先用此模型，并近似用 δ' 代替 δ 作稳定分析。

应当指出，二阶经典模型中的 $\dot{E}' = |\dot{E}'| \angle \delta'$ 是假定 $X'_d = X'_q$ ，X'_d 后面的复数电动势，严格地讲它不在 q 轴上，其幅角也不是 q 轴和 x 轴的夹角 δ 。用 X'_d 后面的复数电动势 $\dot{E}' = \dot{E}' \angle \delta'$ 来代替 $E' \angle \delta$ 进行暂态稳定分析，简化了计算，因此在大规模电力系统规划分析中得到了广泛应用。

（2）E'_q 恒定模型。对于三阶实用模型 [见式（2-182）及式（2-187）～式（2-189）]，若设 $pE'_q = 0$ ，即令 $E'_q = E'_{q0} = \mathrm{const}$ ，并计及凸极效应，则得 E'_q 恒定模型为（ $X_q = X'_q$ ）

$$\begin{cases} u_d = X_q i_q - r_a i_d \\ u_q = E'_q - X'_d i_d - r_a i_q \\ T_J \dfrac{\mathrm{d}\omega}{\mathrm{d}t} = T_\mathrm{m} - [E'_q i_q - (X'_d - X_q) i_d i_q] - D(\omega - 1) \\ \dfrac{\mathrm{d}\delta}{\mathrm{d}t} = \omega - 1 \end{cases} \qquad （2\text{-}222）$$

E'_q 恒定模型和 E' 恒定模型（又称经典二阶模型）相比，由于计及了凸极效应，使计算精度有所改善，但机网接口计算则复杂多了，发电机也不能用图 2-23（a）所示的等值电路描写。E'_q 恒定模型的空间矢量图见图 2-24。

发电机的二阶模型假设 E' 或 E'_q 恒定，它已近似计及了励磁系统的作用，即认为励磁系统足够强，并能使暂态过程中维持 X'_d 后面的暂态电动势 E'（经典二阶模型）或 E'_q（E'_q 恒定模型）恒定。对于快速响应、高顶值倍数的励磁系统，若发电机采用二阶模型，暂态稳定分析结果往往偏保守；相反对于慢响应、低顶值倍数的励磁系统，则采用二阶模型结果可能偏乐观，这点应予以注意。

为了充分利用设备的容量，输送更多的电力，电力系统稳定分析趋于精确计及励磁系统的动态作用，及采用发电机的三阶及更高阶的实用模型，以确保安全经济运行。但在参数不可靠的情况下，则

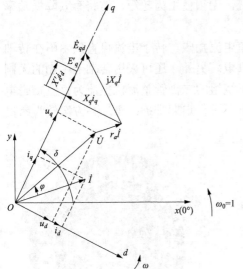

图 2-24　E'_q 恒定模型的空间矢量图

采用二阶模型较为妥当。另外在系统很大而精度要求不高时，也优先采用二阶模型，以节省机时及人力。

本部分由派克方程出发，导出了同步电机的各种实用方程，这几种实用模型在电力系统暂态及动态稳定分析中都有广泛应用。当精度要求不高时，可采用二阶模型；当要计及励磁系统动态时，可采用三阶或五阶模型；若对实心转子要计及 q 轴转子的 g 绕组，则要采用四阶或六阶模型。上述实用模型中均假设：在定子电压方程中 $p\psi_d = p\psi_q = 0$ ，$\omega \approx 1$（标幺值），因此对一些需要计及定子暂态或速度变化较大的暂态分析，则不宜采用上述实用模型。

2.3.3　风力同步发电机

同步发电机广泛应用于千瓦级到兆瓦级风力发电系统中。风力同步发电机可分为两类：绕线转子同步发电机和永磁同步发电机。其中绕线转子同步发电机的转子磁通由转子绕组产

生，而永磁同步发电机的转子磁通则由永磁体产生。根据转子形状和转子周围气隙的分布情况，同步发电机可分为凸极和隐极两种类型。

下面将对风力发电系统中使用的绕线转子同步发电机和永磁同步发电机进行介绍，并推导出这两种同步发电机的动态和稳态模型。此外，在给出同步发电机仿真分析框图的同时，还针对同步发电机的动态和稳态分析提供了实例研究。

2.3.3.1 结构

同步发电机主要包括定子和转子两部分，绕线转子同步发电机和永磁同步发电机的定子结构基本相同。

1. 绕线转子同步发电机

顾名思义，绕线转子同步发电机使用绕线转子结构来产生转子磁通。图 2-25 绘出了典型的凸极式绕线转子同步发电机，为便于观察转子结构，这里仅画出了 12 个磁极。励磁绕组均缠绕在转子的极靴上。考虑到磁极数量大，所有极靴均以转子轴为中心，并沿着转子外围均匀分布。由于转子采用了凸极结构，发电机的气隙磁通不是均匀分布的。多极（如 72 极）、低转速同步发电机可用于直驱式兆瓦级风力发电系统，无须使用齿轮箱，这将有效降低功率损耗和维护成本。

绕线转子同步发电机的转子励磁绕组需使用直流电流励磁。转子电流可直接由附在转轴上且与转子绕组存在电气连接的集电环和电刷进行供电。另外，还可采用转轴上附加的无刷励磁设备进行励磁。励磁设备产生的交流电将被转子绕组的二极管整流桥整流为直流励磁电流。虽然第一种方案较为简单，但需要对电刷和集电环进行定期维护；第二种方案较为昂贵和复杂，但所需维护较少。

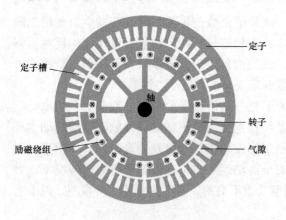
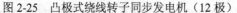
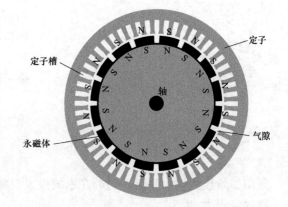

图 2-25　凸极式绕线转子同步发电机（12 极）　　　图 2-26　隐极型表贴式永磁同步发电机（16 极）

2. 永磁同步发电机

对于永磁同步发电机，其转子磁链是由永磁体产生的，因此这种发电机属于无刷发电机。由于没有转子绕组，永磁同步发电机可达到较高的功率密度，其尺寸和重量也得到了降低。此外，由于没有转子绕组损耗，转子的热应力也得到了降低。但这种发电机也存在明显的缺点：永磁体过于昂贵，且存在退磁的问题。根据转子上永磁体的安装方式，永磁同步发电机可分为表贴式和内埋式两种类型。

（1）表贴式永磁同步发电机。在表贴式永磁同步发电机中，永磁体被安装在转子表面，如

图 2-26 所示，其中的 16 个永磁体被均匀地安装在转子铁芯外表面，并在相邻磁体之间使用非导磁材料进行隔离。由于磁体的磁导率非常接近于该非导磁材料的磁导率，转子铁芯和定子之间的有效气隙则均匀分布在转子表面。这种类型的配置结构被称为隐极式永磁同步发电机。

与内埋式永磁同步发电机相比，这种表贴式同步发电机的主要优点在于其结构较为简单，造价较低。然而，安装在转子外表面磁体所受的离心力将可能导致磁体脱离转子，因此

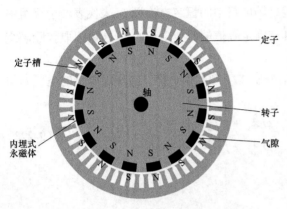

表贴式永磁同步发电机主要被用于低转速运行条件下。表贴式永磁同步发电机可采用外转子运行，此时永磁体将被附着在转子的内表面上。这种情况下，磁体所受的离心力将有助于它们附着在转子铁芯上面。

（2）内埋式永磁同步发电机。在内埋式永磁同步发电机中，永磁体被嵌入到转子表面，如图 2-27 所示。此时，转子铁芯与磁体之间的磁导率差异可建立凸极效应。与表贴式永磁同步发电机相比，这种配置结构同样降低了离心力所导致的旋转应力，因此这种类型发电机可运行于更高的转速下。

图 2-27　内埋式凸极型永磁同步发电机

2.3.3.2　同步发电机动态模型

图 2-28 给出一种通用的 dq 轴同步发电机模型。为简化起见，同步发电机的模型通常建立在转子磁链同步参考坐标系下。同步发电机定子电路的 dq 模型与图 2-28 所示的异步发电机模型，除了下列几点外，基本相同：

（1）任意参考坐标系下异步发电机模型中的转速 ω 被替换为同步坐标系下的转子转速 ω_r。

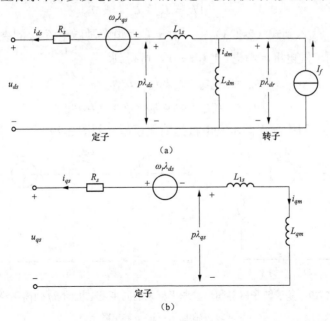

图 2-28　转子磁链同步参考坐标系中的同步发电机的通用 dq 轴模型

（a）d 轴电路；（b）q 轴电路

（2）励磁电感 L_m 被替换为 d 轴励磁电感 L_{dm} 和 q 轴励磁电感 L_{qm}。在隐极式同步发电机中 d 轴和 q 轴的励磁电感相等（即 $L_{dm} = L_{qm}$）。但在凸极式发电机中，d 轴励磁电感通常小于 q 轴励磁电感（即 $L_{dm} < L_{qm}$）。

（3）dq 轴定子电流 i_{ds} 和 i_{qs} 均从定子流出。其依据为发电机惯例，这是由于大多数同步电机均作为发电机使用的缘故。

为了对转子回路进行建模分析，这里采用 d 轴电路中的恒定电流源 I_f 来代表转子绕组中的励磁电流。在永磁同步发电机中，可使用具有固定幅值的等效电流源 I_f 来模拟取代励磁绕组的永磁体。

为简化图 2-28 中的同步发电机模型，可对其实施下列数学变换。同步发电机的电压方程式可由下式给出

$$\begin{cases} u_{ds} = -R_s i_{ds} - \omega_r \lambda_{qs} + p\lambda_{ds} \\ u_{qs} = -R_s i_{qs} - \omega_r \lambda_{ds} + p\lambda_{qs} \end{cases} \tag{2-223}$$

式中　　λ_{ds}、λ_{qs}——d 轴和 q 轴定子磁链。

$$\begin{cases} \lambda_{ds} = -L_{1s} i_{ds} + L_{dm}(I_f - i_{ds}) = -(L_{1s} + L_{dm})i_{ds} + L_{dm} I_f = -L_d i_{ds} + \lambda_r \\ \lambda_{qs} = -(L_{1s} + L_{qm})i_{ds} = -L_q i_{qs} \end{cases} \tag{2-224}$$

式中　　λ_r——转子磁链；

L_d、L_q——定子 d 轴电感和 q 轴电感。

$$\begin{cases} \lambda_r = L_{dm} I_f \\ L_d = L_{1s} + L_{dm} \\ L_q = L_{1s} + L_{qm} \end{cases} \tag{2-225}$$

将式（2-224）代入到式（2-223）中，对于具有恒定励磁电流 I_f 的绕线转子同步发电机和恒定 λ_r 的永磁同步发电机，考虑 $\mathrm{d}\lambda_r / \mathrm{d}t = 0$，可得到

$$\begin{cases} u_{ds} = -R_s i_{ds} + \omega_r L_q i_{qs} - L_d p i_{ds} \\ u_{qs} = -R_s i_{qs} - \omega_r L_d i_{ds} + \omega_r \lambda_r - L_q p i_{qs} \end{cases} \tag{2-226}$$

根据式（2-226）可推导出同步发电机的简化模型，如图 2-29 所示。需要指出的是：

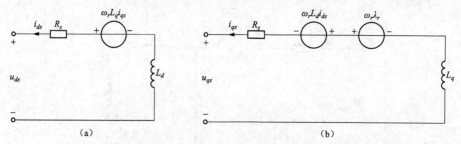

图 2-29　基于转子磁链同步参考坐标系的同步发电机的 dq 轴简化模型

（a）d 轴电路；（b）q 轴电路

（1）由于简化模型的推导过程中不存在任何假设条件，因此该简化模型与图 2-28 所示的

通用模型具有相同的准确度。根据通用模型和简化模型进行的性能分析将得到相同的结果。

（2）该同步发电机模型既适用于绕线转子同步发电机，也适用于永磁同步发电机。在绕线转子同步发电机中，若给定了励磁电流 I_f，则可计算出转子磁链 $\lambda_r = L_{dm}I_f$；由于永磁同步发电机的转子磁链是由永磁体产生的，因此可通过发电机参数求得其额定值。

（3）该模型还分别适用于凸极式和隐极式同步发电机。对于隐极式发电机，d 轴和 q 轴的电感相等，即 $L_d = L_q$。然而，这一点不适用于凸极式发电机。对于永磁同步发电机，其 d 轴电感通常小于 q 轴电感（即 $L_d < L_q$）。

对于同步发电机产生的电磁转矩，其计算方法与式（2-40）给出的电磁转矩相同，也就是说

$$T_e = \frac{3p}{2}(i_{qs}\lambda_{ds} - i_{ds}\lambda_{qs}) \tag{2-227}$$

将式（2-224）代入到式（2-227）中，可得到

$$T_e = \frac{3p}{2}[\lambda_r i_{qs} - (L_d - L_q)i_{ds}i_{qs}] \tag{2-228}$$

转子转速 ω_r 则取决于运动方程

$$\omega_r = \frac{P}{JS}(T_e - T_m) \tag{2-229}$$

为了推导同步发电机的动态仿真模型，式（2-25）可重写为以下形式

$$\begin{cases} i_{ds} = \frac{1}{S}(-u_{ds} - R_s i_{ds} + \omega_r L_q i_{qs})/L_d \\ i_{qs} = \frac{1}{S}(-u_{qs} - R_s i_{qs} - \omega_r L_d i_{ds} + \omega_r \lambda_r)/L_q \end{cases} \tag{2-230}$$

根据上面的三个方程式，可推导出适用于同步发电机的计算机仿真框图，如图 2-30 所示。同步发电机模型的输入变量为 dq 轴定子电压 u_{ds} 和 u_{qs}、转子磁链 λ_r 以及机械转矩 T_m，其输出变量则为 dq 轴定子电流 i_{ds} 和 i_{qs}、转子机械转速 ω_m 和电磁转矩 T_e。

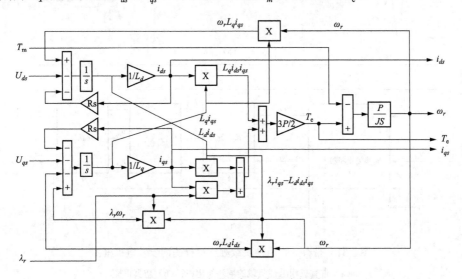

图 2-30　同步发电机动态仿真框图

【例 2-2】 同步发电机的独立运行分析。

本例研究的目的是：

（1）对负载为三相阻性负载的单台同步发电机风力发电系统的运行情况进行研究。

（2）通过实例说明图 2-30 所示的同步发电机仿真模型的正确使用方法。

（3）揭示静止坐标系下的三相 *abc* 轴变量与同步坐标系下的 *dq* 轴变量之间的关系。

本例研究中采用的隐极式永磁同步发电机的参数为 2.45MW、4000V、53.33Hz、400r/min，其参数见附录 A 中表 A-1。发电机负载为三相对称的阻性负载 R_L 并在给定的风速条件下，以 320r/min（标幺值为 0.8）的转速运行。可通过开关 S 改变发电机的负载：当 S 闭合时，各相的负载电阻将减小至 $R_L/2$。

分析过程中，假设叶片、风轮轮毂和发电机的总转动惯量非常大，且在阻性负载发生变化的暂态过程中，它可将转子转速保持为 320r/min。这里不再需要运动方程式（2-229）。由于转子转速 ω_r 为已知量，它将成为系统的输入变量。但对图 2-30 所给出的同步发电机仿真算法必须做出相应修改。

图 2-31 给出了同步发电机独立运行仿真分析的框图。通过同步发电机模型，可计算出以同步转速 ω_r 在同步坐标系中旋转的 *dq* 轴定子电流 i_{ds} 和 i_{qs}。然后，通过 *dq / abc* 变换，将它们转换至静止坐标系下的 *abc* 轴定子电流 i_{as}、i_{bs} 和 i_{cs} 最后，计算出的负载电压 u_{as}、u_{bs} 和 u_{cs}，也即定子电压，将被变换到同步坐标系下的 *dq* 轴电压 u_{ds} 和 u_{qs}，并反馈至同步发电机模型中。

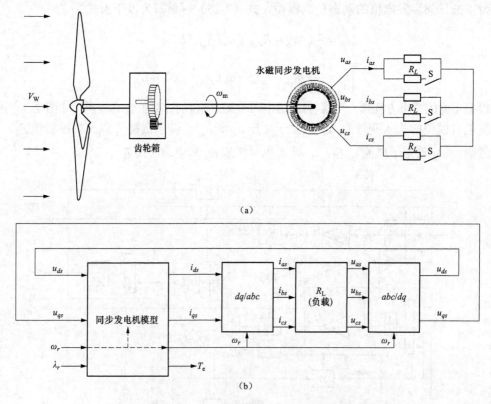

（a）

（b）

图 2-31　带有三相阻性负载独立运行的同步发电机框图

（a）带有三相阻性负载的同步发电机；（b）仿真框图

这里对独立运行的同步发电机进行简单仿真，结果如图 2-32 所示。仿真过程中，发电机初始负载为阻性负载 R_L，且已运行于稳态。在 $t=0.015\mathrm{s}$ 时，闭合开关 S，各相负载电阻被减小至 $R_L/2$。较短的暂态过程后，系统运行至新的稳态工作点。同步坐标系下的 dq 轴定子电流 i_{ds} 和 i_{qs} 均为直流变量，而静止坐标系下的 abc 轴稳态定子电流 i_{as}、i_{bs} 和 i_{cs} 则为正弦波。定子电流的幅值 i_s 为 $i_s=\sqrt{i_{qs}^2+i_{ds}^2}$，它代表 i_{as}、i_{bs} 和 i_{cs} 的三相定子电流 I_{as}、I_{bs} 和 I_{cs} 的有效值。对于定子电压也具有类似的结论。虽然负载电阻的减小导致了定子电流的增加，但定子电压却出现了大幅度降低的现象，这是由于定子电感两端出现了较大的电压降的缘故。当系统运行至新的工作点时，电磁转矩 T_e 和定子有功功率 P_s 均得到了相应的增加。

对于隐极式同步发电机，其 d、q 轴电感相等，即 $L_q=L_d$。由此，转矩方程式（2-228）可简化为

$$T_e=\frac{3P}{2}(\lambda_r i_{qs}) \tag{2-231}$$

式（2-231）表明，隐极式同步发电机中的 d 轴电流 i_{ds} 对电机输出转矩没有影响。对于给定转子磁链 λ_r，电机的输出电磁转矩正比于 q 轴定子电流。这可以从对图 2-32 中的 i_{qs} 和 T_e 波形进行对比得到验证。

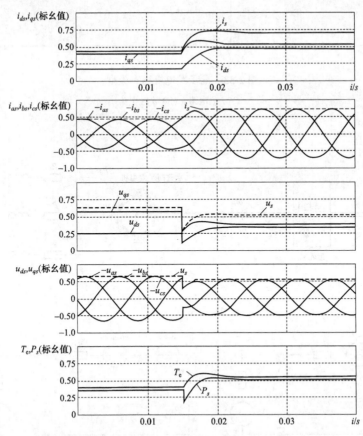

图 2-32　带有阻性负载独立运行的永磁同步发电机仿真波形

2.2.3.3　稳态等效电路

对于同步发电机的稳态性能分析，稳态模型是一个非常有用的工具，可根据图 2-29 建立

同步发电机的稳态模型。对处于稳态条件下的同步参考坐标系，可考虑 dq 轴定子电流 i_{ds} 和 i_{qs} 均为直流变量，式（2-226）中给出的相应的导出项 pi_{ds} 和 pi_{qs} 将变为 0。因此，用于描述同步发电机稳态特性的方程式为

$$\begin{cases} u_{ds} = -R_s i_{ds} + \omega_r L_q i_{qs} \\ u_{qs} = -R_s i_{qs} - \omega_r L_d i_{ds} + \omega_r \lambda_r \end{cases} \tag{2-232}$$

稳态条件下，同步坐标系中的 dq 轴电压和电流均为直流变量，这为它们直接用于稳态分析提供了便利条件。根据式（2-232），可推导出同步发电机的稳态等效电路，如图 2-33 所示。

【例 2-3】 带有阻感性负载的、独立运行的同步发电机稳态分析。

本例使用图 2-33 给出的 dq 轴稳态等效电路，对带有阻感性负载独立运行的凸极式同步发电机进行了稳态分析。考虑一台 2.5MW、4000V、40Hz、400r/min 的 6 极凸极式永磁同步发电机，其参数见附 A 中表 A-2。如图 2-34（a）所示，当发电机以 400r/min 的转速运行，

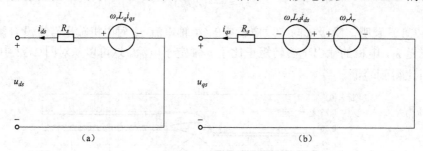

图 2-33 同步发电机稳态模型

（a）d 轴电路；（b）q 轴电路

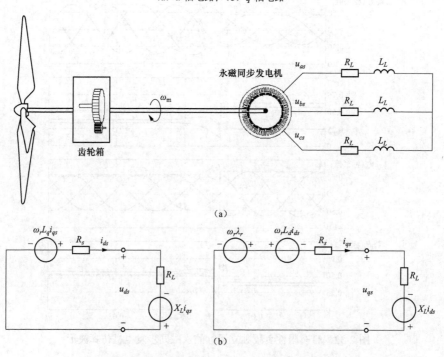

图 2-34 带有 RL 负载的永磁同步发电机的稳态分析

（a）带三相 RL 负载的同步发电机；（b）同步发电机 d 和 q 轴等效电路

并施加了一个电阻 $R_L = 4.2855\Omega$、电感 $L_L = 8.258\text{mH}$ 的三相 RL 负载。

由于 q 轴比 d 轴超前 90°，可由下式求出发电机的 dq 轴定子电压，也即负载电压

$$u_{ds} + ju_{qs} = (i_{ds} + ji_{qs})(R_L + j\omega_r L_L) = (R_L i_{ds} - \omega_r L_L i_{qs}) + j(R_L i_{qs} + \omega_r L_L i_{ds}) \quad (2\text{-}233)$$

式中　ω_r——转子的电角速度，也即用于建立 dq 轴同步发电机模型的 dq 同步参考坐标系下的转速。

式（2-233）可重写为

$$\begin{cases} u_{ds} = R_L i_{ds} - \omega_r L_L i_{qs} = R_L i_{ds} - X_L i_{qs} \\ u_{qs} = R_L i_{qs} + \omega_r L_L i_{ds} = R_L i_{qs} + X_L i_{ds} \end{cases} \quad (2\text{-}234)$$

式中，$X_L i_{qs} = \omega_r L_L i_{qs}$，$X_L i_{ds} = \omega_r L_L i_{ds}$，这两项被称为转速电压，是从 abc 静止坐标系下的三相负载电感变换至 dq 同步坐标系变换下。还可使用其他方法将 abc 静止坐标系下的三相感性或容性电路变换至 dq 旋转坐标系下，且可获得相同的结果。根据式（2-234）可推导出带有 RL 负载的同步发电机的 dq 轴等效电路，如图 2-34（b）所示。

将式（2-232）代入到式（2-234）中，可得

$$\begin{cases} -R_s i_{ds} + \omega_r L_q i_{qs} = R_L i_{ds} - \omega_r L_L i_{qs} \\ -R_s i_{qs} - \omega_r L_d i_{ds} + \omega_r \lambda_r = R_L i_{qs} + \omega_r L_L i_{ds} \end{cases} \quad (2\text{-}235)$$

由式（2-235）中第一式可知，d 轴定子电流 i_{ds}，可表示为

$$i_{ds} = \frac{\omega_r (L_L + L_q)}{R_L + R_s} i_{qs} \quad (2\text{-}236)$$

将式（2-236）代入到式（2-235）第二式中，可计算出 q 轴电流为

$$i_{qs} = \frac{\omega_r \lambda_r (R_L + R_s)}{(R_L + R_s)^2 + \omega_r^2 (L_L + L_d)(L_L + L_q)} = 141.85(\text{A}) \quad (2\text{-}237)$$

式中，$\omega_r = n_r p 2\pi / 60 = 400 \times 6 \times 2\pi / 60\,\text{rad/s} = 251.33\,\text{rad/s}$；$\lambda_r = 6.7302\text{Wb}$（额定峰值，见附录 A 中表 A-2）。

于是，可得 d 轴电流 i_{ds} 为

$$i_{ds} = \frac{\omega_r (L_L + L_q)}{R_L + R_s} i_{qs} = 249.0\text{A} \quad (2\text{-}238)$$

由此可求出定子电流的有效值为

$$I_s = \sqrt{i_{qs}^2 + i_{ds}^2} / \sqrt{2} = 202.7\text{A} \quad (2\text{-}239)$$

该值为三相定子电流 I_{as}、I_{bs} 和 I_{cs} 的有效值。

计算出定子电流后，即可由下式求出 dq 轴的定子电压

$$\begin{cases} u_{ds} = -R_s i_{ds} + \omega_r L_q i_{qs} = 772.9\text{V} \\ u_{qs} = -R_s i_{qs} - \omega_r L_d i_{ds} + \omega_r \lambda_r = 1124.7\text{V} \end{cases} \quad (2\text{-}240)$$

然后，可求得定子电压的有效值为

$$U_s = \sqrt{u_{qs}^2 + u_{ds}^2} / \sqrt{2} = 965.0\text{V}$$

同样地，该值为三相定子电压 U_{as}、U_{bs} 和 U_{cs} 的有效值。

由下式求出发电机的电磁转矩

$$T_e = \frac{3p}{2}[\lambda_r i_{qs} - (L_d - L_q)i_{ds}i_{qs}] = 12.7\text{kN} \cdot \text{m}$$

发电机的机械功率可由下式求出

$$P_m = T_m \omega_m = T_e \omega_r / p = 531.0\text{kW}$$

其中，发电机稳态运行时，机械转矩 T_m 将与电磁转矩 T_e 相等。定子绕组损耗为

$$P_{cu,s} = 3I_s^2 R_s = 3.0\text{kW}$$

机械功率减去定子的绕组损耗即可求出系统向负载输出的有功功率，即

$$P_L = P_m - P_{cu,s} = 528.0\text{kW}$$

负载功率因数角为

$$\varphi_L = \arctan\left(\frac{\omega_r L_L}{R_L}\right) = 25.8°$$

由此得到的负载功率因数为

$$PF_L = \cos\varphi_L = 0.9$$

另外，还可求出负载的有功功率和无功功率，分别为

$$\begin{cases} P_L = 1.5(u_{ds}i_{ds} + v_{qs}i_{qs}) = 528.0\text{kW} \\ Q_L = 1.5(u_{qs}i_{ds} - v_{ds}i_{qs}) = 255.7\text{kVar} \end{cases}$$

由此可得负载的功率因数为

$$PF_L = \frac{P_L}{\sqrt{P_L^2 + Q_L^2}} = 0.9$$

还可根据负载的运行条件计算出 dq 轴的定子电压为

$$\begin{cases} u_{ds} = R_L i_{ds} - \omega_r L_L i_{qs} = R_L i_{ds} - X_L i_{qs} = 772.9\text{V} \\ u_{qs} = R_L i_{qs} + \omega_r L_L i_{ds} = R_L i_{qs} + X_L i_{ds} = 1124.7\text{V} \end{cases}$$

下式给出了定子电压和电流的相角

$$\begin{cases} \theta_u = \arctan(u_{qs}/u_{ds}) = 55.5° \\ \theta_i = \arctan(i_{qs}/i_{ds}) = 29.7° \end{cases}$$

于是，可确定定子电压和电流相角值

$$\begin{cases} \dot{U}_s = U_s \angle \theta_u = 965.0 \angle 55.5° \\ I_s = I_s \angle \theta_i = 202.7 \angle 29.7° \end{cases}$$

负载的功率因数角和功率因数分别为

$$\begin{cases} \varphi_L = \theta_u - \theta_i = 25.8° \\ PF_L = \cos\varphi_L = 0.9 \end{cases}$$

最后，可计算出负载的有功功率 P_L

$$P_L = 3U_s I_s \cos\varphi_L = 528.0\text{kW}$$

若发电机的旋转损耗 P_{rot} 占额定功率的 0.5%（12.5kW），则发电机的效率为

$$\eta = \frac{P_L}{P_m + P_{rot}} = \frac{528.0}{531.0 + 12.5} = 0.972$$

由于永磁同步发电机采用永磁体产生转子磁链，其效率通常高于其他类型的发电机。

2.4　异步电机的机电能量转换原理

2.4.1　异步电机结构分析

风电产业中的异步发电机可分为两大类：双馈异步发电机（DFIG）和笼型异步发电机（SCIG）。这些发电机的定子结构均相同，区别仅在于它们的转子结构。

笼型异步发电机的横截面视图如图 2-35（a）所示。其定子由薄硅钢片叠压制成。为了将涡流引起的铁损耗降至最低，这些硅钢片之间需绝缘。这些硅钢片基本为环形结构，并沿着内圆有多个开槽。将这些硅钢片叠压到一起并对准开槽即可形成定子槽，三相铜制绕组将被放置于这些定子槽中。

笼型异步发电机的转子由铁芯和转子导条组成。其中的转子导条被嵌入到了转子叠片的槽中，并通过短路环分别将其两端连接在一起。当定子绕组与三相电源连接在一起后，气隙中将产生旋转磁场。这种旋转磁场将在转子导条中产生三相电压。由于转子导条处于短路状态，产生的转子电压将产生转子电流，而转子电流与旋转磁场之间的相互作用将产生电磁转矩。

双馈异步发电机转子的三相绕组与定子绕组具有相似结构，其转子绕组嵌入在转子槽中，其绕组的馈通通过安装在转轴上面的集电环实现。在双馈异步发电机风力发电系统中，为实现转子转速的调节，转子绕组通常与功率变换系统连接在一起。图 2-35（b）给出了异步发电机的简图，其中针对各相的多个定子线圈和转子铜条均进行了简化分组处理，并表示为单个线圈。

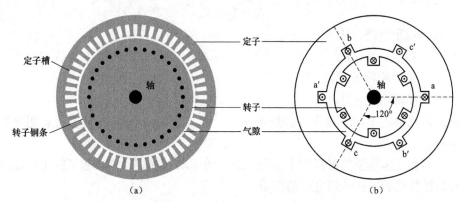

图 2-35　笼型异步发电机的横截面视图

（a）横截面结构图；（b）横截面原理图

异步发电机存在两种常用的动态模型：一种为基于空间矢量理论的模型，另一种则是由空间矢量模型推导得到的 dq 轴模型。空间矢量模型的特点在于它采用了简化的数学表达式和

一个等效电路，但需要使用复数变量（实部和虚部），而 dq 轴模型则由两个分别对应于各自坐标轴的等效电路组成。这些模型之间具有密切关系，同样地适用于异步发电机的暂态和稳态性能的分析。下面将对这两种模型进行介绍，并详细说明它们之间的关系[5]。

2.4.2 空间矢量模型

异步发电机空间矢量模型的使用存在如下两个假设条件：①异步发电机具有对称结构，且三相平衡；②定子和转子铁芯与铁损耗为线性关系。一般而言，异步发电机的空间矢量模型由三个方程式组组成：电压方程式、磁链方程式和运动方程式。任意参考坐标系下，发电机的定子和转子电压方程式可由下式给出

$$\begin{cases} \dot{u}_s = R_s \dot{i}_s + p\dot{\lambda}_s + \mathrm{j}\omega\dot{\lambda}_s \\ \dot{u}_r = R_r \dot{i}_r + p\dot{\lambda}_r + \mathrm{j}(\omega - \omega_r)\dot{\lambda}_r \end{cases} \tag{2-241}$$

式中 $\dot{u}_s$、$\dot{u}_r$ ——定子和转子电压矢量，V；

$\dot{i}_s$、$\dot{i}_r$ ——定子和转子电流矢量，A；

$\dot{\lambda}_s$、$\dot{\lambda}_r$ ——定子和转子磁链矢量，Wb；

R_s、R_r ——定子和转子绕组电阻，Ω；

ω ——任意参考坐标系下的转速，rad/s；

ω_r ——转子电角速度，rad/s；

p ——微分算子（$p = \mathrm{d}/\mathrm{d}t$）。

式（2-241）右侧的项 $\mathrm{j}\omega\dot{\lambda}_s$ 和 $\mathrm{j}(\omega - \omega_r)\dot{\lambda}_r$ 被称作速度电压，它是由以任意速度 ω 旋转的参考坐标系产生的。

第二个方程组为定子磁链 $\dot{\lambda}_s$ 和转子磁链 $\dot{\lambda}_r$ 方程

$$\begin{cases} \dot{\lambda}_s = (L_{1s} + L_m)\dot{i}_s + L_m\dot{i}_r = L_s\dot{i}_s + L_m\dot{i}_r \\ \dot{\lambda}_r = (L_{1r} + L_m)\dot{i}_r + L_m\dot{i}_s = L_r\dot{i}_r + L_m\dot{i}_s \end{cases} \tag{2-242}$$

$$L_s = L_{1s} + L_m$$
$$L_r = L_{1r} + L_m$$

式中 L_s ——定子自感，H；

L_r ——转子自感，H；

L_{1s}、L_{1r} ——定子和转子漏感，H；

L_m ——励磁电感，H。

上面方程式给出了转子侧所有参数和变量（如 R_r、L_{1r}、$\dot{i}_r$ 和 $\dot{\lambda}_r$）与定子侧参数和变量之间的关系。

第三个，也是本模型的最后一个方程式组，为运动方程式，它描述了转子机械速度的动态行为与机械转矩和电磁转矩之间的关系。

$$\begin{cases} J\dfrac{\mathrm{d}\omega_m}{\mathrm{d}t} = T_e - T_m \\ T_e = \dfrac{3P}{2}\mathrm{Re}(\mathrm{j}\dot{\lambda}_s\dot{i}_s^*) = -\dfrac{3P}{2}\mathrm{Re}(\mathrm{j}\dot{\lambda}_r\dot{i}_r^*) \end{cases} \tag{2-243}$$

$$\omega_m = \omega_r / P$$

式中 J ——转子的转动惯量，kg·m²；

P ——极对数；

T_m ——发电机轴的机械转矩，N·m；

T_e ——电磁转矩，N·m；

ω_m ——转子机械速度，rad/s。

上面的方程式组构成了异步发电机的空间矢量模型，图 2-36 给出了相应的等效电路。该模型适用于任意参考坐标系，且空间旋转速度 ω 也为任意值。

需要说明的是，图 2-36 给出的异步发电机空间矢量模型的依据为电动机惯例。根据该惯例，定子电流方向为流入定子的电流方向。由于大多数异步发电机均可作为电动机使用，该惯例得到了广泛认可。尽管如此，不失一般性，空间矢量模型及相关的方程式既适用于异步发电机，也适用于异步电动机。

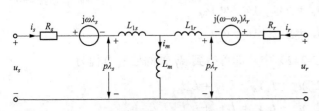

图 2-36　任意参考坐标系下异步发电机空间矢量模型的等效电路

图 2-36 所示的任意参考坐标系下的异步发电机模型可简单地变换至其他参考坐标系下。例如，对于具有先进控制系统的异步发电机风力发电系统的计算机仿真和数字化实现，同步坐标系模型具有非常重要的作用。通过设置式（2-241）中的任意转速 ω 和图 2-37（a）的同步转速 ω_s 即可获得该模型。图 2-37（a）给出了处于同步坐标系下的导出模型，其中 ω_s 为发电机的同步转速，ω_{s1} 为转差角频率，如下

$$\begin{cases} \omega_s = 2\pi f_s \\ \omega_{s1} = \omega_s - \omega_r \end{cases} \tag{2-244}$$

参考坐标系的同步转速 ω_s 对应于定子角频率，并与定子频率 f_s 成正比。

为获得静止参考坐标系下的异步发电机模型，可将图 2-36 给出的任意坐标系下的转速设为 0，这是由于此时的静止坐标系不在空间中旋转。由此得到的等效电路图 2-37（b）给出的异步发电机空间矢量模型适用于笼型异步发电机和双馈异步发电机。由于笼型异步发电机中的转子电路处于短路状态，这里将其转子电压设置为 0。而双馈异步发电机的转子电路则被连接到变流器上，从而实现对发电机转速和转矩的控制。

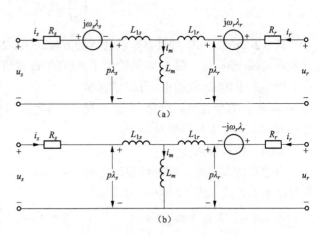

图 2-37　同步和静止参考坐标系下的异步发电机的空间矢量模型

（a）同步坐标系下的异步发电机模型；

（b）静止参考坐标系下的异步发电机模型

2.4.3　dq 轴参考坐标系模型

将异步发电机的空间矢量模型分解至相应的 d 轴和 q 轴即可得到 dq 轴模型，即

$$\begin{cases} \dot{u}_s = u_{ds} + ju_{qs}; \dot{i}_s = i_{ds} + ji_{qs}; \dot{\lambda}_s = \lambda_{ds} + j\lambda_{qs} \\ \dot{u}_r = u_{dr} + ju_{qr}; \dot{i}_r = i_{dr} + ji_{qr}; \dot{\lambda}_r = \lambda_{dr} + j\lambda_{qr} \end{cases} \quad (2\text{-}245)$$

将式（2-245）代入到式（2-241）中，再将公式两侧的实部和虚部分量进行分组整理，即可得到异步发电机 dq 轴模型的电压方程为

$$\begin{cases} u_{ds} = R_s i_{ds} + p\lambda_{ds} - \omega\lambda_{qs} \\ u_{qs} = R_s i_{qs} + p\lambda_{qs} + \omega\lambda_{ds} \\ u_{dr} = R_r i_{dr} + p\lambda_{dr} - (\omega - \omega_r)\lambda_{qr} \\ u_{qr} = R_r i_{qr} + p\lambda_{qr} + (\omega - \omega_r)\lambda_{dr} \end{cases} \quad (2\text{-}246)$$

同样的，将式（2-245）代入到式（2-242）中，即可得到 dq 轴的磁链方程为

$$\begin{cases} \lambda_{ds} = (L_{1s} + L_m)i_{ds} + L_m i_{dr} = L_s i_{ds} + L_m i_{dr} \\ \lambda_{qs} = (L_{1s} + L_m)i_{qs} + L_m i_{qr} = L_s i_{qs} + L_m i_{qr} \\ \lambda_{dr} = (L_{1r} + L_m)i_{dr} + L_m i_{ds} = L_r i_{dr} + L_m i_{ds} \\ \lambda_{qr} = (L_{1r} + L_m)i_{qr} + L_m i_{qs} = L_r i_{qr} + L_m i_{qs} \end{cases} \quad (2\text{-}247)$$

式（2-243）中的电磁转矩 T_e 还可使用 dq 轴的磁链和电流进行表示。通过数学变换，可求得多种转矩表达式。式（2-248）给出了最为常用的转矩表达式

$$T_e = \begin{cases} \dfrac{3P}{2}(i_{qs}\lambda_{ds} - i_{ds}\lambda_{qs}) \\ \dfrac{3PL_m}{2}(i_{qs}\lambda_{dr} - i_{ds}\lambda_{qr}) \\ \dfrac{3P}{2L_r}(i_{qs}\lambda_{dr} - i_{ds}\lambda_{qr}) \end{cases} \quad (2\text{-}248)$$

式（2-246）～式（2-248）以及运动方程式（2-243）共同组成了任意参考坐标系下的异步发电机 dq 轴模型，图 2-38 则给出了相应的 dq 轴等效电路。为获得同步参考坐标系和静止参考坐标系下的 dq 轴模型，可将任意参考坐标系下的转速 ω 分别设置为发电机的同步（定子）频率 ω_s 和 0。

2.4.4　仿真模型

为建立仿真模型，应重新整理之前推导出来的公式。式（2-246）可重写为

$$\begin{cases} \lambda_{ds} = (u_{ds} - R_s i_{ds} + \omega\lambda_{qs})/s \\ \lambda_{qs} = (u_{qs} - R_s i_{qs} + \omega\lambda_{ds})/s \\ \lambda_{dr} = (u_{dr} - R_r i_{dr} + (\omega - \omega_r)\lambda_{qr})/s \\ \lambda_{qr} = (u_{qr} - R_r i_{qr} + (\omega - \omega_r)\lambda_{dr})/s \end{cases}$$

$$(2\text{-}249)$$

其中，式（2-246）中的微分算子被拉普拉斯算子 s 代替，$1/s$ 代表积分器。

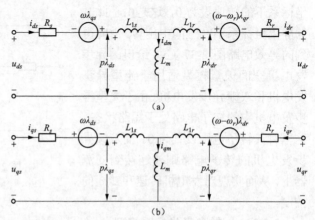

图 2-38　任意参考坐标系下异步发电机的
dq 轴模型等效电路

（a）d 轴电路；（b）q 轴电路

磁链方程式（2-247）可改写为矩阵的形式，即

$$\begin{bmatrix} \lambda_{ds} \\ \lambda_{qs} \\ \lambda_{dr} \\ \lambda_{qr} \end{bmatrix} = \begin{bmatrix} L_s & 0 & L_m & 0 \\ 0 & L_s & 0 & L_m \\ L_m & 0 & L_r & 0 \\ 0 & L_m & 0 & L_r \end{bmatrix} \begin{bmatrix} i_{ds} \\ i_{qs} \\ i_{dr} \\ i_{qr} \end{bmatrix} \tag{2-250}$$

式（2-250）中的定子和转子电流可表示为定子和转子磁链的关系式。对方程式（2-250）的两侧进行逆电感矩阵计算即可求得这种关系式。通过下面的矩阵运算

$$[\lambda] = [L][i] \rightarrow [L]^{-1}[\lambda] = [L]^{-1}[L][i] \rightarrow [i] = [L][\lambda] \tag{2-251}$$

可得

$$\begin{bmatrix} i_{ds} \\ i_{qs} \\ i_{dr} \\ i_{qr} \end{bmatrix} = \frac{1}{D_1} \begin{bmatrix} L_r & 0 & -L_m & 0 \\ 0 & L_r & 0 & -L_m \\ -L_m & 0 & L_s & 0 \\ 0 & -L_m & 0 & L_s \end{bmatrix} \begin{bmatrix} \lambda_{ds} \\ \lambda_{qs} \\ \lambda_{dr} \\ \lambda_{qr} \end{bmatrix} \tag{2-252}$$

式中，$D_1 = L_s L_r - L_m^2$。

仿真模型所需的运动方程和转矩方程式可由下式给出

$$\begin{cases} \omega_r = \dfrac{P}{JS}(T_e - T_m) \\ T_e = \dfrac{3P}{2}(i_{qs}\lambda_{ds} - i_{ds}\lambda_{qs}) \end{cases} \tag{2-253}$$

模型的输入变量包括 dq 轴定子电压 u_{ds} 和 u_{qs}、转子电压 u_{dr} 和 u_{qr}、机械转矩 T_m 和任意参考坐标系下的转速 ω，输出变量则为 dq 轴定子电流 i_{ds} 和 i_{qs}、电磁转矩 T_e 以及发电机的机械转速 ω_m。为了对同步参考坐标系和静止参考坐标系下的异步发电机进行仿真分析，可将任意参考坐标系下的角速度 ω 分别设置为发电机的同步（定子）角速度 ω_s 和 $0^{[6\sim8]}$。

2.4.5　异步发电机的暂态特性

对于直接与电网相连的笼型异步发电机的风力发电系统的暂态特性，可通过图 2-39 和图 2-40 给出的仿真分析框图对其进行研究。若电网处于三相对称状态，可通过 $abc/\alpha\beta$ 变换将静止坐标系下的电网电压变换至 $\alpha\beta$ 坐标系下的两相电压 $u_{\alpha s}$ 和 $u_{\beta s}$。这种情况下，可将任意参考坐标系的转速设置为 0（$\omega = 0$），从而使用静止参考坐标系下的异步发电机模型进行分析。仿真得到的 dq 轴定子电流 i_{ds} 和 i_{qs} 也处于静止坐标系下，可通过 $\alpha\beta/abc$ 变换将它们变换为三相电流 i_{as}、i_{bs} 和 i_{cs}。对于笼型异步发电机，仿真时其 dq 轴转子电压被设置为 0。

对于采用式（2-6）实现的 $abc/\alpha\beta$ 变换，其系数 2/3 为任意选定值。图 2-40 揭示了可以任意选择这一系数的原因，通过 $abc/\alpha\beta$ 变换，其中的三相定子电压将被变换为两相电压，而计算出的两相定子电流则被 $\alpha\beta/abc$ 变换重新变换为三相定子电流。若使用 2/3 以外的其他系数来推导图 2-40 中给出的 $abc/\alpha\beta$ 变换，得到的仿真结果（如三相定子电流）将完全相同。

由于风力机轴的刚性明显低于火电厂中汽轮机轴的刚性，所以在分析双馈风电机组的稳定性时应该采用两质块轴系模型，如图 2-41 所示。

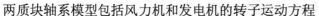
两质块轴系模型包括风力机和发电机的转子运动方程

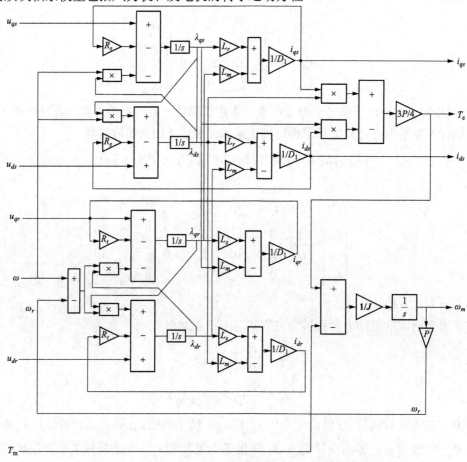

图 2-39 任意参考坐标系下异步发电机动态仿真模型框图

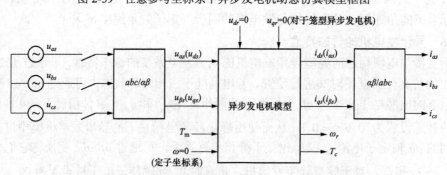

图 2-40 直接与电网连接的笼型异步发电机动态仿真框图

$$\begin{cases} \dfrac{\mathrm{d}\omega_r}{\mathrm{d}t} = \dfrac{1}{2H_g}(T_{sh} - T_e - B\omega_r) \\[2mm] \dfrac{\mathrm{d}\theta_r}{\mathrm{d}t} = \omega_b(\omega_t - \omega_r) \\[2mm] \dfrac{\mathrm{d}\omega_t}{\mathrm{d}t} = \dfrac{1}{2H_t}(T_m - T_{sh}) \end{cases} \quad (2\text{-}254)$$

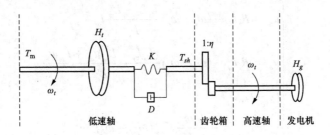

图 2-41　两质块轴系模型

式中　　ω_r 和 ω_t ——发电机和风力机轴的旋转角速度；

　　　　　ω_b ——角速度基准值；

　　　　　θ_t ——低速风力机轴相对于高速发电机轴的扭转角位移；

　H_g、H_t ——发电机和风力机的惯性时间常数；

　　　　　B ——发电机转子的阻尼系数；

T_{sh}、T_e、T_m ——两质块间的扭转转矩、发电机的电磁转矩和风力机的机械转矩。

$$\begin{cases} T_{sh} = K_{sh}\theta_t + D_{sh}\omega_b(\omega_t - \omega_r) \\ T_e = P_{DFIG}/\omega_r \\ T_m = 0.5\rho\pi R^2 C_p(\lambda, \beta)v_W^3/\omega_t \end{cases} \qquad (2\text{-}255)$$

式中　　K_{sh}——轴的刚度系数；

　　　　D_{sh}——风力机的阻尼系数；

　　P_{DFIG}——发电机输出到电网的有功功率；

　　　　　ρ ——空气密度；

　　　　　R ——风机叶轮半径；

　　　　　v_W ——风速；

　　　　　C_p ——风机的风能转换效率系数；

　　　　　λ ——风机的叶尖速比；

　　　　　β ——风机的桨距角。

　　在对双馈发电机及其励磁控制系统进行简化建模时，忽略时间常数较小的电机定、转子的电磁暂态过程和电流内环控制器的动态过程，并将转速外环控制器简化为比例调节器，则在定子磁链定向的参考坐标系下，双馈发电机定、转子电压（$u_s = u_{ds} + ju_{qs}$，$u_r = u_{dr} + ju_{qr}$）、电流（$i_s = i_{ds} + ji_{qs}$，$i_r = i_{dr} + ji_{qr}$）的表达式分别为

$$\begin{cases} u_{ds} = -R_s i_{ds} \\ u_{qs} = -R_s i_{qs} + \omega_s \psi_s \\ i_{ds} = \dfrac{L_m i_{dr} - \psi_S}{L_S} \\ i_{qs} = \dfrac{L_m}{L_s} i_{qr} \end{cases} \qquad (2\text{-}256)$$

$$\begin{cases} u_{dr} = R_r i_{dr} - (\omega_s - \omega_r)\dfrac{L_s L_r - L_m^2}{L_s}i_{qr} \\[3mm] u_{qr} = R_r i_{qr} + (\omega_s - \omega_r)\dfrac{(L_s L_r - L_m^2)i_{dr} + L_m \psi_s}{L_s} \\[3mm] i_{dr} = i_{drref} \\[3mm] i_{qr} = i_{qrref} = -\dfrac{L_s \omega_s}{L_m U_s}K_{p\omega}(\omega_{ref} - \omega_r) \end{cases} \tag{2-257}$$

式中　R_s、R_r——发电机定、转子电阻；

　　　L_s、L_r——发电机定、转子自感；

　　　L_m——互感；

　　　ω_s——发电机定子的角频率；

　　　U_s——定子电压的幅值；

　　　ψ_s——定子磁链的幅值且可近似等于 U_s/ω_s；

　　i_{drref}——转子电流 d 轴分量的给定值；

　　　ω_{ref}——发电机转速的给定值，为了确保风电机组稳定运行并且使其获取风能的效率

　　　　　　最高，在不同风速情况下 ω_{ref} 的取值根据风机制造商提供的运行曲线确定；

　　　$K_{p\omega}$——发电机转速控制器的比例调节系数。

双馈发电机定、转子有功和无功功率的表达式分别为

$$\begin{cases} P_s = u_{ds} i_{ds} + u_{qs} i_{qs} = -R_s(i_{ds}^2 + i_{qs}^2) + \omega_s \psi_s i_{qs} \\[2mm] Q_s = u_{qs} i_{ds} - u_{ds} i_{qs} = \omega_s \psi_s i_{ds} \end{cases} \tag{2-258}$$

$$\begin{cases} P_r = u_{dr} i_{dr} + u_{qr} i_{qr} \\[2mm] Q_r = u_{qr} i_{dr} - u_{dr} i_{qr} \end{cases} \tag{2-259}$$

若忽略直流母线电容电压的动态过程，则双馈发电机输出到电网的有功功率为

$$P_{DFIG} = P_s - P_r \tag{2-260}$$

双馈发电机输出到电网的无功功率为

$$Q_{DFIG} = Q_s \tag{2-261}$$

一般的，对于以任意速度旋转的坐标系统 $dq0$，在三相对称条件下，可以建立下列双馈电机模型（电动机惯例）

$$\begin{cases} u_{qs} = r_s i_{qs} + \omega\lambda_{ds} + D\lambda_{qs} \\[2mm] u_{ds} = r_s i_{ds} - \omega\lambda_{qs} + D\lambda_{ds} \\[2mm] u_{qr} = r_r i_{qr} + (\omega_e - \omega_r)\lambda_{dr} + D\lambda_{qr} \\[2mm] u_{dr} = r_r i_{dr} - (\omega_e - \omega_r)\lambda_{qr} + D\lambda_{dr} \\[2mm] \lambda_{qs} = L_{ls} i_{qs} + M(i_{qs} + i_{qr}) \\[2mm] \lambda_{ds} = L_{ls} i_{ds} + M(i_{ds} + i_{dr}) \\[2mm] \lambda_{qr} = L_{lr} i_{qr} + M(i_{qs} + i_{qr}) \\[2mm] \lambda_{dr} = L_{lr} i_{dr} + M(i_{ds} + i_{dr}) \\[2mm] D\omega_r = n_p\left[\dfrac{3}{2}n_p M(i_{qs} i_{dr} - i_{ds} i_{qr}) - \gamma\omega_r + T_{mec}\right]/J \end{cases} \tag{2-262}$$

式中：u 为电压，λ 为磁链，i 为电流，L_l 为漏感，M 为励磁电感，r 为电阻，ω_e 为定子电压角频率，ω_r 为转子角频率，n_p 为发电机极对数，J 为转子转动惯量，γ 为摩擦损耗系数，T_{mec} 为发电机输入机械转矩，D 为微分算子；下标 s、r、q、d 分别表示定子侧量、转子侧量、q 轴分量、d 轴分量。以上转子各量均已折算至定子侧。对于同步旋转坐标，当取 q 轴与定子电压综合相量重合，d 轴落后 q 轴 90°电角度时，则有如下变换矩阵

$$K_{3s-qd0} = \frac{2}{3}\begin{bmatrix} \cos\theta_s & \cos\left(\theta_s - \frac{2\pi}{3}\right) & \cos\left(\theta_s + \frac{2\pi}{3}\right) \\ \sin\theta_s & \sin\left(\theta_s - \frac{2\pi}{3}\right) & \sin\left(\theta_s + \frac{2\pi}{3}\right) \\ \frac{1}{2} & \frac{1}{2} & \frac{1}{2} \end{bmatrix} \quad (2\text{-}263)$$

$$K_{3r-qd0} = \frac{2}{3}\begin{bmatrix} \cos\beta & \cos\left(\beta - \frac{2\pi}{3}\right) & \cos\left(\beta + \frac{2\pi}{3}\right) \\ \sin\beta & \sin\left(\beta - \frac{2\pi}{3}\right) & \sin\left(\beta + \frac{2\pi}{3}\right) \\ \frac{1}{2} & \frac{1}{2} & \frac{1}{2} \end{bmatrix} \quad (2\text{-}264)$$

式中 $\theta_s = \int_0^t \omega_e(\zeta)d\zeta + \theta_s(0)$ 为 q 轴与定子 a 相电压方向的夹角，$\beta = \theta_s - \theta_r = \theta_s - \left[\int_0^t \omega_r(\zeta)d\zeta + \theta_r(0)\right]$ 为转子 a 相电压相量方向与 q 轴的夹角。θ_r 为定、转子同相轴线间的夹角。

式（2-262）中消去磁链项，则有

$$\begin{cases} Di_{qs} = k_q\{r_s L_r i_{qs} + [\omega_1 L_s L_r - (\omega_1 - \omega_r)L_m^2]i_{ds} - \\ \qquad r_r L_m i_{qr} + \omega_r L_m L_r i_{dr} - L_r u_{qs} + L_m u_{qr}\} \\ Di_{ds} = k_q\{-[\omega_1 L_s L_r - (\omega_1 - \omega_r)L_m^2]i_{qs} + r_s L_r i_{ds} - \\ \qquad \omega_1 L_m L_r i_{qr} - r_r L_m i_{dr} - L_r u_{ds} + +L_m u_{qrr}\} \\ Di_{qr} = k_q\{-r_s L_m i_{qs} - \omega_r L_m L_s i_{ds} + r_r L_s i_{qr} - \\ \qquad [\omega_1 L_m^2 - (\omega_1 - \omega_r)L_s L]i_{dr} + L_m u_{qs} - L_s u_{qr}\} \\ Di_{dr} = k_q\{\omega_r L_m L_s i_{qs} - r_s L_m i_{ds} + [\omega_1 L_m^2 - \\ \qquad (\omega_1 - \omega_r)L_s L_r]i_{qr} + r_r L_s i_{dr} + L_m u_{ds} - L_s u_{dr}\} \end{cases} \quad (2\text{-}265)$$

$$k_q = \frac{1}{L_m^2 - L_s L_r}$$

式（2-265）描述了发电机的电磁动态过程。它们与式（2-262）中最后的一个表示式一起构成了发电机的 5 阶模型[9, 10]。

2.4.6　异步发电机的稳态等效电路

对于异步发电机稳态性能的研究，稳态等效电路是一个非常有用的工具。可由式（2-256）描述的异步发电机空间矢量模型推导出稳态等效电路。为得到异步发电机的稳态等效电路，可利用同步坐标系下的空间矢量模型按照下述步骤进行操作：

（1）将式（2-241）中的任意转速 ω 设置为同步转速 ω_s。

（2）将式（2-241）中的微分项 $p\lambda_s$ 和 $p\lambda_r$ 设置为 0（对于同步坐标系下的异步发电机，稳态运行时，所有的变量均为直流量，且其微分均等于 0）。

（3）将式（2-241）中的所有空间矢量替换为相应的相量。例如，定子电压矢量 $\dot{u}_s$ 将被替换为定子电压相量 $\dot{U}_s$，其中 $u_s = u_{ds} + ju_{qs}$，$\dot{U}_s = \mathrm{Re}(U_s) + jI_m(U_s)$，且 U_s 与 u_s 之间的关系为 $U_s = u_s / \sqrt{2}$。

（4）将转子电流方向改为相反方向，也就是说，转子电流将流出转子回路，而不是流入转子电路。尽管此操作不是必需的，但改变了的转子电流方向将与常规异步电机的稳态等效电路的电流方向一致。更为重要的是，这将有利于双馈异步发电机风力发电系统的分析，其中的转子回路与具有双向功率流动的变流器相连接。

完成上述步骤后，异步发电机稳态分析程式将可表示为

$$\begin{cases} \dot{U}_s = R_s \dot{I}_s + j\omega_s \dot{\Lambda}_s \\ \dot{U}_r = -R_r \dot{I}_r + j(\omega_s - \omega_r)\dot{\Lambda}_r \end{cases} \tag{2-266}$$

式中，变量上边的点代表该变量为相量。例如，$\dot{\Lambda}_s$ 和 $\dot{\Lambda}_r$ 分别为定子和转子磁链 λ_s 和 λ_r 的相量。上面的方程式可重写为

$$\begin{cases} \dot{U}_s = R_s \dot{I}_s + j\omega_s(L_{1s}\dot{I}_s + L_m \dot{I}_m) \\ \dot{U}_r = -R_r \dot{I}_r + j\omega_{s1}(-L_{1r}\dot{I}_r + L_m \dot{I}_m) \end{cases} \tag{2-267}$$

$$\omega_{s1} = \omega_s - \omega_r$$

式中　ω_{1s}——转差角频率。

转差率表示为

$$s = \frac{\omega_{s1}}{\omega_s} \tag{2-268}$$

重新整理式（2-267），可得到

$$\begin{cases} \dot{U}_s = R_s \dot{I}_s + j\omega_s(L_{1s}\dot{I}_s + L_m \dot{I}_m) = R_s \dot{I}_s + jX_{1s}\dot{I}_s + jX_m \dot{I}_m \\ \dfrac{\dot{U}_r}{s} = -\dfrac{R_r}{s}\dot{I}_r + j\omega_s(-L_{1r}\dot{I}_r + L_m \dot{I}_m) = -\dfrac{R_r}{s}\dot{I}_r - jX_{1r}\dot{I}_r + jX_m \dot{I}_m \end{cases} \tag{2-269}$$

式中　X_{1s}、X_{1r}——定子和转子的漏电抗；

　　　X_m——励磁电抗。

$$\begin{cases} X_{1s} = \omega_s L_{1s} \\ X_{1r} = \omega_s L_{1r} \\ X_m = \omega_s L_m \end{cases} \tag{2-270}$$

根据式（2-269），可推导出异步发电机的稳态等效电路，如图 2-42 所示。对于双馈异步发电机，其转子回路通常与转子侧变流器（Rotor-Side Converter，RSC）连接，可通过图 2-42（a）所示的等效阻抗来表示；对于笼型异步发电机，其转子回路处于短路状态，转子电压 U_r 为 0，如图 2-42（b）所示。

1. 功率流动

为便于异步发电机的功率流动分析，图 2-42 中的转子电阻被分解为两部分，即

$$\frac{R_r}{s} = R_r + \frac{1-s}{s}R_r \tag{2-271}$$

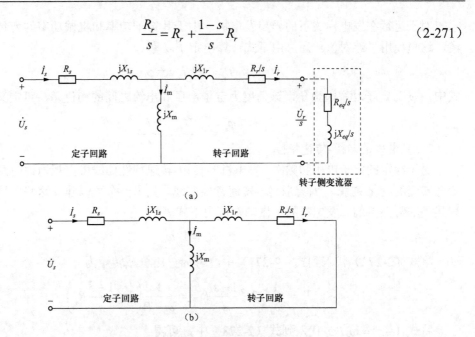

图 2-42　异步发电机稳态等效电路

（a）双馈异步发电机；（b）笼型异步发电机

　　图 2-43 中所示的电路即按照这种方法求出的笼型异步发电机稳态等效电路。图 2-43 中，P_{in} 为风力机产生的总输入功率；P_{rot} 则为机械系统的总旋转损耗（为简化起见，这里忽略了齿轮箱的功率损耗）。可由式（2-272）计算出发电机轴的机械功率为

$$P_m = 3I_r^2 \frac{(1-s)}{s}R_r \tag{2-272}$$

转子和定子绕组的铜损耗分别为

$$\begin{cases} P_{Cu,r} = 3I_r^2 R_r \\ P_{Cu,s} = 3I_s^2 R_s \end{cases} \tag{2-273}$$

定子输出功率为

$$|P_s| = |P_m| - P_{Cu,r} - P_{Cu,s} \tag{2-274}$$

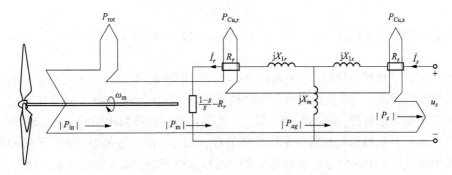

图 2-43　异步发电机功率流动和损耗

对于运行在发电模式下的异步发电机，由于其定子功率和机械功率均为负值，为避免混淆，这里使用了绝对值。还可由下式计算出定子功率

$$P_s = 3U_s I_s \cos \varphi_s \qquad (2\text{-}275)$$

式中，φ_s 为定子功率因数角，该角度为定子电压和电流之间的相位差，可定义为

$$\varphi_s = \angle \dot{U}_s - \angle \dot{I}_s \qquad (2\text{-}276)$$

2. 发电机的转矩-转速特性

对于给定的定子电压和频率，发电机的转矩-转速特性曲线可直观地说明发电机产生的转矩随转速的变化关系。为得到转矩-转速特性曲线，找出一个可以建立这些变量之间关系的方程式是非常必要的。发电机的机械功率可由下式表示

$$P_m = T_m \omega_m \qquad (2\text{-}277)$$

将式（2-272）代入到式（2-277）中，可计算出机械转矩为

$$T_m = \frac{1}{\omega_m}\left(3I_r^2 \frac{1-s}{s} R_r\right) = \frac{1}{\omega_r / P}\left(3I_r^2 \frac{1-s}{s} R_r\right) \qquad (2\text{-}278)$$

将式 $(1-s) = \omega_r / \omega_s$ 代入到式（2-278）中，可得

$$T_m = \frac{1}{\omega_s / P}\left(3I_r^2 \frac{R_r}{s}\right) = \frac{P_{ag}}{\omega_s / P} \qquad (2\text{-}279)$$

式（2-279）中，气隙功率为

$$P_{ag} = 3I_r^2 \frac{R_r}{s} \qquad (2\text{-}280)$$

为简化起见，这里忽略了励磁分量，则可由下式计算出转子电流

$$I_r = \frac{U_s}{\sqrt{\left(R_s + \dfrac{R_r}{s}\right)^2 + (X_{1s} + X_{1r})^2}} \qquad (2\text{-}281)$$

将式（2-281）代入到式（2-279）中，可得

$$T_m = \frac{3P}{\omega_s} \times \frac{R_r}{s} \times \frac{U_s^2}{\left(R_s + \dfrac{R_r}{s}\right)^2 + (X_{1s} + X_{1r})^2} \qquad (2\text{-}282)$$

对于给定的定子电压 U_s 和定子频率 ω_s，式（2-282）确定了机械转矩 T_m 与转差率 s 之间的关系。

图 2-44 给出了典型的笼型异步发电机转矩-转差率特性曲线。其中，包括两种运行模式——电动模式和发电模式。当发电机运行在电动模式下时，转子转速 ω_r 低于同步转速 ω_s，且机械转矩和转差率均为正值 $(T_m > 0, s > 0)$；反之，当发电机运行在发电模式下时，转子转速 ω_r 高于同步转速 ω_s，且机械转矩和转差率均为负值 $(T_m < 0, s < 0)$。这是由于使用了前面所述的电动机惯例的缘故，其中的定子电流方向被规定为流入定子的方向，如图 2-42 所示。当发电机运行在额定工作点时，其额定机械转矩为-1.0（标幺值）；对于风力发电系统中的大型兆瓦级异步发电机，其额定转差率通常在-0.005～-0.01 之间变化。

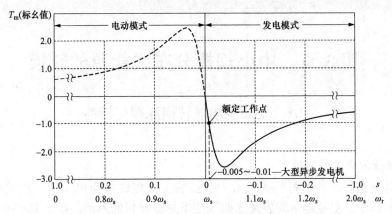

图 2-44　笼型异步发电机典型转矩-转差率特性曲线

参 考 文 献

[1] 卫三民，等. 风力发电系统的功率变换与控制 [M]. 北京：机械工业出版社，2012.

[2] 周彬，等. 电动机控制与变频技术 [M]. 重庆：重庆大学出版社，2010.

[3] 卓忠疆. 机电能量转换 [M]. 北京：水利电力出版社，1987.

[4] 戴克健. 同步电机励磁及其控制 [M]. 北京：水利电力出版社，1988.

[5] 黄纯华. 大型同步发电机运行 [M]. 北京：水利电力出版社，1992.

[6] 李基成. 现代同步发电机整流器励磁系统 [M]. 北京：水利电力出版社，1987.

[7] 张淑兰，曾树村. 同步发电机 [M]. 湖北：武汉水利电力大学出版社，2000.

[8] ANDRZEJ M. TRZYNADLOWSKI. 异步电动机的控制 [M]. 北京：机械工业出版社，2003.

[9] 叶杭冶. 风力发电机组的控制技术 [M]. 北京：机械工业出版社，2002.

[10] 尹炼，刘文洲. 风力发电 [M]. 北京：水利电力出版社，2002.

第3章　中小规模分布式能源的转换

3.1　太阳能电能转换原理与特性

3.1.1　光伏发电工作原理

光伏发电是利用半导体材料光伏效应直接将太阳能转换为电能的一种发电形式。早在 1839 年，法国科学家贝克勒尔就发现光照能使半导体材料的不同部位之间产生电位差。这种现象后来被称为光伏效应。然而，第一个实用单晶硅光伏电池（solar cell）直到 1954 年才在美国贝尔实验室研制成功，从此诞生了光能转换为电能的实用光伏发电技术。

光伏电池是以半导体 P-N 结上接受太阳光照产生光生伏特效应为基础，直接将光能转换成电能的能量转换器。其工作原理是：当太阳光照射到半导体表面，半导体内部 N 区和 P 区中原子的价电子受到太阳光子的冲击，通过光辐射获取到能量，脱离共价键的约束从价带激发到导带，由此在半导体材料内部产生出很多处于非平衡状态的电子-空穴对。如果这些移动的电荷载体到达 PN 结附近区域，如图 3-1 所示，耗尽区的电场将空穴推至 P 区，将电子推至 N 区，则 P 区将累积空穴，N 区将累积电子，最终将产生一个电压，驱动电流流向负载。

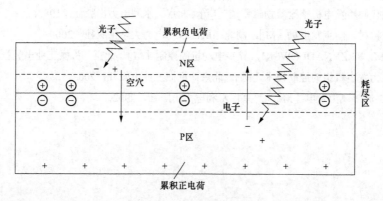

图 3-1　光伏发电原理图

如果电池的顶端及底端连接有电触头，则电子从 N 区流出，经导线、负载返回 P 区，如图 3-2 所示。由于导线不能传输空穴，因此仅有电子围绕电路运动。当电子到达 P 区时，与空穴重新结合并完成回路。通常，电流的正方向与电子的流向相反，因此图中电流的箭头方向是由 P 区出发，返回 N 区。

3.1.2　光伏电池的等效电路

光伏电池的最简单等效电路模型由一个二极管并联一个理想电流源组成，如图 3-3 所示。理想电流源的输出电流与其太阳辐射流量成比例。

图 3-3 所示光伏电池等效电路的电压与电流方程。首先

$$I = I_{sc} - I_d \tag{3-1}$$

$$I_\text{d} = I_0(\text{e}^{qU_\text{d}/(kT)} - 1) \tag{3-2}$$

式中　I_d ——箭头方向的二极管电流，A；

$\quad\quad U_\text{d}$ ——P 端至 N 端的二极管端电压，V；

$\quad\quad I_0$ ——反向饱和电流，A；

$\quad\quad q$ ——电子电荷（1.602×10^{-19}C）；

$\quad\quad k$ ——玻耳兹曼常数（1.381×10^{-23}J/K）；

$\quad\quad T$ ——PN 结温度，K。

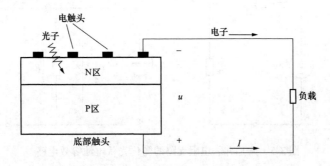

图 3-2　光伏电池工作时电子流向

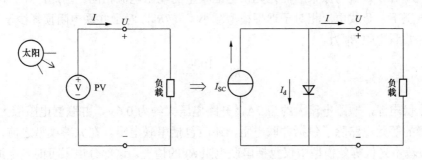

图 3-3　光伏电池的最简等效电路

然后将式（3-2）代入式（3-1）得

$$I = I_\text{SC} - I_0(\text{e}^{qU_\text{d}/(kT)} - 1) \tag{3-3}$$

当光伏电池开路时，电流 $I = 0$，解式（3-1）可以得出开路电压 U_OC

$$U_\text{OC} = U_\text{d} = \frac{kT}{q}\ln\left(\frac{I_\text{SC}}{I_0} + 1\right) \tag{3-4}$$

有时候需要考虑比图 3-3 所示的电路模型更复杂的光伏电池等效电路，如要考虑串联电池串受太阳遮蔽的影响时。如图 3-4 所示，给出了两个串联连接的电池串，当电池串中的任一电池被遮蔽，该电池将不会输出电流。基于前述的简化等效电路模型，光伏电池被遮蔽，该电池模型中的电流源输出电流为 0，二极管的正极接在低电位端，负极接在高电位端，此时二极管处于截止状态，将不会流过任何电流（除了少量的反向饱和电流）。这就是

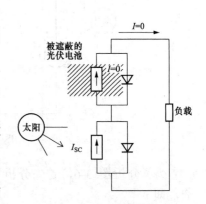

图 3-4　串联电池组的
光伏发电等效电路

说，基于简化电路模型，任一电池被遮蔽后，电池串将不会输出电流给负载，因此需要考虑更加复杂的模型，能够处理如遮蔽等实际问题。

图 3-5 中给出考虑了部分并联电阻 R_P 的光伏等效电路。在这种情况下，理想电流源 I_{SC} 输出电流至二极管、并联电阻和负载：

$$I = (I_{SC} - I_d) - \frac{U}{R_P} \tag{3-5}$$

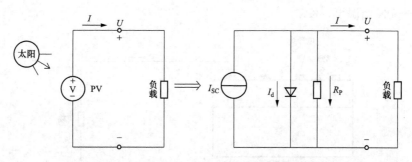

图 3-5 附加并联电阻支路的简化光伏电池等效电路

式（3-5）中 $I_{SC}-I_d$ 与原来的简化光伏电池模型的输出电流相同。因此，式（3-5）表明在任意给定电压下，负载电流相对于理想模型减小了 U/R_P，对于并联电阻损耗少于 1% 的光伏电池来说，并联电阻 R_P 为

$$R_P > \frac{100U}{I_{SC}} \tag{3-6}$$

对于一般光伏电池，短路电流大约为 7A，开路电压大约为 0.6V，并联漏电阻应大于 9Ω。

更精确的等效电路除了包括并联电阻，还应包括串联电阻。在完善模型之前，首先考虑图 3-6 中在基本光伏等效模型中仅包括串联电阻 R_S 的情况。这部分电阻可能是电池与导线接口的接触阻抗，也可能是半导体自身的阻抗。

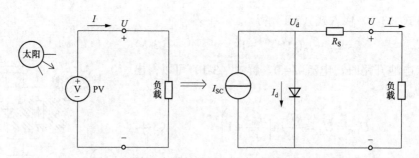

图 3-6 带串联电阻的光伏等效电路

为了分析图 3-6，首先分析 $I = I_{SC} - I_0(e^{qU_d/(kT)} - 1)$ 的简化等效模型，然后考虑 R_S 的影响，即

$$U_d = U + IR_S \tag{3-7}$$

得到

$$I = I_{SC} - I_0 \left\{ e^{\left[\frac{q(U + IR_S)}{kT} \right]} - 1 \right\} \qquad (3\text{-}8)$$

式（3-8）可解释为：在给定电流值
下，基本光伏电流-电压曲线中对应的电
压左移 $\Delta U = IR_S$，如图 3-7 所示。

对于串联电阻损耗少于 1% 的光伏电
池来说，串联电阻 R_S 应

$$R_S < \frac{0.01 U_{OC}}{I_{SC}} \qquad (3\text{-}9)$$

对于一般光伏电池，短路电流大约
为 7A，开路电压大约为 0.6V，串联电阻
R_S 应大于 0.0009Ω。

最后综合考虑串联电阻和并联电阻
的光伏电池等效电路，如图 3-8 所示。可
写出如下电压-电流方程式

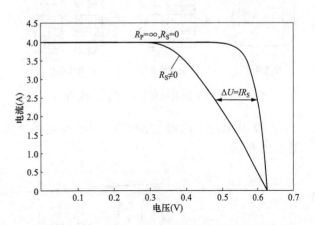

图 3-7　串联电阻后的光伏电池的电压-电流特性曲线

$$I = I_{SC} - I_0 \{ e^{q(U + IR_S)/kT} - 1 \} - \frac{U + IR_S}{R_P} \qquad (3\text{-}10)$$

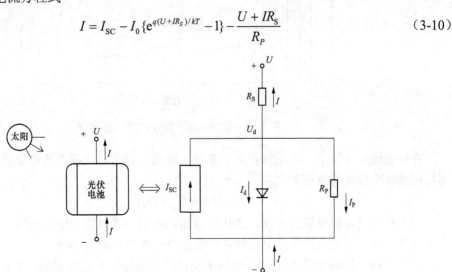

图 3-8　综合考虑串联电阻和并联的电阻的光伏电池等效电路

3.1.3　光伏单元的串联和并联

由于单个光伏电池单元仅能产生 0.5V 电压，因此单个电池的用处极少。实际上光伏应用
的基础单位是光伏电池模块（光伏电池模块由一定数量有内置导线的电池单元串联组成），然
后由外表坚硬、具有抗腐蚀性的外包装整体封装。典型的光伏电池模块由 36 个电池单元串联
组成，尽管模块的输出电压可能更高一些，但一般称其为"12V 光伏电池模块"。某些 12V
光伏电池模块仅有 33 个电池单元，用于简单的电池充电系统。大型的 72 个光伏电池单元构
成的电池模块也很常见，有些是将电池单元串联连接，此时一般称其为"24V 光伏电池模
块"。72 个光伏电池单元构成的电池模块，或者将电池单元全部串联构成 24V 光伏电池模块，
或者分两组每组各 36 块来构成 12V 光伏电池模块。

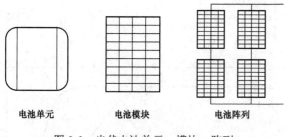

电池单元　　　　　　电池模块　　　　　　电池阵列

图 3-9　光伏电池单元、模块、阵列

同样，多个光伏电池模块也可以通过串联来增加电压、并联来增加电流，从而提高输出功率。光伏发电系统设计中一个重要的因素是要考虑需要多少个光伏电池模块串联、多少个光伏电池模块并联来满足功率需求。模块的这种组合称为阵列。光伏电池单元、模块、阵列如图 3-9 所示。

（1）从电池单元到电池模块。当光伏电池单元采用串联连接时，其通过的电流相同，如图 3-10 所示。

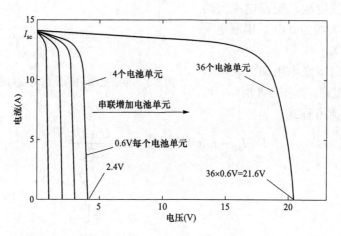

图 3-10　电池串联连接时电流-电压曲线

在任意给定电流下，电压值将串联叠加。因此，利用单一模块的电压值乘以电池个数 n 即可得到整个模块的电压 U

$$U = n(U_d - IR_s) \tag{3-11}$$

（2）从光伏电池模块到阵列。光伏电池模块串联连接将提高输出电压，并联连接将增加输出电流。阵列则是由模块的串联和并联组合的，以增加输出功率。

对于串联光伏电池模块，电流-电压曲线将沿着电压轴线简单递增。也就是说，在任意给定电流下，总电压仅仅是各模块电压之和，如图 3-11 所示。

对于并联光伏电池模块，通过各个模块的电压是相同的，而总电流是各个模块输出电流之和。也就是说，在任意给定电压下，并联后的电流-电压曲线仅仅是该电压下各模块电流之和，如图 3-12 所示。

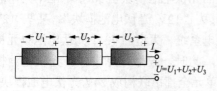

图 3-11　光伏电池模块串联

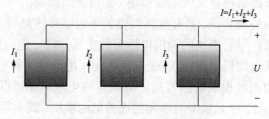

图 3-12　光伏电池模块并联

当需要大功率输出时，阵列通常由模块的并联和串联组合，其总电流-电压曲线是各个模块电流-电压曲线的总和。有两种接线方式可实现模块的串并联组合：光伏电池模块首先串联成光伏电池模块串，然后光伏电池模块先串联再并联，如图 3-13（a）所示；另一种方式如图 3-13（b）所示，各光伏电池模块首先并联成组，然后各组再串联。总电流-电压曲线是各个模块曲线的总和，采用图 3-13（a）所示的光伏电池模块串并联接线方式时，如果由于某种原因移除了其中一个光伏电池模块串，虽然电流减小，但是阵列仍然可以向负载提供所需的电压。

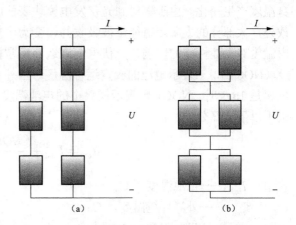

图 3-13 两种不同的光伏电池模块连接方式

（a）串联；（b）并联

3.1.4 温度和日照强度对电流-电压曲线的影响

制造商通常会提供电流-电压曲线来说明电池温度和日照强度变化对光伏电池电流和电压的影响。图 3-14 给出了日本京瓷公司的 120W 多晶硅光伏电池模块的电流-电压曲线。可见，随着日照强度的降低，短路电流也成比例地减少。将日照强度减半，则短路电流 I_{SC} 也减半。日照强度减小也会导致开路电压 U_{OC} 减小，但是电压呈指数函数关系减小。

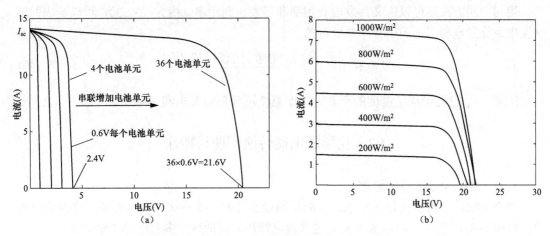

图 3-14 日本京瓷光伏电池模块的电流-电压特性曲线

（a）日照强度：AM1.5，$1kW/m^2$；（b）电池温度：25℃

随着电池温度增加，开路电压显著减小，而短路电流仅略有增加。可见光伏电池模块在寒冷晴朗的天气下比在炎热天气下具有更好的性能。对晶体硅光伏电池模块，温度每增加 1℃，开路电压 U_{OC} 减少 0.37%，而短路电流 I_{SC} 增加大约 0.05%。因此，电池温度升高将导致最大运行功率点（MPP）会微向左上方移动，最大功率将减小 0.5%/℃。电池温度变化会对光伏电池输出特性产生显著影响，因此温度应作为光伏电池模块性能评估的一个重要参数。

电池性能受温度的影响，不仅是因为外界环境温度的变化，还有太阳辐射使光伏电池本身温度产生变化。由于辐射到光伏发电模块表面的太阳光只有一小部分转变为电流传递给负载外，大部分的太阳入射能量被吸收并转变为了热量。为了便于光伏发电系统设计者合理考虑温度对电池性能的影响，光伏电池制造商通常提供一个指示器，叫做太阳电池标称工作温度（NOCT），来表示电池的额定运行温度。当外界环境温度是 20℃，日照强度是 $0.8kW/m^2$，风速是 1m/s 时，NOCT 则表示模块中的电池温度。如果考虑其他外界环境下电池的温度，可采用以下计算公式[1]

$$T_{cell} = T_{amd} + \left(\frac{NOCT - 20}{0.8}\right)S \tag{3-12}$$

式中 T_{cell} ——电池温度，℃；

　　　 T_{amd} ——外界环境温度，℃；

　　　 S ——日照强度，kW/m^2。

3.1.5 并网光伏发电系统的发电利用率

衡量光伏发电系统发电量的一种简单方法就是看其额定交流输出功率和发电利用率（CF）。当光伏发电系统持续满容量输出电能时，其发电利用率（CF）为 1。发电利用率（CF）为 0.4 时表示该系统只有 40%的时间内满额输出电能，其余时间不发电。

以发电利用率（CF）为参数，年输出总电能为

$$总电能（kWh/年）=P_{ac}×发电利用率×8760（h/年） \tag{3-13}$$

式中 P_{ac}——单位日照强度下的光伏发电系统的交流输出功率；

　　　 8760 ——全年时间（365 天/年×24h/天）。

用同样的方法还可以定义月发电利用率和日发电利用率。由式（3-13），可以给出并网光伏发电系统发电利用率的一种简单解释为

$$发电利用率(CF)=\frac{峰值日照时间(h/天)}{24h/天} \tag{3-14}$$

注意，P_{ac} 已经考虑了温度的因素，因此温度不再影响发电利用率[2]。

3.2 化学能电能转换原理与特性

3.2.1 燃料电池的基本原理

燃料电池的分类主要是根据电解质的不同来区分的。其中比较常用的质子交换膜燃料电池结构如图 3-15 所示。单电池单元中包含被电解质隔离的两个多孔气体扩散电极。

图 3-15 中的电解质由一层薄膜构成，它能够传导正离子，而隔离电子或中性气体。在流场板的导引下，燃料气进入电池的一端，而氧气剂（氧气）进入电池的另一端。输入的氢气较容易被分解成质子和电子，如下式所示

$$H_2 = 2H^+ + 2e^- \tag{3-15}$$

在电极或交换膜上添加催化剂可以加速反应式向右反应。氢气在左侧电极（阳极）上释放质子，所以在两侧电极中间的交换膜左右会产生浓度梯度。这种浓度梯度使得质子将通过交换膜扩散，留下孤立的电子。因此，阴极上带有正电荷，而阳极上带有负电荷。释放质子

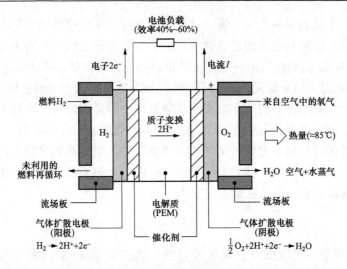

图 3-15　质子交换膜燃料电池的基本机构

剩余的孤立电子将向带正电荷的阴极移动，但是由于电子不能透过交换膜，因此电子移动必须寻找其他的路径。此时，如果在两个电极之间设置一条外部路径，则电子将通过该路径到达阴极。同时，电子穿过外部路径的传输过程也给外部负荷提供了电流。通常电流的方向与电子的移动方向相反，因此电流 I 的方向是从阴极流向阳极。

如图 3-15 所示的单燃料电池单元，开路电压一般在 1V 左右或以下，在正常运行状态下端电压为 0.5V 左右。为了获取更高的电压，电池需要串联使用。在串联电池组中，气体流场设计为双极传输，即可以同时为邻近的两个电池单元的电极输送氢气和氧气。

3.2.2　燃料电池的效率

1. 燃料电池的熵和理论效率

物质焓的定义为内能 U 与体积和压强的乘积之和，即

$$H = U + PV \tag{3-16}$$

物质的内能指的是物质内部微结构特性，包括分子动能以及与分子间、分子内原子间和原子内部各粒子间相互作用力相关的能量。物质的总能量等于上述内能之和，加上外观表现出来的能量，如动能和势能。焓的单位通常是 kJ/mol。

对于燃料电池内部的反应方程式，氢气与氧气的焓等于 0，因此生成焓值就简单地等于生成物水的焓值。水的焓值取决于于其为液态还是气态。当是液态水时

$$H_2 + \frac{1}{2}O_2 \xrightarrow{\text{点燃}} H_2O(l) \quad \Delta H = -285.8\text{kJ} \tag{3-17}$$

当是水蒸气时

$$H_2 + \frac{1}{2}O_2 \xrightarrow{\text{点燃}} H_2O(g) \quad \Delta H = -241.8\text{kJ} \tag{3-18}$$

式（3-17）、式（3-18）中负的焓变表明该反应是放热反应，释放热量。液态水和水蒸气的焓的差值等于 44.0kJ/mol。因此，该数量就是日常所熟知的水的潜热量。含氢燃料的潜热在其高热值和低热值的情况下是不同的。高热值包括了在燃烧中产生水蒸气所需的 44.0kJ/mol 的潜热，而低热值则不包括该部分潜热。

通过焓变可以得知燃料电池在反应中释放了多少能量，但要说明有多少能量转化成了电

能。还需要另外一个热力学概念——熵,对分子异常或分子无序性的一种度量。在这里,仍然基于熵的概念来分析燃料电池的最高效率问题。首先应该注意,不同类型的等量能量的作用并不相同。例如,1J 的电能或机械能远比等量的热能有用得多。可以将这 1J 的电能或机械能 100%地转换成热能,但是却无法将 1J 的热能 100%地转换成电能或机械能。也就是说,能量的类型也分等级,某些类型的能量形式比其他类型的能量更好用。电能和机械能(做功)被认为是最好用的能量类型。理论上,可以实现电能和机械能的 100%转换。而热能的利用率则较低,低温热能的可利用率更低。化学能比热能要好,但是不如机械能和电能。借用熵的概念可以说明这一点。当从某足够大的热源移出热量 Q,热源温度保持不变,也就是说热量移出过程中热源保持恒温,损失的熵值定义为

$$\Delta S = \frac{Q}{T} \tag{3-19}$$

式中,Q 以 kJ 为单位;T 以热力学温度 K 计量(热力学温度=摄氏温度+273.15);熵的单位是 kJ/K。

熵值只与热传递有关,而电能和机械能的转换效率是 100%,因此熵值为 0。同时对于任一实际系统而言,如果计算整个系统的熵变,根据热力学第二定律,熵值是要增加的。以下采用这些观点来分析燃料电池。如图 3-15 所示,燃料电池将化学能转换成电能和废热。燃料电池内部的反应方程式(3-17)、式(3-18)都释放热量,因此焓变为负值。

电池发出部分电能 W_e,也释放出一部分热能 Q 到环境中。由于存在着热量转换,而且这是个实际系统,因此必然有熵值的增加。基于此,可以来衡量最小的热排放量,从而计算燃料电池能发出的最大电能。首先需要仔细分析燃料电池反应中熵变

$$H_2 + \frac{1}{2}O_2 \xrightarrow{\text{点燃}} H_2O + Q \tag{3-20}$$

其中,考虑热量释放为 Q。反应物氢气和氧气的熵值随着反应过程的发生而消失,但是新的熵值会出现在生成物——水中,同时也会出现在热量 Q 中。由于反应过程是恒温的,这一假设对燃料电池而言是合理的,因此可以写出释放热量部分的熵值为

$$\Delta S = \frac{Q}{T} \tag{3-21}$$

由于在电能或机械能做功中没有热量传递,因此熵值为零。

剩下还需要考虑反应物和生成物的熵值,而且一般情况下,还需要定义基准条件。通常定义纯晶体物质的熵值在绝对零度时是 0(热力学第三定律)。相对于零基准条件下,其他条件下物质的熵值被称为绝对熵值。根据热力学第二定律,实际燃料电池内部反应,其熵值一定会增加,而理想燃料电池将释放出足够的热量,从而使得燃料电池增加的熵值为零。因此,可以写出释放的热量和生成物水(液态水)的熵值一定大于反应物(氢气和氧气)的熵值

$$\text{生成物的熵} \geqslant \text{反应物的熵} \tag{3-22}$$

$$\frac{Q}{T} + \Sigma S_{\text{生成物}} \geqslant \Sigma S_{\text{反应物}} \tag{3-23}$$

从而推导出

$$Q \geqslant T(\Sigma S_{\text{反应物}} - \Sigma S_{\text{生成物}}) \tag{3-24}$$

式(3-24)给出了燃料电池中发生反应释放的最小热量。即不可能将燃料的能量 100%地转化

成电能，肯定会有热量损耗。但至少，这一损耗比采用热机发电要少得多。

至此，可以方便地求出燃料电池的最大效率。化学反应提供的热焓值 H 等于发出的电 W_e 加上释放的热量 Q，即

$$H = W_e + Q \tag{3-25}$$

由于需求的是电能输出，因此可以求出燃料电池的效率为

$$\eta = \frac{W_e}{H} = \frac{H - Q}{H} = 1 - \frac{Q}{H} \tag{3-26}$$

如果要求出最大效率，则将式（3-24）中确定的最小释放热量 Q 代入式（3-26）即可。

2. 吉布斯自由能和燃料电池的效率

在燃料电池反应中消耗的化学能可认为由两部分组成：一部分与熵无关，被称为自由能 ΔG，该部分能够直接转换成电能或机械能；另一部分是释放的热量 Q。在自由能中以 G 来表示，主要是为了纪念约西亚·威拉德·吉布斯（Josiah Willard Gibbs，1839—1903），他是第一个揭示自由能作用的人，而且 G 也用来表示吉布斯自由能量的单位。自由能 G 等于化学反应过程中创造的焓 H 减去反应中释放的热量 Q。

吉布斯自由能 ΔG 对应着化学反应中的可能输出的熵无关的最大电能或机械能。在标准条件下，可以通过对反应物和生成物吉布斯能量做差获得

$$\Delta G = \Sigma G_{\text{生成物}} - \Sigma G_{\text{反应物}} \tag{3-27}$$

因此燃料电池的最大可能效率等于吉布斯自由能与焓变值 ΔH 的比值[1]

$$\eta_{\max} = \frac{\Delta G}{\Delta H} \tag{3-28}$$

3.2.3　燃料电池的电气特性

吉布斯自由能 ΔG 表示燃料电池的最大可能做功。由于电能与燃料的做功之间相关转换无损耗，所以也可以说是燃料电池的最大可能传输能量。因此，对于理想的氢气燃料电池，最大可能的电能输出等于吉布斯自由能 ΔG 的幅值。由于燃料电池反应生成的水，因此在标准条件下，最大可能的电能输出等于

$$W_e = |\Delta G| = 237.2 \text{kJ/mol } H_2 \tag{3-29}$$

如图 3-15 所示，每单位摩尔氢气输入理想燃料电池，将有两个电子流过负荷。因此可以写出流过负荷的电流是

$$I = n \times 6.022 \times 10^{23} \times \frac{\text{两个电子}}{\text{氢气分子}} \times 1.602 \times 10^{-19} \tag{3-30}$$

$$I = 192945n \tag{3-31}$$

根据式（3-29），流过负荷的理论功率值等于 237.2kJ/mol H_2 乘以使用的氢气数量，即

$$P = 237.2 \times n \times 1000 = 237200n \tag{3-32}$$

且理想燃料电池的可逆端电压为

$$U_R = \frac{P}{I} = \frac{237200n}{192945n} = 1.229(\text{V}) \tag{3-33}$$

电能输出 W_e 的单位为传统的伏（V）、安（A）、瓦（W）等电气单位，上述式中各物理常量的定义如下：

q 为一个电子的带电量，$q=1.602\times10C^{-19}$；

N 为阿伏伽德罗常数，$N=6.022\times10^{23}$ 分子/mol；

v 为标准状态下 1mol 理想气体的体积，$v=22.4$L/mol；

n 为燃料电池的氢气输入速率（mol/s）；

I 为电流（A），1A=1C/s；

U_R 为两个电极之间的理想（可逆）电压（V）；

P 为输出的电能（W）。

注意：电压值与输入的氢气数量无关。同时，随着温度的升高，电池的理想端电压将会下降，因此质子交换膜燃料电池在日常运行温度（80℃）下的端电压大约为 1.18V。因此，可以很容易地得到理想燃料电池每发 1kWh 电需要的氢气供给量为

$$\text{氢气供给量}\frac{n\times2\times3600}{237200n\times10^{-3}}=30.35\text{(g)} \tag{3-34}$$

正如热机不能保持理想卡诺热机效率运行一样，实际中的燃料电池也不能完全输出吉布斯自由能量。催化剂触发反应需要的能量称为活化损耗。在阴极，氧气与质子、电子结合生成水的反应速度相对较慢，制约了燃料电池的发电效率。电流流过电极、交换膜以及不同介质之间的接口时，在各介质上内阻产生的损耗，称为欧姆损耗。还有一种损耗，叫燃料渗透损耗，主要是由于燃料没有释放电子而渗透过电解质而导致的损耗。最后还存在一种质量传输损耗，是由于氢气和氧气难以到达电极时造成的。这种情况主要在阴极生成水之后，阻塞了催化剂时尤其明显。对于上述各种原因，实际的燃料电池只能达到理论最大效率的 60%～70%。图 3-16 给出了典型燃料电池的电压-电流特性曲线。

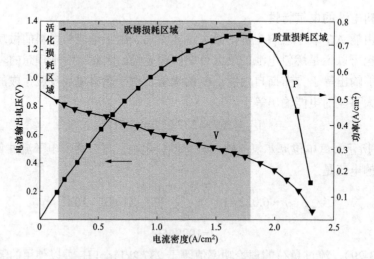

图 3-16　典型燃料电池电压-电流特性曲线

注意：电流为零时的电压——开路电压，略小于 1V，比理论值 1.229V 少了将近 25%。同时图中也给出了电压与电流的乘积——功率特性。由于功率在零电流或零电压的情况下都是零，因此在两个零点之间肯定有一点为功率的最大值。如图 3-16 所示，燃料电池最大输出功率在单电池输出电压为 0.4～0.5V。图 3-16 中所示的三个区域分别是上述提到的活化损耗、欧姆损耗和质量传输损耗。

如图 3-16 所示，在大部分曲线上，电压下降与电流增加保持线性关系，可等效为电压源与线性内阻串联的模型。将图中欧姆损耗部分的数值代入方程，进行曲线拟合，可得出如下的方程

$$U = 0.85 - 0.25J = 0.85 - \frac{0.25}{A}I \qquad (3-35)$$

式中　A——电池面积，cm^2；

　　　I——电流，A；

　　　J——电流密度，$A/cm^{2\,[3]}$。

3.2.4　燃料电池的动态等效电路

首先，以质子交换膜燃料电池为例对其建立动态模型。为了将实际问题简化为数学模型，作如下假设：①运行过程中冷却良好，反应温度恒定为 343K；②运行过程中反应气体进口相对湿度恒定，阴极和阳极的相对湿度都为 100%（相对是指空气中实际所含水蒸气密度和同温度下饱和水蒸气密度的百分比值）；③运行过程中阴阳极进口压力分别恒定为 1.1MPa；④所有流动过程为 1 维处理；⑤所有气体为理想气体，流动分布均匀。

质子交换膜燃料电池内部反应的机理如图 3-17 所示。H_2 经扩散层到达催化剂层表面，在催化剂的作用下生成 H^+ 和 e^-。e^- 通过外电路到达阴极，而 H^+ 穿过膜到达阴极催化剂层与阴极的氧气以及外电路的电子生成 H_2O。由于氢气和氧气在各自的催化层表面发生反应需要克服一定的能量壁垒，因此积聚一定能量反应才能发生，这部分能量的损失被称为活化损失。导体对质子和电子的传输具有固有的阻力，因此电池发出的电压在电池内部的传输有欧姆损失的存在。在电池需要大电流密度时，反应气体浓度低于反应需要浓度时造成的电压损失被称为浓差损失。这是由于燃料电池内部膜两端存在电荷聚集现象，产生了双电层电容效应。

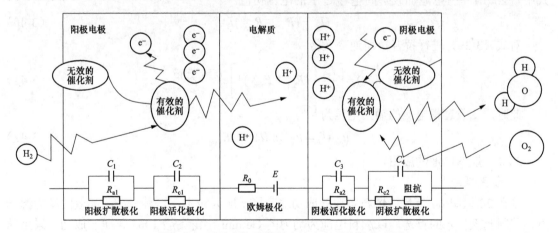

图 3-17　质子交换膜燃料电池内部反应的机理图

如图 3-17 所示，在燃料电池内部建立等效电路模型，将欧姆损失等效为欧姆电阻 R_{ohm}，将由于电荷聚集而产生的双电层电容效应等效为电容 C，将电池内部的活化损失等效为活化电阻 R_{act}，将燃料电池内部的浓差损失等效为浓差损失电阻 R_{conc}，可得如图 3-18 所示的质子交换膜燃料电池等效电路模型。

在模型求解过程中，本文建立 RC 电路的充放电动态过程方程，再进行拉普拉斯变换和逆变换，最后得到燃料电池输出电压与变载时间的关系。

（1）稳态过程。在稳态过程中，电流 I 恒定，电容没有充放电过程，R_{act} 和 R_{conc} 上的

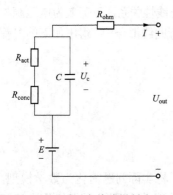

图 3-18　质子交换膜燃料电池
等效电路模型

电压与电容 C 两端的电压一致，即

$$U_C = I(R_{act} + R_{conc}) \qquad (3\text{-}36)$$

式中　U_C——稳态时双电层电容两端的电压；

　　　I——变载前稳态时经过浓差损失电阻 R_{conc} 和活化
电阻 R 的电流。

电池输出电压为

$$U_{out} = E - U_C - IR_{ohm} \qquad (3\text{-}37)$$

式中　U_{out}——稳态时电池的输出电压；

　　　E——电池的电极电动势。

（2）变载过程。在变载过程中，电容处于充放电状态，R_{act} 和 R_{conc} 上的电压描述为

$$u_C = (R_{act} + R_{conc})\left(I_L - C\frac{du_C}{dt}\right) \qquad (3\text{-}38)$$

式中　u_C——动态变载过程中电容两端的电压；

　　　I_L——变载后的电流。

对式（3-38）进行拉普拉斯变换得

$$U_C(s) = \left[\frac{I_L}{C} - U_C(0)\right]\frac{1}{\dfrac{1}{(R_{act} + R_{conc})C} + s} \qquad (3\text{-}39)$$

式中　$U_C(0)$——电池加载瞬间电容 C 上的电压初值。

$$U_C = (R_{act} + R_{conc})I \qquad (3\text{-}40)$$

对式（3-39）进行拉普拉斯逆变换得

$$u_C(t) = \left[\frac{I_L}{C} - (R_{act} + R_{conc})I\right]e^{\frac{1}{(E_{act} + R_{conc})C}} \qquad (3\text{-}41)$$

此时，变载过程电池的输出电压为[4]

$$u_{out}(t) = E - u_C(t) - I_L R_{ohm} \qquad (3\text{-}42)$$

3.2.5　燃料电池的应用

1. 航天领域

早在 20 世纪 60 年代，燃料电池就成功地应用于航天技术，这种轻质、高效的动力源一直是美国航天技术的首选。以燃料电池为动力的 Gemini 宇宙飞船 1965 年研制成功，采用的是聚苯乙烯磺酸膜，完成了 8 天的飞行。由于这种聚苯乙烯磺酸膜稳定性较差，后来在 Apollo 宇宙飞船采用了碱性电解质燃料电池，从此开启了燃料电池航天应用的新纪元。在 Apollo 宇宙飞船 1966~1978 年服役期间，总计完成了 18 次飞行任务，累计运行超过了 10000h。除了宇宙飞船外，燃料电池在航天飞机上的应用是航天史上又一成功的范例。美国航天飞机载有 3 个额定功率为 12kW 的碱性燃料电池，每个电堆包含 96 节单电池，输出电压为 28V，效率超过 70%。单个电堆可以独立工作，确保航天飞机安全返航，采用的是液氢、液氧系统，燃料电池产生的水可以供航天员饮用。从 1981 年首次飞行直至 2011 年航天飞机宣布退役，在 30 年期间里燃料电池累积运行了 101000h，可靠性达到 99% 以上。

中国科学院大连化学物理研究所早在 20 世纪 70 年代就成功研制了以航天应用为背景的碱性燃料电池系统，如图 3-19 所示。A 型额定功率为 500W，B 型额定功率为 300W，燃料分别采用氢气和肼在线分解氢，整个系统均经过环境模拟实验，接近实际应用。

2. 潜艇方面

燃料电池作为潜艇（Air-Independent Propulsion，AIP）动力源，从 2002 年第一艘燃料电池 AIP 潜艇下水至今已经有 6 艘在役，还有一些 FC-AIP 潜艇在建造中。2009 年 10 月意大利军方订购的 2 艘改进型 FC-AIP 潜艇开始建造，潜艇水面排水量为 1450t，总长

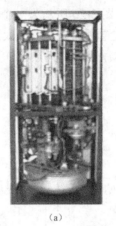

(a)　　　　　　　　(b)

图 3-19　航天用燃料电池动力模块图
(a) A 型；(b) B 型

为 56m，最大直径为 7m，额定船员 24 名，水下最大航速为 20 节，FC-AIP 潜艇具有续航时间长、安静、隐蔽性好等优点，通常柴油机驱动的潜艇水下一次潜航时间仅为 2 天，而 FC-AIP 潜艇一次潜航时间可达 3 周，这种潜艇用燃料电池是由西门子公司制造，采用镀金金属双极板 212 型艇装载了额定功率为 34kW 的燃料电池模块，214 型艇装载了 120kW 燃料电池模块，额定工况下效率接近 60%。

3. 电动汽车

我国燃料电池汽车，自"九五"末期第一台燃料电池中巴车的问世，到"十一五"、2008 年北京奥运会和 2010 年上海世博会燃料电池汽车的示范运行，十几年的发展，燃料电池电动汽车技术取得了可喜的进步。在北京奥运会上，燃料电池轿车成为"绿色车队"中的重要成员。20 辆帕萨特"领驭"燃料电池轿车为北京奥运会提供了交通服务，单车无故障行驶里程达到了 5200km；在上海世博会上，包括 100 辆观光车、90 辆轿车和 6 辆大巴车，总计 196 辆燃料电池汽车完成了历时 6 个月的示范运行。其中，100 辆观光车是由国内研制，装有 5kW 燃料电池系统。70 辆轿车装载的是国内研发的燃料电池系统，分别采用 55kW 和 33kW 两种类型的燃料电池发动机，平均单车运行里程 4500～5000km，最长的单车运行累计里程达到 10191km。3 辆大巴车装载的是 863 "节能与新能源汽车重大项目"资助的 80kW 燃料电池发动机，累计运行了 15674km，最长单车里程为 6600km。此外，还参加了北京公交车示范运行以及国际一些示范或赛事，包括国际清洁能源大赛、美国加州示范及新加坡世青赛等，展示了中国燃料电池技术的进步。目前，燃料电池发动机技术明显提升，在中国科技部支持下，国产 PEMFC 关键材料和部件的开发取得了重大进展，研制成功了高导电性及优化孔结构的碳纸、增强型复合质子交换膜、高稳定性/高活性 Pt-Pd 复合电催化剂及薄型全金属双极板等[5]。

3.3　中小型的机械能电能转换原理与特性

3.3.1　太阳能热发电

1. 槽式太阳能热发电原理及结构

槽式太阳能发电是目前最成熟、成本最低的太阳能热发电技术，在美国和欧洲均有许多

家商业化运行的槽式电站。图 3-20 所示为一个大规模的槽式太阳能热发电站。电站主要分为槽式太阳能集热场和发电装置两部分。整个太阳能集热场是模块化的，由大面积的东—西或南—北方向平行排列的多排抛物槽式集热器阵列组成。

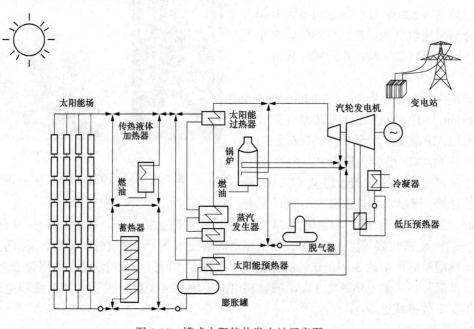

图 3-20　槽式太阳能热发电站示意图

　　槽式太阳能热发电主要是借助槽形抛物面聚光器将太阳光聚焦反射到接收聚热管上，通过管内热载体将水加热成蒸汽，推动汽轮机发电。基于槽式系统的太阳能热电站主要包括：大面积槽形抛物面聚光器、跟踪装置、热载体、蒸汽产生器、蓄热系统和常规朗肯循环蒸汽发电系统。在太阳能热电系统中配置高温蓄热装置是为解决太阳能的间歇不稳定性而设计的，它可以在太阳光充裕的时候把热能存储下来，当太阳光不足时再放出热能，实现电厂的持续发电。

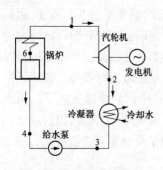

图 3-21　朗肯循环示意图

　　朗肯循环是指以水蒸气作为工质的一种理想循环过程，主要包括等熵压缩、等压加热、等熵膨胀以及一个等压冷凝过程，用于蒸汽装置动力循环。朗肯循环示意如图 3-21 所示，朗肯循环由给水泵、锅炉、汽轮机和冷凝器四个主要装置组成。水在水泵中被压缩升压；然后进入锅炉被加热汽化，直至成为过热蒸汽后，进入汽轮机膨胀做功，做功后的低压蒸汽进入冷凝器被冷却凝结成水，再回到水泵中，完成一个循环。

　　吸收器、聚光器以及跟踪系统构成槽式太阳能热发电系统的集热装置，其结构如图 3-22 所示。吸收器一般采用双层管结构，被置于抛物面聚光器焦线上，内侧为热载体，外侧为真空，以防热流失。热载体可以是水蒸气、热油或熔盐。温度一般在 400℃ 左右，属于太阳热能的中低温利用。聚光镜是一种表面上涂有聚光材料的抛物镜面，它的作用是将分散的低密度太阳光聚焦到吸收器上以产生高温，聚光镜性能的好坏除了与自身的制造精度有关外，还与跟踪装置的好坏有关。一般的太阳能发电站都采用单轴跟踪方式使抛物面对称平面围绕南北方向的纵轴转动。与太阳照射方向始终保持 0.04°夹角。以便在任何情况下都能有效地反射太阳光。然而，近年来人们正在研制一种由多个小型平面反射镜组成的环带太阳能集热器系统，这种技术可以大大降低反射镜的制造难度，但其可靠性和经济性还需进一步验证。

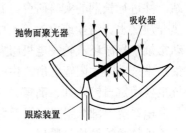

图 3-22　槽式抛物面太阳能热发电系统的集热装置

由多个抛物面聚光器组成的太阳能场将太阳光聚焦到吸收器，将冷管中的熔盐热载体加热到 385℃并储存到蓄热器中，当系统发热完毕后，热的熔盐载体被送往传热液体加热器，与来自动力系统热管的熔盐热载体进行换热。热管中的热载体一般为水，水被加热至 300℃以上后再送回动力系统，同时冷管中的熔盐也再次被送回太阳集热场以吸收热能。

槽式太阳能热发电系统分为 2 种形式：传热工质在各个分散的聚光集热器中被加热形成蒸汽汇聚到汽轮机，称之为单回路系统，如图 3-23（a）所示；传热工质在各个分散的聚光集热器中被加热汇聚到热交换器，经换热器再把热量传递给汽轮机回路，称之为双回路系统，如图 3-23（b）所示。

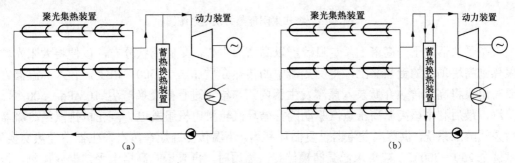

图 3-23　槽式太阳能热发电系统结构

（a）单回路系统；（b）双回路系统

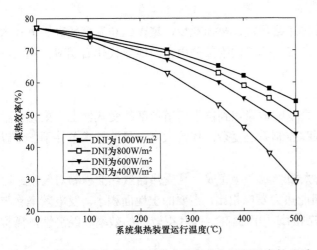

图 3-24　槽式太阳能热发电系统集热效率与运行温度的关系

当系统集热温度高于 400℃后，峰值集热效率急剧下降。如图 3-24 所示，当直射辐射强度（DNI）为 800W/m²，温度为 500℃时的集热效率比 250℃时的集热效率约降低 22.5%。由于其受几何聚光比低及集热温度不高等条件的制约，使得抛物槽式太阳能热发电系统中动力子系统的热转化功效率偏低，通常在 35%左右。因此，单纯的抛物槽式太阳能热发电系统在进一步提高热效率、降低发电成本方面的难度较大。

2. 塔式太阳能发电原理与特点

塔式太阳能热力发电概念于 20 世

纪 70 年代就已提出，并于 20 世纪 80 年代初开始在美国、意大利、法国、日本等建成示范电站，并进行长期的实验研究，其基本原理是利用太阳能集热系统将太阳热能转换并储存在传热介质（水、熔盐或空气等）中，再用该高温传热介质加热蒸汽至 10MPa、500℃以上，驱动常规朗肯循环汽轮发电机组发电。这种发电方式无需常规能源，其动力的供给完全来自于集热系统内因太阳辐射所产生的高温传热介质。基于这一原理构建的塔式太阳能热力发电系统主要由定日镜阵列、高塔、受热器、传热流体、换热部件、蓄热系统、控制系统、汽轮机和发电系统等部分组成，属于太阳能、蓄热与发电三大技术的创新性组合应用。图 3-25 所示为该项技术的结构与原理。

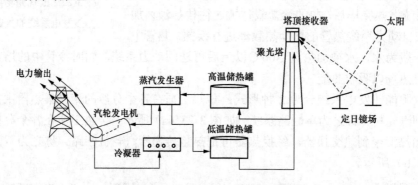

图 3-25　塔式太阳能热力发电系统图

大型受热器位于一高塔上，定日镜群以高塔为中心，呈圆周状分布，以便将太阳光精确地聚焦到高塔顶部的受热器上，将受热器中的传热介质加热至 500℃以上，存入高温储罐。需要时用泵将高温传热介质泵入蒸汽发生器内，与给水进行热交换产生 10MPa、500℃以上的蒸汽，最后利用该高温高压蒸汽驱动朗肯循环汽轮发电机组发电。汽轮机排汽经冷凝器冷凝后泵回给水系统，供蒸汽发生器重复循环利用。高温传热介质在蒸汽发生器中经热交换后，温度降至 250～300℃，被泵入低温储罐储存，需用时，再泵送回高塔上受热器内加热。传热介质沿受热器→高温储罐→蒸汽发生器→低温储罐循环流动，所发生的能量转换过程为：太阳热能（定日镜场）→传热介质内能（受热器）→蒸汽动能（蒸汽发生器）→电能（汽轮发电机）。

塔式太阳能热力发电功率大，热量传递路程短，热损耗少，聚光比和温度较高。塔式太阳能热力发电采用成熟的常规能源技术，仅是热能供给部分由太阳能取代化石燃料，从而降低了技术难度和投资风险。

其他特点还包括：

（1）定日镜采用双轴跟踪，将太阳光精确地聚焦到位于高塔顶部的受热器上，聚光倍数高达 500 以上，易达到较高温度，但跟踪控制系统复杂，代价太高，目前技术条件下，难以实现商业化。

（2）能量集中过程是靠定日镜反射太阳光线一次完成，且受热器散热面积相对较小，因而光-热转换效率较高。与其他几种太阳能热力发电相比，需要的土地面积小。发电效率除与辐射强度有关外，还随定日镜面积和塔高的增加而提高，为获得较高的效率和经济性，需构建大功率（如 100MW）的电站。

（3）备有足够大的高温储能系统，延长了发电时间，蓄热系统白天吸热，阴天或夜晚将所储存的热量释放出来加热蒸汽，使电站在夜间能够持续发电，减少了对天气的依赖性，且不需要化石燃料。

（4）集热器安装在高塔上，安装、维修、操作等不便，而且输送管路系统复杂，热损较大。

3. 太阳能碟式热发电系统的工作原理

碟式太阳能热发电技术是太阳能热发电中光电转换效率最高的一种方式，它通过旋转抛物面碟形聚光器将太阳辐射聚集到接收器中，接收器将能量吸收后传递到热电转换系统，从而实现了太阳能到电能的转换。从 20 世纪 80 年代起，美国、德国、西班牙、俄罗斯（苏联）等国对碟式太阳能热发电系统及其部件进行了大量的研究。我国对于碟式太阳能热发电技术的研究仍处于起步阶段。

碟式太阳能热发电系统包括聚光器、接收器、热机、支架、跟踪控制系统等主要部件。系统工作时，从聚光器反射的太阳光聚焦在接收器上，热机的工作介质流经接收器吸收太阳光转换成的热能，使介质温度升高，即可推动热机运转，并带动发电机发电。由于碟式太阳能热发电系统聚光比（聚光比是指使用光学设备来聚集辐射能时，每单位面积被聚集的辐射能量密度与其入射能量密度的比）可达到 3000 以上，一方面使得接收器的吸热面积可以很小，从而达到较小的能量损失，另一方面可使接收器的接收温度达 800℃以上。因此，碟式太阳能热发电的效率非常高，最高光电转换效率可达 29.4%。碟式太阳能热发电系统单机容量较小，一般在 5～25kW 之间，适合建立分布式能源系统，特别是在农村或一些偏远地区，具有更强的适应性。

碟式太阳能发电系统的聚光器是一个旋转抛物面形状的装置。抛物面由反射性极强的材料制成，能很好地反射太阳光。它由太阳跟踪系统驱动进行跟踪，时刻对准太阳，可以将投射到其表面的太阳光通过反射汇聚到抛射面的焦点位置。吸热器被安置在聚光器的焦点处，把汇聚的太阳能接收到吸热器的腔体内部。吸热器内部安装有斯特林发动机的加热器，进入吸热器的太阳能将通过加热器转化为热能，为发动机的工质所吸收，达到为发动机提供热源的目的。斯特林发动机是系统中十分重要的关键部件，是将吸收的热能转化为动能的动力装置。在斯特林发动机的末端连上一个发电机，就可把发动机输出的轴功转化为电能，发出的电通过电力交换装置以及交流稳压装置后输出。由于太阳能只在白天存在，且对天气变化极为敏感，因此碟式太阳能系统还需要采用储能装置、蓄电池以及补充电源几种方式，从而使用户能得到稳定的电能，整个碟式太阳能热发电系统就是这样将太阳能转化为电能的。碟式太阳能热发电系统工作原理图见图 3-26。

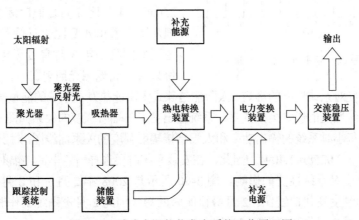

图 3-26　碟式太阳能热发电系统工作原理图

4. 碟式太阳能发电的功率特性

2013年，青海中控德令哈50MW太阳能光热发电站一期10MW工程顺利并入青海电网发电，标志着我国自主研发的太阳能光热发电技术向商业化运行迈出了坚实步伐，填补了我国没有太阳能光热电站并网发电的空白，为我国建设并发展大规模应用的商业化太阳能热发电站提供了强力的技术支撑与示范引领。

这座由青海中控太阳能发电有限公司投资建设的国内首座大规模应用的太阳能热发电站，位于柴达木盆地东北边缘的德令哈市西出口，占地面积3.3km²，总装机容量50MW，如图3-27所示。

图3-27　青海中控德令哈光热发电站

以我国太阳能资源非常丰富的青海省德令哈地区为例，采用青海省德令哈地区2008年的气象数据，利用数据模拟分析太阳直接辐射强度、风速和环境温度对碟式太阳能热发电系统输出功率都有影响。如图3-28所示，是碟式太阳能热发电系统一年中每月发电量的情况，从图中可看出，第二、三季度发电量明显高于第一、四季度。主要原因是该地区处于北半球，冬季日照时间最短，夏季日照时间最长，所以季度发电量多。根据中国气象局多年的平均数据可知，若3月和4月日照时间约分别为224.3、250.6h，4月比3月日照时间多11.73%左右，但从图中看出4月比3月总发电量多40.19%。主要原因是当年3月有6天无阳光照射，4月份只有1天无阳光照射。

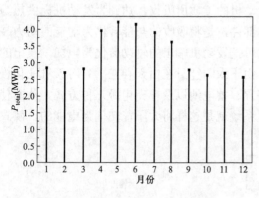

图3-28　系统一年中每月的发电量

（1）辐射强度对系统性能的影响。太阳能是碟式太阳能热发电系统的能量输入来源，因此太阳辐射强度对系统性能的影响至关重要，系统输出功率与辐射强度的关系如图3-29所示，该图为8月8日当天每小时系统的输出功率和太阳直接辐射强度的关系曲线图，对所得数据进行线性关系拟合，得到$y=0.0258x-1.4094$。因此，在安装系统时要选择日照丰富、辐射强度高的地方。

（2）环境温度对系统性能的影响。图3-30所示是2008年2月份和8月份典型日一天内系统输出功率和温度变化曲线图。2月份日照时间短，因此2月份系统工作时间缩短。8月8日最高气温比2月5日最高气温高32℃。

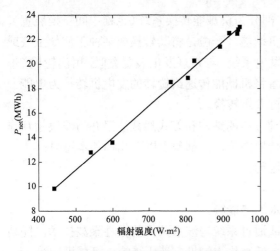

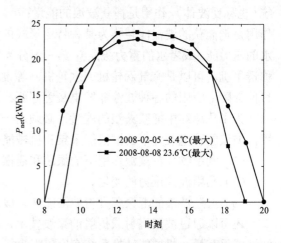

图 3-29　系统输出功率与辐射强度的关系　　　　图 3-30　系统输出功率与环境温度的关系

（3）风速对系统性能的影响。图 3-31 所示为 2008 年 1 月 30 日和 2008 年 1 月 31 日的系统输出功率和风速的关系图，这两个相邻的典型日环境温度和太阳辐射强度基本一致，且在 9 点到 14 点之间风速都是 1m/s，31 日在 14 点以后的风速为零，30 日风速达到 4m/s。图 3-31 中显示 30 日的系统输出功率从 14 点以后相对 31 日略有降低，表明系统输出功率会因风速增大而降低。

风速增大引起了接收器效率下降，因此导致了系统输出功率的下降。分析认为风速增大时，接收器与外界环境的对流换热系数由自然对流换热变为强制对流换热，因此接收器输出功率因热损失增大而降低。因为接收器对流热损失占整个系统损失的 25%～40%，因此系统输出功率受接收器对流热损失的影响很大，系统输出功率因为接收器效率降低而下降。通过透光镜或石英密封接收器可以大大减少对流换热损失，但密封接收器的同时会减少射入到接收器的太阳辐射量[6~8]。

3.3.2　波浪能发电

1. 波浪发电原理及装置的基本构成

波浪发电是波浪能利用的主要方式。理论上，可以直接利用某些晶体材料的压电特性（材料受到压力以后可以产生电压）或海水离子穿过磁场的运动，将海浪的动能转换为电能输出。但由于技术上的原因，这种方法目前距离实用化应用还很遥远。

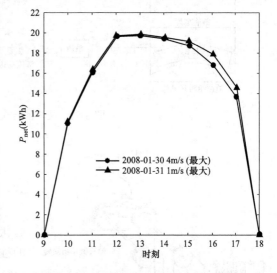

图 3-31　系统输出功率与风速的关系

波浪发电，一般是通过波浪能转换装置，先把波浪能转换为机械能，再最终转换为电能。波浪上下起伏或左右摇摆，能够直接或间接带动水轮机或空气涡轮机转动，驱动发电机产生电力。

波浪能利用的关键是波浪能转换装置。通常要经过三级转换：第一部分为波浪能采集系统（也称受波体），作用是捕获波浪的能量；第二部分为机械能转换系统（也称中间转换装置），作用是把捕获的波浪能转换为某种特定形式的机械能（一般是将其转换成某种工质如空气或水的压力能，或者水的重力势能）；第三部分为发电系统，与常规发电装置类似，用涡轮机（也称透平机，可以是空气涡轮机或水轮机）等设备将机械能传递给旋转的发电机转换为电能。目前国际上应用的各种波浪能发电装置都要经过多级转换。

为了从海洋中捕获波浪的能量，必须用一种合适的结构和方式拦截波浪并与波浪相互作用。波浪能发电装置中的波浪能采集和机械能转换部分，大都源于以下几种基本思路：

（1）利用物体在波浪作用下的振荡和摇摆运动。

（2）利用波浪压力的变化。

（3）通过波浪的汇聚爬升将波浪能转换成水的势能等。

还可以通过波浪绕射或折射的聚波技术，或通过系统与波浪共振的惯性聚波技术，提高波浪能俘获量。机械能转换系统有空气涡流机、低水头水轮机、液压系统、机械机构等。

发电系统主要是发电机及传递电能的输配电设备。海浪能装置产生了电能之后，往往还需要复杂的海底电缆和电能调节控制装置，才能最终输送到用户或电网。

图 3-32 所示为一般波浪能转换发电系统的主要构造。

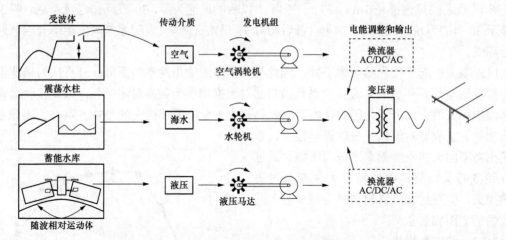

图 3-32　波浪能转换发电系统的主要构造

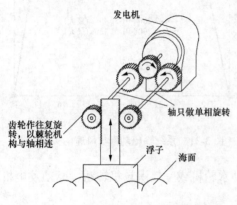

图 3-33　机械传动式波浪发电原理简图

2. 波浪能的转换方式

波浪发电装置的种类虽多，但波浪能的转换方式，大体上可分为 4 类。

（1）机械传动式。海面浮体在波浪作用下颠簸起伏，通过特殊设计的机械传动机构，把这种上下的往复运动转换为单向旋转运动，带动发电机发电。基于这种原理的波浪能发电装置，称为机械传动式波浪能装置。

传动机构一般是采用齿条、齿轮和棘轮机构的机械式装置，如图 3-33 所示。随着波浪的起伏，齿条跟浮子一起升降，驱动与之啮合的左右两只齿轮作往复旋转。齿轮各自以棘轮机构与轴相连。齿条上升，左齿轮驱动轴逆时针旋转，右齿轮则顺时针空转。通过后面一级齿轮的传动，驱动发电机顺时针旋转发电。

机械式装置多是早期的设计，往往结构笨重，可靠性差，并没有获得实用。

（2）空气涡轮式。空气涡轮式波浪能发电方式，也称压缩空气式，是指利用波浪起伏运动所产生的压力变化，在气室、气袋等容气装置（也可能是天然的通道）中挤压或者抽吸气体，利用得到的气流驱动汽轮机，带动发电机发电，如图 3-34 所示。这种装置结构简单，而且以空气为工质，没有液压油泄漏的问题。气动式装置使缓慢的波浪运动转换为汽轮机的高速旋转运动，机组

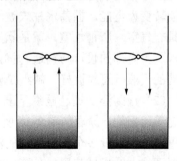

图 3-34　空气涡轮式波浪发电原理简图

尺寸小，且主要部件不和海水接触，可靠性高。但由于空气的可压缩性，这种装置获得的压力较小，因而效率较低。

（3）液压式。液压式是指通过某种泵液装置将波浪能转换为液体（油或海水）的压力能或位能，再通过液压电动机或水轮机驱动发电机发电的方式。

波浪运动使海面浮体升沉或水平移动，从而产生工作流体的动压力和静压力，驱动油压泵工作，将波浪能转换为油的压力能或产生高压液体流，经油压系统输送，再驱动发电机发电。

这类装置结构复杂，成本也较高。但由于液体的不可压缩性，当与波浪相互作用时，液压机构能获得很高的压力（压强），转换效率也明显较高。目前的液压系统大都利用液压油，因而存在泄漏问题，对密封性提出了很高的要求。利用海水做工质显然是最好的选择，但由于海水黏度小，目前还较难利用。

（4）蓄能水库式。蓄能水库式，也称收缩斜坡聚焦波道式。波浪进入宽度逐渐变窄、底部逐渐抬高的收缩波道后，波高增大，海水翻过坡道狭窄的末端进入一个水库（称为泻湖或集水池），波浪能转换为水的位能，然后用传统的低水头水轮发电机组发电。其实就是借助上涨的海水制造水位差，然后实现水轮机发电，类似于潮汐发电。

这类装置结构相对简单，主要是一些水工建筑，然后是传统的水轮机房。而且由于有水库储能，可实现较稳定和便于调控的电能输出，是迄今最成功的波浪能发电装置之一。但一般获得的水位不高，因此效率也不高，而且对地形条件依赖性强，应用受到局限。

3. 典型的波浪能发电装置

（1）振荡水柱式。振荡水柱式波浪能发电装置的基本原理如图 3-35 所示，其内部的水柱会在波浪的冲击与起伏作用下作活塞式的

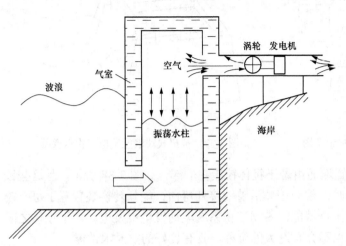

图 3-35　振荡水柱式波浪能发电装置示意图

上下往返运动，由于水柱在装置内部不停地作活塞运动，致使水柱上方空间内的空气柱也在进行上下往复的运动，空气穿过气室上方的气孔流经一个往复透平，进而将空气运动产生的动能转变为电能。振荡水柱式波浪能发电装置相对于其他波浪能装置的最大的差异之处在于其具有气室。所谓气室，就是指置于海面以下的装置底部留有一出气孔或开口，可以使海水进入装置内部的设计与构造。优点是传递方便，通过气室将低速运动波浪的能量转化成高速运动的气液，可靠性好，缺点是建造费用昂贵，转化效率低，发电成本高。

（2）振荡浮子式。振荡浮子式波浪能发电装置是在振荡水柱式装置的基础与理论上发展并完善起来的，原理如图 3-36 所示，二者间具有一定的相似性与共同性。通常的振荡浮子式装置是用一个或多个置于港中的浮子作为载体，用来吸收波浪运动产生的机械能。然后利用放置于岸上的机械装置或是液压装置，将浮子吸收的波浪势能和动能传递出去，用以驱动电机进行发电。振荡浮子式波浪发电装置通常是由浮子、操纵连杆、液压传动部件、电机以及发电保护装置等多个部分构成。

（3）推摆式。推摆式波浪能发电装置示意如图 3-37 所示，其基本原理是通过装置的摆体在波浪外力的影响下产生或向前向后、或向左向右的规律性钟摆式运动，从而将波浪的机械能转换为装置摆体的动能。推摆式发电装置的液压部件一般是与装置摆体轴连接，目的是要将装置摆体的动能转变为液力泵的动能，实现部件之间的动能转移。再由压力泵所产生的动能来带动发电机进行发电。摆体的钟摆式规律运动很符合波浪推力大和频率低的重要特点。

由此可见，推摆式发电装置的能量转换效率可观，但其不足之处或是有待改进的地方在于装置内部的机械部件和液压部件的维护和保养难度较大，维修成本较高。此外，推摆式装置还具有另一重要特点，是相位控制技术能够比较容易地与其相配合，这一技术有益于波浪能发电装置吸收到宽度以外的其他类型的波浪能，因而提升装置的发电效率和效果。

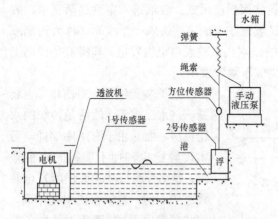

图 3-36 振荡浮子式波浪能发电装置示意图

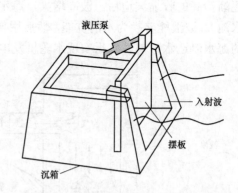

图 3-37 推摆式波浪能发电装置示意图

（4）筏式。筏式波浪能发电装置端面由若干筏体铰接在一起，如图 3-38 所示，且这些铰接的筏体漂浮在水面上。波浪运动时，带动筏体沿着铰接处弯曲，能量转换装置置于每一铰链处，从而反复压缩液力活塞并输出机械能，带动液压系统驱动发电机发电。由于筏体之间仅有角位移，故即使大浪经过，其也不会有过大的位移，具有良好的抗风浪性能。

（5）鸭式。鸭式波浪能发电装置最早由 Salter 在 1974 年提出，是一种独特的波能转换方法，可使二维正弦波的转换效率接近 90%左右，如图 3-39 所示。由于该装置的形状和运行特性酷似鸭的运动，因而称其为"点头鸭"，鸭式波浪能装置由鸭体、水下浮体、系泊系统、液压转换系统和发配电系统组成。在波浪作用下，鸭体绕支撑轴作往复回转运动，从而驱动连接鸭体与支撑轴之间的液压转换装置发电。在设计点头鸭波能转换装置时，若把点头鸭的重心设计成为可调节式的，可以最大限度地将其固有周期与波浪周期相配，提高波浪能的利用效率，效率高。但缺点是结构复杂，装置可靠性差，极易损坏。

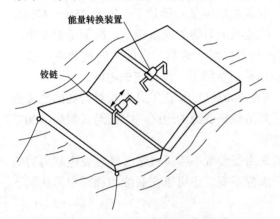

图 3-38　筏式波浪能发电装置示意图

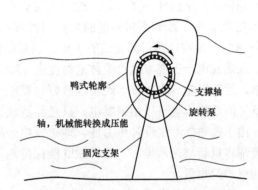

图 3-39　鸭式波浪能发电装置示意图

（6）收缩波道式。收缩波道式波浪能发电装置是基于波聚理论的一种波浪能转换装置。如图 3-40 所示，收缩波道式发电装置通常是由一个高于海平面的高位型水库和一个逐渐收缩的波道所构成，其中收缩波道指的就是一般意义上的对数螺旋正交曲面，这种曲面通常是由两道钢筋混凝土制作而成的。收缩波道将从海里一直延伸并连接至发电装置的高位水库内部，由混凝土构成的曲面在高位水库内相连接。因为收缩波道具有波聚的功能与作用，致使波浪在进入装置内部的收缩波道时，波浪产生的波高会陡然增大。增高的波浪会越过由钢筋混凝土墙构成的正交曲面从而进入到发电装置的高位水库中，最后水库里的水将会经由水轮发电机组用来发电。转化效率较高，但对地形要求非常严格[5, 8]。

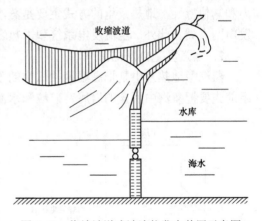

图 3-40　收缩波道式波浪能发电装置示意图

3.3.3　地热能

1. 地热能的发电原理

地热发电的基本原理与常规的火力发电是相似的，都是用高温高压的蒸汽驱动汽轮机（将热能转变为机械能），带动发电机发电。不同的是，火电厂是利用煤炭、石油、天然气等化石燃料燃烧时所产生的热量，在锅炉中把水加热成高温高压蒸汽。而地热发电不需要消耗燃料，而是直接利用地热蒸汽或利用由地热能加热其他工作流体所产生的蒸汽。

地热发电的过程，就是先把地热能转变为机械能，再把机械能转变为电能的过程。要利用地下热能，首先需要有"载热体"把地下的热能带到地面上来。目前能够被地热电站利用的载热体，主要是地下的天然蒸汽和热水。地热发电的流体性质与常规的火力发电也有所差别。火电厂所用的工作流体是纯水蒸气；而地热发电所用的工作流体要么是地热蒸汽（含有硫化氢、氡气等气态杂质，这些物质通常是不允许排放到大气中的），要么是低沸点的液体工质（如异丁烷、氟利昂）经地热加热后所形成的蒸汽（一般也不能直接排放）。

此外，地热电站的蒸汽温度要比火电厂锅炉出来的蒸汽温度低得多，因而地热蒸汽经涡轮机的转换效率较低，一般只有10%左右（火电厂涡轮机的能量转换效率一般为35%～40%），也就是说，3 倍的地热蒸汽流才能产生与火电厂的蒸汽流对等的能量输出。因而地热发电的整体热效率低，对于不同类型的地热资源和汽轮发电机组，地热发电的热转换效率一般为5%～20%，说明地热资源提供的大部分热量都白白地浪费掉了，没有变成电能。

地热发电一般要求地热流体的温度在150℃甚至200℃以上，这时具有相对较高的热转换效率，因而发电成本较低，经济性较好。在缺乏高温地热资源的地区，中低温（例如 100℃以下）的地热水也可以用来发电，只是经济性较差。

由于地热能源温度和压力低，地热发电一般采用低参数小容量机组。经过发电利用的地热流都将重新被注入地下，这样做既能保持地下水位不变，还可以在后续的循环中再从地下取回更多的热量。

在地热资源的实际利用中，有一些关键技术问题需要解决。应针对地热的特点采用相应的利用方法，实现经济高效的地热能利用，包括：①电站建设和运行的技术改进；②提高地热能的利用率；③回灌技术；④防止管道结垢和设备腐蚀等。按照载热体的类型、温度、压力和其他特性，地热发电的方式主要是蒸汽型地热发电和热水型（含水汽混合的情况）地热发电两大类。此外，全流发电系统和干热岩发电系统也在研究试验中。

2. 蒸汽型地热发电系统

蒸汽型地热发电是把高温地热田中的干蒸汽直接引入汽轮发电机组发电。在引入发电机组前先要把蒸汽中所含的岩屑、矿粒和水滴分离出去。这种发电方式最为简单，但干蒸汽地热资源十分有限，而且多存在于比较深的地层，开采技术难度大，其发展有一定的局限性。

蒸汽型地热发电系统又可分为背压式汽轮机发电系统和凝汽式汽轮机发电系统。

（1）背压式汽轮机发电系统。这种系统主要由净化分离器和汽轮发电机组成，如图3-41所示。其工作原理为：首先，把干蒸汽从蒸汽井中引出，加以净化，经过分离器分离出所含的固体杂质；然后，把蒸汽通入汽轮机做功，驱动发电机发电。做功后的蒸汽可直接排入大气，也可用于工业生产中的加热过程。

背压式汽轮机发电，是最简单的地热干蒸汽发电方式。这种系统大多用于地热蒸汽中非凝性气体含量很高的场合，或者综合利用于工农业生产和人民生活中。

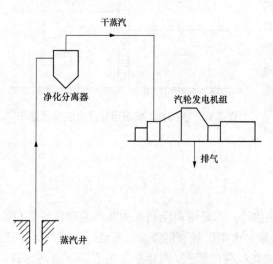

图 3-41 背压式汽轮机地热蒸汽发电系统

（2）凝汽式汽轮机发电系统。凝汽式汽轮机发电系统如图 3-42 所示。在该系统中，蒸汽在汽轮机中急剧膨胀，做功更多。做功后的蒸汽排入混合式凝汽器，并在其中被循环水泵打入的冷却水冷却而凝结成水，然后排走。在凝汽器中，为保持很低的冷凝压力（即真空状态），常设有两台带有冷却器的抽汽器，用来把由地热蒸汽带来的各种非凝性气体和外界漏入系统中的空气从凝汽器中抽走。

采用凝汽式汽轮机，可以提高蒸汽型地热电站的机组出力和发电效率，因此常被采用。

3．热水型地热发电系统

热水型地热发电是目前地热发电的主要方式，包括纯热水发电和湿蒸汽发电两种情况，适用于分布最为广泛的中低温地热资源。低温热水层产生的热水或湿蒸汽不能直接送入汽轮机，需要通过一定的手段，把热水变成蒸汽或者利用其热量产生别的蒸汽，才能用于发电。热水型地热发电系统主要有以下两种方式：

（1）闪蒸地热发电系统。闪蒸地热发电方法也称减压扩容法，就是把低温地热水引入密封容器中，通过抽气降低容器内的气压（减压），使地热水在较低的温度（例如 90℃）下沸腾生产蒸汽，体积膨胀的蒸汽做功（扩容），推动汽轮发电机组发电。

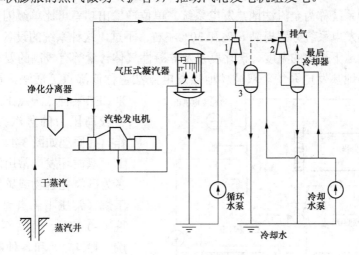

图 3-42　凝汽式汽轮机发电系统

1—一级抽汽器；2—二级抽汽器；3—中间冷却器

闪蒸地热发电系统，不论地热资源是湿蒸汽田还是热水田，都是直接利用地下热水所产生的水蒸气来推动汽轮机做功，得到机械能。闪蒸后剩下的热水和汽轮机中的凝结水可以供给其他热水用户利用。利用完后的热水再回灌到地层内。适合于地热水质较好且非凝性气体含量较少的地热资源。

湿蒸汽型和热水型闪蒸地热发电系统，如图 3-43 所示。两种形式的差别在于蒸汽的来源或形成方式。如果地热井出口的流体是湿蒸汽，则先进入汽水分离器，分离出的蒸汽送往汽轮机，分离下来的水再进入闪蒸器，得到蒸汽后送入汽轮机发电。

为了提高地热能的利用率，还可以采用两级或多级闪蒸系统。第一级闪蒸器中未气化的热水，进入压力更低的第二级闪蒸器，又产生蒸汽送入汽轮机做功。发电量可比单级闪蒸发电系统增加 15%～20%。

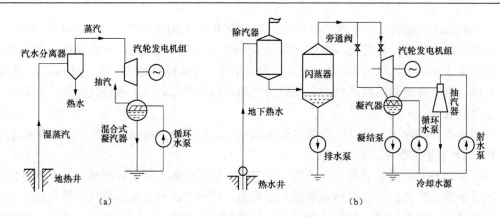

图 3-43 闪蒸地热发电系统

（a）湿蒸汽型；（b）热水型

也可以把地热井口的全部流体，包括蒸汽、热水、非凝性气体及化学物质等，不经处理直接送进全流膨胀器中做功，然后排放或收集到凝汽器中，这样可以充分地利用地热流体的全部能量。这种系统称为全流法地热发电系统。单位净输出功率可比单级闪蒸地热发电系统和两级闪蒸地热发电系统分别提高 60%和 30%左右。不过，这种系统的设备尺寸大，容易结垢、受腐蚀，对地下热水的温度、矿化度以及非凝性气体含量等有较高的要求。

（2）双循环地热发电系统。双循环地热发电方法也称低沸点工质法，是利用地下热水来加热某种低沸点工质，使其产生具有较高压力的蒸汽并送入汽轮机工作。其原理如图 3-44 所示。

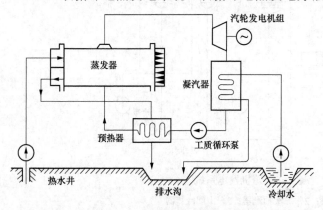

图 3-44 双循环地热发电系统

双循环发电常用的低沸点工质，多为碳氢化合物或碳氟化合物，如异丁烷（常压下沸点为-11.7℃）、正丁烷（-0.5℃）、丙烷（-42.17℃）、氯乙烷（12.4℃）和各种氟利昂，以及异丁烷和异戊醇等的混合物。一般为了满足环保要求，尽可能不用含氟的工质。

推动汽轮机做功后的蒸汽在冷凝器中凝结后，用泵把低沸点工质重新送回热交换器加热，循环使用。经过利用的地热水要回灌到地层中。

双循环发电系统的优点包括：①低沸点工质蒸汽压力高，设备尺寸较小，结构紧凑，成本较低；②地热水不接触发电系统，可避免关键设备的腐蚀，对成分复杂的地热资源适应性强。这是一种有效利用中温地热的发电系统。中温地热资源丰富，分布广，因此发展双循环地热发电系统很有意义。低沸点工质导热性比水差，价格较高，来源有限，有些还有易燃、易爆、有毒、不稳定、对金属有腐蚀等特性，对双循环发电系统的发展有一定影响。

4. 我国地热发电的发展

我国的地热发电开始于 20 世纪 70 年代初，起步较晚。1970～1977 年，相继在河北、江西、广东、湖南、山东、广西等省区开发利用 67～92℃的地热水，建起几个容量为 50～300kW

的小型发电试验装置，见表 3-1。由于地热水温度低、机组容量小、发电效率差，有的采用双
工质循环系统，密封不好，容易泄漏，运行过程中频频发生事故。到 20 世纪 70 年代后期，
只有采用减压扩容发电装置的广东丰顺和湖南灰汤地热电站，保留下来仍在发电，其余都陆
续关停[5]。

表 3-1   中国 20 世纪 70 年代建设的中低温热水型地热电站

地热电站位置	地热水温度 （℃）	最大装机容量 （kW）	工作方式	运行状态
广东丰顺县邓屋	92	300	闪蒸系统（减压扩容发）	运行
湖南宁乡县灰汤	98	300	闪蒸系统（减压扩容发）	运行
河北怀来县后郝窑	87	200	双循环系统（低沸点工质）	关停
山东招远县汤东泉	98	300	双循环系统（低沸点工质）	关停
辽宁熊岳	90	300	双循环系统（低沸点工质）	关停
广西象州市热水村	79	200	双循环系统（低沸点工质）	关停
江西宜春市温汤	67	100	双循环系统（低沸点工质）	关停

　　1970 年，广东省丰顺县邓屋建立起中国第一座闪蒸系统（减压扩容法）地热试验电站，
利用 91～92℃的地热水发电，最大装机容量为 300kW，输出电力约为 86kW。
　　我国的高温蒸汽地热发电开始于 20 世纪 70 年代中期。1977 年，建成著名的羊八井地热
电站，并陆续扩建。阿里地区朗久地热电站的 2MW 装机于 1985 年投运，后因地热井产汽量
不足，维持 1 台机组以 400kW 出力间断运行；那曲地热电厂 1MW 装机于 1994 年投运，因
井口结垢堵死，在 1999 年停运。
　　目前，我国仍在实际运行的地热电站只有西藏羊八井、郎久、广东丰顺、湖南灰汤 4 座，
维持 24.78MW 装机容量，其中西藏羊八井地热电站的运行装机为 24.18MW，详细情况见表
3-2。我国年发电量近 1.3 亿 kWh，居世界地热发电排名第 16 位。

表 3-2   中国地热电站装机容量及运行状况

电站名称	类型	机组情况	投运年份	运行情况
西藏羊八井	高温蒸汽型	1 号机（1MW）	1977	停运
		5 号机（3.18MW）	1981～1991	运行
		2～4、6～9 号机（各 3MW）		
西藏朗久	高温蒸汽型	1 号机（1MW）	1987	400kW 出力间断运行
		2 号机（1MW）	1987	停运
广东丰顺	低温热水减压扩容	3 号机（300W）	1984	运行
湖南灰汤	低温热水减压扩容	1 号机（300kW）	1975	运行

　　中国最大的地热电站是西藏的羊八井地热电站，这也是我国自行设计建设的第一座商业
化高温地热电站。羊八井地热电站位于藏北羊八井草原深处，海拔 4300m，距离拉萨市区
90 多 km，为拉萨市供电做出了重要贡献，当时达拉萨市平时总用电的 40%～50%，冬季用

电的60%。

5. 2015年全球地热发电行业发展现状[9, 10]

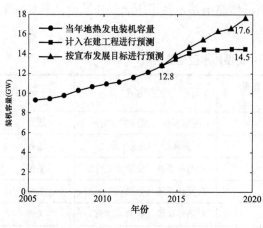

图3-45 全球地热发电现状及预测

2005年以来,全球已建成超过160个地热能项目,新增4GW的装机容量;2012～2015年,全球地热能市场增速均在5%以上;截至2015年1月,全球24个地热能主产国装机总量达12.8GW。2014年,全球电网新增产能610MW,主要集中在土耳其,肯尼亚,印度尼西亚和菲律宾等国家,是1997年来新增产能最多一年。2014年末,全球有约80个国家共630个项目,计划新增装机总量11.5～12.3GW。从预计建设的项目来看,地热产业将继续以稳定的步伐在全球范围内增长。

全球地热发电现状及预测如图3-45所示。

参 考 文 献

[1] GILBER M.MASTERS. 高效可再生分布式发电系统 [M]. 王宾,董新洲,译. 北京:机械工业出版社.

[2] 曹石亚. 光伏发电技术经济分析及发展预测 [J]. 新能源. 2012,45(8):64-68.

[3] 杨勇平,董长青,张俊姣. 生物质发电技术 [M]. 北京:中国水利水电出版社,2007:54-58.

[4] 裴普成,晁鹏翔,衷星等. 车用质子交换膜燃料电池堆的设计 [J]. 清华大学学报:自然科学版,2009(11):1830-1833.

[5] 朱永强. 新能源与分布式发电技术 [M]. 北京:北京大学出版社,2010.

[6] 黄素逸. 太阳能热发电原理及技术 [M]. 北京:中国电力出版社,2012.

[7] 左然,施明恒,王希麟. 可再生能源概论 [M]. 北京:机械工业出版社,2007.

[8] 王革华,艾德生. 新能源概论 [M]. 北京:化学工业出版社,2006.

[9] 刘时彬. 地热资源及其开发利用和保护 [M]. 北京:化学工业出版社,2005.

[10] 朱家玲. 地热能开发与应用技术 [M]. 北京:化学工业出版社,2006.

第2篇

能量时空转换

第4章 大功率交直流输电技术

4.1 概　述

交流和直流是电能的两种基本形式。随着我国经济的快速发展，全社会对电力的需求迅猛增加，常规超高压电压等级的输电技术已经无法满足日益增长的电力需求。因此，有必要发展更高电压等级的输电技术。采用特高压输电技术，不仅可以有效解决我国快速增长的电力需求，同时使远距离、大容量电能输送变得更加经济，我国目前已有的特高压交直流输电工程均是在此背景下发展起来的。

4.1.1 高压交流输电发展历史

我国的交流高压电网是指 110kV 和 220kV 电网，超高压电网指的是 330、500kV 和 750kV 电网，特高压交流输电指的是 1000kV 交流电压。特高压电网指的是以 1000kV 输电网为骨干网架，由超高压输电网（包括交流和直流）和高压输电网以及配电网构成的分层、分区、结构清晰的现代大电网。各国由于经济条件、管理体制、资源分布和地理环境等不同，采用的电压等级系列也不同。110kV 及以上交流高压的电压等级系列大致可归纳为 1000/500（400）/ 220/110kV 和 750/330/154kV 两种，各电压等级系列中，相邻电压等级的倍数约为 2。

美国电力公司（AEP），美国邦纳维尔电力局（BPA），日本东京电力公司，意大利、瑞典和巴西等国的公司，于 20 世纪 60 年代末或 70 年代初根据电力发展需要开始进行特高压输电可行性研究。在广泛深入调查和研究的基础上，先后提出了特高压输电的发展规划和初期特高压输变电工程的预期目标和进度。1952 年，我国自行建设了 110kV 输电线路，逐渐形成京津唐 110kV 输电网。1981 年 12 月，我国自行设计和施工的第一条 500kV 平武输电工程完成，该工程从河南平顶山姚孟电厂经湖北双河变电站至武昌凤凰山变电站，线路长 595km，于 1985 年全线建成投入运行。从此，我国进入了 500kV 输电工程的发展期，20 世纪 90 年代后期已经形成以 500kV 为骨干网架的华中、华东、华北、东北、南方等区域电网。2005 年 9 月 27 日，世界上海拔最高、我国运行电压等级最高的西北电网 750kV 输电示范工程正式建成投运，全长 140 余 km。2008 年 8 月 22 日，第二个 750kV 输变电工程——兰州东至银川东竣工投产，线路全长 394km。2006 年 8 月 9 日，我国首个 1000kV 晋东南—南阳—荆门特高压交流试验示范工程核准建设，系统标称电压 1000kV，最高运行电压 1100kV。2009 年 1 月 6 日，1000kV 晋东南—南阳—荆门特高压交流试验示范工程正式投运。

交流输电的发展使直流输电的发展受到了很大影响，但由于直流输电具有交流输电所不能取代的优点，如直流输电的输送容量不受同步运行稳定性的限制，用电缆输电时不受电缆线路的长度限制等，因此，美国、瑞典、联邦德国等仍继续研究直流输电技术。在交流电网已全面占领市场的情况下，要采用直流输电，必须采用交流/直流—直流/交流的输电方式，即将交流电源转换为直流，用直流进行输电，然后在受端再将直流转换为交流，以供交流负荷使用。因此，发展大容量交流或直流输电是不可避免的[1]。

4.1.2　高压直流输电发展历史

高压直流输电（HVDC）在远距离、大容量输电和电力系统非同步联网和海底电缆送电等方面具有独特的优势，作为交流输电的有力补充在世界范围内得到了广泛应用。

人类最开始接触的电（如闪电）就是直流，最早研究的电也是直流。因此，直流输电已经有了上百年的发展历程。在开始阶段，由于当时技术条件有限，直流输电有许多缺点，如当时的电压不高，如果要输送大功率的话，电流就会很大，这样线损就会很大，如果距离较远，这个损耗会进一步加大，这使得当时的直流输电的发展有着很大的局限性。后来，随着用电的普及，需要大规模的发电和输送电。这个时期，由于交流输电具有的特点和优势，使得交流成为电力的骨干。与此同时，随着技术的发展与进步，对于用电的需求越来越大。当 20 世纪 30 年代发明了汞弧阀以后，对直流输电的作用又重新重视起来。1935 年，美国人率先使用汞弧阀修建了人类首个输送容量为 100kW、电压等级为 15kV 的直流输电系统。高压直流输电的首次商业运营是在 1954 年，由瑞典建造的高压直流工程，通过海底电缆由瑞典本土向瑞典最东部位于波罗的海上的哥得兰岛供电。高压直流因其独有的优势，获得了关注与重视。在 20 世纪 70 年代初，电力电子技术快速发展，使得高压直流输电技术取得了巨大的发展，提高了直流输电的稳定性和安全性，并且降低了直流输电的成本。20 世纪 80 年代，由于光纤和计算机等新元素，以新方式在直流输电中的应用，使得直流输电技术的控制性能与工作稳定性得到了进一步的完善。与此同时，高压直流输电技术日益成熟，其在电力行业中的地位和作用逐步提升。

4.2　交 流 输 电 技 术

4.2.1　高压交流输电系统的结构

交流高压输电的系统特性，主要包括输电线路和主变压器的参数特性、电网的输电特性与输电能力、系统的可靠性和稳定性以及并联高压电抗、串联电容等输变电设备的特性[3, 4]。

高压交流输电原理图如图 4-1 所示。

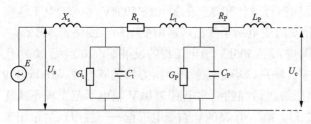

图 4-1　高压交流输电原理图

特高压输电线的参数包括线路单位长度的正序分布电容 C_0、分布电感 L_0、分布电阻 R_0、导线半径 r_0、分裂导线根数 n、分裂导线圆周半径 r_p，三相布置方式，导线悬挂高度等。特高压输电绝缘很好，漏电感 G_0 很小，可以不考虑。下面介绍各参数计算式的简要推导过程。

建设特高压输电线需要巨大投资，应尽量发挥其经济效益，即尽量提高其传输能力。输电线的额定传输功率应在其自然功率上下。传输功率大于自然功率时，输电线的电压损耗增大，要求有较大的无功功率补偿，使投资增加，降低了其经济性。因此增大输电线的自然功率，是增大其传输能力的主要途径。

自然功率是指传输此功率时，线路上电流通过电感引起的无功损耗 L_0I^2 正好由线路相电压 U_{ph} 通过线路电容产生的容性无功 $C_0U_{ph}^2$ 所补偿，即

$$L_0 I^2 = C_0 U_{ph}^2 \qquad (4\text{-}1)$$

此时线路的阻抗称为波阻抗 Z_c，即

$$Z_c = \frac{U_{ph}}{I} = \sqrt{\frac{L_0}{C_0}} \qquad (4\text{-}2)$$

此时传输的功率称为自然功率 P_N，即

$$P_N = U_{ph}I = \frac{3U_{ph}U_{ph}I}{U_{ph}} = \frac{U_N^2}{Z_c} \qquad (4\text{-}3)$$

式中　U_N——额定线电压。

可见，自然功率与波阻抗成反比。要降低波阻抗，就要减小线路单位长度的电感，增大其单位长度的电容。同时，为减小线路能量损耗，也要减小其电阻。采用多根分裂导线可以减小电阻、增大导线截面积，从而增大电容。在相同导线半径和分裂导线根数的情况下，线路电容还与导线表面允许的最大电场强度 E_p 和导线表面积利用系数 k_{Ly} 有关，表示如下

$$\begin{cases} C_0 = \dfrac{Q_0}{U_{ph}} = \dfrac{qS_0}{U_{ph}} = \dfrac{\varepsilon_0 E_{av} S_0}{U_{ph}} = \dfrac{\varepsilon_0 E_p k_{Ly} S_0}{U_{ph}} \\[2mm] S_0 = 2n\pi r_0 \\[2mm] q = \dfrac{Q_0}{S_0} \\[2mm] k_{Ly} = \dfrac{E_{av}}{E_p} < 1 \end{cases} \qquad (4\text{-}4)$$

式中　C_0——每米输出线路的正序电容，F/m；

$\quad\ \ Q_0$——输出线路每米的电荷；

$\quad\ \ U_{ph}$——相电压，kV；

$\quad\ \ S_0$——每米相导线的总表面积，m^2；

$\quad\ \ q$——输电线导线表面的单位面积的电荷，即电荷的密度；

$\quad\ \ n$——分裂导线根数；

$\quad\ \ r_0$——每根导线的半径，m；

$\quad\ \ \varepsilon_0$——真空（空气）介电常数，为 8.854×10^{-12}F/m；

$\quad\ \ E_{av}$——导线表面的实际平均电场强度；

$\quad\ \ k_{Ly}$——导线表面积利用系数，一般小于1；

$\quad\ \ E_p$——按电晕发生条件允许的导线表面最大电场强度。

E_p 应小于能导致产生电晕的导线表面最小电场强度，$E_p < E_{d.y.min}$，其值与气象条件和导线表面状况有关，一般取 $E_{d.y.min} = 20 \sim 21$kV/cm。

令 k_{bj} 为考虑导线表面上电场强度分布不均匀性的系数，是导线表面上实际的最大电场强度点的电场强度 E_{max} 与平均电场强度 E_{av} 之比，即

$$k_{bj} = \frac{E_{max}}{E_{av}} > 1 \qquad (4\text{-}5)$$

$$k_{Ly} = \frac{E_{av}}{E_p} = \frac{E_{max}}{E_p} \times \frac{E_{av}}{E_{max}} = \frac{E_{max}}{E_p} \times \frac{1}{k_{bj}} \tag{4-6}$$

对于一般高压线路，$E_{max} \ll E_p$，$E_{av} \ll E_{max} \ll E_p$，导线表面积利用系数很低。对于特高压线路应使 E_{av} 尽可能接近 E_p，以尽可能增大导线表面积利用系数，发挥最大的经济效益，因此必须采取各种措施降低不均匀系数 k_{bj}，提高表面利用系数 k_{Ly}。对于特高压线路尽可能减小 k_{bj}，可使 k_{Ly} 达到 0.90～0.93。

导线表面电场强度的不均匀性是由于各相之间和各分裂导线之间相互屏蔽、互相感应以及对地距离不同所造成的。只有合理布置各相线和各相分裂导线，才能减少电场强度的不均匀性。

在架空输电线上，电磁波的传播速度 $v_B = 1/\sqrt{L_0 C_0}$，近似等于光速 $v_C = 1/\sqrt{\varepsilon_0 \mu_0}$，即

$$v_B = 1/\sqrt{L_0 C_0} \approx v_C = 1/\sqrt{\varepsilon_0 \mu_0} \tag{4-7}$$

式中，$\mu_0 = 4\pi \times 10^{-7}$ 为真空中的磁导率。

因此，线路单位长度上的电感和感抗为

$$L_0 = \frac{1}{v_C^2 C_0} = \frac{U_{ph}}{v_C^2 \varepsilon_0 S_0 E_p k_{Ly}} = \frac{\varepsilon_0 \mu_0 U_{ph}}{\varepsilon_0 S_0 E_p k_{Ly}} = \frac{\mu_0 U_{ph}}{2\pi n r_0 E_p k_{Ly}} = \frac{2 \times 10^{-7} U_{ph}}{n r_0 E_p k_{Ly}} \tag{4-8}$$

$$X_0 = \omega L_0 = \frac{2 \times 10^{-7} \omega U_{ph}}{n r_0 E_p k_{Ly}} \approx \frac{6.28 \times 10^{-5} U_{ph}}{n r_0 E_p k_{Ly}} \tag{4-9}$$

波阻抗为

$$Z_c = \frac{U_{ph}}{I} = \sqrt{\frac{L_0}{C_0}} = v_B L_0 = \frac{1}{v_B c_0} = \frac{U_{ph}}{\varepsilon_0 v_B S_0 E_p k_{Ly}} \approx \frac{60 U_{ph}}{n r_0 E_p k_{Ly}} \tag{4-10}$$

可见波阻抗与相导线总的表面积 S_0 成反比，要想减小波阻抗，增大自然功率，就要增大相导线总的表面积，即增大分裂导线的根数和分裂导线组成的圆周半径。

相导线单位长度的有效电阻为

$$R_0 = \frac{\rho}{n \pi r_0^2 \chi_e} \tag{4-11}$$

式中 ρ ——钢芯铝绞线的电阻系数，取 $28.3\Omega \cdot mm^2/km$；

χ_e ——导线中导电物质（铝）的填充系数（所占比例），小于 1，对于钢芯铝绞线可取 $0.61 < \chi_e < 0.67$。

根据式（4-11）可得

$$\frac{R_0}{X_0} = \frac{2\varepsilon_0 v_B^2 \rho E_p k_{Ly}}{r_0 \chi_e \omega U_{ph}} = \frac{10^7 \times \rho E_p k_{Ly}}{2\pi \omega r_0 \chi_e U_{ph}} \tag{4-12}$$

4.2.2 高压交流输电系统的特性

1. 特高压交流输电的优缺点

（1）特高压交流输电的主要优点为：

1）提高传输容量和传输距离。随着电网区域的扩大，电能的传输容量和传输距离也不断增大。所需电网电压等级越高，输电效果越好。

2）提高电能传输的经济性。输电电压越高输送单位容量的价格越低。

3）节省线路走廊。一般来说，一回 1150kV 输电线路可代替 6 回 500kV 线路。采用特高压输电可提高走廊利用率[5, 6]。

（2）特高压交流输电的主要缺点是系统的稳定性和可靠性问题不易解决。1965~1984 年世界上共发生了 6 次交流大电网瓦解事故，其中 4 次发生在美国，2 次在欧洲。这些严重的大电网瓦解事故说明采用交流互联的大电网存在事故连锁反应及大面积停电等难以解决的问题。特别是在特高压线路出现初期，不能形成主网架，线路负载能力较低，电源的集中送出带来了较大的稳定性问题。下级电网不能解环运行，导致不能有效降低受端电网短路电流，这些都威胁着电网的安全运行。

2．特高压交流输电的可靠性和稳定性分析

目前，特高压交流输电针对系统的可靠性和稳定性分析大致如下：

（1）可靠性。特高压输变电工程的可靠性，是表征系统安全运行风险大小的系统特性，对其评价是通过对可靠性指标进行分析计算得到的，可靠性指标主要包括输变电工程本身因素及其所处的大气环境因素引发的故障概率、故障对输电能力的影响以及造成的经济损失等。无论是交流输电系统还是直流输电系统，都应建立相应的可靠性模型，构筑可靠性指标体系，建立完善的安全运行制度，并分析影响系统可靠性的关键元件，采取必要措施提高特高压输电的可靠性。

（2）稳定性。由于特高压交流线路输送的功率大，其输送功率占受端系统负荷功率的比重可能很高，线路发生故障跳闸停运就可能危及受端电网的安全运行，特别当电源基地通过多回特高压大容量输电线路送电至同一区域，如果发生多重故障造成同一走廊上多回特高压输电线路同时跳闸，会给整个区域电网的安全运行带来严重影响。因此，对于通过多回特高压输电线路向负荷中心供电的情况，应采取分电源分线路分地点接入的输送方式，不至于出现多回特高压线路同时故障而对整个受端系统造成致命影响，从结构上保证电网安全稳定运行[5]。

另一方面，输电线路的建设主要考虑的是经济性，而互联线路则要将系统的稳定性放在第一位。由于特高压骨干网架处于起步阶段，为保障网架安全，线路利用程度受限。

4.3　直流输电技术

4.3.1　传统高压直流输电系统的结构与特点

高压直流输电系统按照它与交流系统连接的节点数量的不同，可分为多端和两端直流输电系统。目前，世界上运行的直流输电工程大多为两端直流系统，只有少数工程为多端系统。

两端直流输电系统是指具有一个整流站和一个逆变站的输电系统。两端直流输电系统可分为单极系统（正极或负极）、双极系统（正极或负极）和背靠背直流系统三种类型。而多端直流输电系统换流站之间的连接可以采用并联方式和串联方式，通过换流站之间的直流线路相互连接构成直流网络。

高压直流联络线大致分以下几类：①单极 HVDC 联络线；②双极 HVDC 联络线；③同极 HVDC 联络线。

单极 HVDC 联络线的基本结构如图 4-2 所示，通常采用一根负极性的导线，而由大地或水提供回路。出于对造价的考虑，常采用这类系统，但此类系统只作为双极系统的一种运行

图 4-2　单极 HVDC 联络线基本结构

方式，在工程上不单独出现。单极 HVDC 联络线只有一极导线或者两极导线中只有一极导线上有电流在输送电能，单极系统可以采用正极性或者负极性，换流站出线端对地为正则为正极，为负则为负极。因为电磁干扰和可听噪声因素，通常采用负极。

双极 HVDC 联络线的基本结构如图 4-3 所示，采用两根导线，一正一负，每一端有两个额定电压的换流器串联在直流侧。正常运行时，两极电流相等，无接地电流，两极可独立运行。若因一条线路故障而导致一极隔离，另一极可通过大地运行，则能承担一半的额定负荷，或利用换流器及线路的过载能力，承担更多的负荷。在正常情况下，它对邻近设备的谐波干扰远小于单极联络线。通过控制（不需要机械开关）改变两极的极性来实现潮流反向。

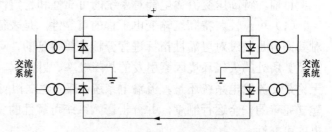

图 4-3　双极 HVDC 联络线基本结构

当接地电流不可接受时，或接地电阻高而接地电极不可行时，通常用第三个根导线作为金属性中性点。在一极退出运行或双极运行失去平衡时，此导线充当回路。第三条导线的绝缘要求低，还可作为架空线的屏蔽线。如果它完全绝缘，可作为一条备用线路。在一条输电线路故障情况下，可以采用单极大地回线运行，在一个极出现故障时可以使用单极金属回线或者单极大地回线运行。

同极 HVDC 联络线的基本结构如图 4-4 所示，导线数不少于两根，所有导线同极性。通常最好为负极性，因为它由电晕引起的无线电干扰较小。这样的系统采用大地作为回路。当一条线路发生故障时，换流器可为余下的线路供电，这些导线有一定的过载能力，能承受比正常情况更大的功率。相反，对双极性系统来说，重新将整个换流器连接到线路的一极上要复杂得多，通常是

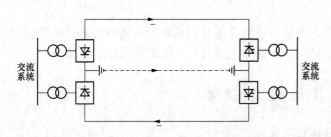

图 4-4　同极 HVDC 联络线基本结构

不可行的。在考虑连续的地电流是可接受的情况下，同极联络线具有突出的优点。

背靠背的高压直流系统（用于非同步连接）是无直流线路的直流系统。它可以设计成单极或双极运行，每极带有不同数目的阀组，其数目取决于互联的目的和要达到的可靠性，可实现两个不同额定频率交流系统的联网。

高压直流输电中最核心与关键的设备始终是换流阀，即在整流侧将交流电网的交流电能转变为直流电能进行输送，在逆变侧再将直流电能转换为交流电能送入电网。

1. 整流器

整流器完成交—直流转换，并通过 HVDC 联络线来控制潮流。整流器的主要元件是换流阀和换流变压器。阀桥是一组高压开关或阀，整流阀连接换流变压器的直流侧与直流母

线之间，以便得到期望的变换和对功率的控制。换流变压器提供交流系统和直流系统之间的接口。

在直流系统中，为实现换能器所需要的三相桥式整流器的桥臂称为换流阀，它是换流器的基本单元设备。高压直流系统，就是将送电系统的高压交流电，经过换流变压器，由换流阀将高压交流转换成高压直流，用直流输电线路送到另外一端换流站，再由换流阀将高压直流转换成高压交流，然后经过换流变压器与受端交流电网连接。高压直流输电能量交换方式为交流—直流—交流。通常将交流转换成直流，称为整流，实现整流功能的装置称为整流器；将直流转换成交流称为逆变，实现逆变功能的装置称为逆变器，整流器和逆变器统称为换流器[6]。

换流站由晶闸管构成[7]，其电路如图 4-5 所示，该电路为三相全波桥式电路，又称为格雷兹桥。尽管换流器电路存在几种可供选择的结构，但是由于格雷兹电路能够更好地利用换流变压器，并且当其截止时阀上反向峰值电压较低，所以该电路得到了广泛运用。

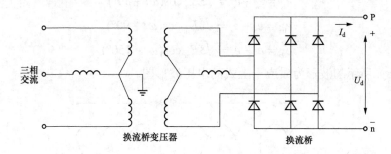

图 4-5　换流站三相全波桥式电路图

换流变压器的交流侧配有有载调压分接头。变压器的交流侧绕组通常采用星形接地连接，阀侧绕组通常采用三角形或星形连接。

为了保证安全导通，晶闸管换流阀的触发系统必须满足以下三个条件：①控制系统发出的触发指令必须传递到不同电位下的每个晶闸管级；②在晶闸管所处的电位下，须有足够的能量来产生触发脉冲；③所有晶闸管必须同时接收到触发脉冲。

为便于分析，先做以下假设：

（1）含有换流变压器的交流系统可表示为一个电压和频率恒定的理想电压源与一个无损电感（主要代表变压器的漏电感）串联；

（2）直流电流（I_d）保持恒定且无纹波，这是因为在直流侧采用了一个较大的平波电抗器（L_d）；

（3）阀具有理想的开关特性，导通时呈零电阻，截止时呈无穷大电阻。

基于上述假设，如图 4-5 所示的桥式换流电路可表示为如图 4-6 所示的等效电路。

令电源瞬时电压为

$$e_a = E_m \cos(\omega t + 60°)$$
$$e_b = E_m \cos(\omega t - 60°) \tag{4-13}$$
$$e_c = E_m \cos(\omega t - 180°)$$

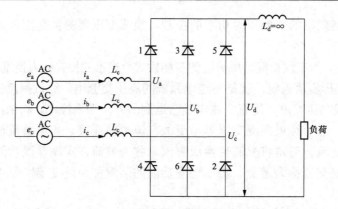

图 4-6 三相全波桥式换流器等效电路图

则线电压为

$$e_{ac} = e_a - e_c = \sqrt{3}E_m \cos(\omega t + 30°)$$
$$e_{ba} = e_b - e_a = \sqrt{3}E_m \cos(\omega t - 90°) \qquad (4\text{-}14)$$
$$e_{cb} = e_c - e_b = \sqrt{3}E_m \cos(\omega t + 150°)$$

图 4-7（a）所示的波形为对应于上式的电压波形图。

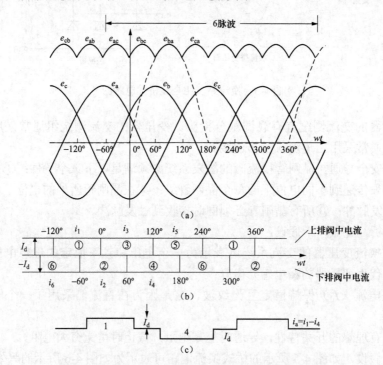

图 4-7 桥式电路（图 4-6）中的电压及电流波形图

（a）电源相电压及线电压；（b）阀电流及导通时段；（c）相电流 i_a

为简化分析和便于理解桥式整流器的工作原理，忽略电源电感进行波形分析，分为两种情形。

（1）无触发延迟。在图 4-7 中，上面一排阀 1、3、5 的阴极连接在一起。因此，当 a 相的相电压高于其余两相的相电压时，阀 1 导通，于是这三个阀的阴极的共同电位就等于阀 1 的阳极电位。阀 3 和阀 5 的阴极电位高于其阳极电位，故不能导通。下面一排阀 2、4 和 6 的阳极连接在一起。因此，当 c 相电压低于其余两相电压时，阀 2 导通。

从图 4-7（a）所示的波形中可看出，当−120°<ωt<0°时，e_a 大于 e_b 和 e_c，阀 1 导通；当−60°<ωt<60°时，e_c 小于 e_a 和 e_b，阀 2 导通。图 4-7（b）表明了各阀的导通时段及阀中电流的幅值和持续时间。由于已假定直流电流 I_d 保持恒定，所以导通时阀中电流等于 I_d，而截止时阀中电流为零。考虑 0°<ωt<120°时的情况，在 ωt = 0 的前一时刻，阀 1 和阀 2 处于导通状态。在 ωt = 0 时刻之后，e_b 超过 e_a，阀 3 触发导通。而此时阀 1 的阴极电位已高于阳极电位，故阀 1 截止。在 0°<ωt<60°时，阀 2 和阀 3 导通。当 ωt = 60°，e_a 将小于 e_c，引起阀 4 导通，阀 2 截止。当 ωt = 120°时，e_c>e_b，阀 5 导通，阀 3 截止。与此类似，当 ωt = 180°时，下面一排（共阳极组）从阀 4 到阀 6 依次触发导通。当 ωt = 240°时，上排（共阴极组）从阀 5 到阀 1 依次导通。至此完成一个周期，此后将重复上述过程。

桥两端（共阴极阀的阴极和共阳极阀的阳极之间）的瞬时直流电压由线电压的 60°时段组成。因此，平均直流电压可由任一 60°时段的瞬时电压积分求得。

将 ωt 表示为 θ，考虑时段−60°<ωt<0°，则无触发延迟时平均直流电压为

$$U_{d0} = \frac{3}{\pi} \int_{-60°}^{0} e_{ac} \mathrm{d}\theta \tag{4-15}$$

将式（4-14）中的 e_{ac} 代入上式，得

$$U_{d0} = \frac{3}{\pi} \int_{-60°}^{0} \sqrt{3} E_m \cos(\theta + 30°)\mathrm{d}\theta = \frac{3\sqrt{3}}{\pi} E_m \sin(\theta + 30°)\Big|_{-60°}^{0} \tag{4-16}$$

$$= \frac{3\sqrt{3}}{\pi} E_m 2\sin 30° = \frac{3\sqrt{3}}{\pi} E_m = 1.65 E_m$$

式中　E_m——相电压峰值。

用相电压的有效值（E_{LN}）和线电压有效值（E_{LL}）来表示，则 U_{d0} 为

$$U_{d0} = \frac{3\sqrt{6}}{\pi} E_{LN} = 2.34 E_{LN} = \frac{3\sqrt{2}}{\pi} E_{LL} = 1.35 E_{LL} \tag{4-17}$$

式中　U_{d0}——理想空载直流电压。

（2）有触发延迟。控制栅极或门极可延迟阀的触发，用 α 表示触发延迟角，它对应于延迟时间 α/ω。当有触发延迟时，阀 3 在 ωt = α 时触发，阀 4 在 ωt = α+60°时触发，阀 5 在 ωt = α+120°时触发，其余依次类推，如图 4-8 所示。

当延迟角为 α 时，平均直流电压为

$$U_d = \frac{3}{\pi} \int_{-(60°-\alpha)}^{\alpha} e_{ac}\mathrm{d}\theta = \frac{3}{\pi} \int_{\alpha-60°}^{\alpha} \sqrt{3} E_m \cos(\theta + 30°)\mathrm{d}\theta$$

$$= U_{d0} \int_{\alpha-60°}^{\alpha} \cos(\theta + 30°)\mathrm{d}\theta = U_{d0} \sin(\theta + 30°)\Big|_{\alpha-60°}^{\alpha} \tag{4-18}$$

$$= U_{d0}[\sin(\alpha + 30°) - \sin(\alpha - 30°)]$$

$$= U_{d0}(2\sin 30°)\cos\alpha = U_{d0}\cos\alpha$$

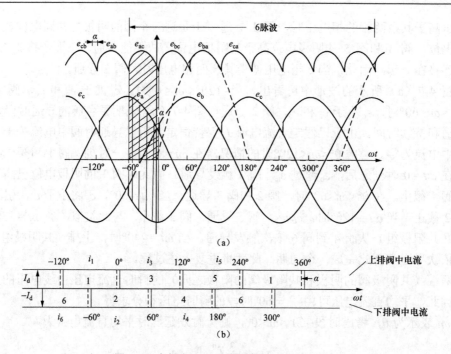

图 4-8 有触发延迟时电压的波形和阀电流

（a）波形；（b）阀电流

2. 方波逆变器

如果不存在换向叠弧现象，则 $U_d = U_{d0}\cos\alpha$。因此，当 $\alpha = 90°$ 时，U_d 反向。出现叠弧时

$$U_d = U_{d0}\cos\alpha - \Delta U_d \tag{4-19}$$

而由叠弧引起的相应平均电压降为

$$\Delta U_d = \frac{A_\mu}{\pi/\sqrt{3}} = \frac{3}{\pi}\frac{\sqrt{3}}{2}E_m(\cos\alpha - \cos\delta)$$

$$= \frac{U_{d0}}{2}(\cos\alpha - \cos\delta) \tag{4-20}$$

式中 U_{d0}——空载理想电压。

将 ΔU_d 代入式（4-19）中，可得

$$U_d = U_{d0}\cos\alpha - \frac{U_{d0}}{2}(\cos\alpha - \cos\delta) = \frac{U_{d0}}{2}(\cos\alpha + \cos\delta) \tag{4-21}$$

从整流转向逆变的转折点所对应的触发角 α_t 由下式确定

$$\cos\alpha_t + \cos\delta_t = 0 \tag{4-22}$$

或

$$\alpha_t = \pi - \delta_t = \pi - \alpha_t - \mu = \frac{\pi - \mu}{2} \tag{4-23}$$

可见，叠弧的影响使 α_t 从 90° 降至 $90° - \mu/2$。

由于阀只在一个方向导通，所以换流器中的电流不能反向。U_d 的反向将引起功率的反向。对于逆变器的工作方式，变压器一次侧必然产生一个交变电动势。正如直流电动机内一样，

逆变器的直流电动势与电流相反，该电动势称为逆电动势和反电动势。由整流器提供的直流电压迫使阀电流克服这一反电动势而流过逆变器。

为使换相成功，必须在换相电压变为负值以前完成从退出阀到加入阀的转换。例如，只有当 $e_b>e_a$ 时，从阀 1 到阀 3 的换相才能实现。从阀 1 到阀 3 的电流转换必须在 $e_a>e_b$ 之前完成，而且需要足够的裕度。

逆变运行要求存在如下三个条件：①一个提供换相电压的有源交流系统；②一个反极性的直流电源，以提供连续的单向（即通过开关器件从阳极流向阴极）电流；③一个提供触发延迟超过 90° 的全控整流。

当这三个条件满足时，由式（4-21）给出的以幅值为负的电压施加到换流桥上，于是功率（$-U_dI_d$）产生逆变。

与整流器类似，逆变器的工作方式也可用同样定义的 α 和 δ 来描述。但是与整流器不同的是，逆变器的 α 和 δ 值为 90°～180°。在实际应用中，通常用触发超前角 β 和熄弧超前角 γ 来描述逆变器的性能。这两个角定义为换相电压为零并继而减小的时刻（对阀 3 的触发和阀 1 的熄弧而言，即 $\omega t=180°$）所超前的角度，即有

$\beta = \pi - \alpha$，触发超前角

$\gamma = \pi - \delta$，熄弧超前角

$\mu = \delta - \alpha = \beta - \gamma$，叠弧角

逆变器可表示为如图4-9所示的两个可代换的等效电路。

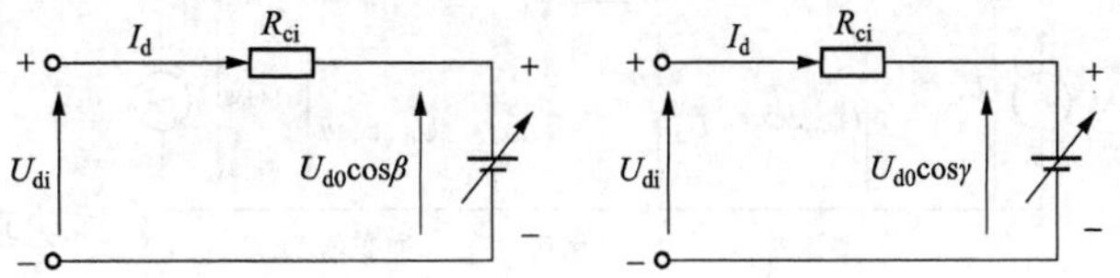

由于 $\cos\alpha = -\cos\beta$ 和 $\cos\delta = -\cos\gamma$，因此式（4-21）可用 γ 和 β 表示如下

图 4-9　逆变器的等效电路（U_{di} 为正）

$$U_d = \frac{U_{d0}}{2}(\cos\gamma + \cos\beta) \tag{4-24}$$

或

$$U_d = U_{d0}\cos\beta + R_cI_d \tag{4-25}$$

或

$$U_d = U_{d0}\cos\gamma - R_cI_d \tag{4-26}$$

在通常的换流器方程中认为逆变电压为负值，而专门针对逆变器列方程时，常常将其视为正值。

整流站和逆变站统称为换流站。换流站的主要设备是换流器，其作用是实现交流电与直流电的相互转换。由高压直流输电的基本原理知，整流站、直流线路和逆变站三部分构成的传统直流输电系统结构如图 4-10 所示，而传统的直流输电系统的等效电路如图 4-11 所示。

直流输电系统的工作过程：由交流系统 I（送电端）送出交流功率给整流站的交流母线，经换流变压器送到整流器，整流器将交流功率变换成直流功率，然后由直流线路把直流功率输送给逆变站内的逆变器，逆变器将直流功率变换成交流功率，再经换流变压器，把交流功率送入到受电端的交流系统 II。如图 4-12 所示，设整流站的直流输电电压为 U_{d1}，逆变站的

直流输出电压为 U_{d2}，直流线路总电阻为 R。当 $U_{d1} > U_{d2}$ 时，有直流电沿着图 4-12 中 I_d 的方向流动。

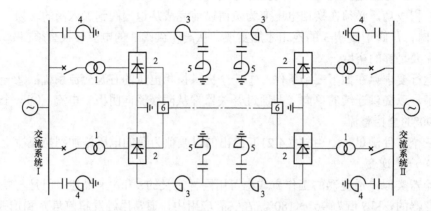

图 4-10　传统直流输电系统结构图

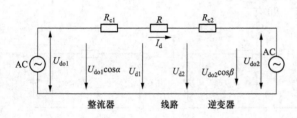

图 4-11　传统直流输电系统等效电路图

由图 4-12 可知，直流线路的电流为

$$I_d = \frac{U_{d1} - U_{d2}}{R} = \frac{\Delta U}{R} \qquad (4\text{-}27)$$

直流线路和交流线路不同，它只输送有功功率，不输送无功功率。送电端送到直流线路上的功率以及受电端从直流线路接受的功率分别为

$$\begin{aligned} P_{d1} &= U_{d1} I_d \\ P_{d2} &= U_{d2} I_d \end{aligned} \qquad (4\text{-}28)$$

则在直流线路上的损耗为

$$\Delta P = P_{d1} - P_{d2} = \Delta U I_d \qquad (4\text{-}29)$$

从以上分析可见，通过调节直流输电系统两端的直流电压，就可以调节直流电流，进而调节直流线路输送的功率。如果需要，通过调节可保持输送的电流或功率不变[8~10]。

调节直流输电系统使 $U_{d1} < U_{d2}$，并使两侧直流电压的极性反转称为潮流反转，如图 4-12 所示。虽然电流的流向没有发生变化，但潮流已转变为由交流系统 Ⅱ 向交流系统 Ⅰ 输送电力。整流站和逆变站的换流器是相同的设备，只是运行状态不同而已。换流器在整流运行状态时，它的直流电压正方向与在逆变运行状态时相反，这是靠改变触发相位来实现的。

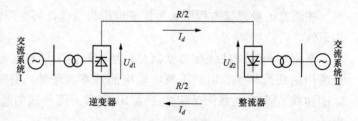

图 4-12　直流输电系统的潮流及直流电压、电流方向

某 ±800kV 特高压直流输电系统教学模拟实验台，以实际 ±800kV 特高压直流输电工程为模拟对象，本特高压直流输电系统教学模拟实验台的主接线图参见图 4-13。系统采用双极两端中性点接地方式，每极由两个 12 脉波换流器串联而成。

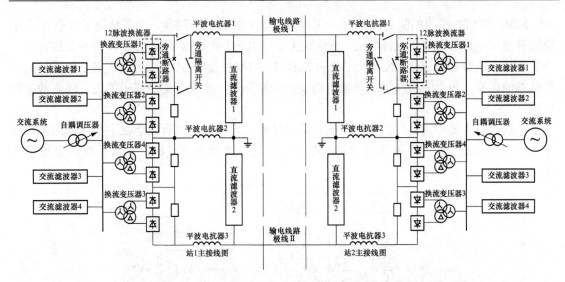

图 4-13　某±800kV 特高压直流输电系统教学模拟实验台主接线图

实验台配置的自耦调压器，用以模拟换流变压器的有载调压功能，可以实现换流站无功功率和交流母线电压的调整，以及极阀控制器的控制角工作点的调整和逆变侧直流电压的调整等。

通过与 12 脉波换流器并联的旁通断路器操作，可以投入或退出相应的 12 脉波换流器。实验台给两端换流器的极Ⅰ高端换流器配置了旁通断路器作为代表，可以选择以下运行方式：①完整的双极运行方式；②3/4 双极运行方式；③完整的单极大地回线运行方式；④完整的单极金属回路运行方式；⑤1/2 单极大地回线运行方式；⑥1/2 单极金属回线运行方式等。

实验台在两侧换流站各配置了四组的交流滤波器，主要用以进行无功补偿和滤除谐波电流。在每侧换流站配置的其他主设备有：①三相三绕组换流变压器 4 台；②12 脉波换流器 4 套；③平波电抗器 3 套；④双调谐直流滤波器 2 组；⑤双极直流输电线路等。

4.3.2　柔性直流输电系统的结构与特点

传统的基于电压源换流器的高压直流输电系统（VSC-HVDC）采用电压源换流器（Voltage Sourced Converter，VSC）的直流输电技术，存在开关频率高、输出电压谐波大、需要无源滤波器等缺点，并存在串联器件的动态均压等难题。为解决这些问题，柔性直流输电技术逐渐受到重视，ABB 公司称之为 HVDC Light，Siemens 公司将其注册为 HVDC Plus。柔性直流输电技术利用 IGBT 元件的可关断特性，能够分别对有功和无功功率进行独立控制，实现换流器的四象限运行。

2002 年，德国学者提出了模块化多电平变流器（Modular Multilevel Converter，MMC）。这种拓扑通过调整子模块串联个数来实现电压及功率等级的变化，可以实现多电平输出，有效地减小了输出电压的谐波含量，降低了器件开关频率，并且容易实现冗余控制，这促进了柔性直流输电的进一步发展。相对于传统意义上基于晶闸管的 HVDC 输电系统，柔性直流输电运行方式更灵活、可控性更好，可以向弱交流系统甚至无源系统送电，非常适合弱系统或孤岛供电、可再生能源等分布式发电并网、异步交流电网互联以及城市电网供电等领域。另外，电压源换流器产生的谐波含量小，不必专门配置滤波器，可大大节省占地面积，在城市、海岛、海上平台中使用具有很大优势。

MMC 的拓扑结构如图 4-14 所示，可以看出其为桥型拓扑结构，上下桥臂各串联 N 个子模块并通过电抗器与交流电源相连。子模块由 2 个 IGBT 构成的半桥、2 个反并联二极管和一个直流储能电容器组成，通过改变子模块中 IGBT 的触发信号 S1、S2 可以实现子模块不同工作状态的切换，每个子模块的交流输出端设有旁路开关，实现旁路故障子模块，隔离故障的作用[11]。

电抗器的主要作用是提供环流阻抗，限制桥臂间环流，同时有效地减小换流器内部或外部故障时的电流上升率，从而使 IGBT 在较低的过电流水平下关断，为系统提供更可靠的保护。

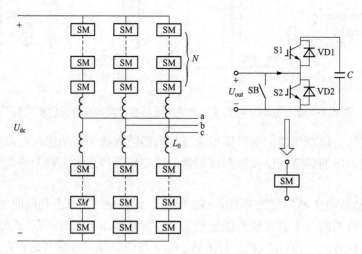

图 4-14   MMC 拓扑结构图

MMC-HVDC 通过子模块的串联来增加电平数，从交流侧看，每相上/下桥臂所有子模块都是串联在一起的，其交流输出电压是所有子模块输出电压的代数和，多电平换流器是由多个电平台阶来合成阶梯波，以逼近正弦输出电压，电平数越多，所得到的阶梯波电平台阶就越多，从而越接近正弦波，谐波成分越少。

MMC 子模块正常工作共有 4 种状态：

（1）闭锁状态。S1 和 S2 均关断，一般在启动和故障时候使用。

（2）投入状态。S1 开通，S2 关断，此时子模块输出电压为电容电压 U_c。

（3）旁路状态。旁路开关 SB 导通，电流不流过子模块。该状态多发生在子模块发生内部故障的条件。

（4）切除状态。S1 关断，S2 开通，此时子模块输出电压为 0。

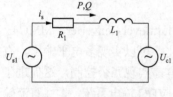

图 4-15   单端 MMC-HVDC
等效原理图

考虑到直流输电系统的对称性，仅以一端直流输电系统简化分析柔性直流输电的基本原理，其稳态特性可以用图 4-15 来进行分析，图中，U_{s1} 为交流系统相电压，U_{c1} 为换流站交流侧相电压。

电压源换流器与交流系统间交换的有功功率 P 和无功功率 Q 可以分别表示为

$$P = -\frac{U_{s1}U_{c1}}{X}\sin\delta$$

$$Q = \frac{U_{s1}(U_{s1} - U_{c1}\cos\delta)}{X}$$

(4-30)

式中，忽略电阻 R_1 的影响，$X = j\omega L_1$，其中 δ 为换流器交流输出电压的基频分量 U_{c1} 相对于电压源换流器交流母线电压基频分量 U_{s1} 的移相角。

由式（4-30）可见，有功功率的传输主要取决于 δ，当 $\delta > 0$ 时，VSC 吸收有功功率，相当于传统 HVDC 中的整流器运行；当 $\delta < 0$ 时，VSC 发出有功功率，相当于传统 HVDC 中的逆变器运行。因此，通过对 δ 角的控制就可以控制输送功率的大小和方向。由式（4-30）可见，无功功率的传输主要取决于 $U_{s1} - U_{c1}\cos\delta$，当 $U_{s1} - U_{c1}\cos\delta > 0$ 时，VSC 吸收无功功率；当 $U_{s1} - U_{c1}\cos\delta < 0$ 时，VSC 发出无功功率。因此，通过控制 U_c 的大小就可以控制 VSC 发出或吸收的无功功率及其大小。

VSC 与用于传统 HVDC 的基于晶闸管的电网换相换流器（LCC）相比，具有的根本性优势就是多了一个控制自由度。LCC 所用的器件是晶闸管，晶闸管只能控制导通而不能控制关断，因此 LCC 的控制自由度只有 1 个，就是控制触发延迟角 α，这样 LCC 实际上只能控制直流电压的大小。而 VSC 所用的器件是双向可控的，既可以控制导通，也可以控制关断，因而 VSC 有 2 个控制自由度，反映在输出电压的基波相量 U_c 上，就表现为 U_c 的幅值 U_c 和相位角 δ 都是可控的。

在图 4-16 所示的 PQ 平面上画出了 VSC 的稳态运行基波相量图。取 U_s 为基准相量，即与 P 轴重合，则因为 U_c 和 δ 可控，U_c 相量的终点可以落在 4 个象限的任意象限中。当 $\delta < 0$ 时，根据式（4-30），有功功率 $P < 0$，所以在第 1 和第 2 象限有功功率 $P < 0$；当 U_c 的终点落在第 2 和第 3 象限时，$U_{c1}\cos\delta \leqslant U_s$，根据式（4-30），则无功功率 $Q > 0$。

因此从交流系统的角度来看，VSC 可以等效成一个无转动惯量的电动机或发电机，几乎可以瞬时地在 PQ 平面的 4 个象限内实现有功功率和无功功率的独立控制，这就是 VSC 的基本特性。而柔性直流输电系统的卓越性能在很大程度上就取决于 VSC 的基本特性。

柔性直流输电的控制，主要将 MMC 的矢量控制策略分解为内环电流控制和外环控制器。其中，内环电流控制器通过调节换流器输出电压，使 dq 轴电流快速跟踪其参考值；外环控制器可根据有功和无功功率，以及直流电压等参考值，计算内环电流控制器的 dq 轴电流参考值。首先通过基尔霍夫定律计算列写 dq 坐标系下换流器正负序分量的数学模型。

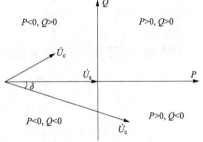

图 4-16   VSC 稳态运行时的
基波相量图

$$\begin{cases} L\dfrac{\mathrm{d}i_d^+(t)}{\mathrm{d}t} = -Ri_d^+(t) + \omega Li_q^+(t) - v_d^+(t) + u_d^+(t) \\ L\dfrac{\mathrm{d}i_q^+(t)}{\mathrm{d}t} = -Ri_q^+(t) + \omega Li_d^+(t) - v_q^+(t) + u_q^+(t) \end{cases}$$

(4-31)

上式为 dq 坐标系下换流器正序分量的数学模型。式（4-32）所示的 dq 坐标系下换流器负序分量的数学模型如下：

$$\begin{cases} L\dfrac{\mathrm{d}i_d^-(t)}{\mathrm{d}t} = -Ri_d^-(t) + \omega Li_q^-(t) - v_d^-(t) + u_d^-(t) \\ L\dfrac{\mathrm{d}i_q^-(t)}{\mathrm{d}t} = -Ri_q^-(t) + \omega Li_d^-(t) - v_q^-(t) + u_q^-(t) \end{cases} \tag{4-32}$$

通过拉普拉斯变换，可以将式（4-31）和式（4-32）分别表达为以下两种的频域形式，即得到了 MMC 基本单元在两相 dq 坐标系下的频域数学模型

$$\begin{cases} (R+sL)i_d^+(s) = u_d^+(s) - v_d^+(s) + \omega Li_q^+(s) \\ (R+sL)i_q^+(s) = u_q^+(s) - v_q^+(s) + \omega Li_d^+(s) \end{cases} \tag{4-33}$$

$$\begin{cases} (R+sL)i_d^-(s) = u_d^-(s) - v_d^-(s) + \omega Li_q^-(s) \\ (R+sL)i_q^-(s) = u_q^-(s) - v_q^-(s) + \omega Li_d^-(s) \end{cases} \tag{4-34}$$

当电网发生不对称故障时，有功功率和无功功率中将含有两倍工频的波动分量。稳态下，有 $u_q = 0$，如果负序电流也为零，这样交流系统送入 MMC 的有功功率和无功功率的直流分量可以表示为

$$\begin{cases} P_0 = 1.5 u_d i_d \\ Q_0 = -1.5 u_d i_d \end{cases} \tag{4-35}$$

（1）内环电流控制器。式（4-33）中 i_d^+、i_q^+ 为状态变量，u_d^+、u_q^+ 是扰动分量，v_d^+、v_q^+ 则为输入变量，可见 dq 轴之间存在耦合。引入电压耦合补偿项 ωLi_q^+、Li_q^+ 以及交流电网电压前馈项 u_d^+、v_q^+，采用比例积分（PI）控制时，可得到正序电流控制器的输入变量取值为

$$v_d^{+*} = u_d^+ + \omega Li_q^+ - \left[k_{p1}(i_d^{+*} - i_d^+) + k_{i1}\int(i_d^{+*} - i_d^+)\mathrm{d}t \right]$$
$$v_q^{+*} = u_q^+ - \omega Li_d^+ - \left[k_{p2}(i_q^{+*} - i_q^+) + k_{i2}\int(i_q^{+*} - i_q^+)\mathrm{d}t \right] \tag{4-36}$$

同理，也可得到负序电路控制器的输入变量取值为

$$v_d^{-*} = u_d^- + \omega Li_q^- - \left[k_{p3}(i_d^{-*} - i_d^-) + k_{i3}\int(i_d^{-*} - i_d^-)\mathrm{d}t \right]$$
$$v_q^{-*} = u_q^- - \omega Li_d^- - \left[k_{p4}(i_q^{-*} - i_q^-) + k_{i4}\int(i_q^{-*} - i_q^-)\mathrm{d}t \right] \tag{4-37}$$

如图 4-17 给出了正序和负序的内环电流控制器结构框图。

将式（4-36）代入式（4-31），可以得到正序 dq 轴电流分量的动态表达式

$$L\frac{\mathrm{d}i_d^+(t)}{\mathrm{d}t} = +R \cdot i_d^+(t) = k_{p1}(i_d^{+*} - i_d^+) + k_{i1}\int(i_d^{+*} - i_d^+)\mathrm{d}t$$
$$L\frac{\mathrm{d}i_q^+(t)}{\mathrm{d}t} = +R \cdot i_q^+(t) = k_{p2}(i_q^{+*} - i_q^+) + k_{i2}\int(i_q^{+*} - i_q^+)\mathrm{d}t \tag{4-38}$$

将（4-37）代入式（4-32），可以得到负序 dq 轴电流分量的动态表达式

$$L\frac{\mathrm{d}i_d^-(t)}{\mathrm{d}t} = -R \cdot i_d^-(t) + k_{p3}(i_d^{-*} - i_d^+) + k_{i3}\int(i_d^{-*} - i_d^-)dt$$
$$L\frac{\mathrm{d}i_q^-(t)}{\mathrm{d}t} = -R \cdot i_q^-(t) + k_{p4}(i_q^{-*} - i_q^-) + k_{i4}\int(i_q^{-*} - i_q^-)\mathrm{d}t \tag{4-39}$$

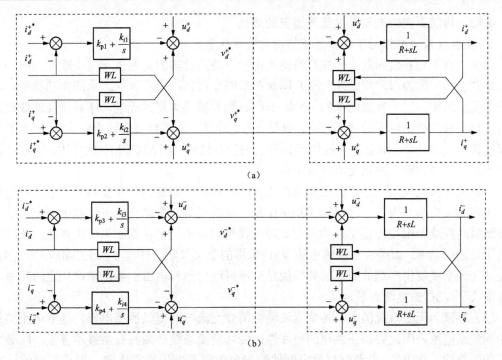

(a)

(b)

图 4-17　内环电流控制器结构框图

（a）正序系统；（b）负序系统

可见，正序 dq 轴电流之间实现了解耦，负序 dq 轴电流之间也实现了解耦。

（2）外环电流控制器。内环电流控制器的作用是让 i_d 和 i_q 跟踪其参考值，而外环控制器则根据有功和无功功率以及直流电压等参考值，计算内环电流参考值。为了抑制负序电流，防止电力电子器件过电流，可以将负序电流的参考值设为零，即

$$i_d^{-*} = i_q^{-*} = 0 \qquad (4-40)$$

当负序电流为零时，由式（4-39）根据有功和无功功率参考值解出正序 dq 轴电流参考值分别为

$$i_d^{+*} = P^* / (1.5u_d) \\ i_q^{+*} = Q^* / (-1.5u_d) \qquad (4-41)$$

当采用定直流电压控制时，可以根据直流电压参考值得到正序 d 轴电流参考值

$$i_d^{+*} = k_{p5}(U_{dc}^* - U_{dc}) + k_{i5} \int (U_{dc}^* - U_{dc}) \mathrm{d}t \qquad (4-42)$$

图 4-18 给出了有功功率控制器、无功功率控制器和直流电压控制器的结构框图。根据图 4-18，通过对式（4-40）和式（4-41）的 dq 轴电流参考值进行限幅，可以防止桥臂电流超过 IGBT 的容量而造成过损坏。两端柔性直流输电系统在正常运行时，两侧换流器必须有一侧采用定电流电压控制，并配合无功功率控制；另一侧，一般采用有功功率控制和无功功率控制。

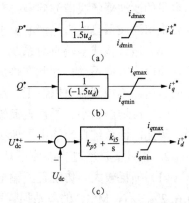

图 4-18　外环控制器结构框图

（a）有功功率控制器；（b）无功功率控制器；

（c）直流电压控制器

4.3.3　传统直流输电与柔性直流输电的对比

1. 柔性直流输电相对于传统直流输电的技术优势

（1）没有无功补偿问题。传统直流输电由于存在换流器的延迟角 α（一般为 $10°\sim15°$）和关断角 γ（一般为 $15°$ 或更大一些）以及波形的非正弦，需要吸收大量的无功功率，其数值约为换流站所通过的直流功率的 $40\%\sim60\%$。因而需要大量的无功功率补偿及滤波设备，而且在甩负荷时会出现无功功率过剩，容易导致过电压。而柔性直流输电的 VSC 不仅不需要交流侧提供无功功率，而且本身能够起到静止同步补偿器（STATCOM）的作用，可以动态补偿交流系统无功功率，稳定交流母线电压。

（2）没有换相失败问题。传统直流输电受端换流器（逆变器）在受端交流系统发生故障时，很容易发生换相失败，导致输送功率中断。通常只要逆变站交流母线电压因交流系统故障导致瞬间跌落 10% 以上幅度，就会引起逆变器换相失败，而在换相失败恢复前，传统直流系统无法输送功率。而柔性直流输电的 VSC 采用的是可关断器件，不存在换相失败问题，即使受端交流系统发生严重故障，只要换流站交流母线仍然有电压，就能输送一定的功率，其大小取决于 VSC 的电流容量。

（3）可以为无源系统供电。传统直流输电需要交流电网提供换相电流，这个电流实际上是相间短路电流，因此要保证换相的可靠性，受端交流系统必须具有足够的容量，即必须有足够的短路比（SCR），当受端交流电网比较弱时便容易发生换相失败。而柔性直流输电的 VSC 能够自换相，可以工作在无源逆变方式，不需要外加的换相电压，受端系统可以是无源网络，克服了传统直流输电受端必须是有源网络的根本缺陷，使利用直流输电为孤立负荷送电成为可能。

（4）可同时独立调节有功功率和无功功率。传统直流输电的换流器只有 1 个控制自由度，不能同时独立调节有功功率和无功功率。而柔性直流输电的 VSC 具有 2 个控制自由度，可以同时独立调节有功功率和无功功率。

（5）谐波水平低。传统直流输电的换流器会产生特征谐波和非特征谐波，必须配置相当容量的交流侧滤波器和直流侧滤波器，才能满足将谐波限定在换流站内的要求。柔性直流输电的两电平或三电平 VSC，采用 PWM 技术，开关频率、谐波落在较高的频段，可以采用较小容量的滤波器解决谐波问题。对于采用 MMC 的柔性直流输电系统，通常电平数较高，不需要采用滤波器已能满足谐波要求。

（6）适合构成多端直流系统。传统直流输电电流只能单向流动，潮流反转时，电压极性反转而电流方向不动，因此在构成并联型多端直流系统电压稳定的前提下，通过改变单端电流的方向，单端潮流可以在正、反两个方向上调节，更能体现出多端直流系统的优势。

（7）占地面积小。柔性直流输电换流站没有大量的无功补偿和滤波装置，交流场设备很少，因此，比传统直流输电占地少得多。

2. 柔性直流输电存在的不足[12]

（1）损耗较大。传统直流输电的单站损耗已低于 0.8%，两电平和三电平 VSC 的单站损耗在 2% 左右，MMC 的单站损耗可以低于 1.5%。

（2）设备成本较高。就目前的技术水平，柔性直流输电单位容量的设备投资成本高于传统直流输电。同样，柔性直流输电的设备投资成本降低到与传统直流输电相当也是可以预期的。

（3）容量相对较小。由于目前可关断器件的电压、电流额定值都比晶闸管低，如不采用多个可关断器件并联，VSC 的电流额定值就比 LCC 的低，因此 VSC 基本单元（单个两电平或三电平换流器或单个 MMC）的容量比 LCC 基本单元（单个 6 脉波换流器）的容量低。

（4）不太适合长距离架空线路输电。目前柔性直流输电采用的两电平和三电平 VSC 或多电平 MMC，在直流侧发生短路时，即使 IGBT 全部关断，换流站通过与 IGBT 反并联的二极管，仍然会向故障点馈入电流，从而无法像传统直流输电那样通过换流器自身的控制来清除直流侧的故障。

参 考 文 献

[1] 刘振亚. 特高压电网 [M]. 北京：中国电力工业出版社，2013.

[2] 中国南方电网有限责任公司. 高压直流输电基础 [M]. 北京：中国电力工业出版社，2010.

[3] 刘振亚. 中国特高压交流输电技术创新 [J]. 电网技术，2013（3）：567-574.

[4] 贺家李，等. 特高压交直流输电保护与控制技术 [M]. 北京：中国电力出版社，2014.

[5] 周浩，等. 特高压交直流输电技术 [M]. 杭州：浙江大学出版社，2014.

[6] 中国电力科学研究院. 特高压输电技术：交流输电分册 [M]. 北京：中国电力出版社，2012.

[7] 李兴源. 高压直流输电系统 [M]. 北京：科学出版社，2010.

[8] 杨晓萍. 高压直流输电与柔性交流输电 [M]. 北京：中国电力出版社，2010.

[9] 中国南方电网超高压输电公司. 高压直流设备基础 [M]. 北京：中国电力出版社，2011.

[10] 刘诗. 电力安全工作规则 [M]. 北京：中国电力出版社，2011.

[11] 中国电力科学研究院. 特高压输电技术：直流输电分册 [M]. 北京：中国电力出版社，2012.

[12] 徐政. 柔性直流输电系统 [M]. 北京：机械工业出版社，2012.

第5章　电力系统的储能技术

5.1　物　理　储　能

5.1.1　抽水蓄能储能

1. 概述

抽水蓄能是唯一一种广泛应用于电力系统的大容量储能技术。在过去的几十年里，公共电网已经将抽水蓄能技术作为利用非高峰能量的最经济的储能方式。这种方法，是将水送至上游水库，等到高峰负荷时，通过可逆式水泵-水轮机排出所储存的水，产生高峰负荷所需求的电力。从能量的角度来看，即通过将水从下游水库送至上游水库将能量储存为水的势能；需要释放能量时，通过水轮机驱动发电机，使水返回下游水库。抽水蓄能发电站通常包括上游水库、水道、水泵、水轮机、电动机-发电机和下游水库，如图5-1所示[1]。

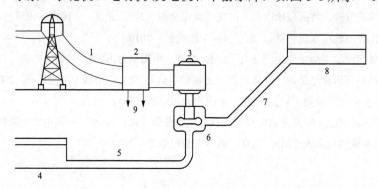

图 5-1　抽水蓄能发电站

1—输电线路；2—变压器；3—电动机-发电机；4—下游水库；5—泄水道；6—水泵-水轮机；

7—水道；8—上游水库；9—输送至厂用负载

抽水蓄能电站的核心设备是抽水蓄能机组。从20世纪40～50年代起，开始出现可以双向运转的水力机组，向一个方向旋转时抽水，向另一个方向旋转时发电。这样的机组现在称为可逆式水泵-水轮机，它和可逆式发电电动机合称为二机组式机组[2]。

可逆式抽水蓄能水电机组，系指发电机可兼作电动机、水轮机可兼作水泵的水轮发电电动机组，在电力系统用电低谷时（多在夜间），利用可逆式抽水蓄能机组作为水泵运行方式，利用电力系统多余的电力，将下水库的储水提升到上水库，起到填谷作用。同样，当电力系统处于高峰负载时期（多在日间）电力不足时，可将上水库中的水引入下水库抽水蓄能机组中，机组作为发电方式运行，起到了调峰的作用。这样机组既可作为发电机又可作为抽水水泵电动机。一般发电电动机在上方，水泵水轮机在下方，二机轴通过联轴器连接，如图5-2所示。

2. 发电电动机结构特性

发电电动机与常规水轮机相比，具有以下特性：

（1）双向旋转。发电电动机主要用于抽水蓄能电站，由于可逆式水泵水轮机作为水轮机时和水泵运行时旋转方向是相反的，因此电动机也需相应地双向运转。为了实现同步电机双向运转，在电气上要求电源相序能够转换，这在电气主接线和开关设备的选择上可以实现；电机本身如何作双向旋转则要求通风冷却和轴承都能适应双向工作。其中，发电电动机转子作为其最关键的部分，由转子支架、磁轭、磁极等部件组成，如图 5-3 所示。

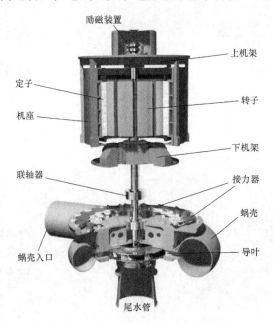

图 5-2　二机可逆式水泵水轮机机组

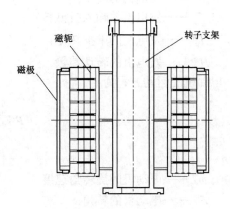

图 5-3　发电电动机转子剖面图

由于抽水蓄能机组转速高，定子铁芯长，需保证线棒沿铁芯长度的温度分布均匀。又由于启停频繁，内部温度变化剧烈，要考虑定子线棒产生的温度应力和热变形。发电电动机转子阻尼绕组的设计与机组的启动方式有关，当采用异步启动时需加强转子磁极和阻尼绕组结构，选用高电阻的阻尼绕组或实心磁极以产生足够大的启动力矩并吸收启动过程中产生的大量热量。

（2）频繁启停。抽水蓄能电站在电力系统中起填谷调峰的作用，要求启停较为频繁，同时还需经常作调频、调相运行，工况的调整也很频繁。发电电动机处于这样频繁变化的运行条件下，其内部温度变化自然十分剧烈，电机绕组将产生更大的温度应力和变形，也可能由于温度差在电机内部结露而影响绝缘。

（3）需有专门启动措施。由于转向相反，发电电动机运行时不能像发电机那样利用水泵水轮机启动，必须采用专门的启动方法。目前绝大部分抽水蓄能电站采用静止变频器启动和背靠背启动作为备用启动方式。

（4）过渡过程复杂。抽水蓄能机组在工况转换中要经历各种复杂水力、机械和电气瞬态过程。在这些过程中将发生比常规水轮发电机组大得多的受力和振动，对于整个电机设计提出更严格的要求。

3. 发电机运行特性

根据发电机相量图的几何关系，可得

$$\psi = \arctan \frac{U\sin\varphi + Ix_q}{U\cos\varphi} \tag{5-1}$$

$$E_0 = U\cos\theta + I_d x_d \tag{5-2}$$

引入虚构电动势 $\dot{E}_Q$ 后，由 $\dot{E}_Q = \dot{U} + \dot{I}r_a + j\dot{I}x_q$ 凸极电机的等效电路，如图 5-4 所示。

发电机的运动方程为[3]

$$p\omega^g = \frac{T_a - T_e^g - T_R^g}{H^m} \tag{5-3}$$

$$p\delta^g = \omega^g \tag{5-4}$$

式中　ω^g ——发电机旋转角速度；

　　　δ^g ——发电机的转角；

　　　T_a ——发电机的输入机械转矩；

　　　T_R^g ——发电机的摩擦转矩；

　　　H^g ——发电机的转动惯量。

电动机的运动方程为

$$p\omega^m = \frac{T_e^m - T_R^m}{H^m} \tag{5-5}$$

$$p\delta^m = \omega^m \tag{5-6}$$

式中　ω^m ——电动机的旋转角速度；

　　　δ^m ——电动机的转角；

　　　H^m ——电动机的转动惯量；

　　　T_R^m ——电动机的摩擦转矩。

在发电机运行相量图（见图 5-5）中，相量 $j\dot{X}_q\dot{I}_A$ 由 $\dot{U}$ 指向 $\dot{E}_Q$，而在电动机运行相量图（见图 5-6）中是由 $\dot{E}_A$ 指向 $\dot{U}$，其原因是在电流的参考方向相反。从相量图中可以看出同步电机作为电动机和发电机运行的基本差别。

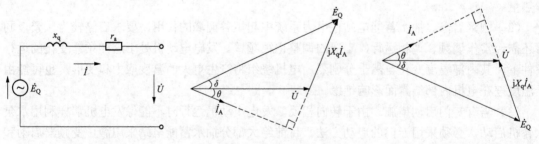

图 5-4　凸极电机等效电路　　图 5-5　发电机运行相量图　　图 5-6　电动机运行相量图

4. 可逆式水泵水轮机的全特性

由于抽水蓄能机组开停灵活，升降负荷迅速，不可避免地要频繁变换工况，其过渡过程计算对安全可靠运行关系重大。在过渡过程计算中，需要频繁应用可逆式水泵水轮机的全特性曲线以求机组的瞬变参数。

水泵水轮机全特性的概念首先是从离心泵的应用中提出的。当一台正常运行的水泵突然失去动力后，而阀门又未能正常关闭时，水流在很短时间内就失去惯性而反向下流，而泵和电机的机械惯性使泵保持原来方向旋转，水流冲击叶轮起制动作用，使转速下降直至零。此后，叶轮反转过来向水轮机方向旋转，最终达到水轮机方向的飞逸转速。这一过程经历水泵工况、制动工况和水轮机工况三个区。

采用单位流量 Q_1 及单位转速 n_1 建立的坐标系来绘制全特性，每个点代表一种工况，因此有较好的综合性质，这种全特性曲线称为综合全特性曲线，如图 5-7 所示[4]。

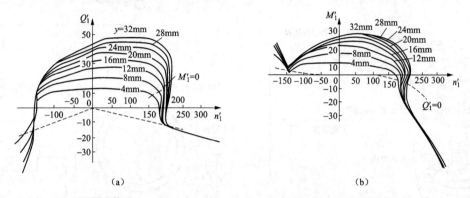

图 5-7　综合全特性曲线——全特性-流量特性曲线特性-转矩特性曲线

（a）$Q_1'-n_1'$ 全特性曲线；（b）$M_1'-n_1'$ 全特性曲线

其中

$$n_1 = \frac{nD}{\sqrt{H}}$$

$$Q_1 = \frac{Q}{D^2\sqrt{H}}$$

$$M_1 = \frac{M}{D^3 H}$$

式中　n、Q、M——转速、流量、轴端力矩；

　　　　D、H——转轮的名义直径和水头。

抽水蓄能机组往往在发电工况和抽水工况的水头变幅较大（其中水头是指单位重量的液体所具有的机械能）。在抽水蓄能发展初期，水泵水轮机要适应两种工况同一转速是相当困难的。因此，将发电-电动机设计成两种不同的转速，使水泵水轮机均能运行在较佳的区域。这是通过发电-电动机定子双绕组或单绕组变极、转子变极的方式实现转速的改变。随着水泵水轮机水力技术的提高，单转速抽水蓄能机组己成为发展趋势，目前绝大多数的抽水蓄能电站都采用单转速机组。

5. 单转速抽水蓄能机组原理

本书中要介绍的是单转速抽水蓄能机组，它是通过发电-电动机转子交流励磁的方式来实现的，也称为歇尔皮斯方式。

单转速抽水蓄能机组是通过转子交流励磁来实现机组转速的调节，定子频率恒定。如图 5-8 和图 5-9 所示，在转子励磁绕组中施加三相交流电流，通过改变励磁电流的频率，即可改变机组的转速。

频率关系式为

$$f_1 = f_m + f_2$$

式中　f_1——定子旋转磁场频率；

f_m——转子机械旋转频率；

f_2——转子磁场频率，与变频器频率相同，当 $f_1 = 60\text{Hz}$、$f_m = 58\text{Hz}$ 时，$f_2 = 2\text{Hz}$。

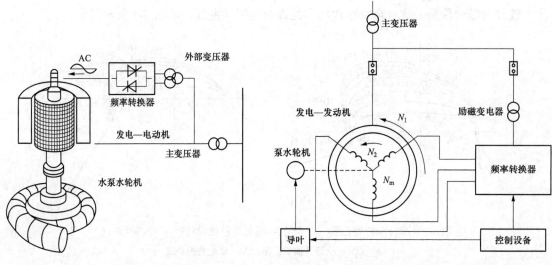

图 5-8　在转子励磁绕组中施加三相交流电流　　　　图 5-9　通过改变励磁电流的频率改变机组的转速

　　此种抽水蓄能发电-电动机不仅可以通过调节励磁电流幅值来调节无功功率，还可以通过调节励磁电流频率来调节机组转速从而达到调节有功功率的目的，甚至也可以通过调节励磁电流的相位来快速调节有功功率。

　　与常规定速机组相比，这种发电-电动机定子绕组与常规定速绕组相同，转子绕组采用三相绕线结构，而不是传统凸极结构，在转子绕组里通入可变频的交流电，通过控制装置和变频设备实现机组转速的调节。

　　单转速抽水蓄能机组具有以下优点：

　　（1）实现有功功率的调节。连续变速抽水蓄能机组可通过改变交流励磁电流的频率来调节机组转速，可实现有功功率的调节，也通过改变交流励磁的相位达到快速调节有功功率的目的。这有利于抑制电网有功功率的波动，特别在抽水工况，具有调节机组出力的能力，这是常规蓄能机组无法比拟的。

　　水泵水轮机的特点是水泵和水轮机兼用，在运行特性上无法兼顾各自的最佳状态，可以说是在水泵特性相对最佳点上运行。这是由于设计过程中重视水泵运行，所以偏向于水泵运行最佳效率点，而水轮机运行偏低。

　　使用可变速机组可以调整转速，也可以使水轮机在最理想的效率点上运行。这样一来与固定转速机组相比，能够有效地提高效率。水轮机在最佳效率点上运行时，有效地减低可将振动和水压脉动。固定转速机组 50% 的最低限度输出功率在可变速机组上能够实现 30%，因此变速机组的输出功率值可控制在 30%～100%，比起固定转速机组的输出功率可调整范围更广。

　　（2）提高供电频率的稳定性。日本做过统计，如果电网中有 7% 的变速机组，系统频率控制在（60+0.1）Hz 的概率可提高三个百分点。因此，变速抽水蓄能机组的配置可大幅提高供电频率的稳定性。

　　（3）提高水泵水轮机的稳定性。连续变速抽水蓄能机组可方便调节转速，使水泵水轮机运行在较佳的区域里，可避开其不稳定区，以减少振动、空蚀和泥沙磨损，提高机组的稳定性。

（4）提高机组两种工况的效率。变速机组调节转速，使水泵水轮机在发电和抽水工况均能工作在最佳效率区，使其转换效率大幅提高。

（5）避免磁极线圈发生膨出的事故。近年来有些抽水蓄能机组在运行过程中，由于磁极在设计、生产、加工和材料的选择上存在问题，个别电站的运行机组上发生了转子磁极线圈膨出和线圈翻边甩出卡在定转子之间的现象，造成重大设备损坏事故。

6. 抽水蓄能同步电机启动方式

（1）异步启动。具有阻尼绕组或实心磁极的同步电机，利用异步电磁转矩自启动方式称为异步启动。在异步启动时，发电电动机的励磁绕组经限流电阻短接，电机在静止状态下投入电网，转子阻尼绕组产生的较强感应电流与定子旋转磁场相互作用产生异步电磁转矩，使电机如同感应电动机一样启动，待接近同步转速时投入励磁，机组即可同步。

（2）半同步启动。半同步启动又称为同步-异步启动或部分频率启动，是一种异步启动和同步启动结合的启动方式。被启动的电动机-水泵机组和水轮机-发电机组通过定子连接在一起，启动之初两者都不加励磁，发电机在水轮机的驱动下加速，当达到某一特定的转速（例如额定转速）时，给发电机加励磁，此时在发电机定子中产生电流，电动机没加励磁的转子在定子电流的旋转磁场中异步加速，发电机由于加载而减速。在经过一段时间后，两台电机的转速接近，这时电动机也投入励磁，电动机在定子的旋转磁场与励磁电流产生的磁场的相互作用下被牵入同步。同步以后，打开水轮机的阀门，两台电机开始一起同步加速。当电动机额定运行时，电动机与系统解列，并入电网，由电网供电进入抽水工况。至此，半同步启动过程结束。

（3）同步背靠背启动。同步启动是目前普遍使用的启动方式，被启动的机组在静止状态下施加励磁，通过驱动系统加三相低频电流，并以此外馈电流使机组同步。为了防止失步，频率逐渐升高，直至与电网同步。同步背靠背启动，是以本电站或邻近电站的常规机组或蓄能机组作为启动电源。启动前，将启动机组与被启动机组均连接在启动母线上，并分别加适当的励磁。启动时，打开启动机组的导叶，其定子出口产生的低频电流经启动母线施于被启动机组，使被启动机组随启动机组同步旋转。随着导叶渐渐开启，转速徐徐上升，当加速到约额定转速时投入各自的励磁调节器，而后继续同步升至额定值后同期并网。

（4）静止变频器启动。蓄能机组在抽水工况时，发电电动机运行在电动机状态，转速由零到额定转速的启动过程，可看成为同步电动机由零到额定转速的调速过程。根据同步电动机转速计算公式，改变同步电动机的转速，通过改变电源频率实现。静止变频器启动装置就是利用变频的方法，实现抽水运行时转速自零至额定转速的启动。

静止变频器启动装置原理接线如图 5-10 所示。机组启动过程如下：被启动机组加上空载额定电压的励磁，经断路器 QF1 与变频器连接，然后投入变频器电源侧断路器 QF2，

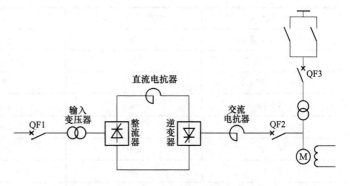

图 5-10　静止变频器启动原理接线

电网侧整流器将恒频、恒压的交流电变成电压可调的直流电，然后通过电机侧逆变器逆变成与电动机转速相对应的频率和电压。以励磁的转子与定子电流产生的旋转磁场相互作用，使转子产生转动力矩而启动。待转速升至额定值且满足同期条件时，经 QF 将机组并网，同时切除变频器。

近年来，随着电力电子器件质量的提高和价格的下降，静止变频器启动越来越受欢迎，变频器及其同步启动的研究也越来越受到重视，但目前仍局限于启动过程和启动时间等的研究。

7. 过渡过程及工况转换

（1）可逆式水泵水轮机的过渡过程。过渡过程是指水力机组由一种工况转换到另一种工况的瞬态或短时间的过渡过程。由于抽水蓄能机组开停灵活，升降负荷迅速，不可避免地要频繁变换工况，其过渡过程计算对安全可靠运行关系重大。在过渡过程计算中，需要频繁应用可逆式水泵水轮机的全特性曲线求机组的瞬变参数。

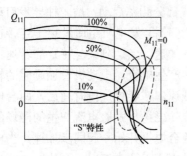

图 5-11　可逆式水泵水轮机的"S"特性

Q_{11}—单位流量；n_{11}—单位转速；M_{11}—单位力矩

与常规水轮机相比，水泵水轮机既要作水轮机运行又要作水泵运行，因此需要兼顾这两个工况下的性能，从而导致水力设计上的特殊性，其转轮叶片扭曲程度较大，使得水泵水轮机全特性曲线出现倒"S"形区域（简称"S"特性），如图 5-11 所示。在一些特定的情况下，它会对机组的运行稳定性产生很大的影响，也对过渡过程计算带来较大的困难[3]。

（2）可逆式水泵水轮机工况转换。与常规水电站相比，抽水蓄能电站有转换工况频繁、高水头和输水系统存在双向水流等特性。首先，电站机组工况变换复杂、转换种类多。为满足事故紧急或负荷跟踪的现实情况，要求在最少时间去完成工况转换过程。抽水蓄能机组具有停机、旋转备用、发电调相、发电、抽水、抽水调相、启动 7 个基本工况，常见工况转换有 15 种。其次，工况转换频率高，它必须用最短时间转换以满足电网用户用电需求。通常情况下，转换工况在一天内就要转换几次，而且有的蓄能电站每小时就会要进行多次转换。各工况及转换时间见表 5-1。

表 5-1　　　　　　　　　　　各 工 况 及 转 换 时 间

工况转换	转换时间（s）	工况转换	转换时间（s）
S→G（满载）	100	S→CG	145
S→P（SFC）	390	CG→G（满载）	80
S→CP（SFC）	315	P→S	200
S→SR	80	CP→S	210
G（满载）→CG	90	CP→P	75
G→P	630	P→CP	70
P→G	90	P→G（满载）	300
G（满载）→S	240		

表 5-1 中：S（standstill）为停机状态；SR（spiral reserve）为旋转备用状态，它是发电方向的旋转备用，在发电机出口开关不合的情况下以额定转速空载转动；G（generator）为发电工况，在 SR 状态下合上发电机出口开关进行同期并网即达到发电工况；CG（condense generator）为发电方向同步调相工况，机组达到发电工况后，进行关球阀、导叶和压水操作，即可进入发电方向同步调相工况；CP（condense pump）为抽水方向同步调相工况，为了减小抽水启动时的启动力矩，机组抽水方向启动时首先必须对转轮室充气压水，使得转轮在空气中转动，达到额定转速合发电机出口开关，并网后即可进入抽水方向同步调相工况，它是机组达到抽水工况的必经工况；P（pump）为抽水工况，机组达到 CP 工况后打开球阀和调速器导叶进行抽水，即可进入抽水工况，此工况下机组负荷是额定不可调的；T（traction）为背靠背方式启动流程，在其他机组选择本机组进行背靠背拖动时，拖动机组发出变频电流供给被拖动机定子电流，从而慢慢同步拖动被拖动机转动起来，在被拖动机成功并网后，拖动机将执行停机[5]。

工况转换不可随意切换，例如：

1）机组从停机稳态到发电必须经过两个过程，即 S→SR→G。机组 S→SR 工况所涉及设备主要包括直流注油泵、交流注油泵、调速器压油泵、技术供水泵、主轴密封、发电机风扇、上下导循环油泵、水导循环油泵、换向开关、球阀、导水叶、励磁系统、同期装置；机组 SR→G 工况所涉及设备为同期装置、出口开关。

交直流注油泵：共有两台直流注油泵和两台交流注油泵，直流注油泵是交流注油泵的备用。它们主要是在机组启动时，使承受机组转动部分重量及轴向水推力的推力瓦和推力镜板之间形成一层油膜，防止损坏推力瓦及推力镜板。

调速器压油泵：共有两台调速器压油泵，其目的是向压油槽补充适当的油，保证满足调速器及其操作接力器的安全稳定运行的油压和油位。

技术供水泵：共有两台技术供水泵，一台主用一台备用。其目的是向机组各技术供水用户提供冷却、润滑水，以保证机组运转产生的热量全部由冷却水带走。

2）机组从停机稳态到抽水也是经过两个阶段，即 S→CP→P。机组 S→CP 工况所涉及设备包括直流注油泵、交流注油泵、调速器压油泵、技术供水泵、主轴密封供水、上下供水、发电机风扇、上下导循环油泵、水导循环油泵、换向开关、调相供气、SFC 系统、励磁系统、同期装置、出口开关；机组 CP→P 工况所涉及设备（过程）包括回水排气（蜗壳压力释放阀、蜗壳排气阀、转轮回水排气阀）、开球阀、开导水叶。上下供水是水环形成的重要组成部分。水环起密封、冷却转轮作用，水环的释放则通过蜗壳压力释放阀实现。

SFC 装置：拖动机组变频启动，防止机组作为大的电动机启动造成对电网的冲击。到同期并列后，SFC 装置自动退出。

回水排气：打开蜗壳压力释放阀、蜗壳排气阀、转轮回水排气阀对转轮室进行充水，充水结束后关闭上述阀门。

以上两种工况特点为均是机组从停机稳态到额定转速状态，转换过程中均需要经过开启辅机的阶段。此种工况转换的特点是在保证设备安全的情况下，尽可能以最少的时间达到稳态，以保证抽水蓄能机组的快速启动。

3）调相工况包括 CG 和 CP。机组从停机稳态到 CG 工况需要经过三个过程，即 S→SR→G→CG，机组从 G→CG 所涉及设备（过程）包括关导水叶、关球阀、给气压水使转轮在空气中旋转。

S→CG、S→CP 的区别：S→CG 需要先开球阀、开导水叶，然后到 G→CG 时再将它们关闭，最后给气压水使转轮在空气中旋转（为动态压水，是暂态过程，不确定因素多）。而 S→CP 时不需要开球阀、开导水叶（此时压水为静态压水），但需使用 SFC 装置变频启动至同期并网。

P→CP 与 G→CG 除旋转方向不同外，基本上没什么区别，都是要关导水叶、关球阀，然后才给气压水（此时压水为动态压水）。

CG→G 与 CP→P 的区别：CG→G 时，先断发电机出口开关，然后等回水排气完成后开球阀、开导水叶再合回出口开关；而 CP→P 时只有回水排气、开球阀开导水叶。

8. 抽水蓄能电站机组的效率和能量

抽水蓄能将水抽到上游，再利用水位落差获取能量的过程中，效率并非 100%。一部分用于抽水的电能无法在水从上游落下时转换回有用的电能，其主要原因在于转换过程中存在损耗，包括滚动阻力、压力管道和尾水渠中的湍流、发电机和水泵水轮机的损耗等。因此，抽水蓄能的一个循环周期的效率一般为 70%～80%，这取决于设计的特性。机组效率的计算公式是

$$\eta_{机组}=\eta_{抽水}\times\eta_发\times修正系数$$

其中由于为计及水库蒸发、渗漏所引起的水量损失对电站循环效率的影响，并适当留有余地，取电站循环效率修正系数为 98%。

$$\eta_抽=\eta_{变压器}\times\eta_{电动机}\times\eta_{水泵}\times\eta_{水道} \tag{5-7}$$

$$\eta_发=\eta_{水道}\times\eta_{水轮机}\times\eta_{发电机}\times\eta_{变压器} \tag{5-8}$$

表 5-2 所示为十三陵抽水蓄能电站发电及抽水综合效率[6]。

表 5-2　　　　　十三陵抽水蓄能电站发电及抽水综合效率

工况	项　目	效率（%）
抽水工况	水泵	91.81
	电动机	98.56
	水道	98.25
	变压器	99.7
	抽水净效率	88.64
发电工况	水轮机	89.93
	发电机	98.2
	水道	97.59
	变压器	99.7
	发电净效率	85.93
合计	修正系数	98
	综合循环效率	74.64

抽水蓄能主要受高度和水量的影响。通过对高度变化和水量的估计，可以确定抽水蓄能装置的功率和能量可利用率，根据重力势能方程可得

$$P_E=mgH \tag{5-9}$$

式中 P_E——势能，J；

    m——质量（等于体积 m^3 与密度 kg/m^3 的乘积）；

    g——重力加速度，$9.81m/s^2$；

    H——水头高度，m。

$$P = QH\rho g\eta \tag{5-10}$$

式中 P——发电输出功率，W；

    Q——流量，m^3/s；

    H——水头高度，m；

    ρ——流体密度，kg/m^3，水的密度为 $1000kg/m^3$；

    g——重力加速度，$9.81m/s^2$；

    η——装置效率。

9. 抽水蓄能电站的作用

抽水蓄能电站运行具有两大特性：一方面既是发电厂，又是用户，其削峰填谷功能是其他任何类型发电厂所不具备的；另一方面机组启动迅速，运行灵活、可靠，对负荷的急剧变化可以做出快速反应。由于抽水蓄能电站在电网中的削峰填谷、紧急事故备用、调频、调相等作用以及静态效益、动态效益和技术经济上的优越性，在电网中越来越不可缺少。抽水蓄能电站作为电力系统重要的组成部分，可以起到以下作用：

（1）削峰填谷。抽水蓄能电站在用电高峰期间发电，在用电低谷期间抽水填谷，可以改善燃煤火电机组和核电机组的运行条件，保证电网稳定运行。

（2）调频和快速跟踪负荷。为保证电网稳定运行，需要电网具备随时调整负荷的能力，以适应用户负荷的变化。电网所选择的调频机组必须快速灵敏，以便提供随电网负荷瞬时变化而调整的最大出力。由于抽水蓄能机组具有迅速而灵敏的开、停机性能，且特别适宜于调整出力，能很好地满足电网负荷急剧变化的要求。

（3）调相。当系统无功不足时，需要发电厂及时提供无功功率，抽水蓄能机组既可以发出无功功率提高电力系统电压，也可以吸收无功功率降低电力系统电压。

（4）紧急事故备用。在电网发生故障和负荷快速增长时，要求发电厂能起紧急事故备用和负荷调整的作用。由于抽水蓄能电站快速灵活的运行特点，可以很容易实现这一功能[7]。

5.1.2 热储能

1. 概述

热能储存（thermal energy storage，TES）作为一种高效的储能方式，是通过对材料冷却、加热、溶解、凝固或者蒸发来完成的。储热技术包括两个方面的要素：其一是热能的转化，它既包括热能与其他形式能量之间的转换，也包括热能在不同物质载体之间的传递；其二为热能的储存，即热能在物质载体上的存在状态，理论上表现为其热力学特征[8]。

2. 分类

在广义上可以把储热分为显热储存和潜热储存两类。

（1）显热储存。随着材料温度的升高而吸热，或随着材料温度的降低而放热的现象称为显热。质量为 m 的物质，温度变化为 (T_2-T_1) 时的显热计算公式为

$$Q = c(T_2 - T_1)m \tag{5-11}$$

式中　　c——单位体积物体的比热容。

　　显热存储时，根据不用的温度范围和应用情况，选择不同的存储介质。

　　（2）潜热存储。物质从固态转为液态，由液态转为气态或由固态直接转为气态（升华）时，将吸收相变热；进行逆过程时，将释放相变热。

　　相变存储就是利用物质发生相变时需要吸收（或放出）大量热量的性质来实现储热的[9]。采用固液相变材料（PCM）的相变蓄热（LHTES）可在相变温度区间内实现较高的蓄热密度，热源输入功率及热源温度变化曲线如图 5-12 所示[10]。

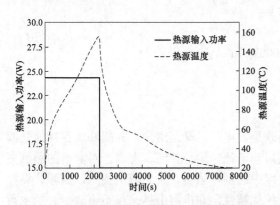

图 5-12　热源输入功率和和温度随时间的变化

3. 应用

　　将储热技术应用于电力系统中的大规模储能，具有其独特的自身优势。首先，储热技术是物理过程，相对于化学储能和电磁储能，它的技术成熟度更高而成本较低，适合大容量长时间储能。目前，电力系统中绝大部分的发电过程是通过热功转换的方式实现的（水电例外），热能本身就是发电过程的重要环节。因而，利用储热技术作为电力系统中大规模储能手段时，其释能过程可以利用电力系统本身的热功转化设备，这样可以大大提高设备利用率和整体能源利用效率，进一步降低了储能成本。最后，在某些特殊场合（例如分布式能源系统中），热能（包括热与冷）本身就是终端用户需要的能量形式之一，故而利用储热技术可以达到一举多得的目的。

　　但是，相对于其他储能技术，储热也有其自身的不足。一是热能的品位相对于化学能和电磁能等比较低，这就使得大规模储热虽然容易，但是要保证所储存热量的质，即所储热量最终转化为电却不易，因而进一步提高储热的能量密度一直是科学研究和实际应用中的一个努力方向。另外，储热技术中能量的转化和转移是依靠分子的热运动完成的，由于热的传递相对于化学能和电磁能的传递要慢得多，这就使得热能的转化和转移过程中其品质的损失较大（由传热过程中的温差引起），它会严重影响整个储能过程的效率。因而在当前电力系统中主要的储热技术应用方面，包括太阳能热发电储热技术、压缩空气储能储热技术、深冷储电技术以及热泵储电技术，都在努力通过提高储存热量的能量密度和优化热能转化和转移过程以提高储热技术的效率和经济性。

　　（1）储热技术在太阳能热发电中的应用。太阳能热发电（即光热技术）是指利用集热器将太阳辐射波谱中长波部分的能量转换成热能并通过热力循环过程进行发电的过程。与价格昂贵的光伏发电相比，光热技术被认为是更加适合大规模集中式开发的太阳能发电方式，它与传统的化石能源发电相互配合使用能成为缓解能源危机的重要途径。由于太阳辐射的一个明显特点是受昼夜和季节等规律性变化的影响以及阴晴云雨等随机因素的制约，为保证太阳能电站的全天候连续稳定运行并提高发电效率、降低发电成本，太阳能热发电系统中一般都会采用储热技术。

　　太阳能储热包含三个子过程：①换热流体将热能从集热器带走并传给储热介质（换热流体本身也是储热介质）；②热能在储热介质积聚；③换热流体将热能从储热介质中带走并传递

给发电系统中的热设备。依照实际应用中三个过程的实施方式，太阳能热发电中的储热技术可以分为两类。

第一类储热技术中三个过程完全分开，储热量的具体表现为储热介质温度的升高和/或降低，以及相变潜热量的增加或减少。在这类应用中，一般水或导热油等用作换热流体，而热量最终以显热的形式储存于岩石、耐火高温混凝土等显热储热材料中和/或以潜热的形式储存于相变材料中。这种储热方式的优点是便于控制，但是水和导热油在高温下蒸汽压很大，使用时需特殊的压力阀等设备，导热油还容易引发火灾，而且价格较贵。另一方面由于系统结构复杂，热能在转移和转化的过程中有损失，尤其是在复杂的传热过程中热能的品质降低，使得整个储热系统的效率较低。

第二类储热技术中的传热流体（如熔融盐）在储热过程中同时作为换热流体和储热介质，从而简化了热量转化和转移的过程，减小了储热过程中能量的损耗。熔融盐作为传热流体是指将普通的固态无机盐加热到其熔点以上形成液态，然后利用熔融盐的热循环达到太阳能传热蓄热的目的。目前，世界上已经建设运行和正在建设中带储热的光热电站，几乎全部采用熔融盐储热，其具体配置为双罐式结构，如图 5-13 所示。

（2）储热技术在压缩空气储能技术中的应用。压缩空气储能技术是迄今为止除抽水储能外唯一投入工业应用的大规模储电技术。利用这种储能方式，在电网负荷低谷期将富余电能用于驱动空气压缩机，将空气高压密封在山洞、报废矿井和过期油气井中；在电网负荷高峰期释放压缩空气推动燃气轮机发电。这种传统的压缩空气储能技术已基本趋于成熟，德国第一台压缩空气储能系统已于 1978 年投入商业运行。

带储热的压缩空气储能系统，即绝热压缩空气储能系统，是解决压缩空气效率低和依赖化石燃料的途径之一。绝热压缩空气的储能系统示意如图 5-14 所示，空气的压缩过程接近绝热，会产生大量且温度较高的压缩热。该压缩热能被存储在储热装置中，并在释能过程中加热压缩空气，驱动做功。相比于燃烧燃料的传统压缩空气储能系统，该系统的储能效率大大提高，可达到 75%以上；同时，由于用压缩热代替燃料燃烧，系统去除了燃烧室，实现了零排放的要求。

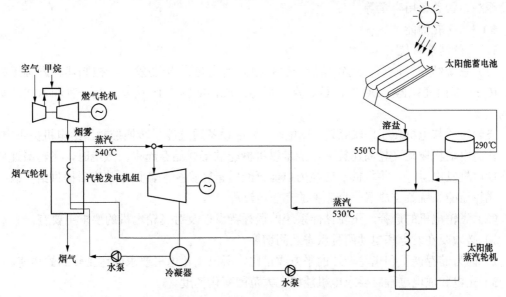

图 5-13　与燃机集成的包含储热单元的太阳能热发电系统示意图

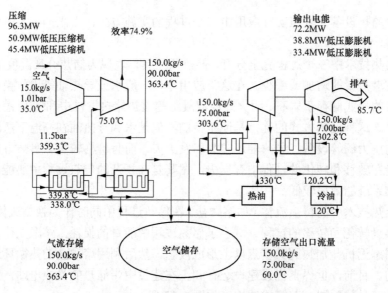

图 5-14　绝热压缩空气储能系统示意图

注　1bar=0.1MPa

（3）深冷储电技术。深冷储电技术是一种将储热（冷）直接用于大规模电能管理的技术，它以液态空气为储能介质，利用空气常压下极低的液化点解决了一般储热技术中能量密度小以及压缩空气储能高压储存困难的问题。

深冷储电技术的工作原理如图 5-15 所示。在用电低谷，过剩的电能用于驱动空气液化单元生产液态空气并储存于低压的深冷储罐中；在用电高峰或者其他需要紧急电力的情况，液态空气被加压升温后送入高压空气透平组（即释能单元）驱动电机发电。由于低温液化及储存技术是成熟技术，在液化天然气行业已有很长的应用历史，因此深冷技术有潜力发展成为大容量储能技术，并像抽水储能电站那样为电网提供各种静态和动态服务，例如削峰填谷、负荷跟踪、紧急备用容量等[11]。

5.1.3　飞轮储能

1. 飞轮储能系统

（1）系统结构及原理。飞轮储能一般是由高速飞轮、电动/发电机控制器、磁轴承控制器、IGBT 双向变换器、DC 断路器、真空泵等组成，如图 5-16 所示，是一种积木式的集成结构。

飞轮转子与电机转子同轴相连。充电时，外部设备通过能量转换控制器给电机提供电能，电机作为电动机驱动飞轮高速旋转，能量以机械能的形式储存起来；放电时，飞轮减速旋转并带动电机发电运行，将机械能转换为电能再经能量转换控制器调频整流后提供给负载。由此，飞轮储能系统就完成了一个完整的充放电过程[12]。

（2）飞轮电机的选择。飞轮储能系统的运行特点以及对飞轮电机的要求主要有：

1）必须要在发电和电动两种状态之间切换。

2）因为储存能量和飞轮转速的平方成正比，所以飞轮电机要求能达到较高的转速。

3）充电和放电过程时要求电机能够在大范围变化速度。

4）因为飞轮电池有时候要很长时间的充电运行，所以电机不能有太大的空载损耗。

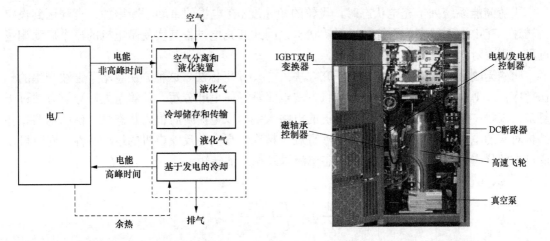

图 5-15　深冷储电技术工作原理图　　　　图 5-16　飞轮储能系统基本结构

5）不停歇的运行要有较长的使用寿命。

6）电机的调速效果明显，运行效率要高。

7）电机要有大功率容量以及较好的转矩输出能力。

要符合以上的要求，目前有磁阻电机、感应电机、永磁电机三类电机可以选择。磁阻电机缺点是结构比较复杂，价格高，而且功率因数低；感应电机转换效率较低，难做到超高转速，并且控制比较复杂。因此永磁电机是当前控制飞轮应用最多的电机类型[13]。

（3）系统中能量转换环节。飞轮储能系统一般运行在充电状态、保持状态、放电状态 3 个状态，如图 5-17 所示，由状态选择开关来选择飞轮的工作模式。在系统处在充电状态时，外界能量输入系统，电机转速升高，同时电机带动飞轮转速升高，将外界输入的能量转换成机械能储存在系统的飞轮中。在保持状态，飞轮依靠惯性持续高速旋转，为了减少系统的损耗，飞轮系统需要整体放在真空的环境中，同时要求电机空载损耗非常小。在放电状态，飞轮依靠惯性带动电机转动，电机运行于发电状态，发出来的电经过整流稳压提供给负载[14]。

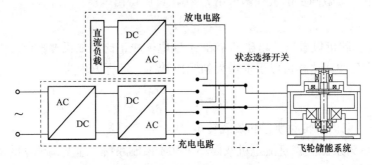

图 5-17　飞轮储能充放电原理图

1）充电过程分析。飞轮储能系统存储的能量。

$$E = \frac{1}{2} J \omega^2$$

式中　J——飞轮的转动惯量，与飞轮的形状、尺寸以及材料有关；

　　　ω——飞轮转动的角速度。

　　飞轮储能系统处于充电状态时，飞轮的角速度 ω 在电机的带动下断增加，直到达到设定的转速，充电过程结束，系统转入保持状态。因此其充电过程其实就是电机的一个启动调速过程，需要对永磁直流电机进行分析。

　　永磁无刷直流电机目前有三种研究方法：①d、q 坐标法，这种方法忽略了谐波产生的一切效应；②傅里叶分析法，这种方法将方波电流进行傅里叶分解，计算量大，分析方法过于复杂；③状态空间法，这种方法从电机的电路入手，以电流瞬时值为状态量，借助电路拓扑结构对应的电压方程求解电流值，能够直观、精确、真实地反映电机的运行特性，同时可以通过求解状态空间方程得到电机的瞬态电流以及相应的转矩。

　　d、q、0 坐标系下的电路方程为

$$\begin{cases} \dfrac{\mathrm{d}}{\mathrm{d}t}i_d = \dfrac{1}{L_d}u_d - \dfrac{R}{L_q}i_q + \dfrac{L_d}{L_d}\omega_r i_q \\ \dfrac{\mathrm{d}}{\mathrm{d}t}i_q = \dfrac{1}{L_q}u_q - \dfrac{R}{L_q}i_q + \dfrac{L_d}{L_q}\omega_r i_d - \dfrac{\lambda\omega_d}{L_q} \end{cases} \tag{5-12}$$

　　转矩方程为

$$T_e = 1.5p[\lambda i_q + (L_d - L_d)i_d i_q] \tag{5-13}$$

式中　　L_q、L_d ——q、d 轴上的电感；

　　　　　　R ——定子电阻；

　　　　i_d、i_q ——d、q 轴方向的电流量；

　　　u_q、u_d ——q、d 轴方向的电压量；

　　　　　ω_r ——转子的角速度；

　　　　　λ ——电磁的转矩系数；

　　　　　p ——定子的磁极对数；

　　　　　T_e ——电磁转矩。

　　一般情况下，永磁同步电机经常采用 $i_d = 0$，可以得出

$$T_e = 1.5p\lambda i_q \tag{5-14}$$

　　由式（5-14）就可以看出，电磁转矩和 q 轴电流成正比，如果要控制转矩只需要通过控制电流就能达到目的，这样可以保证最大的输出转矩。运行方程为

$$T_e - T_L = J\frac{\mathrm{d}\omega_r}{\mathrm{d}t} \tag{5-15}$$

式中　　J、T_L ——电机的转动惯量和负载转矩[13]。

　　图 5-18 所示为永磁无刷直流电机双闭环 PWM 控制系统，速度调节器的输出作为电流给定，电流调节器输出的电压信号与三角载波信号比较，产生 PWM 信号控制功率电子开关的通断，由此控制电机的电枢电压，进而实现对电机速度的闭环控制。在 PWM 脉宽调制方式中，有三角波载波的 PWM 控制和电流滞环跟踪型的 PWM 控制。在三角波载波的 PWM 控制方式中，直流母线电压不可调，逆变器功率开关器件不但负责无刷直流电机的换相控制，而且通过斩波调节电机输入电压的平均值，从而达到调节转速的目的。常用的 PWM 调制方式有 H_PWM−L_PWM、H_ONL_PWM、H_PWM−L_ON、PWM−ON、ON−PWM、

PWM-ON-PWM、倍频 PWM 调制方法等，这些方法都是电压型 PWM 整流器，电机的电流就不一定为理想的方波电流，从而会导致电机转矩的脉动，影响飞轮储能系统的充电时间[14]。

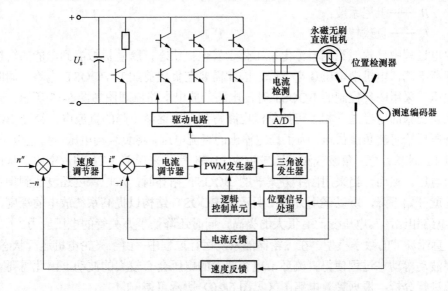

图 5-18　永磁无刷直流电机双闭环 PWM 控制系统

2）放电过程分析。当飞轮电池工作在放电情况下时，飞轮的机械能转化为电能，飞轮运动惯性产生转矩并作用到集成电机上，这时电机工作在永磁同步发电机状态。定子电压在 dq 轴坐标系下的平衡方程为

$$u_d = Ri_d + \frac{\mathrm{d}}{\mathrm{d}t}\psi_d - \omega\psi_q$$

$$u_q = Ri_q + \frac{\mathrm{d}}{\mathrm{d}t}\psi_q - \omega\psi_d \tag{5-16}$$

定子的磁链方程为

$$\psi_d = L_d i_d + \psi f$$
$$\psi_q = L_q i_q \tag{5-17}$$

电磁的转矩方程为

$$T_{\mathrm{em}} = \frac{3}{2}p[\psi_d i_d - \psi_q i_d] \tag{5-18}$$

电机的运动方程为

$$J\frac{\mathrm{d}\omega}{\mathrm{d}t} = T_{\mathrm{em}} - T_{\mathrm{L}} - B\omega \tag{5-19}$$

式中　i_d、i_q ——d、q 轴的电流；

　　　u_d、u_q ——d、q 轴的电压；

　　　L_q、L_d ——d、q 轴的电感；

　　　R ——定子的电阻；

　　　φ_{f} ——转子的磁链；

　　　ω ——转子的电角速度；

　　　　J——转动惯量；

　　　　p——电机的极对数；

　　　　B——阻尼系数；

　　　　T_L——负载转矩。

　　在放电过程中，永磁无刷直流电机工作于发电机状态，随着机械能到电能的转换，电机的速度逐渐下降，电机端电压逐渐下降，因此需要在负载前加上 BOOST 电路，同时为了稳定输出电压，采用闭环控制的 BOOST 升压电路，放电电路原理图如图 5-19 所示。永磁无刷直流电机发出来的电经过三相不可控整流电路得到电压逐渐下降的直流电，经过 BOOST 升压电路升压后给直流负载供电，为了稳定输出的直流电压，将负载端电压与指定电压做比较，误差经过 PI 调节后与三角波载波做比较生成 PWM 信号来调节 VT1 的占空比，从而来调节输出直流电压。然而，当采用图中方案一的 BOOST 拓扑时，放电深度还没达到指定值时，输出电压就开始下降，所以采用方案二所示的 BOOST 结构以提高系统放电的深度，与传统 BOOST 电路相比，其电压变比有很大的提高，同时还降低了开关管的电压应力。

　　（4）直流环节的数学模型。在飞轮储能系统运行过程中，由于飞轮电机运行状态的变化，系统功率波动等动态过程使得直流环节电容器上的电压会有较大的波动，因此需要对电容器上的电流进行分析，根据等效电路图（见图 5-20）所示可得

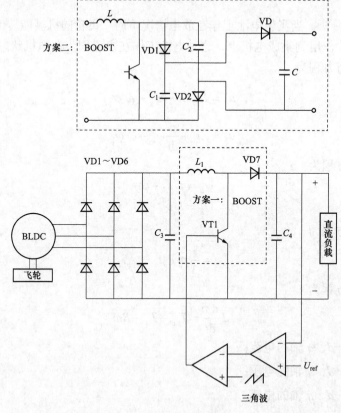

图 5-19　放电电路原理图

$$C \frac{\mathrm{d}U_{\mathrm{dc}}}{\mathrm{d}t} = i_{1\mathrm{dc}} - i_{2\mathrm{dc}} \tag{5-20}$$

式中　U_{dc}——电容上的电压；

　　　i_{1dc}——从电机侧逆变器流出的电流；

　　　i_{2dc}——流入电网侧变流器的电流。

2. 在电力系统中的应用

（1）电力调峰。目前，广泛使用抽水蓄能电站进行调峰，这种方式虽然具有技术成熟、储能大、储能时间长等优势，但受地理条件限制并不适用于任何地区，有时需远距离输电，并且可能对环境造成一定的破坏。飞轮储能系统能量输入、输出快捷，可就近分散建设，不污染，不破坏环境，特别适合电力调峰，因此国际上大多数研究机构均将飞轮开发最终目标定为电力调峰。

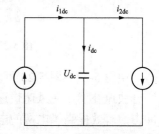

图 5-20　直流环节等效电路图

（2）风力系统中的应用。

1）独立运行风力发电系统。风电机组输出的交流电经过整流电路和升压斩波电路后成为满足逆变器输入要求的直流电，直流电经逆变器转化为工频交流电供负载使用。飞轮储能系统通过能量变换装置和电网侧直流线路并联，目的是实现能量的双向输送和变换。采用飞轮储能的独立运行风力发电系统基本结构如图 5-21 所示。

2）并网型风力发电系统中的应用。由于风电机组并网时的功率输出一定会对电网造成短时干扰，因此电网电压和功率的分布很难控制和预测。小容量风电机组功率输出所造成的波动对电网的扰动极小，因此可以忽略。但是，随着容量的不断增加，输出功率的间歇性和波动性对电网的稳定性和电能质量造成较严重的影响。静止无功补偿器能够平滑快速地吸收或释放无功功率，稳定接入点的电源电压，但是不能调节有功功率的输出，而飞轮储能系统能够克服这一缺点。

系统采用永磁无刷直流电机，无需励磁装置，减少了励磁损耗和滑环的摩擦损耗。由于电机输出为非工频的三相交流电，因此必须先整流。整流得到的直流电不能直接输入到逆变电路，而必须经过滤波电路滤去高频分量，以减少对后续电路的干扰。然后，通过逆变电路得到工频交流电，最后经由变压器并入电网。采用飞轮储能的并网型风力发电系统基本结构如图 5-22 所示[12]。

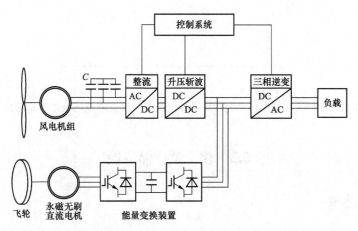

图 5-21　采用飞轮储能的独立运行风力发电系统基本结构图

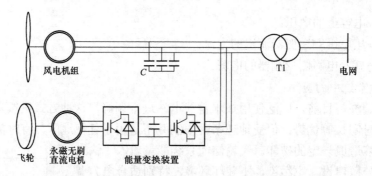

图 5-22 采用飞轮储能的并网型风力发电系统基本结构图

由图 5-23～图 5-25 可以看出，飞轮储能系统实现了风电机组输出有功功率和无功功率的综合快速补偿，在风速快速扰动的情况下平滑了风电场的输出，从而降低了风波动对电网的冲击，有效提高了电网的电能质量和并网风电机组自身的稳定性[15]。

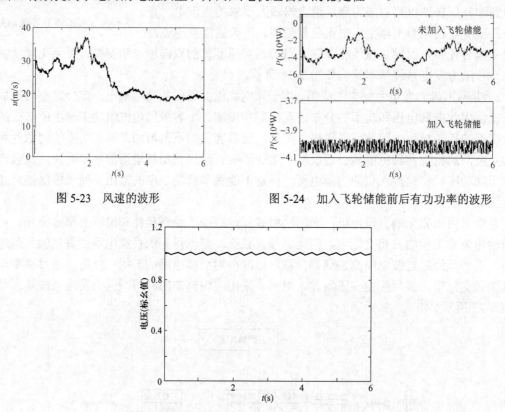

图 5-23 风速的波形   图 5-24 加入飞轮储能前后有功功率的波形

图 5-25 加入飞轮储能单元后风场并网公共连接点的电压波形（标幺值）

5.2 化 学 储 能

5.2.1 液流电池

1. 概述

液流电池也称氧化还原液流电池，是一种正、负极活性物质均为液态流体氧化还原电对的电池[7]。液流电池作为新型的蓄电储能装置，不仅可以作为太阳能、风能发电系统的配套储能设备，还可以作为电网的调峰装置，提高输电质量，保障电网安全。利用化学电源进行蓄电储能，可以不受地理条件限制，有望实现大规模储能，具有重大社会经济价值。

全钒液流电池（vanadium redox flow battery，VRB）如图 5-26 所示，其具有规模灵活、装置安全、响应迅速、循环寿命长等优点，发展前景广阔。

全钒液流电池属于全液相、正负极电对为同一元素的双流动电解液无沉积液流反应体系，其支持电解质为稀 H_2SO_4，正极为 VO_2^+/VO^{2+}，负极为 V^{3+}/V^{2+}，单电池开路电压一般为 $1.4 \sim 1.5V$，其电极反应机制如下：

正极：$VO_2^+ + 2H^+ + e^- \leftrightarrow VO^{2+} + H_2O$

负极：$V^{2+} \leftrightarrow V^{3+} + e^-$

电池的充电电压总是略高于其开路电压，而放电电压则略低。该现象源于电池极化，极化现象导致电池在充电时较早地达到充电截止电压，而在放电时过早地降至终止电压，降低了电池的输入输出能力，这也是影响电池效率的重要因素。电池内部等效简化电路如图 5-27 所示。

其阻容网络用于描述电池的过电动势 η。根据基尔霍夫定律，外电源给电池充电时，电容 C 的 a 极板聚集正电荷

$$E_G = E_{OCV} + \eta_{bat} \tag{5-21}$$

式中　E_G——电池端电压；

E_{OCV}——电池开路电压；

η_{bat}——阻容网络的电压，即过电动势。

电池作为电源放电时，电容的 b 极板上原有的负电荷被中和之后，会重新聚集正电荷。

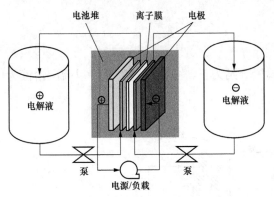

图 5-26　全钒液流电池（VRB）示意图

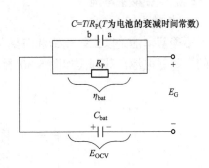

图 5-27　电池内部等效简化电路图

2. 效率

在常温下对 2S2P 结构（S 为串联，P 为并联，其中全钒电池系统的额定功率为 5kW，由 $4 \times 1.25kW$ 的电池模块通过不同组成方式串并联而成。每个模块由 15 节单电池串联并封装）的全钒液流电池系统进行了不同电流值的恒流充放实验，分别得到了充放电电流与极化的关系曲线。

图 5-28 所示 4 条极化电压的变化曲线分别代表充放电切换过程中 4 个时刻（充电始、充电止、放电始、放电止）的过电动势，可以看出过电动势随电流密度的增加而增大。当电流

密度超过 80mA/cm² 时，放电末状态的过电动势达到 8V 左右，这对于几十伏的储能系统而言，其正常工作范围受到极大影响。

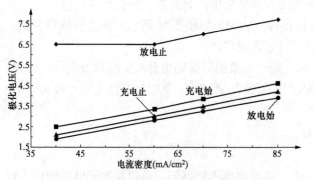 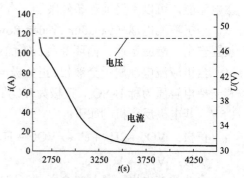

图 5-28　电池极化与充放电电　　　　　图 5-29　2S2P 结构下恒压 48V 充电
　　　　流密度的关系曲线　　　　　　　　　　　　过程中的电流特性曲线

图 5-29 所示为 2S2P 结构下恒压 48V 充电过程中的电流特性曲线。随着电池端电压升高，充电电流以指数函数规律降低，其形态接近最佳充电曲线——马斯曲线。当充电电流减小至 7A 左右后进入平台期，电池系统基本达到满充状态。可见，"7A"即用于平衡支路电流及生热等损耗的能量来源[16]。

3．优点

（1）电池的功率和储能容量可以独立设计，给实际应用带来灵活性。

（2）循环寿命长，电解液活性物质易保持一致性和均匀性。

（3）可超深度放电（100%）而不引起电池的不可逆损伤。

（4）系统运行和维护费用低[7]。

5.2.2　铅酸蓄电池

1．概述

铅酸蓄电池是以二氧化铅和海绵状金属铅分别为正、负极活性物质，以硫酸溶液为电解液的一种蓄电池，其剖面如图 5-30 所示。

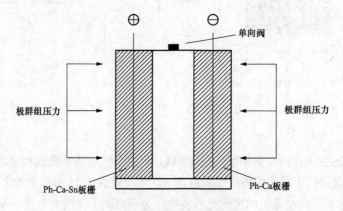

图 5-30　铅酸蓄电池剖面图

正电极反应为

$$PbO_2 + 4H^+ + SO_4^{2-} \Leftrightarrow PbSO_4 + 2H_2O$$

负电极反应为

$$Pb + SO_4^{2-} \Leftrightarrow PbSO_4 + 2e^-$$

总反应方程式为

$$Pb + PbO_2 + 4H^+ + 2SO_4^{2-} \Leftrightarrow PbSO_4 + 2H_2O$$

2. 等效电路模型

（1）Thevenin 电池模型。该模型由理想电压源 E_0、内阻 r、电容 C_0 和过电压电阻 R_0 组成，如图 5-31 所示。

图 5-31 中，C_0 代表平行极板之间的电容，R_0 代表极板与电解液之间的非线性接触电阻。取电容 C_0 两端电压 u_{C_0} 为状态变量，由基尔霍夫电压定律（KVL）可得到

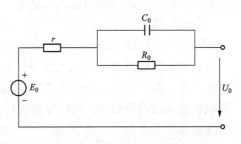

图 5-32　Thevenin 电池模型

$$r \cdot C_0 \frac{\mathrm{d}u_{C_0}}{\mathrm{d}t} + \left(1 + \frac{r}{R_0}\right)u_{C_0} = U_0 - E_0 \tag{5-22}$$

该模型的主要缺点是模型中所有参数都设为常量，但实际上这些量都是电池状态的函数。

（2）动态模型。该模型主要包括主反应支路和寄生支路两部分，如图 5-32 所示。图 5-32 中，RC 网络、电压源 E_0 为主反应支路；电流 I_p 的流向为寄生支路。主反应支路考虑了电池内部的电极反应、能量散发和欧姆效应。寄生支路则主要考虑充电过程中的析气反应[17]。

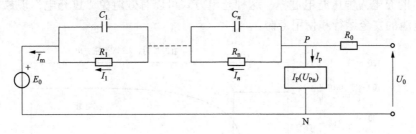

图 5-32　动态模型

3. 工作性能

（1）充电特性。蓄电池充电时电压是不断变化的，以恒定电流对阀控式铅酸蓄电池充电，其端电压随时间变化的规律（充电电压特性曲线）如图 5-33 所示。

充电初期电池的端电压上升很快，如图中曲线 oa 段，这是因为充电开始时，电池两极的硫酸铅分别转变为二氧化铅和铅，同时生成硫酸，极板表面和活性物质微孔内的硫酸浓度骤增，又来不及向极板外扩展，电池的电动势迅速升高，所以端电压也急剧上升。

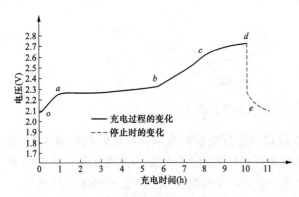

图 5-33　阀控式铅酸蓄电池恒定电流充电时端电压变化曲线

　　充电中期，如图 5-33 中曲线 *ab* 段，由于电解液的相互扩散，极板表面和活性物质微孔内硫酸浓度增加的速度和向外扩散的速度逐渐趋于平衡，极板表面和微孔内的电解液浓度不再急剧上升，所以端电压比较缓慢地上升。至曲线的 *b* 点时（此时端电压大约为 2.3V），活性物质已大部分转化为二氧化铅和铅，极板上所余硫酸铅不多。如果继续充电，则电流使水大量分解，开始析出气体。由于部分气体吸附在极板表面来不及释出，增加了内阻并造成正极电位升高，因此电池端电压又迅速上升，如曲线中 *bc* 段。

　　充电后期，当充电达到 *cd* 段时，因为活性物质已全部还原为充足电时的状态，水的分解也渐趋饱和，电解液剧烈沸腾，而电压则稳定在 2.7V 左右所以充电至 *d* 点即应结束。以后无论怎样延长充电时间，端电压也不再升高，只是无谓地消耗电能进行水的电解。如果在 *d* 点停止充电，端电压迅速降低至 2.3V。随后，由于活性物质微孔中的硫酸逐步扩散，微孔内外的电解液浓度趋于相同，端电压也缓慢地下降，最后稳定在 2.06V 左右，如图 5-34 中曲线的虚线部分。

　　试验表明，充电末期的终止电压和充电电流有关。如果降低充电电流，电池内部压降减小，水的分解减小，吸附在极板周围的气体相应减少，充电末期的终止电压也减小。相反，如果充电末期电流过大，不仅会消耗大量的电源，会产生过多的气体，导致电池内部压力过大从而影响蓄电池的使用性能，所以在充电末期要适当减小充电电流。

　　为此，科学家们提出了一种更加科学合理的充电方式，也是目前使用最为广泛的阀控式铅酸蓄电池充电方式，即恒流—稳压方式。图 5-34 中所示曲线，就是该充电方式的充电特性曲线。图中，*A* 点是整流器设定的稳压值，一般取 2.23V。*A* 点之前的充电为恒流充电过程，在 *A* 点之后的充电为恒压充电过程，这种充电方式可以有效避免"过充电"现象，从而更好地保障蓄电池的安全运行和使用寿命。

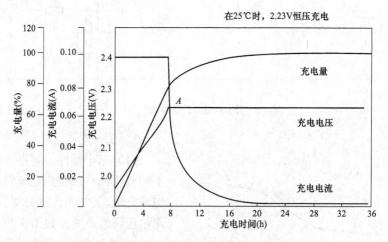

图 5-34　恒流-稳压充电特性曲线

　　（2）放电特性。阀控式铅酸蓄电池，以恒定电流放电时的端电压变化曲线如图 5-35 所示。放电前两极活性物质微孔中的电解液浓度与极板外部的主体电解液浓度相等，此时电池的端电源即开路电压等于电池的电动势。放电一开始，活性物质微孔中的硫酸被很快消耗，同时又生成水，加之主体电解液的扩散速度缓慢，来不及补偿微孔内所消耗的硫酸，所以微孔中电解液的浓度迅速下降，导致电池的端电压也急速下降，如图中曲线 *oa* 段。随着活性物质表面电解液浓度与主体电解液浓度之间的差别不断扩大，促进了硫酸向活性物质表面的扩散。

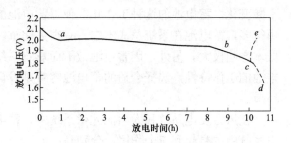

图 5-35　阀控式铅酸蓄电池放电时端电压变化曲线

在放电中期，单位时间内活性物质表面和微孔内的电解液浓度比较稳定，电池的端电压也比较稳定。但是，由于放电过程中硫酸不断被消耗，整个电池内电解液中的硫酸含量减少，浓度降低，活性物质表面和微孔内的电解液浓度也缓慢下降，从而电池的端电压呈缓慢降低趋势，如曲线 *ab* 段。

到放电末期，电池两极的活性物质已大部分转变为硫酸铅，由于硫酸铅的导电性能不好，增大了极板的电阻，电解液浓度降低也增加了电解液的电阻。这些因素的综合影响，最后导致电池的电压迅速下降，如图 5-35 中曲线 *bc* 段，放电至 *c* 点时，电压已降至 1.8V 左右，放电便结束。此时如果停止放电，则铅酸蓄电池的端电压立即回升，随着活性物质微孔内浓度很低的电解液和相对浓度较高的主体电解液相互扩散，最后端电压将稳定在 2V 左右，如曲线虚线 *ce* 部分所示。

如果继续放电，由于活性物质微孔中电解液浓度已经很低，又得不到极板外主体电解液的补充，将使微孔内的电解液几乎变成水，使电池的端电压急剧下降，如曲线的虚线部分 *cd* 所示。放完电后，会在极板上形成粗大结晶的硫酸铅表层，使电池出现极板硫酸化或反极现象，部分或全部丧失其容量，这就是所谓的"过放电"现象。而且从图 5-35 上还可以看到，电池放电至 *c* 点后再继续放电，实际上可以继续释放出的容量很少，意义也不大。综合以上两个方面的原因，铅酸蓄电池放电至端电压降低到 1.8V 左右时即应停止放电，并把这个放电截至电压称为放电终止电压。

（3）容量与温度的关系。典型阀控式铅酸蓄电池放电容量与温度的关系如图 5-36 所示。工作温度在 25℃左右达到 100%额定容量，工作温度增高至 30℃容量超过 100%，相反工作温度降低至–20℃是电池容量减小至 60%额定容量[18]。

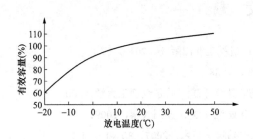

图 5-36　阀控式铅酸蓄电池容量与温度的关系

（4）使用寿命。蓄电池的使用寿命一般可简单的定义为：蓄电池衰老到原有容量的 80%即为寿命终止。电池维护规程中规定，当电池容量小于额定容量的 80%时，该电池可以申请报废。否则当电池容量不足，且维护人员对该电池的性能没有明确了解时，一旦交流停电就很容易造成用电系统供电中断的事故。VRLA 蓄电池（阀控式密封铅酸蓄电池）的设计寿命一般大于 5 年，最长可达到 20 年，但是环境的变化、使用不当等种种因素都会直接影响蓄电池的效率和寿命。

4. 在风力和光伏发电系统中阀控式铅酸蓄电池的作用

蓄电池组作为风力和光伏发电系统的储能设备，起着协调、平衡系统发电量和负载用电量的关键作用。与其他应用领域的蓄电池相比，风力和光伏发电系统中的蓄电池工作在一种非常条件下，蓄电池每天被充放电，充电电流和放电电流随风速、光照强度及负载的变化在不断变化。蓄电池的这种工作状况使得蓄电池的实际使用寿命比常规条件下蓄电池使用寿命短得多。蓄电池在系统总成本中占有很大比重。不同的蓄电池预期使用寿命，对系统的供电成本影响极大。另外，因蓄电池故障而影响系统正常运行也占有很大比例。因此充分考虑蓄电池的工作特性，选择合适的蓄电池容量是设计出经济、可靠的风力和光伏发电系统的重要环节。

在风力发电系统和太阳能光伏系统中，蓄电池是不可缺少的辅助设备。在风力和光伏发电系统中主要起到三个作用，分别是：

（1）储存能量。由于自然风和太阳能都是不稳定的，相差很大。大部分独立太阳能光伏系统或小型风力中，因为光伏阵列或风力发电机组的产能和负载用电要求不一致，不能提供足够的能量，而用电负载又必须工作时，此时蓄电池就起着重要作用。它在有风或阳光充足时将风能或太阳能储存起来，以备无风或无光时使用，保证正常供电。为了在连续阴雨少阳光或长期无风的恶劣日子里不中断供电，通常蓄电池要备足几个昼夜的容量。

（2）稳压调节作用。由于自然风是不稳定的，有时大有时小，一旬或一日之内相差很大，所以在有风时将风能储存起来，以备无风时使用，以保证正常供电。同样由于太阳电池的工作特性受太阳辐照强度、温度等影响很大，使负载常常不能一直工作在最佳工作点附近，系统效率很低，而蓄电池对太阳能电池的工作电压具有钳位作用，能够保证系统工作在最佳工作点附近。同时，蓄电池的储能空间和充放电性能，为风力和光伏电站发电系统功率和能量的调节提供了条件。

（3）提供启动电流。电动机类设备在启动时通常需要很大的启动电流来启动，例如电冰箱、压缩机、电动车等电动机负载，启动电流常常是额定工作电流的 5～10 倍。由于光伏组件受到最大短路电流和太阳辐照强度的限制，光伏阵列可能满足不了它们的启动电流要求，而蓄电池能够在短时间内提供大电流给负载启动[18]。

参 考 文 献

[1] 特-加拉雷. 电力系统储能 [M]. 周京华，译. 北京：机械工业出版社，2015.

[2] 梅祖彦. 抽水蓄能技术 [M]. 北京：清华大学出版社，1988.

[3] 刘平安. 抽水蓄能电机的过渡过程分析与定子温度场的计算 [D]. 哈尔滨理工大学，2007.

[4] 蔡铁力. 可逆式水泵水轮机全特性曲线处理及其可视化研究 [D]. 扬州大学，2009.

[5] 彭煜民. 抽水蓄能机组工况转换与顺序控制 [J]. 水电站机电技术，2007，30（1）：4-5.

[6] 谢琛. 十三陵抽水蓄能电站综合循环效率分析 [J]. 水力发电，2002（9）：7-8.

[7] 刘振亚. 智能电网 [M]. 北京：中国电力出版社，2010.

[8] 李永亮，金翼，黄云，等. 储热技术基础（Ⅰ）—储热的基本原理及研究新动向 [J]. 储能科学与技术，2013，2（1）：69-72.

[9] 郭茶秀，魏新利. 热能存储技术与应用 [M]. 北京：化学工业出版社，2005.

[10] 姚元鹏，刘振宇，吴慧英. 基于相变蓄热和热电转换的低品位热能热/电联合回收实验研究 [J]. 太阳能学报，2015.

[11] 李永亮，金翼，黄云，等. 储热技术基础（Ⅱ）—储热技术在电力系统中的应用 [J]. 储能科学与技术，2013，2（2）：165-171.

［12］徐建军，党博，袁樱梓. 飞轮储能在风电系统中的应用及仿真分析［J］. 电气传动自动化，2013，35
　　　（5）：32-36.

［13］陈飞华. 飞轮电池充放电控制系统的研究及应用［D］. 中南大学，2010.

［14］李保军，王志新，吴定国. 飞轮储能系统充放电过程建模与仿真研究［J］. 工业控制计算机，2011.

［15］阮军鹏，张建成，汪娟华. 飞轮储能系统改善并网风电场稳定性的研究［J］. 电力科学与工程，2008，
　　　24（3）：5-8.

［16］李蓓，郭剑波，惠东，等. 液流储能电池在电网运行中的效率分析［J］. 中国电机工程学报，2009，
　　　29（35）：1-6.

［17］王冶国，高玉峰，杨万利. 铅酸蓄电池等效电路模型研究［J］. 装甲兵工程学院学报. 2003.

［18］金晓东. 阀控式铅酸蓄电池在分布式发电中的应用［D］. 合肥工业大学，2008.

第6章 智能电网基本结构

6.1 智能电网总体结构

6.1.1 智能电网理念

智能电网是将先进的传感量测技术、信息通信技术、分析决策技术和自动控制技术与能源电力技术以及电网基础设施高度集成而形成的新兴现代化电网。

智能电网的智能化主要体现在以下方面:

(1)可观测。采用先进传感量测技术,实现对电网的准确认知。

(2)可控制。可对观测对象进行有效控制。

(3)实时分析和决策。实现从数据、信息到智能化决策的提升。

(4)自适应和自愈。实现自动优化调整和故障自我恢复。

与传统电网相比,智能电网进一步优化各级电网控制,构建结构扁平化、功能模块化、系统组态化的柔性体系架构,通过集中与分散相结合的模式,灵活变换网络结构、智能重组系统架构、优化配置系统效能、提升电网服务质量,实现与传统电网截然不同的电网运营理念和体系。

6.1.2 坚强智能电网的基本架构

我国的水能、风能、太阳能等可再生能源资源规模大、分布集中,需要集中开发、规模外送和大范围消纳。智能楼宇、智能社区、智能城市是今后的发展方向,电动汽车、智能家居等也将被推广应用,这些都对电网的资源优化配置能力和智能化水平提出了很高要求。建设安全水平高、适应能力强、配置效率高、互动性能好、综合效益优的坚强智能电网,是清洁能源发展、节能减排、能源布局优化和结构调整的战略选择[1]。

坚强智能电网是以特高压电网为骨干网架、各级电网协调发展的坚强网架为基础,以信息通信平台为支撑,具有信息化、自动化、互动化特征,包含电力系统各个环节,覆盖所有电压等级,实现"电力流、信息流、业务流"的高度一体化融合的现代电网。

坚强智能电网的技术体系包括电网基础体系、技术支撑体系、智能应用体系和标准规范体系。电网基础体系是电网系统的物质载体,是实现"坚强"的重要基础;技术支撑体系是指先进的通信、信息、控制等应用技术,是实现"智能"的基础;智能应用体系是保障电网安全、经济、高效运行,最大效率地利用能源和社会资源,为用户提供增值服务的具体体现;标准规范体系是指技术、管理方面的标准,是建设坚强智能电网的制度保障。坚强智能电网的基本架构如图6-1所示。

6.1.2.1 电网基础体系

1. 智能变电站

智能变电站以先进的信息化、自动化和分析技术为基础,灵活、高效、可靠地完成对输电网的测量、控制、调节、保护、安稳等功能,实现提高电网安全性、可靠性、灵活性和资源优化配置水平的目标。

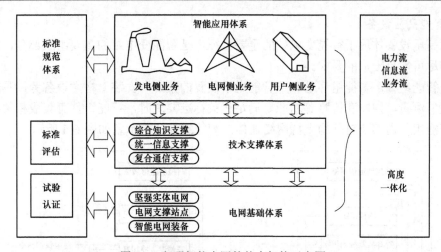

图 6-1 坚强智能电网的基本架构示意图

变电站是电力网络的节点，它连接线路、输送电能，担负着变换电压等级、汇集电流、分配电能、控制电能流向、调整电压等功能。变电站的智能化运行是实现智能电网的基础环节之一。

智能变电站示意如图 6-2 所示。智能变电站能够完成比常规变电站范围更宽、层次更深、结构更复杂的信息采集和信息处理，变电站内、站与调度、站与站之间、站与大用户和分布式能源的互动能力更强，信息的交换和融合更方便快捷，控制手段更灵活可靠。与

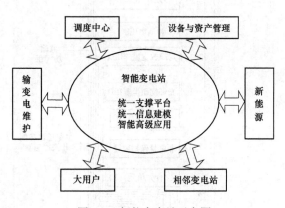

图 6-2 智能变电站示意图

常规变电站设备相比，智能变电站设备具有信息数字化、功能集成化、结构紧凑化、状态可视化等主要技术特征，满足负荷易扩展、易升级、易改造、易维护的工业化应用要求。2015 年 5 月 23 日，嘉兴地区首座 500kV 全智能变电站——桐乡变电站启动投产，如图 6-3 所示。

图 6-3　500kV 桐乡智能变电站

2. 智能高压设备

智能高压设备体现了智能变电站的重要特征，是智能变电站的重要组成部分，需满足高可靠性和尽可能免维护的要求。

（1）智能组件。智能组件是若干智能电子装置的集合，安装于宿主设备旁，具有与宿主设备相关的测量、控制和检测等功能。满足相关标准要求时，智能组件可集成相关继电保护功能。智能组件内部及对外均支持网络通信。智能组件结构示意如图 6-4 所示。

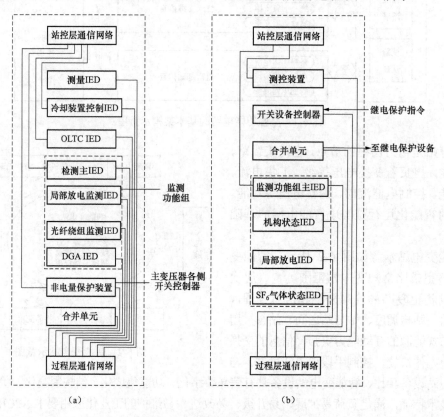

图 6-4　职能组件结构示意图

（a）变压器智能组件；（b）开关设备智能组件

（2）智能高压设备。智能高压设备是一次设备和智能组件的有机结合体，具有测量数字化、控制网络化、状态可视化、功能一体化和信息互动化等特征。智能控制和状态可观测是高压设备智能化的基本要求，其中运行状态的测量和健康状态的监测是基础。智能变电站高压设备智能化全面解决方案如图 6-5 所示。

（3）智能断路器。智能断路器的重要功能是实现重合闸的智能操作，即能够根据监测系统的信息判断故障是永久性的还是瞬时性的，进而判断断路器是否重合，以提高重合闸的成功率，减少对断路器的短路合闸冲击以及对电网的冲击。智能型万能式断路器如图 6-6 所示。

（4）智能变压器。智能变压器的构成包括变压器本体、内置或外置于变压器本体的传感器的控制器和实现对变压器进行测量、控制、计量、监测和保护的智能组件。220kV 智能变压器如图 6-7 所示。

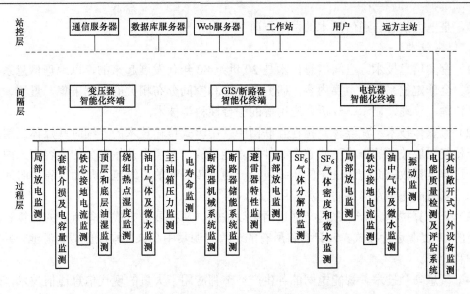

图 6-5　智能变电站高压设备智能化全面解决方案

图 6-6　智能型万能式断路器

图 6-7　220kV 智能变压器

（5）电子式互感器。电子式互感器是实现变电站运行实时信息数字化的主要设备之一，在电网动态观测、提高继电保护可靠性等方面具有重要作用。准确的电流、电压动态测量，为提高电力系统运行控制的整体水平奠定测量基础。电子式互感器如图 6-8 所示。

6.1.2.2　技术支撑体系

信息通信技术与电力生产技术深度渗透，已经成为支撑智能电网的重要基础技术。将先进的通信技术、信息技术、传感量测技术、自动控制技术与电网技术紧密结合，利用先进的智能设备，构建实时智

图 6-8　电子式互感器

能、高速带宽的信息通信系统，支持多业务的灵活接入，为智能电网提供"即插即用"的技

术保障，是电力信息与通信技术的发展方向。

1. 信息技术

（1）空间信息技术。空间信息技术是 20 世纪 80 年代发展起来的，以地理信息系统、遥感技术、全球定位系统为主要内容，研究与地球和空间分布相关的数据采集、量测、整理、存储、传输、管理、显示、分析、应用等的综合性科学技术。

（2）流媒体技术。流媒体是指在互联网中使用流式传输技术的连续时基媒体。用户不需要按照传统播放技术的方式下载整个文件后才能播放，只需将开始部分的内容存入内存，就可以一边解压播放前面传送过来的压缩包，一边下载后续的压缩包，从而节省了时间。流媒体技术是未来高速带宽网络的主流应用之一。

（3）云计算技术。云计算是指通过网络以按需、易扩展的方式获得所需的计算资源的一种革新的 IT 资源运行模式。云计算将所有的计算资源集中起来，构成虚拟资源池，并实现自动维护和管理。

（4）信息安全技术。智能电网的各生产环节都应用了大量的现代信息通信技术，信息安全已成为智能电网安全稳定运行和对社会可靠供电的重要保障。

2. 通信技术

（1）光纤通信技术。

1）波分复用技术。波分复用指在同一根光纤中同时让两个或两个以上的光波长信号通过不同光信道各自传输信息。波分复用技术是光通信提高传输容量的有效技术。

2）超长距离光纤传输系统。超长距离传输是光纤通信的发展方向之一。在电力系统特高压环境中，考虑线路走廊、安全、投资等因素，单跨长距离传输意义更大。

（2）无线通信技术。

1）数字微波通信。数字微波通信是指利用微波携带数字信息，通过电波空间，并进行再生中继的通信方式。

2）卫星通信。卫星通信以空间轨道中运行的人造卫星作为中继站，以地球站作为终端站，实现两个或者多个地球站之间的长距离区域性通信。

6.1.2.3 智能应用体系

1. 智能家居

（1）基本概念。智能家居又称智能住宅，是通过光纤复合电缆入户等先进技术，将与家居生活有关的各种子系统有机地结合到一起，既可以在家庭内部实现资源共享和通信，又可以通过家庭智能网关与家庭外部网络进行信息交换。其目标是为人们提供一个集系统、服务、管理为一体的高效、舒适、安全、便利、环保的居住环境。

（2）主要技术。

1）供用电信息服务。该服务包括电网运行和检修信息、实时电价、用电政策、用电服务等信息发布，用户用电量、剩余电量、电价、电费、电费余额以及购电记录等信息查询服务。

2）家电互动控制。根据用户需求，对家庭用电负荷进行分析，制定优化用电方案，指导用户进行合理用电；按照用户提出的请求开展托管服务，下发用电设备优化运行方案到家庭智能交互终端，自动管理家用电器合理用电。

3）家庭用电管理。可实时查询家庭和家用电器的用电信息，包括电量、电压、电流、负荷曲线等，可随时查看多种电价信息，包括实时电价、分时电价等。为用户提供量身订制的用电方案，设置指定电器的运行时间。进行家庭和家用电器用电分析，为用户提供家庭节能建议。

4）自助缴费服务。可以通过电话、短信、网站、自助终端等手段实现多渠道缴费。

2. 智能小区

（1）基本概念。智能小区是采用光纤复合电缆通信或电力线载波通信等先进技术，构造覆盖小区的通信网络，通过用电信息采集、双向互动服务、小区配电自动化、电动汽车有序充电、分布式电源运行控制、智能家居等技术，对用户供用电设备、分布式电源、公用用电设施等进行监测、分析、控制，提高能源的终端利用效率，为用户提供优质便捷的双向互动服务和"三网融合"服务，同时可以实现对小区安防等设备和系统的协调控制。

（2）基本技术。智能小区技术主要包括用电服务和增值服务两部分。其中，用电服务主要包括用电信息采集、双向互动服务、分布式电源接入及储能、电动汽车充放电及储能、小区配电自动化等，增值服务主要包括智能家电控制、信息发布、视频点播、网络接入、社区服务、家庭安防等。

6.1.2.4 标准规范体系

智能电网标准体系的层次结构包括 1 个体系 8 个专业分支 26 个技术领域 92 个标准/系列标准。

智能电网技术标准体系定位为国家电网公司技术标准体系的一个专业分支。它是一个具有系统性、逻辑性和开放性的层次结构，用于指导国家电网公司智能电网标准的研究和制定，如图 6-9 所示。

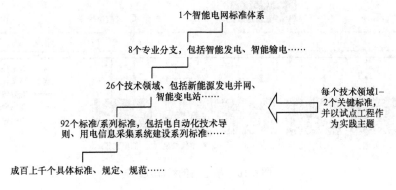

图 6-9　智能电网标准体系的层次结构

标准体系的第一层是 8 个专业分支，包括智能发电、智能输电、综合与规划、智能变电、智能配电、智能用电、智能电网调度和通信信息。

标准体系的第二层是 26 个技术领域。这些技术领域代表了智能电网建设中各专业分支重点关注的技术方向，它们的划分与国家电网公司智能电网纲领性文件中对关键技术领域的认识保持一致。

标准体系的第三层是 92 个标准/系列标准，所涉及的具体标准均为导则，是该技术领域的基础性的技术导则；各系列标准的内在逻辑关系为基础与综合、建设、运行与控制、设备与材料。

标准体系的第四层是具体标准、规定、规范等。

6.2　微　电　网

6.2.1　微电网的概念

微电网是由分布式发电、负荷、储能装置及控制装置构成的一个单一可控的独立发电系统。微电网中分布式发电和储能装置并在一起，直接接在用户侧。对大电网来说，微电网可视为大电网中的一个可控单元；对用户侧来说，微电网可满足用户侧的特定需求，如降低线损、增加本地供电可靠性。微电网是一个能够实现自我控制、保护和管理的自治系统，既可以与外部电网并网运行，也可以孤立运行[2]。

6.2.2　微电网的构成

微电网有分布式发电（distributed generation，DG）、负荷、储能装置及控制装置四部分组成，微电网对外是一个整体，通过一个公共连接点（point of common coupling，PCC）与电网相连。图 6-10 所示是微电网的组成及结构。

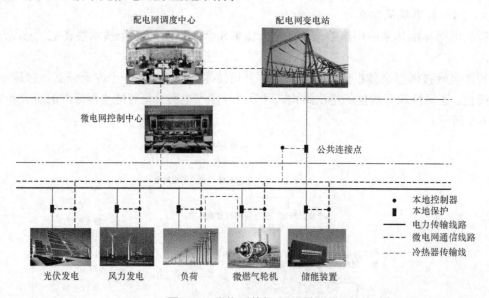

图 6-10　微电网的组成及结构

1. 分布式发电

分布式发电是指满足终端用户的特殊需求、接在用户侧附近的小型发电系统，是存在于传统公共电网之外，任何能发电的系统。DG 包含内燃机、微型燃气轮机、燃料电池、小型水力发电系统、太阳能、风能、垃圾及生物能发电等的发电系统。

（1）光伏发电。光伏发电是将太阳能直接转换为电能的一种发电形式。太阳能电池是太阳能光电转换的最核心器件，目前在生产、市场和应用上占主导地位的是晶体硅太阳能电池，也有非晶硅薄膜光伏电池及多元化合物薄膜光伏电池。光伏发电系统通常可分为离网（独立）型光伏发电系统和并网型光伏发电系统。

（2）风力发电。风能是一种清洁的可再生能源，风力发电是风能利用的主要形式，其原理是通过叶轮将空气流动的功能转化为机械能，再通过发电机将叶轮机械能转化为电能。风力发电也分为离网（独立）型风力发电系统和并网型风力发电系统。

（3）微型轮机发电。微型轮机也称为微型涡轮机、微型燃气轮机，微型轮机适合各种传统燃料，且噪声低，寿命和耐性远高于柴油发电机。作为一种新型的小型分布式能源系统和电源装置，其发展历史较短，微型燃气轮机发电技术最早在美国和日本兴起，除了体积小、重量轻和维护少的特点外，它还具备低排放和优良的耐用性两大优势。这种小型化、高效率和分散型的发电装置，逐渐成为世界能源技术的主流设备之一。

2. 储能装置

储能技术很好地解决了电能供需不平衡问题，在分布式发电领域，采用储能技术解决了分布式发电的间歇性和不确定性及用户侧平滑负荷的问题。在微电网技术中，储能技术实现了微电网的"黑启动"、电能质量调节、微电网的系统稳定性、电能质量控制等。

储能技术按照其具体方式可分为物理、电磁、电化学和相变储能四大类型。其中物理储能包括抽水储能、压缩空气储能和飞轮储能；电磁储能包括超导、超级电容器和高能密度电容储能；电化学储能包括铅酸、镍氢、锂离子、钠硫和液流等电池储能；相变储能包括冰储冷储能等。

3. 控制装置

图 6-11 所示是某公司采用多微电网结构与控制在示范工程中实施的微电网三层控制方案结构。最上层称作配电网调度层，从配电网的安全、经济运行的角度协调调度微电网，微电网接受上级配电网的调节控制命令。中间层称作集中控制层，对 DG 发电功率和负荷需求进行预测，制订运行计划，根据采集电流、电压、功率等信息，对运行计划实时调整，控制各DG、负荷和储能装置的启停，保证微电网电压和频率稳定。在微电网并网运行时，优化微电网运行，实现微电网最优经济运行；在微电网离网运行时，调节分布电源出力和各类负荷的用电情况，实现微电网的稳态安全运行。下层称作就地控制层，负责执行微电网各 DG 调节、储能充放电控制和负荷控制。

（1）配电网调度层。配电网调度层为微电网配网调度系统，从配电网的安全、经济运行的角度协调调度微电网，微电网接受上级配电网的调节控制命令。

1）微电网对于大电网表现为单一可控、可灵活调度的单元，既可与大电网并网运行，也可在大电网故障或需要时与大电网断开运行。

2）在特殊情况（如发生地震、洪水等意外灾害情况）下，微电网可作为配电网的备用电源向大电网提供有效支撑，加速大电网的故障恢复。

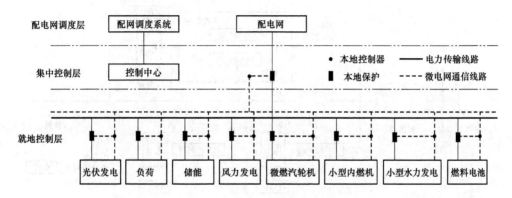

图 6-11 微电网三层控制方案结构

3）在大电网用电紧张时，微电网可利用自身的储能进行削峰填谷，从而避免配电网大范围的拉闸限电，减少大电网的备用容量。

4）正常运行时参与大电网经济运行调度，提高整个电网的运行经济性。

（2）集中控制层。集中控制层为微电网控制中心（micro-grid control center, MGCC），是整个微电网控制系统的核心部分，集中管理 DG、储能装置和各类负荷，完成整个微电网的监视和控制。根据整个微电网的运行情况，实时优化控制策略，实现并网、离网、停运的平滑过渡；在微电网并网运行时负责实现微电网优化运行，在离网运行时调节分布式发电出力和各类负荷的用电情况，实现微电网的稳态安全运行。

1）微电网并网运行时实施经济调度，优化协调各 DG 和储能装置，实现削峰填谷以平滑负荷曲线。

2）并离网过渡中协调就地控制器，快速完成转换。

3）离网时协调各分布式发电、储能装置、负荷，保证微电网重要负荷的供电，维持微电网的安全运行。

4）微电网停运时，启用"黑启动"，使微电网快速恢复供电。

（3）就地控制层。就地控制层由微电网的就地控制器组成和就地保护设备，微电网就地控制器完成分布式发电对频率和电压的一次调节，就地保护完成微电网的故障快速保护，通过就地控制和保护的配合实现微电网故障的快速"自愈"。DG 接受 MGCC 调度控制，并根据调度指令调度其有功、无功出力。

1）离网主电源就地控制器实现 U/f 控制和 P/Q 控制的自动切换。

2）负荷控制器根据系统的频率和电压，切除不重要负荷，保证系统的安全运行。

3）就地控制层和集中控制层采取弱通信方式进行联系。就地控制层实现微电网暂态控制，微电网集中控制中心实现微电网稳态控制和分析。

6.2.3 微电网的控制模式

微电网常用的控制策略主要分为主从型、对等型和综合型三种。其中小型微电网最常用的是主从控制模式。

1. 主从控制模式

主从控制模式（master-slave mode）是将微电网中各个 DG 采取不同的控制方法，并赋予不同的职能，如图 6-12 所示。其中一个或几个作为主控，其他作为"从属"。并网运行时，

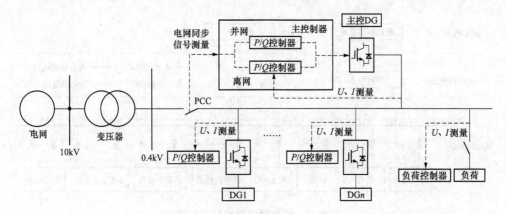

图 6-12 主从控制微电网结构

所有 DG 均采用 P/Q 控制策略。孤岛运行时，主控 DG 控制策略切换为 U/f 控制，以确保向微电网中的其他 DG 提供电压和频率参考，负荷变化也由主控 DG 来跟随，因此要求其功率输出应能够在一定范围内可控，且能够足够快地跟随负荷的波动，而其他从属地位的 DG 仍采用 P/Q 控制策略。

2. 对等控制模式

对等控制模式（peer-to-peer mode）是基于电力电子技术的即插即用与对等的控制思想，微电网中各 DG 之间是平等的，各控制器件不存在主、从关系。所有 DG 以预先设定的控制模式参与有功和无功的调节，从而维持系统电压、频率的稳定。对等控制中采用基于下垂特性的下垂（Droop）控制策略，结构如图 6-13 所示。在对等控制模式下，当微电网离网运行时，每个采用 Droop 控制模型的 DG 都参与微电网电压和频率的调节。在负荷变化的情况下，自动依据 Droop 下垂系数分担负荷的变化量，即各 DG 通过调整各自输出电压的频率和幅值，使微电网达到一个新的稳态工作点，最终实现输出功率的合理分配。Droop 控制模型能够实现负载功率变化在 DG 之间的自动分配，但负载变化前后系统的稳态电压和频率也会有所变化，对系统电压和频率指标而言，这种控制实际上是一种有差控制。由于无论在并网运行模式还是在孤岛运行模式，微电网中 DG 的 Droop 控制模型可以不加变化，系统运行模式易于实现无缝切换。

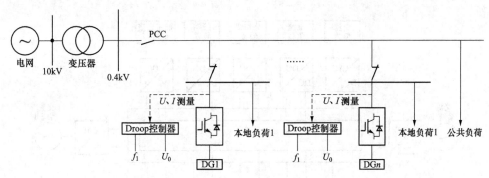

图 6-13　对等控制微电网结构

3. 综合控制模式

主从控制和对等控制各有其优劣，在实际微电网中，可能有多种类型的 DG 接入，既有光伏发电、风力发电这样的随机性 DG，又有微型燃气轮机、燃料电池这样比较稳定和容易控制的 DG 或储能装置，不同类型的 DG 控制特性差异很大。采用单一的控制方式显然不能满足微电网运行的要求，结合微电网内 DG 和负荷都具有分散性的特点，根据 DG 的不同类型采用不同的控制策略，可以采用既有主从控制、又有对等控制的综合控制方式。

6.3　直流配电网

近年来，随着城市规模的不断扩大，分布式电源、可再生能源的高密度接入，以及信息技术和电力电子技术的蓬勃发展，采用直流配电网可以节省大量的 DC/AC 换流环节，提高线路传输的功率和效率，增加系统供电容量和半径并且具有一定的环保优势，与此同时，用户对电能质量以及供电可靠性等要求不断提高。直流配电网可以有效解决现有交流配电网供电走廊紧张、线路损耗大以及电压波动、电网谐波、三相不平衡等一系列电能质量问题，大大提高配电网的可靠性和可控性，因此具有更大的技术优势和发展潜力，发展直流配网将是未来城市配电网建设的必然趋势[3]。

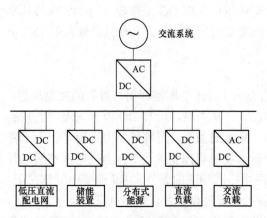

图 6-14　链式直流配电网结构

6.3.1　直流配电网系统结构

1. 链式直流配电网

常见的链式直流配电网的结构如图 6-14 所示。在直流配电网的链式结构中，随着负荷的增加，直流电压将会随着潮流流动的方向下降。

2. 环状直流配电网

环状直流配电网结构如图 6-15 所示。交流配电网的环状结构，通常采用环状设计、解环运行，从而避免了双电源时电压幅值差、相角差引起的无功环流。由于直流配电网中并不需要考虑无功功率，因此也不需要考虑无功环流问题。在研究直流配电网环状拓扑结构时主要考虑出现短路情况的保护问题。

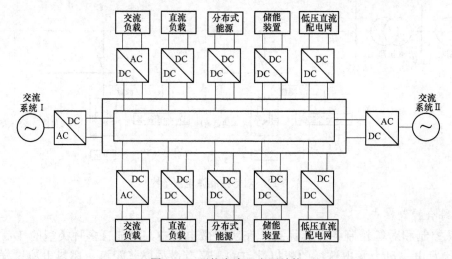

图 6-15　环状直流配电网结构

3. 两端直流配电网

为了保障直流配电网的可靠性，在两端直流配电网中通常会有一端的交流接口采用定电压控制，其余交流接口采用定功率控制。直流配电网正常运行时，由于不需考虑无功功率因数，并且整个直流配电系统的电压完全由定电压控制端和负荷决定，从而避免了直流电压差引起的功率环流。常见两端直流配电网结构如图 6-16 所示。

6.3.2　直流配电网控制策略

1. 电力电子变换器的基本控制

直流配电网中存在着各种电压等级的配电母线、形式多样的分布式电源及负载，而不同电压等级的配电母线需要经过功率变换器实现功率变换，各类分布式电源及负载也需要经过

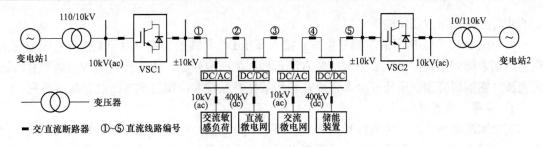

图 6-16 两端直流配电网结构

不同的功率变换器接入直流母线，直流配电网在不同工作模式下各微源及变换器的运行状态也不同。因此，为了保证直流配电网正常运行，控制技术起着重要的作用。这里将直流配电网中的控制技术按单元级、微网级到配网级归结为 3 类，依次为电力电子变换器的基本控制、多源协调控制、多端多电压等级配电网络的运行控制[4]。

在直流配电网中，电力电子变换器的形式多样。根据分布式电源、负载类型以及配电网不同的工作模式，各变换器需要对自身的电压、电流或功率进行控制，以保证各单元及系统正常工作。目前，关于分布式电源及负载到低压配电母线的接口电路的研究较多，也相对成熟。而高低压配电母线之间接口电路的控制相对复杂，尤其是采用图 6-17（c）所示方案时。

但是由于潜力巨大，在现代柔性直流配电网的建设中，基于高频隔离和链式变流技术的智能功率变换系统是目前国内外学者的研究热点。

对于图 6-17（b）所示的高频变换方式接入高压 AC 母线方案，美国 EPRI 等机构已经较早地开展了研究，并已经研制出了 2.4kV/45kW 的原型样机，并在 2011 年用于电动汽车充电站中。北卡罗来纳州立大学利用 10kV 的 SiC 器件开展了 270kVA 高频隔离链式变流器样机的研制。随着智能电网的发展，国内目前多个大学和研究机构也已经开展了相关研究，例如清华大学结合在链式多电平换流器方面的研究成果积累，在国家自然科学基金的支持下开展了基于高频隔离和链式变流技术的功率变换系统研究；并通过与日本半导体制造商罗姆公司合作，探讨了利用新一代 SiC 功率器件时的变换器运行特性。总的来说，由于电压等级和效率等的限制，目前高频隔离和链式变流方案在中高压电网

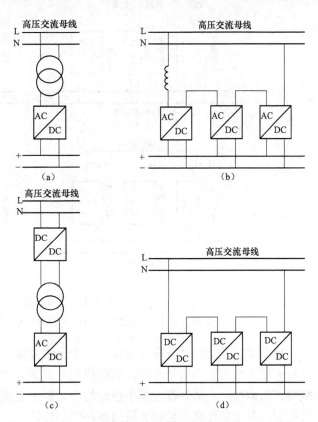

图 6-17 直流配电网层级控制

（a）工频变换方式接入 AC 母线；（b）高频变换方式接入 AC 母线；
（c）工频变换方式接入 DC 母线；（d）高频变换方式接入 DC 母线

中的实际应用的报道还比较少。

对于图 6-17（d）所示的高频变换方式接入高压 DC 母线的方案，由于柔性直流配电网的概念近期才得到重视，高压配电母线为直流母线时的研究较少，因此针对高频隔离和直流链式变流方案的研究和应用还较少，需要在相应的拓扑结构和控制技术方面展开深入研究。

2. 多源协调控制

在直流配电网中，供电电源种类繁多，可控程度不同，同时配电网中的微电网系统还存在与大电网并网运行、孤岛运行、并网孤岛过渡过程和黑启动过程等多种运行状态，从而要求实现直流配电网中的各供电电源的协调控制。相比电力电子变换器的单元级控制，多源协调控制主要是微网级的控制，主要可以归结为母线电压的控制和电能质量的管理两类。

（1）母线电压的控制。直流微电网中，分布式电源和负载均通过变流器与直流母线并联。由于配电线缆存在阻抗不一致，各节点电压存在差异，会使各并联电压源之间产生环流。因此，为了抑制环流和控制直流母线电压的稳定，需要对各并联变流器进行均流控制。常见的并联均流控制有集中控制、主从控制和无主从控制，如图 6-18 所示。

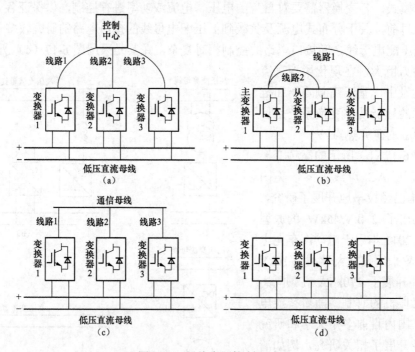

图 6-18 母线电压控制方法

（a）集中控制；（b）主从控制；（c）有互联线-无主从控制；（d）无互联线-无主从控制

集中控制是给整个并联系统加入一个集中控制单元，各个并联单元根据集中控制提供的信号来保证各自输出信号一致，这种控制方式最大的问题是一旦集中控制出现问题，整个系统将无法运行。主从控制与集中控制的不同在于选择并联系统中的一个单元作为主控模块，其控制可靠性相比集中控制有所提高，但仍然较低。无主从控制中，各模块独立地检测和控制本模块在系统中的工作状态以实现模块间功率均分，主要可以分为有互联线和无互联线控制方式。有互联线控制中，存在一条控制互联线用于传递各模块的输出电流、有功以及无功功率等信息；互联线的存在可以简化并联的控制，但是互联线也容易引入干扰，可靠性降低，并且并联模块之间的位置也受到限制。无互联线控制主要是指外特性下垂控制方法，其实质主要是利用本模块电流反馈信号或者直接输出串联电阻，改变模块单元的输出电阻，使外特性的斜率趋于一致，达到均流。这种控制方法使得各模块完全隔离，因此可靠性高。但是由于模块间无信息传递，也使得均流控制相对困难，动态效果较差。从目前的研究状况来看，在微电网母线电压的控制中，无主从控制是必然发展趋势，其中下垂控制由于其充分符合分布式系统的"分布"特征，成为国内外学者研究的重点。

（2）电能质量的管理。直流微电网工作时，可能出现分布式电源输出功率的突变、大面积负荷的瞬时接入或脱落、并网与孤网的切换等瞬态变化过程，这些瞬态事件的发生会引起直流母线电压的闪变或跌落，进而给电子设备的正常运行带来不利，还很可能使控制系统误动作，最终导致整个直流微电网系统的崩溃。目前，为了防止这类事件的发生，常用超级电容、飞轮储能或超导储能等快速充、放电装置对系统的电能质量进行管理。

另外，为了保证微电网系统中能量的供需平衡，还需要对系统中的分布式电源、储能单元及负载进行管理配置。若由于微电网系统内部的发电量远远大于负荷水平，此时将一些易于调节的分布式电源退出运行以保证电压平衡；反之，若直流电压由于负荷增大等原因而持续下降，储能装置将释放能量以缓解负荷需求对直流电压的影响，若仍不能满足要求，则将一些不重要的负荷进行分时切出。

3. 多端多电压等级配电网络的运行控制

当大量的直流微电网接入高压配电网后，直流微电网与主电网的相互作用将变得复杂。为了配电系统的运行效率，保证电网运行的稳定性与可靠性，需要研究基于直流的多端、多电压等级配电网络的运行控制技术，包括高渗透率下直流微电网对整个配电网的运行特性影响（如对大电网稳定性的影响），以及在满足直流系统电压、电流，交流系统电压、潮流方程，交直流换流触发角等约束情况下，交直流配电系统的多时段优化调度方法等。

总的来说，目前对于直流配电网的研究主要是集中在直流微电网的研究层面，对于配电网层面的研究较少，因此需要发展相关的控制理论和方法，为直流配电网的稳定运行提供保障。

6.4 城 市 电 网

城市电网（简称城网）是城市范围内为城市供电的各级电压等级电网的总称，它包括送电、高压配电网、中压配电网和低压配电网，连同为其提供电源的变电站和网内的发电厂。城网是电力系统的重要组成部分，具有用电量大、负荷密度高、安全可靠和供电质量要求高等特点。城网还是城市现代化建设的重要基础设施之一。

6.4.1 城网接线模式

随着电力企业对供电可靠性管理能力的不断提高，以及社会对供电可靠性需求和价值认识的日益提高，电力行业越来越重视供电的可靠性以及相关的经济性问题。近年来，有关城网接线模式的研究取得了一系列的成果，早期研究成果多集中在可靠性的理论研究和算法上，将可靠性及其经济性结合起来综合研究，已经成为城网接线模式研究的一个重要方面。

城网接线模式的选择是城网规划的重要内容，国外发达国家很早就开始研究城网规划及其与可靠性、经济性的关系。接线模式的确定和可靠性评价已成为城网配电系统运行的必要环节。目前，大多数城网优化规划的研究仅以辐射性约束作为城网规划在拓扑结构上的要求，在优化规划过程中未将接线模式因素考虑在内，并不能满足实际应用需求。对城网而言，接线模式的选择尤为重要，它不仅直接牵涉电网建设的经济性，而且也关系到供电可靠性，还对整个电力工业发展具有重要意义[5]。

1. 含微电网的 35、110kV 城网典型接线

（1）含微电网（Micro Grid，MG）的城网放射状接线如图 6-19 所示。放射状接线比较适合负荷集中在电源附近的情况，其特点是接线简单，只要采取适当的措施（如变压器采用低负荷率和 T 形接线模式相结合等），可靠性即可满足要求。当电源站的仓位允许时，由于电源和负荷之间采用直线连接，其投资也是较省的。但同时，由于负荷直接接在电源站出口，可能会造成其出口仓位紧张，投资也会相应增加[6]。

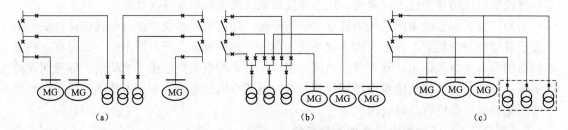

图 6-19　含微电网的城网放射状接线

（a）单电源放射状接线；（b）具有中介点放射状接线；（c）单侧电源 3T 接线

（2）含微电网的城网手拉手接线如图 6-20 所示。手拉手接线线路的负载率是 50%，结构较为简单、投资少，操作及维护清晰、容易，实现配电自动化难度小，所以当前城网多数是按手拉手接线要求进行规划建设的。但是手拉手接线在正常情况下需要每条线路预留 1/2 的线路容量，运行方式不够灵活，资源浪费较大。

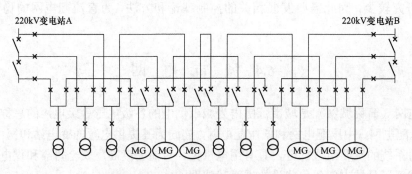

图 6-20　含微电网的城网手拉手接线

（3）含微电网的城市电网环进环出接线如图 6-21 所示。环进环出接线最大的优点是节省电源点，使电网建设投资和征地得以减少。在任一 110kV 线路检修时，经调整运行方式，均可满足 110kV 变电站双电源供电，明显提高了供电可靠性。接线比较简单，便于调度操作运行。

（4）含微电网的城网"4×6"接线如图 6-22 所示。"4×6"接线由 4 个电源点、6 条手拉手线路组成，任意两个电源点间都存在联络或可专供通道。任一电源故障时，受其影响的三段负荷可自动闭合线路中间断路器，转由其他三个正常电源供电。该接线所配置的断路器比传

统配置可减少至 40%，且可靠性提高了；电源的负载率是 75%，比手拉手方式电源的负载率提高了 25%；短路电流强度和载流量的要求降低，该接线也适用于中压配电网。

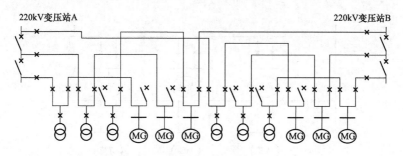

图 6-21 含微电网的城网环进环出接线

2. 含微电网的 10kV 城网典型接线

（1）含微电网的城网单电源放射状接线（见图 6-23）。传统的单电源放射状接线适用于城市非重要负荷架空线和郊区季节性用户，干线可以分段。其优点是较为经济，配电线路和高压开关柜数量相对较少，新增负荷也比较方便；缺点主要是故障影响范围较大，供电可靠性较差。而含微电网的城网单电源放射状接线在继承了传统接线优点的同时，通过微电网的孤岛运行能力，还提高了供电可靠性。

（2）含微电网的城网双放射状接线（见图 6-24）。双放射状接线的可靠性比单电源放射状高，缺点是每个负荷都必须引双电源线进入，方案的线路投资比较

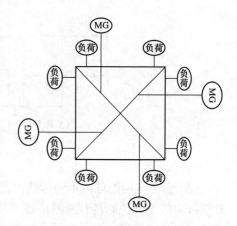

图 6-22 微电网的城网"4×6"接线

大。在含微电网的城网中，可靠性本身已经较高，使用该接线性价比并不高，在一些对可靠性要求较高的地区可以使用。

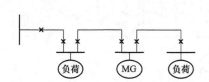

图 6-23 含微电网的城网单电源放射状接线

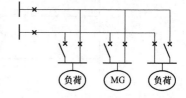

图 6-24 含微电网的城网双放射状接线

（3）含微电网的城网双电源手拉手环网接线（见图 6-25）。双电源手拉手接线是通过一联络断路器，将来自不同变电站（对应手拉手）或相同变电站（对应环网）不同母线的两条馈线连接起来。该接线供电可靠性满足 N-1 原则，设备利用率为 50%，适用于三类用户或供电容量不大的二类用户。结合微电网的加入，使可靠性得到进一步提升，当然微电网的建设也使得投资成本更大，故适用于城市繁华中心区、负荷密度发展到相对较高水平地区。

（4）含微电网的城网双环网接线（见图 6-26）。双环网接线每回线路负载率为 50%，环网电源可以是变电站也可以是开关站。当一侧的变电站全停以后，通过倒闸，仍然可以保证

两个开关站正常供电,可靠性非常高,适用于大量采用开关站供电的区域,如城市核心区繁华地区以及负荷密度发展到相对较高水平的地区。

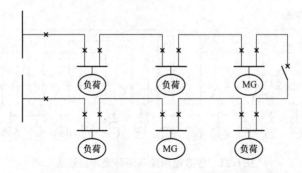

图 6-25 含微电网的城网双电源手拉手环网接线

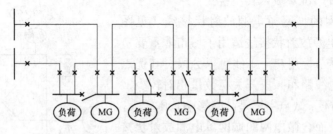

图 6-26 含微电网的城网双环网接线

(5)含微电网的城网不同母线出线连接开关站接线(见图 6-27)。不同母线出现连接开关站接线中每个开关站具有两回进线,开关站出线采用放射状接线方式供电;也可以在开关站出线间形成小环网,进一步提高可靠性。如果开关站附近有低压负荷,则可以使用带配电变压器的开关站。

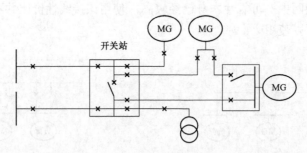

图 6-27 含微电网的城网不同母线出线连接开关站接线

(6)含微电网的城网多分段多联络接线(见图 6-28)。多分段多联络接线适用于负荷密度较高、对供电可靠性要求高并有架空线的区域。多分段、多连接的城网的突出优点是可提高线路的负荷转移能力、线路设备的利用率、线路设备的储备能力和对电源支撑作用的能力等,其投资也较大,加入微电网后可靠性进一步提升,投资也进一步加大,使用时需充分考虑投资问题。

(7)含微电网的城市电网 N 供一备接线。含微电网的城市电网 N 供一备接线有多种类型,目前实际中运行最普遍的是两供一备,也有些地区采用三供一备。图 6-29 所示为两供一备接线结构。两供一备接线线路的负载率是 67%，要求预留 1～3 条的线路容裕度，可充分利用线路的有效载荷，同时各线路间的联络线不多，运行方式较灵活，实现配电自动化比较容易。但在这种接线中，要求两条主供线路在正常情况下都处于满负荷运行状态，而备用线路空载运行，在满负荷运行线路上电气设备长期满负荷运行的同时，空载运行线路反而处于空载状态，在公用城网中不宜广泛使用。

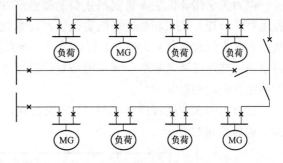

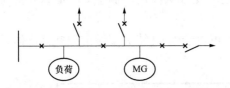

图 6-28 含微电网的城网多分段多联络接线　　　图 6-29 含微电网的城网两供一备接线（N=2）

3. 含微电网的 380V 城网典型接线

（1）含微电网的城网单侧电源放射状接线（见图 6-30）。单侧电源放射状接线线路简单，负载率较高，比较经济，但供电可靠性较低，配电网络无法满足 N–1 原则。微电网接入 380V 低压配电网后，在继承了传统优点的同时，通过微电网的孤岛运行能力，提高了供电可靠性。

（2）含微电网的城网单侧电源环网接线（见图 6-31）。单侧电源环网接线相对于单侧电源放射状接线，可以满足用户对供电可靠性的更高要求。各个换网点都有两个负荷开关（或断路器），可以隔离任意一段线路的故障，并通过开关操作恢复所有用户的供电。结合微电网的加入，可靠性得到进一步提升，但微电网的建设也使得投资成本更大，故适用于负荷密度发展到相对较高水平，对可靠性要求较高的地区。

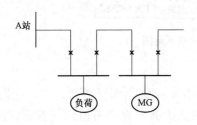

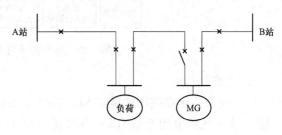

图 6-30 含微电网的城网单侧电源放射状接线　　　图 6-31 含微电网的城网单侧电源环网接线

（3）含微电网的城网双侧电源环网接线（见图 6-32）。双侧电源环网接线使用户可以同时得到两个方向的电源，即在正常方式下，双侧电源同时为用户供电，在用户侧，再配合以多台 10kV 变压器同时运行，保证用户得到真正的双电源。这一接线可以满足从上一级高压配电变压器到 10kV 配电变压器

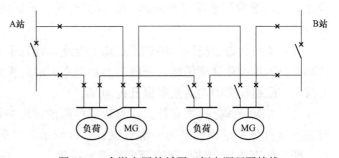

图 6-32 含微电网的城网双侧电源环网接线

的整个网络的 $N-1$ 要求，供电可靠性很高，两条线路上任一段发生故障，都可以通过自动或人工的开关操作保证用户的供电。

6.4.2 城网调度运行体系

电力关乎国计民生，是我国重要基础性产业。随着电网规模的日益增大，各电压层级、各运行环节相互联系和相互影响更趋紧密，系统运行特性更加复杂，城市电力用户对供电安全、供电质量的要求大大提升。可以预见，特大城市、中心城市电网在确保安全稳定的同时，将率先面临适应高可靠性、高电能质量的新要求，进入更加关注用户侧感受、信息双向互动的精益化电网调控阶段[7]。

城市电网调度运行体系需要"响应更快速、决策更灵活"。某特大型城市调度运行体系总体架构如图 6-33 所示。

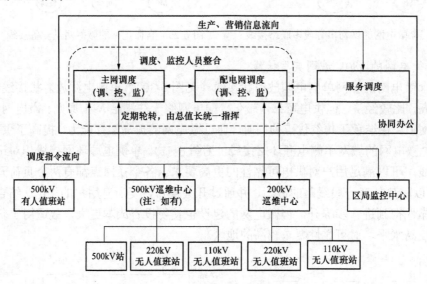

图 6-33　城市电网调度运行体系示意图

1. 主配网协同

（1）建立科学高效的团队结构。为提高系统运行效率，优化调管界面，主、配网调度管辖分界点逐步由变电站 10kV 母线调整至 110kV 主变压器。设立总值长（首席调度员）岗位，统一指挥发、输、配、用全环节调度运行业务。从工作、生活等多维度组建相互熟悉、密切配合的主、配网调度员团队。新型调度体系鼓励"一岗多能、多岗多能"，并逐步建立主、配网调度员"共同培养、定期轮转、灵活支援、统一指挥"的一体化调度管理机制。

（2）集约化办公场地。中调通过场地改造，建立了可供主网调度、配网调度和客服调度共同办公的集约化调度场地，开创三方协同办公的新模式。实践中，办公场地集约后事故处理时主、配网调度的沟通效率提升近 40%。

（3）主配一体化技术支持。作为智能电网的神经中枢，电网调度控制系统（OCS）是实现调度运行体系运行水平的关键支持。结合城市电网业务覆盖发、输、配、用全环节的特点，研究城市电网一体化智能调度技术支持平台。在基础 ICT 资源管理、多源数据接入和集成、业务协同机制等基础功能的支持下，为中心城市电网输配协调运行和智能控制提供支持。

2. 营配联动

（1）建立班组级别营配联动工作机制。传统调度系统与营配客服系统沟通不够密切，两系统的沟通更多停留在机构与机构的沟通层面，流程复杂。新型调度运行体系将这种沟通进一步下移，把与客服联动作为工作重点之一，强调"以客户为中心"。

营销客服系统的客服调度班组与主、配网调度班组协同办公，承担主、配网调度与坐席人员之间的沟通桥梁，实现生产、营销信息的高速、准确流转。当电网运行对客户用电造成影响时，主、配网调度与客服调度高效联动，原来两大系统之间的复杂流程简化成班组级别的直接对话。

（2）完善营配信息集成应用。基于营配信息集成，实现了主网自动化、配网自动化、营销系统、计量自动化系统、GIS 系统、生产管理信息系统等数据、模型的高度集成，实现了主配网全景式的运行监测、故障定位和电源追溯。面向营配联动的配用电调度技术支持系统，有效实现了多方信息沟通的标准化，实现主、配网故障及停电信息的综合判断及系统间的工单自动传送。

3. 扁平高效

扁平化管理可减少层级，提高信息传递效率，有利于快速决策和用户响应。特大型城市电网调度系统基于扁平化管理，可从"内核"上实现调度系统涵盖主、配网和用户多维度的"主配协同、营配联动、扁平高效"调度运行体系。

按照扁平化管理理论，城市电网应深化调控一体化建设，减少中间环节，提高运行效率。正常操作时，将调度指令流转环节由原来的"调度—监控中心—变电巡维中心（变电站）"缩减为"调度—变电巡维中心（变电站）"，省去监控中心的转令环节。事故处理时，调度下令现场操作调整为调度直接遥控操作。

6.5 全球能源互联网

能源发展经历了从薪柴时代到煤炭时代，再到油气时代、电气时代的演变过程。目前，世界能源供应以化石能源为主，有力支撑了经济社会的快速发展。为适应未来能源发展需要，水能、风能、太阳能等清洁能源正在加快开发和利用，在保障世界能源供应、促进能源清洁发展中，将发挥越来越重要的作用[8]。

全球能源互联网是以特高压电网为骨干网架（通道），以输送清洁能源为主导，全球互联泛在的坚强智能电网。全球能源互联网将由跨国跨洲骨干网架和涵盖各国各电压等级电网（输电网、配电网）的国家泛在智能电网构成，连接"一极一道"和各洲大型能源基地，适应各种分布式电源接入需要，能够将风能、太阳能、海洋能等可再生能源输送到各类用户，是服务范围广、配置能力强、安全可靠性高、绿色低碳的全球能源配置平台。

6.5.1 总体布局

全球能源互联网是一个由跨洲电网、跨国电网、国家泛在智能电网组成的各层级电网协调发展的有机整体。在全球范围看，全球能源互联网将依托先进的特高压输电和智能电网技术，形成连接北极地区风电、赤道地区太阳能发电和各洲大型可再生能源基地与主要负荷中心的总体布局。

全球能源互联网发展的核心是建设连接包括"一极一道"在内的全球各类清洁能源基地与主要负荷中心的跨国跨洲骨干网架和洲际联网通道。

6.5.2　基本原则

全球能源互联网是落实全球能源观、实现"两个替代"的重要载体。在其发展过程中，最核心的是要坚持两个基本原则。

（1）清洁发展的原则。清洁发展是应对气候变化、实现人类可持续发展的根本要求。在形成全球广泛共识的基础上，各国应围绕清洁低碳发展目标，制订能源发展战略规划，加快转变能源发展方式、提高清洁能源比重，共同推动全球清洁能源开发利用。全球能源互联网要围绕世界能源清洁、低碳发展这个目标加快布局、加快建设，更好地推动各种集中式、分布式清洁能源的高效开发利用，推动能源发展方式从传统化石能源主导向清洁能源主导转变。

（2）全球配置的原则。实施全球配置是由全球能源资源与负荷中心逆向分布特征所决定的。清洁能源具有随机性、间歇性特征，具备大规模开发条件的清洁能源资源一般远离负荷中心，只有在更大范围优化配置才能够解决大规模开发、高比例接入电网所带来的消纳问题，才能够发挥清洁能源的作用。具有大容量、远距离输电能力的特高压输电技术发展，为实现电力跨大洲、大规模、高效率配置奠定了技术基础。通过清洁能源全球配置，还有利于将经济不发达地区的资源优势转化为经济优势，促进区域经济协调发展。

6.5.3　重要特征

全球能源互联网是全新的全球能源配置平台，具备网架坚强、广泛互联、高度智能、开放互动四个重要特征。

（1）网架坚强。网架坚强是构建全球能源互联网的重要前提。坚强的网架是实现资源全球配置的基础。只有形成坚强可靠的跨国跨洲互联网架，才能实现全球能源的广泛互联和大范围配置。各国电网规划科学、结构合理、安全可靠、运行灵活，才能适应风电、光伏发电、分布式电源大规模接入和消纳。

（2）广泛互联。广泛互联是全球能源互联网的基本形态。全球能源互联网的广泛互联带来了全球能源资源及相关公共服务资源的高效开发和广泛配置。洲际骨干网架、洲内跨国网架、各国家电网、地区电网、配电网、微电网协调发展、紧密衔接，可以构成广泛覆盖的电力资源配置体系。

（3）高度智能。高度智能是全球能源互联网的关键支撑。各类电源、负荷实现可灵活接入并确保网络的安全稳定运行。通过广泛使用信息网络、广域测量、高速传感、高性能计算、智能控制等技术，实现各层网架和各个环节的高度智能化运行，自动预判、识别大多数故障和风险，具备故障自愈功能；通过信息实时交互支撑，整个网络中各种要素的自由流动，真正实现能源在各区域之间的高效配置。

（4）开放互动。开放互动是全球能源互联网的基本要求。构建全球能源互联网，需要各国的相互配合、密切合作。全球能源互联网的运营也要对世界各国公平、无歧视开放。充分发挥电网的网络市场功能，构建开放统一、竞争有序的组织运行体系，促进用户与各类用电设备广泛交互、与电网双向互动，能源流在用户、供应商之间双向流动，实现全球能源互联网中各利益相关方的协同和交互。

参 考 文 献

[1] 刘振亚. 智能电网技术 [M]. 北京：中国电力出版社，2010.

[2] 李富生，李瑞生，周逢权. 微电网技术及工程应用 [M]. 北京：中国电力出版社，2012.

[3] 杜翼，江道灼，等. 直流配电网拓扑结构及控制策略 [J]. 电力自动化设备，2015，35（1）：1-3.

[4] 宋强，赵彪，等. 智能直流配电网研究综述 [J]. 中国电机工程学报，2013，33（25）：6-7.

[5] 程浩忠，陈章潮，等. 城市电网规划与改造 [M]. 北京：中国电力出版社，2015.

[6] 李江，刘伟波，等. 基于序贯蒙特卡罗法的复杂配电网可靠性分析 [J]. 电力建设，2015，36（11）：17-23.

[7] 刘育权，阳曾，等. 构建主配协同、营配联动、扁平高效的特大型城市电网调度运行体系 [C]. 电力企业优秀管理论文集.

[8] 刘振亚. 全球能源互联网 [M]. 北京：中国电力出版社，2015.

第 3 篇

电能优化控制

第7章 能源系统的市场化机制

能源是人类赖以生存和发展的基础，如何充分利用可再生能源、提高能源利用效率，是能源系统研究的热点。对电/气/热等多能源系统的合理规划和运行优化控制，构建由分布式终端综合能源单元和与之相耦合的集中式能源供应网络共同构成的区域综合能源系统，将成为适应人类社会能源领域变革的必由之路。从能源利用角度而言，多种能源系统在不同时间尺度上具有相关性和互补性，可进行多时间尺度的能量存储和转供。因而，在综合能源系统能量产生和利用的过程中，能源系统的优化机制和调度技术成为基本问题。

电力调度与电力市场建设是为了保障电力资源在更大范围内优化配置，保证电力系统安全、稳定、经济运行。近年来，我国弃风光、弃水、弃核问题日益突出，大型、高效燃煤机组利用小时逐年下降，集中体现出我国现有大电网优势发挥不够充分、资源优化配置能力不足的问题，必须通过市场机制优化能源配置。

7.1 电力市场与垂直管理体系

7.1.1 电力市场机制

1. 电力市场的定义与基本特征

电力市场是指采用经济、法律等手段，本着公平竞争、自愿互利的原则，对电力系统中发电、输电、供电和用电等环节组织协调运行的管理机制、执行系统和交换系统的总和。

电力产品是一种特殊的产品，电力的生产、输送和销售也具有特殊性，因此，电力市场具有如下特点[1]：

（1）发电市场具有竞争性。

（2）发电市场进入壁垒大。

（3）输电环节具有垄断性。

（4）电力市场的计划性强。

（5）用电需求弹性低。

（6）电力产品存储成本高。

（7）存在输电约束和输电损耗。

（8）电力用户具有能动性。

（9）电力市场环节的双重性。

2. 电力市场的构成要素

为保证电力市场的正常运行，电力市场由以下基本要素构成：

（1）电力市场主体。市场主体是指进入市场的，有独立经济利益和财产，享有民事权利并承担民事义务的法人和自然人。

（2）电力市场客体。市场客体是指市场上买卖双方的交易对象，市场上的各种商品都是市场的客体。电力市场的客体就是电力产品，包括电力和电量，电力的单位是千瓦（kW），电量的单位是千瓦时（kWh）。

（3）电力市场载体。市场载体是指市场主体对市场客体进行交换的物质基础。电力市场的载体是电力网，包括输电网和配电网。

（4）电力市场价格。电力市场价格简称电价，电价可以按照不同的标准分类，通常按生产流通环节对电价进行分类，可以分为上网电价、输电电价和销售电价。

（5）电力市场运行规则。电力市场运行规则分为体制性规则和运行性规则两类。体制性规则：包含在承认和维护财产所有权的有关法律之中，主要保证市场运行主体的财产所有权及其合法利益不受侵犯。运行性规则包含在政府有关市场活动的法规和条例之中，包括进入市场的各种主体的行为规范以及处理各种主体之间相互关系的准则。

（6）电力市场监管。各级电力市场都必须有专门的监督机制，其主要职能是监管电力市场的交易行为和竞争行为。

电力市场是一个多能源共存的市场，如火电、水电、风电、太阳能、核能、地热能、潮汐发电等。电力市场的结构如图 7-1 所示。

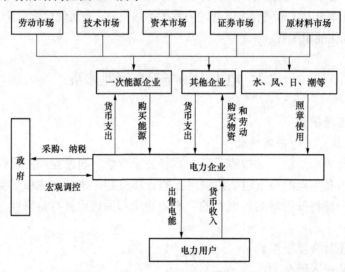

图 7-1　电力市场的结构图

3. 电力市场的类型及电力市场建设的实施路径

（1）电力市场主要分为中长期市场和现货市场。

1）中长期市场主要开展多年、年、季、月、周等日以上电能量交易和可中断负荷、调压等辅助服务交易。

2）现货市场主要开展日前、日内、实时电能量交易和备用、调频等辅助服务交易。

3）条件成熟时，探索开展容量市场、电力期货和衍生品等交易。

（2）《关于推进电力市场建设的实施意见》（中发〔2015〕9 号文）明确，电力市场建设的实施路径是：

1）有序放开发用电计划、竞争性环节电价，不断扩大参与直接交易的市场主体范围和电量规模，逐步建立市场化的跨省跨区电力交易机制。

2）选择具备条件地区开展试点，建成包括中长期和现货市场等较为完整的电力市场。

3）总结经验、完善机制、丰富品种，视情况扩大试点范围。

4）逐步建立符合国情的电力市场体系。

4.　**电力市场的基本原则**

（1）"公平、公正、公开"的市场原则。

1）"公平"是指对所有参与者一视同仁，没有歧视和特殊保护。例如，对发电厂实行竞价上网，竞争前机会均等，竞争结果令各方满意；对用户按真实成本收费，减少交叉补贴。

2）"公正"是指市场规则，如合理的定价机制、竞争规则和监管法规（裁判时无偏向）等。

3）"公开"是指对市场交易必要信息的公开，如生产成本、定价标准（如上网和下网电价、网络收费）、网络拥堵、计量、计划变更等。

因此，在电力市场下，发电商可以根据上网电价，确定和调整自己的报价策略，随时了解自己的运行经济状况；用户可以依据零售电价制订最优用电计划、调整用电结构。通过电价杠杆，由电力市场将供电和用电双方紧密联系起来，各自选择理想的贸易方式，实现经济互动和具有电价弹性的电力调度和市场均衡模式。

（2）电力市场的平等竞争。"三公"原则更多地体现在电力市场是否能够做到平等竞争。对发电商而言，他们更关心的是发电计划和上网电价。用户与其他市场成员之间的利益通过电网紧密相连。大多数情况下，其利益走向是一致的。促进消费、扩大内需始终是电力工业发展的前提和动力，电力市场应围绕这一主题展开工作，并力求做到用户间的平等。具体操作时，应按用户的实际供电成本收费；对不同种类的用户合理分摊成本，减少交叉补贴。在设计电价时，应考虑区分电压等级和负荷率；制订无功电价和可靠性电价，实行可中断电价，开办"电力可靠险"等新险种；采用丰、枯电价和峰谷电价，最终过渡到实时电价；逐步扩大用户自由选择的权利。在理想的自由竞争电力市场中，供方和用户有自由选择对方的权利。但是在实际的电力市场中，由于电力商品的特殊性，很难"完全满足"这种自由选择的要求。

7.1.2　电力市场垂直管理体系

电力行业管制问题的研究成果表明，电力市场应当放松政府管制，然而放松管制并不是取消管制，电力产业管制体制改革的目标是确定一种新的合理的管制方式来构建一个适度竞争的电力市场[2]。

传统的电力工业分为发、售、输、配、用五个环节。最初各国电力行业都采用垂直一体化垄断经营模式，整个电力工业被认为是完全垄断行业。垄断经营模式在一段时间内对电力工业的资金积聚、避免重复建设等起了非常重要的作用。随着电力需求的增大，像任何垄断市场一样，电力市场逐渐呈现出经济效率低、运营效益低、投资回报低的弊端；另一方面，随着人们对电力工业和垄断认识加深，技术改革特别是光缆的出现，四个环节的四个功能所具有的市场结构特点逐渐显示出来，将竞争环节和自然垄断环节分离开来，推动了世界范围内的电力行业改革的浪潮。

发电环节中根据其本身的技术特点，每个发电企业可以作为单独的竞争个体，不存在重复投资。因此，从理论上说，发电环节成为竞争环节是可行的，而且要提高发电效率也是必需的。但是，发电企业的进入壁垒很高，还要受输电环节的约束，所以发电市场不可能形成完全竞争的市场格局。目前许多国家打破电力工业的垂直一体化垄断，重组市场化结构（如中国形成五大发电集团公司、英国形成三大发电集团公司），形成寡头垄断或垄断竞争的发电市场。售电环节由于直接面对用户，从社会福利的角度来看最需要引入竞争，同时其不存在很强的规模经济，因此也属于竞争环节。输、配电环节的自然垄断性短期内不会动摇，因为它属于网络性企业，一个新企业的进入就意味着大量的重复投资和资源浪费。因此，在进行市场化改革后，电力工业中发、受电环节属于竞争环节，输、配电环节属于垄断环节。

垄断（monopoly）模式是电力工业纵向高度集成的经营模式，如图7-2所示。

图7-2（a）描述的是发电、输电及配电全部一体化经营的电力公司；图7-2（b）中，发电与输电同属于一个部门，该部门向所在区域内一家或多家垄断经营配电部门出售电力商品。在垄断模式下，任何一个地区只有一家电力公司拥有和运营所有的发电厂以及输电和/或配电系统，并负责经营相关业务，但电力公司在行使专营权力的同时，也必须接受政府主管部门的管制，承担向服务区域内用户供电的责任和义务。

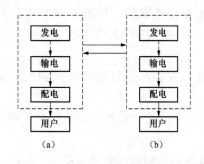

图 7-2　垄断模式

（a）电力公司完全垂直一体化；

（b）配电业务由一家或多家公司经营

——— 电力销售；- - - - 公司内的能量流

这种模式已存在了上百年，如今在世界很多国家和地区仍在沿用。

1. 自然垄断的环节

规模经济和沉淀成本等经济特征的存在，导致了某一行业和部门的垄断。在自然垄断条件下，如果允许竞争，那么破产和兼并将成为必然现象，其结果是只有一家企业能够生存，因此自然垄断行业中的竞争必然是破坏性的竞争。部门能源市场具有自然垄断性质（如电力、天然气等），对这类市场不能引入竞争机制，而必须由政府对其价格、服务质量和进入进行管制，这是当今世界的普遍现象和大多数经济学家的共识[3]。

自然垄断与价格限制如图7-3所示，由于平均成本曲线 ATC 处于递减，存在规模经济，说明是一个自然垄断产业。假定厂商拥有不变的边际

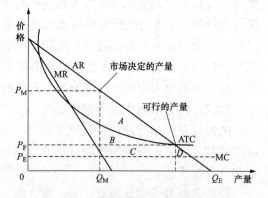

图 7-3　自然垄断与价格限制

成本 MC，市场需求曲线为 AR，MR 为厂商的边际收益曲线。假定厂商对所有的消费者的定价都一样，即不存在价格歧视。在不受市场规制的情况下，厂商为达到利润最大化将按照边际成本等于边际收益的原则进行定价。这时厂商的价格和产出分别为 P_M 和 Q_M。但这种价格和产出无法满足生产效率和分配效率对价格和产出的最优要求。从生产效率的角度来看，产出应该位于平均成本曲线的最低点，而从分配效率的角度看，产出应该由边际成本曲线和需求曲线的交点来决定。很显然，垄断厂商的最优产出并没有满足这两个标准。从图7-3中可以看出，面积 A、B、C 和 D 之和为边际成本等于边际收益定价造成的社会净福利损失。

为减少自然垄断下的社会净福利损失，政府可以通过价格规制来调节垄断厂商的产出。例如，为了满足分配效率，政府可以要求厂商按照边际成本定价，即以 P_E 作为销售价格。此时，价格等于边际成本，产量 Q_E 为社会福利最大化的产量。但这种定价会使垄断厂商面临亏

损。因为此时自然垄断厂商的边际成本曲线 MC 位于平均成本曲线 ATC 的下方，这就意味着厂商以 P_E 的价格生产 Q_E 数量的产品得到的收入无法弥补其生产成本。那么为使厂商不至于因此而退出市场，政府可以向厂商提供补贴，补贴的数据相当于厂商的固定成本。如果不想向自然垄断厂商提供补贴，政府也可将价格设定在需求曲线和平均成本曲线的交点，也就是 P_F。这一价格可以使厂商收回全部成本，但是不会产生利润。与市场机制自然垄断厂商的定价相比，这种定价方法增加的社会净福利相当于面积 A、B、C。但是与边际成本定价方法相比，这种定价方法产生的社会净福利损失相当于面积 D。尽管两种方法不能同时实现生产效率和分配效率，但从全社会的角度考虑，规制可以改善垄断低效率，纠正部分市场失灵。

2. 引入竞争的环节

直观地认为，引入竞争的环节可以取消监管，但是问题并非如此简单。

首先，尽管在发电和售电环节引入了竞争机制，但是只能构造出垄断竞争或寡头垄断的市场结构。其较高的垄断程度会造成一定程度的市场配置资源失灵。要提高市场效率，必须对这些环节进行一定程度的监管。

其次，发电和售电环节的企业数量不可能很多，有些企业占有很大的市场份额，拥有很大的市场支配力，可能操纵市场价格。电力系统的输电阻塞更加剧了这种情况。电力监管机构需要防止这种市场力的滥用。

再者，引入竞争机制的同时，无疑也伴随着风险的引入。历史的经验教训表明，电力市场的风险主要集中在发电和售电环节，而不在输配电环节。电力市场的竞价机制造成电价的波动，严重时造成市场主体的倒闭和破产。对竞争环节的监管，如设立价格上限等，某种意义上是对风险的监管。

总之，在竞争环节需要监管。这种监管没有达到对自然垄断环节的强度和深度。对竞争环节的监管，主要是披露市场信息，促进市场竞争，防止市场力量过度集中，规避市场风险。

（1）批发竞争模式。批发竞争模式如图 7-4 所示。批发竞争模式的特点是，出现了输电系统批发市场，在批发市场中配电公司可直接向发电商购电，大用户也被允许自主购买电力，批发市场可以是联营体或者双边交易的形式。在批发交易的层面上，仍然需要集中进行的运作是实时平衡市场的运营及输电网络的运行。在零售层面上，系统仍将处于集中控制之中，因为配电公司不仅运营本地的配电网，在批发交易中也是代表它所辖区域内全体用户的利益。独立发

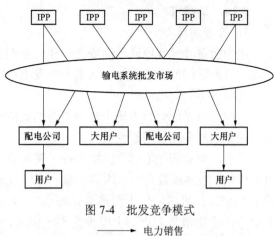

图 7-4　批发竞争模式
——→ 电力销售

电商（IPP），是指从事电力生产但与电网经营企业没有资产纽带关系，其拥有的发电机组满足并网运行条件，且参与发电侧电力市场交易的发电企业，主要作用是将电力趸售给电力公司。

这种模式下，市场交易中有众多的卖方，同样也有足够多的买方，因此电能批发价格是

由供给与需求之间的相互作用来决定的。但是，零售电价仍然要受到管制，这是因为大多数用户无权选择供电商，配电公司提供的还是垄断式服务。

（2）零售竞争模式。零售竞争是电力市场发展的最终模式，零售竞争模式如图7-5所示。在这种模式下，所有用户都可以自由选择供电商。受交易成本的制约，只有大用户才会直接从批发市场上购买电力，中小型用户一般从零售商那里购电，而零售商在批发市场上购电。此时，配电公司不再对其电网覆盖地区的电力供应拥有垄断权。这种模式中唯一保持垄断状态的环节就是输电网和配电网。

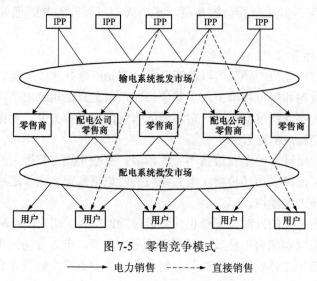

图 7-5 零售竞争模式

→ 电力销售 -----→ 直接销售

7.2 电力市场的基本理论

7.2.1 消费者

1. 普通消费者

电力消费者像其他商品消费者一样，他们从电力市场获得与支付价格相对应的利益，进而促进需求量的增加。例如，如果一个发电商的电能成本太高，则在销售方面不能获利，发电商此时将不会发电[4]。

本部分只考虑电力市场影响消费者的短期行为，不考虑消费者购买新的设备、机械或用其他设施来改变他们的消费模式。

工业、商业和住宅客户的电价按千瓦时算，其需求量一般只受活动周期的影响，不受电价的影响。数周或数月的平均需求量，可以反映他们是否能接受这样的电价。但是，当电价波动频繁时，虽然电价上涨需求量减少，但这种影响比较小，即电力需求对价格弹性的影响很小。竞争激烈的市场上电价是不一样的，如英格兰和威尔士的电价（见表 7-1），消费者依靠电能的可用性来衡量电价。

表 7-1	英格兰和威尔士地区的电价		£/MWh
时间	最小值	最大值	平均值
2001 年 1 月	0.00	168.49	21.58

时间	最小值	最大值	平均值
2001 年 2 月	10.00	58.84	18.96
2001 年 3 月	8.00	96.99	20.00

其中一种衡量标准是负荷损失时的电价。通过对消费者调查得到每兆瓦时消费者愿意支付的电价平均值,避免在没有通知的情况下被断电。通过一季度的数据(见表 7-1),可以得到英格兰和威尔士负荷损失的电价为 2768£/MWh。

下面从经济和社会因素两方面解释这种弱弹性。首先,电能成本占大部分工业产品总成本的比例很小,且电能在生活中是必不可少的。多数工业消费者不会为了防止电力成本的增加而大幅减少用电量。同样,多数住宅消费者为了追求生活的舒适和便利,也不会减少对电能的使用。其次是历史因素。在商业发电的早期,电能就开始作为一种商品,它的便利性使得人们很少会考虑其成本或效益,在电价突增时一般不会减少对它的需求。

多数住宅和商业消费者对每小时或半小时的价格变化不会很在意。即便他们在意这种价格变化,如果得知价格变化不是长期的,且消费过程中的每个阶段都会产生大量的通信基础设施成本,消费者会在固定税率基础上继续购买电能。固定税率能平抑价格的波动,因此将固定税率降低到零,短期需求弹性也为零。

需求弹性过低对电能市场运作会产生不良影响。特别是在不完全市场中,它将有利于生产者行使市场权力。

2. 电力零售商

用户在需求高峰时至少需要几百千瓦的电量,如果雇佣专业人员来预测需求量,明白如何在电力市场中使电价较低,可以帮助用户节省大量的资金。然而,此行为对电能需求量小的用户来说是不值得的。需求小的用户通常更喜欢购买固定税率,即每千瓦时的电价几乎是定值,每年最多调整几次。

电力零售商需要在市场价格变化时购买电能,然后按固定价格来出售。其风险是在高价时期,因为已支付的电能价高于零售价,通常会导致亏损。另一方面,在低价转售时期,因为其销售价高于其成本价,零售商会从中获利。

通常,零售商购买电量的加权平均价应低于卖给用户的价格。这点不易实现,因为零售商对用户的电能需求量没有直接控制权。如果合同电量低于其客户所消耗的电量,零售商必须从电力市场上以现货即期价购买。同样,如果合同电量超过其客户所消耗的电量,零售商就会在电力市场上以现货期价出售。

由于电力市场现货即期电价是不可预测的,为了减少风险,零售商需要尽可能准确地估计客户的需求量。然后,在市场上购买电能时应尽可能符合此前的估计量。因此,零售商需要尽可能了解客户的消费模式。通常鼓励客户安装仪表,记录其每个时期的电量,如果客户在高峰时段降低需求,零售商就会给客户提供更具吸引力的税率。在特定的区域中,零售商无法实现电力供应的垄断,不能像垄断形式那样准确地预测用户的需求量。用户群不稳定会使零售商收集可靠的统计数据变得更加困难,零售商不得不改善其需求预测。

【例 7-1】 表 7-2 反映了零售商 1 时~12 时的日常运作。图 7-6~图 7-8 给出了该表中所包含数据的图形表示形式。从表 7-2 的"负荷预测"和"合同采购"可以看出,零售商在 1 时~

12 时内能准确预测用户的需求和购买量。"平均成本"和"合同成本"分别显示平均每一期购买的电能成本，在需求高峰时平均成本往往也会更高。

表 7-2　　　　　　　　　　　　　　［例 7-1］的数据

时期	1时	2时	3时	4时	5时	6时
负荷预测（MWh）	221	219	254	318	358	370
合同采购（MWh）	221	219	254	318	358	370
平均成本（$/MWh）	24.70	24.5	27.50	35.20	40.70	42.40
合同成本（$）	5459	5366	6985	11194	14571	15688
实际负荷（MWh）	203	203	287	328	361	401
不平衡（MWh）	-18	-16	33	10	3	31
现货即期电价（$/MWh）	13.20	12.50	17.40	33.30	69.70	75.40
平衡成本（$）	-238	-200	574	333	209	2337
总成本（$）	5221	5166	7559	11527	14780	18025
总收入（$）	7815.5	7815.5	11050	12628	13899	15439
利润（$）	2595	2650	3491	1101	-882	-2587
利润误差（$）	3050	3066	2794	1049	-788	-1443

时期	7时	8时	9时	10时	11时	12时	平均值	总和
负荷预测（MWh）	390	410	382	345	305	256	325	3628
合同采购（MWh）	390	410	382	345	305	256	325	3628
平均成本（$/MWh）	45.50	48.60	44.20	38.80	33.40	27.70	36.10	
合同成本（$）	17745	19926	16884	13386	10187	7091	12040	144482
实际负荷（MWh）	415	407	397	381	331	240	330	3954
不平衡（MWh）	25	-3	15	36	26	-16	10.5	
现货即期电价（$/MWh）	70.10	102.30	81.40	63.70	46.90	18.30	50.35	
平衡成本（$）	1753	-307	1221	2293	1219	-293	742	8901
总成本（$）	19498	19619	18105	15679	11406	6798	12782	153383
总收入（$）	15987	15670	15285	14669	12744	9240	12686	152292
利润（$）	-3521	-3950	-2821	-1011	1338	2442	-96	-1154
利润误差（$）	-2730	-4141	-2177	-104	1556	2765	241	2896

　　通常实际需求往往与预测不匹配，每小时都有正负不平衡。这种失衡是"现货即期"强制结算导致的，此时零售商需要支付额外的"平衡成本"（如果不平衡为负），给每个小时的能源总成本添加平衡和合同成本。表中"总收入"和"利润"行可以看出每小时的用电量会增加。零售商在低价格时间段能获利，高价格时间段内会有亏损。这 12h 内，通过利润得知亏损$1154。相对较高的平衡成本，零售商也可通过提高预测的准确性来增加利润的稳定性。该表的最后一行显示了需求等于预测时零售商的获利情况。如果在此期间预测准确，零售商将取得$2896 的利润。

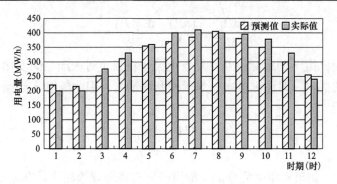

图 7-6 ［例 7-1］的预测和实际需求

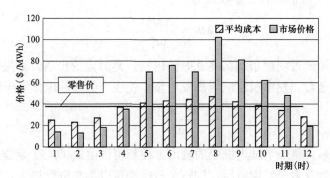

图 7-7 ［例 7-1］的成本和价格

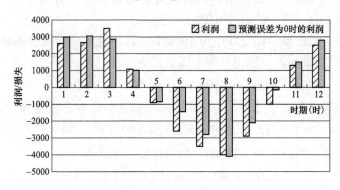

图 7-8 ［例 7-1］的收益

7.2.2 生产者

本部分从发电公司的角度出发，公司利润来源于机组 i 的发电效益。为简单起见，假设每周期为 1h。

机组 i 每小时的最大利润 Ω 可以表示为销售收入和生产成本之间的差额

$$\max \Omega_i = \max[\pi P_i - C_i(P_i)] \tag{7-1}$$

式中　P_i——机组 i 每小时的发电量；

　　　π——售电价；

　$C_i(P_i)$——所需成本。

假设变量是唯一的，发电公司能够直接控制机组的电能生产，式（7-1）最优的必要条件为

$$\frac{\mathrm{d}\Omega_i}{\mathrm{d}P_i} = \frac{\mathrm{d}(\pi P_i)}{\mathrm{d}P_i} - \frac{\mathrm{d}C_i(P_i)}{\mathrm{d}P_i} = 0 \tag{7-2}$$

其中第一项为机组 i 的边际收益，即发电公司在该小时内产生的变化电量。第二项为产生变化电量所需的成本，即边际成本。为了使利润最大，因此机组 i 必须保证其边际收益等于其边际成本，即

$$MR_i = MC_i \tag{7-3}$$

1. 完全竞争

（1）基本调度。如果竞争是完全的（机组产出与市场规模相比是非常小的），价格 π 不受发电量 P_i 的影响，此时机组的边际收入为

$$MR_i = \frac{\mathrm{d}(\pi P_i)}{\mathrm{d}P_i} = \pi \tag{7-4}$$

它表示发电公司通过观察市场每兆瓦时的价格，然后定价出售。如果输出功率的边际成本是一个单调递增函数，发电机组应增加发电量，使生产的边际成本等于市场价格，即

$$\frac{\mathrm{d}C_i(P_i)}{\mathrm{d}P_i} = \pi \tag{7-5}$$

只要是完全竞争，每一个发电机组的输出方程都可以由式（7-5）确定。通常电价是已知的，如果发电公司拥有多个发电机组，则每个机组都可以单独进行调度。

【例 7-2】 发电机组燃烧化石燃料的特点可以用输入—输出曲线表示，即指定的燃油量（通常表示为 MJ/h），每小时输出恒定的电功率。

如果燃煤汽轮机组的最小稳定发电为 100MW（即可连续生产最小的功率），最大输出功率为 500MW，该机组的输入—输出曲线可以表示为

$$H_1(P_1) = 110 + 8.2P_1 + 0.002P_1^2 \quad \mathrm{MJ/h} \tag{7-6}$$

机组每小时的成本可以通过输入—输出曲线乘以燃料成本 F 来得到

$$C_1(P_1) = 110F + 8.2FP_1 + 0.002FP_1^2 \quad \$/\mathrm{h} \tag{7-7}$$

如果我们假设煤炭的成本为 1.3\$/MJ，则机组成本曲线为

$$C_1(P_1) = 143 + 10.66P_1 + 0.0026P_1^2 \quad \$/\mathrm{h} \tag{7-8}$$

如果电能的价格可卖 12\$/MWh，机组的功率输出应该为

$$\frac{\mathrm{d}C_1(P_1)}{\mathrm{d}P_1} = 10.66_1 + 0.0052P_1 = 12 \quad (\$/\mathrm{MWh})$$

则

$$P_1 = 257.7\mathrm{MW} \tag{7-9}$$

（2）机组限制。假设发电机组 i 的最大功率 P_i 为

$$\frac{\mathrm{d}C_1(P_1)}{\mathrm{d}P_1}\Big|_{P_1^{\max}} \leqslant \pi \tag{7-10}$$

发电机组 i 的最小功率 $P_i^{\min}$ 可表示为

$$\frac{\mathrm{d}C_1(P_1)}{\mathrm{d}P_1}\Big|_{P_1^{\min}} \leqslant \pi \tag{7-11}$$

此时发电机组将不能获利，唯一避免亏损的措施就是停机。

【例 7-3】 ［例 7-2］中的发电机组在最大输出功率时运行，且价格大于或等于

$$\frac{dC_1(P_1)}{dP_1}\Big|_{500\text{MW}} = 10.66 + 0.0052 \times 500 = 13.26 \quad (\$/\text{MWh}) \tag{7-12}$$

当价格低于下式时，机组运行也不能获利

$$\frac{dC_1(P_1)}{dP_1}\Big|_{100\text{MW}} = 10.66 + 0.0052 \times 100 = 11.18 \quad (\$/\text{MWh}) \tag{7-13}$$

（3）分段线性成本曲线。输入—输出曲线是通过测量绘制而成，而发电机组通常在不同输出水平下运行，即测量数据很准确，所测数据点也不会沿光滑曲线分布。图 7-9 所示为分段线性成本曲线及其相关的分段成本曲线。由于成本曲线的每一段是线性的，每一部分的边际成本曲线是连续的，使得机组在应对电价时的调度过程会非常简单。

$$\begin{aligned}
\pi < MC_{1,i} &\Rightarrow P_i = P_i^{\min} \\
MC_{1,i} < \pi < MC_{2i} &\Rightarrow P_i = e_{1,i} \\
MC_{2,i} < \pi < MC_{3i} &\Rightarrow P_i = e_{2,i} \\
MC_{3,1} < \pi &\Rightarrow P_i = P_i^{\max}
\end{aligned} \tag{7-14}$$

如果电能价格与边际成本曲线上某段的价格正好相等，那么发电公司在该段内可以任意定价，且在断点处的边际成本等于下一段曲线的斜率。

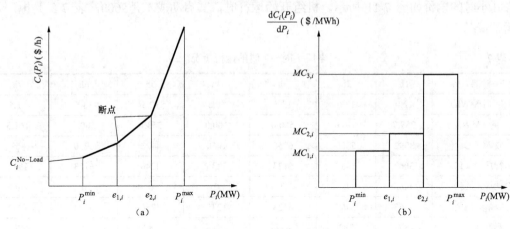

图 7-9　分段线性成本曲线及其相关的分段成本曲线
（a）分段线性成本曲线；（b）分段成本曲线

【例 7-4】 ［例 7-2］的二次成本曲线可以近似用三段分段线性近似成本曲线表示，即

$$100 \leqslant P_1 \leqslant 250 : C_1(P_1) = 11.57P_1 + 78.0 \quad \$/\text{h} \tag{7-15}$$

$$250 \leqslant P_1 \leqslant 400 : C_1(P_1) = 12.35P_1 - 177.0 \quad \$/\text{h} \tag{7-16}$$

$$400 \leqslant P_1 \leqslant 500 : C_1(P_1) = 13.00P_1 - 377.0 \quad \$/\text{h} \tag{7-17}$$

图 7-10 所示为机组调度与电价的函数关系。

（4）调度。电能需求量随时间的推移而变化，电价通常在一段时间内是恒定的，其持续时间范围从几分钟到 1h 不等，这取决于市场情况。

发电机组的优化调度在一段时间中需要对每个周期的电价进行预测。预测错误会对实际调度的最优性产生影响。由于影响因素数量多以及这些因素中一些信息的缺乏，导致准确预

测价格的过程变得很复杂。电能的价格不仅取决于市场的平衡，还受负荷和发电因素的影响。

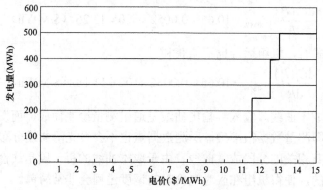

图7-10　［例7-4］发电机组调度与电价的函数关系

（5）启动成本。柴油发电机和燃气涡轮机有较低的启动成本，此类型机组能迅速启动。然而，大型火电机组需要大量的热能以维持发电，启动成本较高。火电机组启动时间较长，为了减少启动成本需要最大限度地维持火电机组的稳定性。机组关闭后再次运行时需要重新承担启动成本，电价也会因此增加，火电厂可能会亏损几个小时。

【例7-5】　表7-3是［例7-2］中的燃煤电厂在数小时内调度安排。假设电价按小时计算，未来几小时的电价如图7-11所示。机组开始运行时，其启动成本是$600，表7-3是电厂7h的运行情况。

表7-3　　　　　　　　　　　　　　　　电厂1时~7时的运行情况

时期	1h	2h	3h	4h	5h	6h	7h
价格（$/MWh）	12.0	13.0	13.5	10.5	12.5	13.5	11.5
产量（MW）	257.7	450.0	500.0	100.0	353.8	500.0	161.5
收入（$）	3092	5850	6750	1050	4423	6750	858
运行成本（$）	3063	5467	6123	1235	4240	6123	1933
启动成本（$）	600	0	0	0	0	0	0
总成本（$）	3663	5467	6123	1235	4240	6123	1933
利润（$）	−571	383	627	−185	183	627	−75
累积利润（$）	−571	−188	439	254	437	1064	989

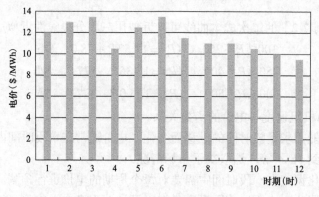

图7-11　［例7-5］的电能价格

当电价波动时，最佳发电量会大幅变化。该机组产生的最大容量发生在 3 时和 6 时，在 4 时容量最低。机组的运行在 1 时是亏损的，这是由于机组的启动成本造成的。到 3 时时，启动成本已经回收，机组开始获利。4 时因为电价太低，机组虽容量很小，但还是有所亏损。此时不关闭机组是对的，这避免了在 5 时再次引入启动成本。7 时，机组由于没有运行在其最小容量而导致亏损，机组没有产生足够的容量来恢复空载成本。如果接下来的几个小时电价持续下降，需要在 6 时后关闭机组，等到电价升高后，然后再重新启动机组。

2. 生产与购买决策

如果发电公司为负载 L 进行供电。假设该公司利用 N 个发电厂的投资组合对负载 L 进行供电，公司会尝试以最低的成本发出所需的电量。

从数学上讲，它可以看作是以下的优化问题

$$\min \sum_{i=1}^{N} C_i(P_i) \text{ 满足 } \sum_{i=1}^{N} P_i = L \tag{7-18}$$

式中　P_i——机组 i 的发电量；

$C_i(P_i)$——机组产生电量 P_i 所消耗的成本。

构造拉格朗日函数，引入约束条件是解决优化问题最简单的方法

$$\ell(P_1, P_2, \cdots P_N, \lambda) = \sum_{i=1}^{N} C_i(P_i) + \lambda \left(L - \sum_{i=1}^{N} P_i \right) \tag{7-19}$$

式中　λ——拉格朗日乘子。

将此拉格朗日函数的偏导数设为零，得到最优解的必要条件

$$\frac{\partial \ell}{\partial P_i} \equiv \frac{dC_i}{dP_i} - \lambda = 0 \quad \forall i = 1, \cdots, N \tag{7-20}$$

$$\frac{\partial \ell}{\partial \lambda} \equiv \left(L - \sum_{i=1}^{N} P_i \right) = 0 \tag{7-21}$$

根据最优解的条件，可以看出所有的机组组合应该有相同的边际成本，且边际成本等于拉格朗日乘数 λ，即

$$\frac{dC_1}{dP_1} = \frac{dC_2}{dP_2} = \cdots \frac{dC_N}{dP_N} = \lambda \tag{7-22}$$

在电力市场中，如果市场电价 π 低于 λ，发电公司应该在电力市场上购买电能，减少自己的发电量。

$$\frac{dC_1}{dP_1} = \frac{dC_2}{dP_2} = \cdots \frac{dC_N}{dP_N} = \pi \tag{7-23}$$

【例 7-6】　假设一个 300MW 的小功率系统，考虑到成本的最低化，至少需要两个火电机组和一个水电站。水电厂产生 40MW 的恒定功率，火电厂的成本函数如下：

机组 A

$$C_A = 20 + 1.7P_A + 0.04P_A^2 \quad \$/h$$

机组 B

$$C_B = 16 + 1.8P_B + 0.03P_B^2 \quad \$/h$$

由于水轮机的可变运行成本可以忽略不计，此优化问题的拉格朗日函数可以写成

$$\ell = C_A(P_A) + C_B(P_B) + \lambda(L - P_A - P_B)$$

式中 L——热电厂提供的 260MW 负荷。

$$\frac{\partial \ell}{\partial P_A} = 1.7 + 0.008P_A - \lambda = 0$$

$$\frac{\partial \ell}{\partial P_B} = 1.8 + 0.06P_B - \lambda = 0$$

$$\frac{\partial \ell}{\partial \lambda} = L - P_A - P_B = 0$$

令拉格朗日函数的偏导数等于零，得到

$$\lambda = 10.67 \quad (\$/MWh)$$
$$P_A = 112.13(MW)$$
$$P_B = 147.87(MW)$$

最后计算出的热电厂的最低总成本为

$$C = C_A(P_A) + C_B(P_B) = 1651.63 \quad \$/h$$

3. 不完全竞争

当竞争为不完全竞争时，发电公司可以通过其他方式影响市场价格。为了对市场价格有更大的影响，发电公司往往不仅拥有一个发电机组。

一个拥有多台机组的发电公司总收益为

$$\Omega_f = \pi P_f - C_f(P_f) \tag{7-24}$$

式中 P_f——受发电公司控制的所有机组的总发电量；

$C_f(P_f)$——发电公司的最小成本。

由于市场价格 π 和售电量不仅取决于自身因素，也与竞争对手密切相关。其依赖关系为

$$\Omega_f = \Omega_f(X_f, X_{-f}) \tag{7-25}$$

式中 X_f——发电公司 f 的决策活动；

X_{-f}——竞争对手 f 的决策活动。

可见发电公司 f 不能独自优化利益，必须考虑其他发电公司影响。这给发电公司 f 带来了困难，因为其他发电公司是竞争对手，之间交换信息是很难的。

（1）贝特朗互动。假设参与者根据贝特朗模型进行互动，则价格是影响每个售电公司提供电能多少的唯一决策变量

$$X_f = \pi_f \forall f \tag{7-26}$$

发电公司 f 售电量取决于其竞争对手的电价和自己的电价，售电公司的收入为

$$\pi P_f = \pi P_f(\pi_f, \pi_{-f}^*) \tag{7-27}$$

如果竞争对手没有及时调整电价，只要发电公司 f 的价格低于其竞争对手的价格，就可以尽可能多地去售电，其关系式为

$$P_f(\pi_f, \pi_{-f}^*) = P_f \tag{7-28}$$

否则为零。

（2）古诺互动。在古诺模型中，每个发电公司电价 π 是总发电量 P（即 $P_f + P_{-f}^*$）的函数，即

$\pi(P_f + P^*_{-f})$，根据自己的生产需要来决定产电量。如果假设发电公司 f 的竞争对手不会调整发电量，它的收入可由下式表示

$$\pi \cdot P_f = \pi(P_f + P^*_{-f}) \cdot P_f \tag{7-29}$$

其边际收入为

$$MR_f = \frac{\partial [\pi(P) \cdot P_f]}{\partial P_f} = \pi + \frac{\partial \pi}{\partial P} \cdot P_f \tag{7-30}$$

古诺模型表明，发电公司的电价应高于其边际成本，不同的需求价格弹性会对此产生差异。由古诺模型获得的数值对此弹性很敏感，对于电能这样弹性很低的商品，由古诺模型计算得到的均衡价格往往高于实际市场中的价格。

【例 7-7】 当市场竞争中的公司数量增加时，假设某一时刻的电力需求为 D，总的电能需求表达式为

$$D = P_A + P_B + \cdots P_N$$

式中 N——市场中竞争对手的数量。

由于公司 B～N 是相同的，因而发电量是相同的。若公司 A 的电能成本比其他公司低，将在电力市场上具有竞争优势。

古诺模型中随竞争者的增加发电量的变化曲线如图 7-12 所示，由图可见，A 公司总是比其他公司的发电量多，而它所占的市场份额随着竞争公司的增加而减少，但不趋向 0。

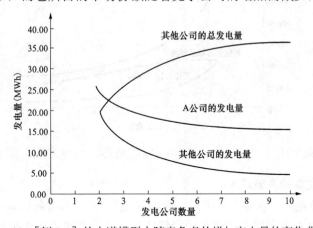

图 7-12 ［例 7-9］的古诺模型中随竞争者的增加产电量的变化曲线

古诺模型中价格和需求随竞争者增加的变化曲线如图 7-13 所示。从图 7-13 可见，竞争公司的增加会降低市场电价，电价逐渐趋于 40\$/MWh，等于公司 B～N 的生产边际成本。激烈的竞争导致需求的增加，对消费者也是有益的。

古诺模型中利润随竞争者增加的变化曲线如图 7-14 所示。图 7-14 表明，竞争也会降低各公司的利益。由于 A 公司成本具有优势，使得 A 公司比其他公司获利更大，但不会因竞争对手数目的增加而趋于零。

（3）模型的局限性。前面所描述的电力市场模型，主要是在一段时间内对市场的份额进行预测。每个发电公司不可能完全相同，这些模型对于复杂发电机组的优化可能没用。但是，这些模型没有考虑到非线性，如机组的负荷和启动成本，以及每个机组输出功率的动态约束条件。

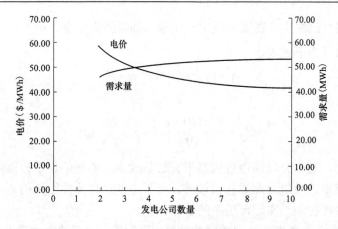

图 7-13　[例 7-9] 的古诺模型中价格和需求随竞争者增加的变化曲线

　　短期内利润的最大化问题相对来说比较简单。在某些情况下，发电公司的发电量会受市场限制，甚至会降低售价。为了应对此现象，发电公司会对市场份额做出改变，通过决策或监管者来阻止新的竞争者进入市场[5]。

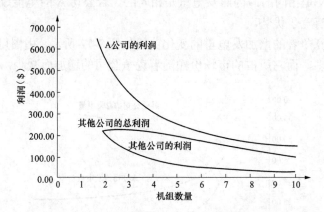

图 7-14　[例 7-9] 的古诺模型中利润随竞争者增加的变化曲线

7.2.3　低边际成本的发电厂

　　某些电厂（如核电厂、水电厂、可再生能源发电厂等），其边际成本可以忽略不计。这些电厂需要有足够的收入来支付它们较大的投资成本，不同类型的机组面临着不同的问题。核电机组由于很难对输出进行调整，通常以恒定的发电水平运行，事实上核电厂在某些情况下应该停运，但现实中由于启动成本非常高而没有停机。因此，核电站必须每时每刻、不惜任何代价地对机组产生的电量进行销售。水电站由于具有一个巨大的水库，使得其可以对发电量进行随意调整。然而，水力发电所需的能量由降雨量决定，为了尽可能地提高收入，水电站需要预测电价最高的时期，并在此期间进行售电。可再生能源发电取决于能源的可用性，如风能和太阳能往往是不可控的，也是不可预测的，因此此类发电厂往往不得不以相当不利的价格对电能进行出售。

7.2.4　混合参与者

　　抽水蓄能电站是最常见的混合参与者。电厂在低负荷时往上游水库抽水会消耗电能，在高负荷时，电厂通过放水带动涡轮机旋转从而产生电能。生产和消费周期能减小需求曲线中波峰和波谷的差距，同时降低火电厂的总成本。由于市场竞争的存在，高价期间售电的收入通常大于低价期间的支出。此外，由于损失，抽水蓄能电站的能源利用率一般只有 75%[6]。

【例 7-8】 如果抽水蓄能电站的储能容量为 1000MW，效率为 75%。假设抽水蓄能电站在额定功率下运行时，水库里的水需要 4h 才能完全排空或注满。如果一个周期为 12h，在电价低时，即 4h 之前（1～4）将水通过水泵注入水库，在电价高时（7～10）对水库进行放水。表 7-4 对周期的各个量进行了记录，由于水电厂的效率只有 75%，所以生产和出售的只有 750MW。在这种情况下，由于低价周期和高价周期之间的巨大差异，抽水电站可获利 $46975，如果价格差异较小，利润将大幅减少，甚至可能导致亏损。

表 7-4 ［例 7-8］的数据

时段	电价（$/MWh）	耗电量（MWh）	发电量（MWh）	收入（$）
1h	18.30	250	0	−4575
2h	13.20	250	0	−3300
3h	12.50	250	0	−3125
4h	17.40	250	0	−4350
5h	33.30	0	0	0
6h	69.70	0	0	0
7h	75.40	0	187.5	14137.5
8h	82.40	0	187.5	15450
9h	93.20	0	187.5	17475
10h	81.40	0	187.5	15262.5
11h	63.70	0	0	0
12h	46.90	0	0	0
总计		1000	750	46975

消费者为了避免停电造成的损失，一般都会安装应急发电机，它能够在停电期间继续供应一部分电量。在电力系统正常运行但电价很高时，消费者发现尽管这些应急发电机的边际成本很高，但还是低于电能的即期现货价格。此时，会启动应急发电机，以减少对市场电能的需求，并将过剩的电量在市场上出售。

一些混合参与者为了尽可能地降低成本，通常在电价高于边际生产成本时，在电力市场中扮演生产者的角色，当电价低于其边际生产成本时，为了能够获利，他们会减少内部发电机的发电量，尽可能在电力市场上购买电能。

7.3 市场控制范围与能源使用效率

7.3.1 市场控制范围

1. 统一调度、分级管理

统一调度、分级管理是电网调度最重要的一条原则。

所谓统一调度，是根据电力生产的特点，由调度机构来统一组织编制和实施全网的运行方式，包括安排日发电计划，安排主要发、供电设备的检修进度，统一布置全网性安全稳定和继电保护设施等；统一指挥电网的操作和事故处理；统一指挥电网的频率调整和电压调整；统一指导全网调度自动化和调度通信设备的运行；统一协调水电厂（站）水库蓄水的合理使用。

由于电网是依电压等级分层、依地域划分分区的一个巨型系统，因此必须分级管理。所谓分级管理是指各级调度的分级负责制，在规定的调度管辖范围内具体落实统一调度的各项要求。

统一调度、分级管理是一个不可分割的整体。电网的安全要靠统一调度来保障，电能的质量要靠统一调度来保证，各方的经济效益要靠统一调度来发挥。总之，统一调度、分级管理体现了电网运行的客观规律，符合我国社会主义市场经济的要求。

2. 五级调度

依据层次不同，电力市场可以分为国家级电力市场、区域电力市场、省级电力市场、地区级电力市场和县市级电力市场。我国电力系统的调度也相应地分为五级调度，即国家调度、大区调度、省级调度、地级调度、县级调度，各级调度有各自的管辖范围和职能。

（1）国家调度是我国调度的最高级，负责协调各大区联络线潮流与运行方式，监视、统计和分析全国电网的运行情况，确保整个电网的安全稳定运行。

（2）大区电力系统调度主要负责全系统的安全经济运行。主要对骨干的火电厂、水电厂和特高压的输电线路及变电站、220kV 的主干线路和枢纽变电站进行统一协调。对全系统的调度计划及负荷预测进行管理制订，监视和分析全系统运行和安全状况，编制整个管理系统内的统计报表。

（3）省级调度是在大区电力系统调度领导下负责管理某一省公司区域内的调度工作。负责管理 220kV 及以下的省级公司管辖范围内的变电站及电力线路，并负责编制所辖电力区域内的调度计划及负荷预测工作，对联络线进行偏移控制，编制省公司管辖范围内的安全监视与分析，并编制统计报表。

（4）地区调度在省级调度的领导下负责某一地区范围内的调度工作。对 110kV 及以下变电站及送配电线路进行管理，分析并掌握地区用电负荷特点，并配合做好用电计划。进行电力中枢点的电压自动调整工作；对所辖地区的电网运行及安全状况进行监视与分析，编制统计报表。

（5）县级调度是电网最低一级的调度机构，它的建设与发展相对其他四级调度滞后很多，其工作职责及结构配置不规范，各种管理也不够正规，应逐步加大对县级调度的管理与投入，以适应社会及电网的迅速发展。

目前，我国真正起作用的是三级调度，大区调度（网调）、省调度中心、地区调度所。图 7-15 所示是电力系统分层调度控制的示意图。

3. 电网调度的主要任务

电网调度的任务：控制整个电网的运行方式，使电网无论在正常或故障情况下，都能满足安全、经济和高质量供电的要求[1]。

（1）保证优质电能。保证有功功率平衡，维持系统频率在额定值附近；保证无功功率（就地）平衡，维持母线电压在额定值附近；安排合理的运行方式和检修计划。

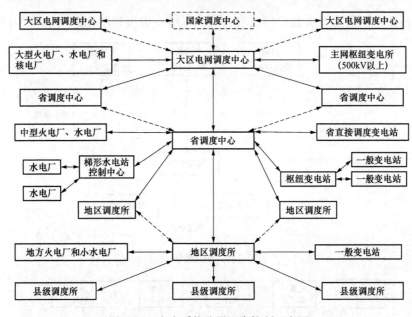

图 7-15　电力系统分层调度控制示意图

←──→ 信息传输通道　　←----→ 不确定联系通道

（2）保证运行经济性。电力系统经济性取决于两个方面，（前）系统规划设计和（后）调度运行方式。通过运行方式安排机组出力大小、备用机组和容量、网损计算分析等。通过负荷预测、潮流计算、安全校核决定基本运行方式，电网调度自动化可自动完成实时经济调度。

（3）选用有较高安全水平的运行方式。预想若干事故进行分析和计算后，选用后果较轻的运行方式，即安全水平较高的运行方式。应用现代电子计算机可以实现实时安全分析。

（4）保证提供强有力的事故处理措施。对于非正常运行状态，调度要采取相应措施使之恢复到正常状态。特别是警戒状态和紧急状态情况下，要采取及时、正确的措施。

4. 电网调度的监管

近年来，调度自动化系统已在各级电网调度中推广应用，成为电网调度的主要生产、指挥工具，甚至在有些经济发达的县级电网，已开始使用其他自动化手段来为调度服务。电网调度的技术装备水平反映了对电网调度的管理能力和管理深度。

（1）通信系统。通信系统是调度的基本生产工具。通信系统的基本任务是传递调度指令和行政命令。调度自动化系统也需要通信系统为其提供信息传输通道，所以通信系统是调度工作的基础。典型的调度通信系统如图 7-16 所示。图中，通信设备泛指各种有线和无线通信设备，主要有无线电台，微波、扩频通信设备，电力线载波、光纤通信设备等。通信通道是指传输无线电波的空间、电力线路、电缆等。调度总机可以汇集各路话音信号，集中送给调度值班台。

（2）调度自动化系统。调度自动化系统已成为电网调度的主要技术支持手段，地调及以上调度机构都早已采用，在县调中发展调度自动化系统起步较晚。近年来，许多功能规范的县调自动系统已投入运行，并且取得了显著的经济效益。电网的不断发展和对管理的深化要求，将会使各级电网努力发展自己的调度自动化系统。调度自动化系统如图 7-17 所示。

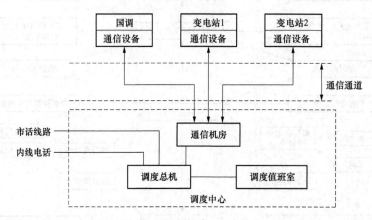

图 7-16　调度通信系统

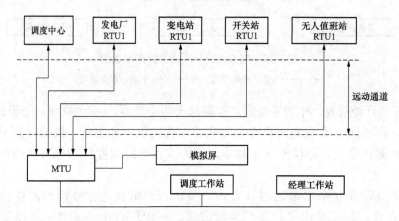

图 7-17　调度自动化系统

图 7-17 中，RTU 是安装在各厂站端的数据采集装置；远动通道是由调度通信系统提供的，能够传输调度自动化系统数据信息的通道；MTU 是在调度中心能够汇集各厂站 RTU 上送数据信息的装置，是调度自动化系统的通信控制设备，提供向上级调度（地调中心）转发数据的功能，向模拟屏发送备份实时信息，并通过计算机向其他工作站发布电网信息。

7.3.2　能源使用效率

7.3.2.1　能源效率的概念

能源效率简称能效，按照物理学的观点，是指在能源利用中，发挥作用的与实际消耗的能源量之比。从消费角度来看，能源效率是指为终端用户提供的服务与所消耗的能源总量之比。所谓提高能耗，是指用更少的能源投入提供同等的能源服务[7]。

能源效率可表示为

$$能源效率 = \frac{生产过程的有用产出}{生产过程的能源投入} \tag{7-31}$$

技术上的能源效率指由于技术进步、生活方式改变、管理效率提高等导致的能源消费量的减少；经济上的能源效率是指用相同或更少的能源获得更多的产出或更好的生活质量。

衡量能源效率的指标分类如图 7-18 所示。

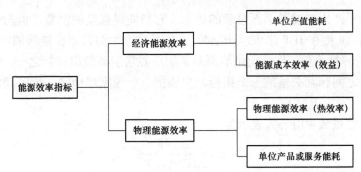

图 7-18　能源效率指标分类

7.3.2.2　能源效率测算指标

能源效率的测算指标主要有两种：一种是单要素能源效率，只是把能源效率与产出进行比较，不考虑其他生产要素。单要素能源效率常被定义为一个经济体的有效产出和能源投入的比值。另一种是全要素能源效率，即考虑各种投入要素相互作用的能源效率。

1. 单要素能源效率

在能源经济学领域对能源效率的评价，常常从经济和技术角度进行测算。归纳起来主要有两类：一类是能源经济效率指标，另一类是能源技术效率指标。其中，能源经济效率指标主要包括反映一国或地区综合能源利用效率的单位国内生产总值的能耗，另外，能源效率弹性系数也是反映经济增长与能源消费之间关系的一个指标；能源技术效率指标通常用热效率（即能源总效率）来表示，还包括反映部门或行业的能源利用效率的单位产品（或单位服务）能耗。能源效率评价指标如图 7-19 所示。

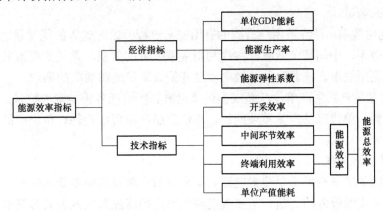

图 7-19　能源效率评价指标

（1）经济指标。经济指标即单位产值能耗，也称能源强度。宏观经济分析中，通常用"单位 GDP 能耗"指标来表示能源强度，能源消耗强度越低，能源经济效率越高。

单位 GDP 能耗用公式表示为

$$单位GDP能源 = \frac{能源消费总量}{国内生产总值} = \frac{E}{GDP} \tag{7-32}$$

式中　E——能源消耗总量（万 t 标准煤）；

　　　GDP——国内生产总值（亿元），一般用万元 GDP 能耗（t 标准煤/万元）来衡量。

1）能源生产率：表示一个国家或地区、部门或行业，一定时间内消耗一单位能源可以得到产出数量，等于产出与能源消耗总量的比率。它是能耗强度的倒数。能源生产率越高，说明能源效率越高。如果用 GDP 来表示产出数量，能源生产率为每单位能源消耗所产出的 GDP。

2）能源消费弹性系数：作为衡量能源效率的单要素能源效率指标之一，它也是反映经济增长与能源消费之间相互关系的一个指标，主要指一个国家或地区一定时间能源消费量增长率与经济增长率之比。

能源消费弹性系数 e 用公式表示为

$$e = \frac{\Delta E / E}{\Delta GDP/GDP} \qquad (7\text{-}33)$$

式中　　E——基期能源消费量；

ΔE——本期能源消费增量；

GDP——基期国内生产总值；

ΔGDP——本期国内生产总值的增量。

$e>1$ 表示能源消费增长率大于经济增长率；$e<1$ 表示经济增长率大于能源消费增长率。因此，能源消费弹性系数越大，能源效率越低。

（2）技术指标。能源技术效率，即物理能源效率，主要指标包括能源系统总效率、单位产品能耗等。能源系统总效率是指在使用能源的活动中所得到的起作用的能源量与实际消耗的能源量之比，一般用百分率来表示。

1）开采效率：是指化石燃料储量的采收效率（回收率）。天然气的回收率很高，煤炭石油的回收率较低，一次能源构成中天然气比例高的国家开采效率就高。

2）中间环节效率：是指加工、转换效率和贮运的效率，贮运效率用能源输运、分配、贮存过程中损失来衡量。

3）终端利用效率：是终端用户得到的有用能与过程开始时输入的能源量之比。能源系统总效率为开采效率、中间环节效率、终端利用效率三者的乘积，常说的能源效率是指中间环节效率和终端利用效率。能源系统总效率就是开采效率和能源效率的乘积。

4）单位产值能耗：生产单位产品或提供单位服务所消耗各种能源的数量。主要有单位产品产量综合能耗、单位产品产量单项能耗、单位产品产量可比能耗、单位产品产量能量因素能耗等[8]。

2. 全要素能源效率

全要素能源效率是相对于单要素能源效率来说的，单要素能源效率侧重于衡量一个经济体的有效产出和能源投入的比值，全要素能源效率是指将能源投入要素与资本、劳动力等要素结合起来，考虑其对经济产出的影响，是评价能源效率的综合指标。全要素能源效率的定义为：经济增长过程中，在除能源要素投入外的其他要素保持不变的前提下，按照最佳生产实践，一定的产出所需的目标能源投入量与实际投入量的比值。该指标是一个无量纲的变量，且是一个不大于 1 的正数。

数据包络分析是全要素能源效率测定的主要方法，该方法是用数据规划模型来评价相同的多投入、多产出的决策单元是否技术有效的一种非参数统计方法。

7.3.2.3　能源效率的测算方法

1. 投入产出分析法

在一般价值型投入产出表的下方增加一个能源投入矩阵，意在把产业的投入划分为非能源部门和能源部门两大类，而原表结构不变，见表 7-5。

表 7-5　　　　　　　　　　实物—价值型能源投入产出表的基本形式

投入	中间环节	中间变量	最终使用	总产出
中间投入	1 2 3	X_{ij}	Y_i	X_i
能源投入	4 5	E_{kj}	E_{ky}	E_k
增加值	增加合计	U_{ij}		
总投入		X_j		

注　E_{kj}—在第 j 部门的生产过程中，第 k 种能源的投入量；E_{ky}—最终需求领域对第 k 种能源的利用量，主要包括能源的最终消费、损失量、能源转化损失、库存和净出口；X_j—j 部门的总产值。

能源投入产出表的平衡关系为

$$\sum_{j=1}^{n} x_{ij} + Y_i = x_i \, (i,j=1,2,3) \tag{7-34}$$

$$\sum_{i=1}^{n} x_{ij} + U_j = x_j \, (i,j=1,2,3) \tag{7-35}$$

$$\sum_{j=1}^{n} E_{kj} + E_{ky} = E_k \, (k=4,5) \tag{7-36}$$

单位产出直接能耗系数（单位：t 标准煤/万元）

$$e_j = \frac{E_j}{X} (j=1,2,\cdots,n)$$

矩阵符号记为 $\boldsymbol{B}_e$。

单位产出完全能耗系数

$$b_{ej} = e_j + \sum_{i=1}^{n} e_i b_{ij} = e_j + f_j$$

用矩阵表示为

$$\boldsymbol{B}_e = \boldsymbol{D}_e + \boldsymbol{D}_e \boldsymbol{B} = \boldsymbol{D}_e (\boldsymbol{I} + \boldsymbol{B}) = \boldsymbol{D}_e (\boldsymbol{I} - \boldsymbol{A})^{-1} = \boldsymbol{D}_e \boldsymbol{L}$$

直接增加值能耗系数

$$e_{kj} = \frac{E_{kj}}{U_j} (k=4,5; j=1,2,3)$$

其矩阵简记为 $\boldsymbol{D}_e$，完全增加值能耗系数用矩阵表示为

$$\boldsymbol{B}_e' = \boldsymbol{D}_e' (\boldsymbol{I} - \boldsymbol{A}_c)^{-1} = \boldsymbol{D}_e' L$$

式中　e_j——第 j 部门的单位产出直接能耗系数；

　　　E_j——第 j 部门对能源的总消耗量；

f_j——第 j 部门的单位产出间接能耗系数；

b_{ej}——第 j 部门的单位产出完全能耗系数；

A——直接消耗系数矩阵；

L——列昂惕夫系数矩阵。

式（7-34）和式（7-35）用矩阵表示为

$$X = (I - A)^{-1}Y \tag{7-37}$$

$$X = (I - A_c)^{-1}U \tag{7-38}$$

由式（7-36）可得

$$E_k = D_e X + E_{ky} = D_e(I - A)^{-1} + E_{ky} \tag{7-39}$$

若不考虑 E_{ky}，可有

$$D_e X = D_e(I - A)^{-1}Y = D_e L Y \tag{7-40}$$

式中 I——单位矩阵；

$(I-A)^{-1}$——列昂惕夫逆阵，简记为 L；

A_c——中间投入系数矩阵，是一个对角阵；

D_e——直接能源投入系数（直接能耗强度）。

2. 数据包络分析法

数据包络分析法（data envelopment analysis，DEA）的思路是将投入产出点映射在空间上，以最大产出或最小投入为效率边界，以此为基准，来计算多输入、多输出决策单元（DMU）的效率。

设有 n 个决策单元 DMU_j（$j=1$，2，$\cdots$，n），每个 DMU 有 m 种输入和 s 种输出，用 $x_j = (x_{1j}, x_{2j}, \cdots, x_{mj})^T$ 和 $y_j = (y_{1j}, y_{2j}, \cdots, x_{mj})^T$ 分别表示输入、输出向量，其输入输出权重分别为 $v = (v_1, v_2, \cdots, v_m)^T$ 和 $u = (u_1, u_2, \cdots, u_m)^T$。

定义每一个决策单元 DMU_j 的斜率评价指数为

$$h_j = \frac{u^T y_j}{v^T x_j} = \frac{\sum\limits_{r=1}^{s} u_r y_{rj}}{\sum\limits_{i=1}^{m} v_i x_{ij}}, j = 1, 2, \cdots, n$$

适当地选取权重系数 v 和 u，使得 $h_j \leqslant 1$。一般 h_j 越大，表明 DMU_j 能够用相对较少的输入取得相对较多的输出。

3. 因素分解法

因素分解法是指通过数学恒等式的变化运算，把目标变量分解成若干关键因素进行分析，并计算组成因素对目标变量变化的相对影响度。下面介绍其中一种典型的算法——拉氏因素分解法。

一个经济变量可分解为若干个元素的乘积，根据结构分解法（SDA）有下式

若已知 $Z_0 = X_0 Y_0, Z_t = X_t Y_t, \Delta Z = Z_t - Z_0, \Delta X = X_t - X_0, \ \Delta Y = Y_t - Y_0$

$$\Delta Z = Z_t - Z_0 = X_t Y_t - X_0 Y_0 = (X_0 + \Delta X)(Y_0 + Y) - X_0 Y_0$$

$$= \Delta X Y_0 + X_0 \Delta Y + \Delta X \Delta Y$$

需要通过因素分解法把 ΔZ 分解为由 ΔX 引起的部分和由 ΔY 引起的部分，即完成 $\Delta Z = \Delta ZX + \Delta ZY$ 的计算。

拉氏因素分解法的计算公式为

$$\Delta Z = Y_0(X_t - X_0) + X_0(Y_t - Y_0) + R$$

其中，R 就是所谓的"剩余"，$R = (X_t - X_0)(Y_t - Y_0)$ 即 X 和 Y 的交叉影响。

现以能源强度的拉氏因素分解法为例进行分析。

用 e_t 表示第 t 年的能源强度，e_{it} 表示第 t 年第 i 次产业的能源强度，y_{it} 表示第 t 年第 i 次产业产值占 GDP 的比重，$i=1$，2，3；$n=1$，2，$\cdots$，p，$\cdots$，$n\cdots$，则

$$\sum_i e_{in} y_{in} = \sum_i e_{ip} y_{ip} + \sum_i e_{ip}(y_{tn} - y_{ip}) + \sum_i (e_{in} - e_{ip}) y_{in}$$

将能源强度变化进行分解

$$\sum_i e_{in} y_{in} - \sum_i e_{ip} y_{ip} = \sum_i e_{ip}(y_{in} - y_{ip}) + \sum_i (e_{in} - e_{ip}) y_{in} = \Delta e_{str} + \Delta e_{eff}$$

其中，$\sum_i e_{ip}(y_{in} - y_{ip})$ 表示从第 P 年到第 n 年由产业结构变化导致的能源强度变化；$\sum_i (e_{in} - e_{ip}) y_{in}$ 表示从第 P 年到第 n 年由各产业部门技术进步、对外开放等因素引起的能源利用效率变化而导致的能源强度变化。

7.3.2.4　能源效率的影响因素

（1）能源价格。能源价格是影响能源效率的重要因素之一，能源价格上升减少了对能源的使用，转而增加劳动、资本、知识等生产要素的投入，在产出一定的前提下，能源消费量的降低即意味着能源效率的提高。

（2）产业结构调整。产业机构重型化，单位 GDP 能耗必然大；产业结构轻型化，单位 GDP 能耗就小。

（3）技术进步。先进适宜的技术能保障以较少的投入获得较大的产出，提高能源效率。

（4）社会因素。社会因素指人口数量和素质、消费行为等。

（5）市场化水平。市场化程度越高，能源效率越高。

综上所述，能源效率的影响因素大致可以分成三类：①能源价格和产业结构变化因素，②技术进步因素；③对外开放程度因素。

7.3.2.5　中国能源效率分析

1. 市场机制下取得的成效

在市场机制的作用下，据世界能源理事会统计，1990～2006 年，全球范围内大部分地区的能源效率都有较大的提高，能源消费强度年均下降率为 1.6%，节能效果非常显著。

我国从 2002 年开始实行电力体制改革并取得了显著成效。数据显示，2011 年我国发电装机容量达到 10.6 亿 kW，9 年间新增 7 亿 kW，较 2002 年的 3.56 亿 kW 增长 3 倍，我国先后成为世界第一的水电、风电、发电量大国，解决了困扰多年的发电装机"硬缺口"问题。电网建设方面，220kV 以上输电线路从 20.7 万 km 增加到 47.5 万 km，增加 2.3 倍，直流输电线路总长度和输电容量跃居世界第一；发电厂用电率降低 12.4%；线损降低了 13.3%；CO_2 排放降低了 14.1%；居民用电停电时间从 11.72h/年下降到 7.01h/年。表 7-6 为 2017 年我国电力工业统计数据。

表 7-6   2017 年全国电力工业统计数据一览表

指 标 名 称	计算单位	全年累计	
		绝对量	增长
全国全社会用电量	$\times 10^9$kWh	63077	6.6
其中：第一产业用电量	$\times 10^9$kWh	1155	7.3
第二产业用电量	$\times 10^9$kWh	44413	5.5
工业用电量	$\times 10^9$kWh	43624	5.5
轻工业用电量	$\times 10^9$kWh	7493	7.0
重工业用电量	$\times 10^9$kWh	36131	5.2
第三产业用电量	$\times 10^9$kWh	8814	10.7
城乡居民生活用电量	$\times 10^9$kWh	8695	7.8
全口径发电设备容量	$\times 10^4$kW	177703	7.6
其中：水电	$\times 10^4$kW	34119	2.7
火电	$\times 10^4$kW	110604	4.3
核电	$\times 10^4$kW	3582	6.5
并网风电	$\times 10^4$kW	16367	10.5
并网太阳能发电	$\times 10^4$kW	13025	68.7
6000kW 及以上电厂供电标准煤耗	g/kWh	309	−3.0
全国线路损失率	%	6.4	−0.1
6000kW 及以上电厂发电设备利用小时数	h	3786	−11
其中：水电	h	3579	−40
火电	h	4209	23
电源基本建设投资完成额	亿元	2700	−20.8
其中：水电	亿元	618	0.1
火电	亿元	740	−33.9
核电	亿元	395	−21.6
电网基本建设投资完成额	亿元	5315	−2.2
发电新增设备容量	$\times 10^4$kW	13372	10.1
其中：水电	$\times 10^4$kW	1287	9.2
火电	$\times 10^4$kW	4578	−9.3
新增 220kV 及以上变电设备容量	$\times 10^4$kVA	24263	−0.5
新增 220kV 及以上输电线路回路长度	km	41459	18.5

注   数据来源于国家能源局 2018 年 1 月 22 日公布数据，其中全社会用电量指标是全口径数据，电源、电网基本建
     设投资为纳入行业统计的大型电力企业完成数。

2. 能源效率的国际比较

为了直观地了解中国的能源效率水平，可以进行横向的国际比较。我国与其他国家能源

强度比较如图 7-20 所示。从图 7-20 中可以发现，中国近十年来能源强度的下降十分显著。
与发达国家及部分发展中国家相比，中国的能源效率仍然偏低，存在较大的差距。

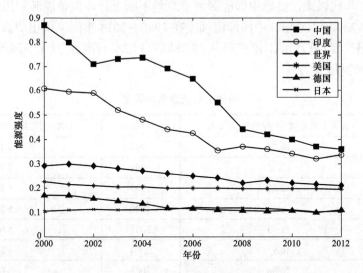

图 7-20　中国与其他国家能源强度比较

　　能源消费强度是衡量一个国家能源利用效率的重要指标，它是指产出单位经济量所消耗
的能源量，强度越低，能源效率越高。据世界能源理事会统计，从 1990 年到 2006 年，全球
范围内大部分地区的能源效率都有较大的提高，能源消费强度年均下降率为 1.6%。图 7-20
表明，随着时间的推移，中国能源效率明显低于其他主要国家和世界平均水平。能源消耗强
度经过 2000 年到 2002 年的短暂下降后出现了连续两年的上升，从 2004 年开始至 2012 年一
直处于下降的趋势。大部分研究和实践表明，发达国家和发展中国家在工业化进程中依照
时间先后顺序，表现出相似的能源消费强度变化规律，即在工业化进程中，能源消费强度
的变化是随着时间的推移先呈上升趋势，达到峰值后开始缓慢下降。中国的能源强度在逐
渐下降，2012 年和 2000 年相比，中国 1000 美元的 GDP 消耗能源由 0.87 吨油当量下降为
0.33 吨油当量，能源强度由原来日本的 7.9 倍减少为 4.1 倍，德国的 4.9 倍减少为 3.67 倍，
美国的 3.7 倍减少为 2.4 倍，世界平均水平的 3.0 倍减少为 1.9 倍，与印度的能源强度基本
相当。

　　尽管各国能源消费强度的总体规律一致，但由于各国资源禀赋、经济结构、技术、人
口、社会等因素的不同，各国能源消费强度峰值及达到峰值时对应的经济水平存在一定的
差异。

　　人均能源消费"零增长"现象。人均能源消费作为衡量能源消费水平的指标，以各国单
位人口的能源消费量为基准，可以更加准确地反映一个国家的能源消费水平及其变化趋势。
近年来发达国家人均能源消费"零增长"的主要原因是其工业部门能耗持续下降，而交通、
民用和商用部门能耗的上升逐步趋缓。

　　发达国家人均能源消费"零增长"态势表明，进入后工业化阶段，随着经济增长方式的
转变和人民生活需求的相对饱和，能源消费与经济增长之间不再像工业化阶段那样呈近线性
相关关系；相反，经济增长对能源消费的影响并不显著。而人均能源消费维持在一个相对稳

定的较高水平，使得人口增长将成为影响能源消费总量增加的主要因素。

3. 能源消费的国内变化

20 世纪 80 年代以来，虽然中国能源消费总量不断上升，但是能源利用效率却有了明显的提高。从表 7-7 中可以看出，中国能源强度在 1980～2013 年间呈现出明显下降的趋势，按 1978 年不变价格计算，每万元 GDP 能耗从 1980 年的 14.26t 标准煤/万元下降到 2013 年的 3.94t 标准煤/万元，降幅超过 72%。

表 7-7   中国历年能源消耗强度

年份	能源消费强度（t 标准煤/万元）	年份	能源消费强度（t 标准煤/万元）
1980	14.26	1997	6.18
1981	13.36	1998	5.74
1982	12.80	1999	5.50
1983	12.28	2000	5.25
1984	11.45	2001	5.01
1985	10.91	2002	4.87
1986	10.56	2003	5.01
1987	10.15	2004	5.38
1988	9.79	2005	5.35
1989	9.81	2006	5.20
1990	9.61	2007	4.94
1991	9.25	2008	4.68
1992	8.52	2009	4.51
1993	7.95	2010	4.33
1994	7.44	2011	4.24
1995	7.17	2012	4.10
1996	6.72	2013	3.94

根据结构分析法，能源强度取决于两个因素：一是产业的能耗水平，反映各产业能源效率的高低；二是产业机构，即各产业在经济总量中所占的比重。

一般来说，第三产业能耗低，而第二产业特别是工业能耗高。从目前来看，中国仍然是高投入、高消耗、高污染的粗放型经济增长方式，因此能源消耗强度比较大。图 7-21 显示的是三次产业能源效率的变化趋势[1]。

图 7-21 显示，一次产业和三次产业能源消耗量绝对数值很小，且能源强度变化不大；中国总体能源强度变化趋势与二次产业的能源强度变化趋势相吻合，存在很高的关联性，这说明了中国能源强度的变化主要是由二次产业引起的。二次产业在 2000～2012 年间能源消耗强度由 2000 年的 2.59 下降为 2012 年的 1.36，下降速度远高于一次、三次产业，表明了中国提高能源利用效率、进行市场体制改革等措施起到了较好的效果。

能源消费结构对能源效率的影响表现在两个方面：一是不同能源品种过程效率的差异，二是不同的能源品种有效能创造经济产出的差异。能源效率的提高，在很大程度上与一国政府的产业政策、能源安全理念以及能源政策有很大的关系。

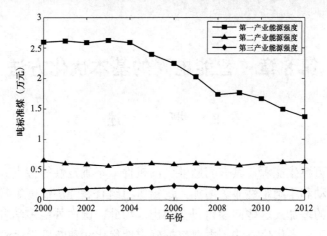

图 7-21　中国各产业能源消耗强度变化趋势

参 考 文 献

[1] 刘秋华. 电力市场营销管理 [M]. 北京：中国电力出版社，2015.

[2] 张利. 电力市场概论 [M]. 北京：机械工业出版社，2014.

[3] 魏一鸣，焦建玲，廖华. 能源经济学 [M]. 北京：科学出版社，2011.

[4] DANIEL K，GORAN S. Fundamentals of Power System Economics. UK：John Wiley & Sons，Ltd.，2004：86-110.

[5] 林卫斌. 能源系统运行分析 [M]. 北京：经济管理出版社，2015.

[6] 甘德强，杨莉，冯冬涵. 电力经济与电力市场 [M]. 北京：机械工业出版社，2010.

[7] 周东. 能源经济学 [M]. 北京：北京大学出版社，2015（8）：217-235.

[8] 杜松怀. 电力市场 [M]. 北京：中国电力出版社，2008.

第8章 智能电网的基本优化方法

8.1 概 述

风电、光伏等可再生能源，具有间歇性、随机性、不确定性等特点。可再生能源接入智能电网后，功率波动和不确定性显著增加，这给机组组合和经济调度等带来了挑战。随着可再生能源接入容量的增加，这些问题将日益突出。为此，国内外很多学者针对机组组合和经济调度问题，提出了许多优化方法，主要包括确定性优化法和随机优化法。

（1）确定性优化法，仍是电力公司广泛使用的主要方法。目前，确定性方法虽然没有明确的不确定性处理机制，但仍然是电力公司使用的主要方法。在可再生能源渗透率低的情况下，该方法似乎并未出现问题。但随着渗透率的提高，此类方法的解决方案将不再有效，甚至无法满足电力的瞬时平衡。若继续沿用此类方法，需配备更多的旋转备用容量，不仅大幅增加投资，而且还可能失效。从历史上看，确定的经济调度问题通常使用拉格朗日松弛法和次梯度法。拉格朗日松弛法，引入了缓慢收敛的乘数，使得计算量较大。次梯度法，以拉格朗日松弛为基础，不要求全局优化，计算性能显著提高。

（2）随机优化方法，面临场景数量多和计算量较大的问题。随机模型，可解决负荷不确定、发电机停运及风能功率的不确定等问题。随机优化中，风电功率可产生不同场景，场景数量是决策效率的关键。如果场景过少，不能获得低概率事件导致严重后果的情况；若场景过多，将大幅增加计算负担。在决策过程中，常使用分解方法简化决策过程，例如 Benders 分解法可将问题分解成主问题和多个场景子问题。

近年来，还有学者提出基于最坏情况的鲁棒优化方法。鲁棒优化，是寻找给定不确定集合的最优可行解，即最坏情况的最优解。该方法可被用来解决负荷、电源等的不确定性问题。针对网络约束和不确定功率注入约束的机组组合问题，文献［1］提出了两阶段鲁棒自适应模型：第一阶段，利用 Benders 分解和割平面法，在给定不确定集合中寻找最佳可行解；第二阶段，通过混合迭代策略，搜索最坏情况下的决策变量。文献［2］中，考虑了抽水蓄能机组和风能不确定性，构建双线性优化模型，通过近似技术求解。由于鲁棒优化考虑了最坏情况，其结果通常比较保守，本书不深入介绍。

本章重点介绍确定性规划方法、随机规划方法以及广泛使用的动态规划方法。通过算例的分析与应用，阐述三种方法的基本思想和应用场景，为智能电网优化运行提供方法论基础。

8.2 确定性优化方法：电力系统经济调度问题

8.2.1 非线性函数优化

1. 无约束参数优化

非线性函数优化是计算机辅助设计中的重要工具，也是更广泛的一类被称为非线性规划的一部分。许多书中讨论了非线性函数优化的基础理论和计算方法，其目标是在非线性等式和不等式约束条件下，使非线性成本函数最小。

用于解决无约束参数优化问题的数学工具直接来自于多变量的微积分。最小化成本函数

$$f(x_1, x_2, \cdots x_n) \tag{8-1}$$

的极值是通过使得 f 的偏导数等于 0 来获得，即

$$\frac{\partial f}{\partial x_i} = 0 \tag{8-2}$$

或

$$\nabla f = 0 \tag{8-3}$$

其中

$$\nabla f = \left(\frac{\partial f}{\partial x_1}, \frac{\partial f}{\partial x_2}, \cdots, \frac{\partial f}{\partial x_n} \right)^{\mathrm{T}}$$

∇f 称为梯度向量，其二阶导数可表示为

$$H = \frac{\partial^2 f}{\partial x_i \partial x_j} = \begin{bmatrix} \dfrac{\partial^2 f}{\partial x_1^2} & \dfrac{\partial^2 f}{\partial x_1 \partial x_2} & \cdots & \dfrac{\partial^2 f}{\partial x_1 \partial x_n} \\ \dfrac{\partial^2 f}{\partial x_2 \partial x_1} & \dfrac{\partial^2 f}{\partial x_2^2} & \cdots & \dfrac{\partial^2 f}{\partial x_2 \partial x_n} \\ \vdots & \vdots & \ddots & \vdots \\ \dfrac{\partial^2 f}{\partial x_n \partial x_1} & \dfrac{\partial^2 f}{\partial x_n \partial x_2} & \cdots & \dfrac{\partial^2 f}{\partial x_n^2} \end{bmatrix} \tag{8-4}$$

上述等式生成了一个对称矩阵，称为海森矩阵。一旦 f 的导数在局部极值 $(\hat{x}_1, \hat{x}_2, \cdots, \hat{x}_n)$ 处消失，对于 f 具有相对最小值，则在 $(\hat{x}_1, \hat{x}_2, \cdots, \hat{x}_n)$ 处估计的海森矩阵必须是正定矩阵。这个条件要求在 $(\hat{x}_1, \hat{x}_2, \cdots, \hat{x}_n)$ 处得到的海森矩阵的所有特征值都是正的。

总而言之，函数的无约束最小值是通过将其偏导数（可能变化的参数）等于零，并求解参数值来找到的。在获得的参数集合中，成本函数的二阶偏导数矩阵为正定时，目标函数是局部最小值，如果存在单个局部最小值，则也是全局最小值；否则，必须在每个局部最小值重新计算，以确定哪一个是全局最小值。

2. 含约束参数优化

（1）等式约束。当要选择的参数之间存在函数关联时，会出现这种类型的问题。该问题的最小化成本函数为

$$f(x_1, x_2, \cdots, x_n) \tag{8-5}$$

其等式约束为

$$g_i(x_1, x_2, \cdots, x_n) = 0 \quad i = 1, 2, \cdots, k \tag{8-6}$$

这种问题可以通过拉格朗日乘数法来解决。通过引入不确定量向量 λ 构成的无约束成本函数变为

$$\mathcal{L} = f + \sum_{i=1}^{k} \lambda_i g_i \tag{8-7}$$

因此 $\mathcal{L}$ 的局部最小值必要条件为

$$\frac{\partial \mathcal{L}}{\partial x_i} = \frac{\partial f}{\partial x_i} + \sum_{i=1}^{k} \lambda_i \frac{\partial g_i}{\partial x_i} = 0 \tag{8-8}$$

$$\frac{\partial \mathcal{L}}{\partial \lambda_i} = g_i = 0 \tag{8-9}$$

注意：式（8-9）只是原始的约束条件。

（2）不等式约束。实际优化问题包含不等式约束以及等式约束，最小化成本函数为

$$f(x_1, x_2, \cdots, x_n) \tag{8-10}$$

受等式约束

$$g_i(x_1, x_2, \cdots, x_n) = 0 \quad i = 1, 2, \cdots, k \tag{8-11}$$

和不等式约束

$$u_j(x_1, x_2, \cdots, x_n) \leqslant 0 \quad j = 1, 2, \cdots, m \tag{8-12}$$

拉格朗日乘数通过引入未确定量的向量 $\boldsymbol{\mu}$ 来扩展包含不等式约束。无约束成本函数变为

$$\mathcal{L} = f + \sum_{i=1}^{k} \lambda_i g_i + \sum_{j=1}^{m} \mu_j u_j \tag{8-13}$$

因此 $\mathcal{L}$ 的局部最小值的必要条件为

$$\frac{\partial \mathcal{L}}{\partial x_i} = 0 \quad i = 1, \cdots, n \tag{8-14}$$

$$\frac{\partial \mathcal{L}}{\partial \lambda_i} = g_i = 0 \quad i = 1, \cdots, k \tag{8-15}$$

$$\frac{\partial \mathcal{L}}{\partial \mu_j} = u_j \leqslant 0 \quad j = 1, \cdots, m \tag{8-16}$$

$$\mu_j u_j = 0 \ \& \ \mu_j > 0 \quad j = 1, \cdots, m \tag{8-17}$$

注意，式（8-15）只是原始的约束条件。假设 $(\hat{x}_1, \hat{x}_2, \cdots, \hat{x}_n)$ 是相对最小值。如果在 $(\hat{x}_1, \hat{x}_2, \cdots, \hat{x}_n)$ 和 $\mu_j = 0$ 处等式成立，那么式（8-16）中的不等式约束是无效的。另一方面，当等式成立时，即约束 $\mu_j u_j(\hat{x}_1, \hat{x}_2, \cdots, \hat{x}_n) = 0$ 且 $\mu_j > 0$，约束在该点是有效的。这被称为库恩塔克必要条件。

8.2.2 计及网损的经济调度

当传输距离很短且负荷密度很高时，传输损耗可能被忽略，且最优调度是通过所有发电厂均运行在等增量生产成本上实现的。然而，在一个相互连接的大电网中，电能是通过远距离传输的，此时输电损耗是影响经济调度的重要因素。计及传输损耗影响的普遍做法，是把全部传输损耗表示为关于发电机输出功率的二次函数。最简单的二次形式为

$$P_L = \sum_{i=1}^{n_g} \sum_{j=1}^{n_g} P_i B_{ij} P_j \tag{8-18}$$

更加普遍的形式则包含线性项和常数项，简称 Kron 损耗公式

$$P_L = \sum_{i=1}^{n_g} \sum_{j=1}^{n_g} P_i B_{ij} P_j + \sum_{i=1}^{n_g} B_{0i} P_i + B_{00} \tag{8-19}$$

系数 B_{ij} 被称为损耗系数或 B 系数。假设 B 系数为常数，其实际运行状态接近基本状态，可得到合理的精度。本节 8.2.3 中给出了获得 B 系数的一种方法。

经济调度问题是指最小化总发电成本，C_t 是发电厂出力的函数

$$C_t = \sum_{i=1}^{n_g} C_i$$

$$= \sum_{i=1}^{n_g} \alpha_i + \beta_i P_i + \gamma_t P_i^2$$

约束条件为发电量等于全部负荷功率和损耗

$$\sum_{i=1}^{n_g} P_i = P_D + P_L$$

满足不等式约束，表达如下

$$P_{i,(\min)} \leqslant P_i \leqslant P_{i,(\max)} \qquad i = 1, \cdots, n_g$$

其中 $P_{i,(\min)}$ 和 $P_{i,(\max)}$ 分别为发电厂 i 出力限制的最小值和最大值。

运用拉格朗日乘法并将附加条件加到不等式约束中，得到

$$\mathcal{L} = C_t + \lambda \left(P_D + P_L - \sum_{i=1}^{n_g} P_i \right) + \sum_{i=1}^{n_g} \mu_{i(\max)}(P_i - P_{i(\max)}) + \sum_{i=1}^{n_g} \mu_{i(\min)}(P_i - P_{i(\min)}) \qquad （8-20）$$

这里的约束可理解为：当 $P_i < P_{i(\max)}$ 时，$\mu_{i(\max)} = 0$；当 $P_i > P_{i(\min)}$ 时，$\mu_{i(\min)} = 0$。换句话说，如果不违反约束条件，其相关 B 变量为零，式（8-20）中的相应项也就不存在了。此约束条件只在约束违反时起作用。函数 $\mathcal{L}$ 的最小值出现的条件即

$$\frac{\partial \mathcal{L}}{\partial P_i} = 0 \qquad （8-21）$$

$$\frac{\partial \mathcal{L}}{\partial \lambda} = 0 \qquad （8-22）$$

$$\frac{\partial \mathcal{L}}{\partial \mu_{i(\max)}} = P_i - P_{i(\max)} = 0 \qquad （8-23）$$

$$\frac{\partial \mathcal{L}}{\partial \mu_{i(\min)}} = P_i - P_{i(\min)} = 0 \qquad （8-24）$$

式（8-23）和式（8-24）意味着 P_i 不允许超出限制，当 P_i 在它的限制范围内 $\mu_{i(\min)} = \mu_{i(\max)} = 0$ 时，库恩塔克函数与拉格朗日一样。由式（8-25）得

$$\frac{\partial C_t}{\partial P_i} + \lambda \left(0 + \frac{\partial P_L}{\partial P_i} - 1 \right) = 0$$

因为

$$C_t = C_1 + C_2 + \cdots + C_{n_g}$$

那么

$$\frac{\partial C_t}{\partial P_i} = \frac{\mathrm{d} C_i}{\mathrm{d} P_i}$$

因此，最优调度条件为

$$\frac{\mathrm{d} C_t}{\mathrm{d} P_i} + \lambda \frac{\partial P_L}{\partial P_i} = \lambda \qquad i = 1, \cdots n_g \qquad （8-25）$$

其中 $\dfrac{\partial P_L}{\partial P_i}$ 为增量传输损耗。第二个条件为式（8-22），结果为

$$\sum_{i=1}^{n_g} P_i = P_D + P_L \tag{8-26}$$

式（8-26）为等式约束。

通常，式（8-25）可表示为

$$\left(\frac{1}{1-\dfrac{\partial P_L}{\partial P_i}}\right)\frac{\mathrm{d}C_t}{\mathrm{d}P_i} = \lambda \qquad i=1,\cdots,n_g \tag{8-27}$$

或

$$L_i \frac{\mathrm{d}C_i}{\mathrm{d}P_i} = \lambda \quad i=1,\cdots,n_g$$

$$L_i = \frac{1}{1-\dfrac{\partial P_L}{\partial P_i}}$$

式中　L_i——发电厂 i 的惩罚因子。

因此，传输损耗的作用是提出了一个惩罚因子，它的值取决于发电厂的位置。式（8-27）说明了当每个发电厂的增量成本乘以其惩罚因子的值都相等时，得到最低成本。

增量生产成本由式 $\dfrac{\mathrm{d}C_i}{\mathrm{d}P_i} = 2\gamma_i P_i + \beta_i$ 得出，由式（8-19）可得出增量传输损耗，得

$$\frac{\mathrm{d}P_L}{\mathrm{d}P_i} = 2\sum_{j=1}^{n_g} B_{ij}P_j + B_{0i} \tag{8-28}$$

增量生产成本和增量传输损耗代入式（8-25），得

$$\beta_i + 2\gamma_i P_i + 2\lambda\sum_{j=1}^{n_g} B_{ij}P_j + B_{0i}\lambda = \lambda$$

或

$$\left(\frac{\gamma_i}{\lambda} + B_{ii}\right)P_i + \sum_{\substack{j=1\\j\neq i}}^{n_g} B_{ij}P_j = \frac{1}{2}\left(1 - B_{0i} - \frac{\beta_i}{\lambda}\right) \tag{8-29}$$

将式（8-29）运用到所有发电厂中，结果为如下矩阵形式的线性方程组

$$\begin{bmatrix} \dfrac{\gamma_1}{\lambda} + B_{11} & B_{12} & \cdots & B_{1n_g} \\ B_{21} & \dfrac{\gamma_2}{\lambda} + B_{22} & \cdots & B_{2n_g} \\ \vdots & \vdots & \ddots & \vdots \\ B_{n_g 1} & B_{n_g 2} & \cdots & \dfrac{\gamma_{n_g}}{\lambda} + B_{n_g n_g} \end{bmatrix} \begin{bmatrix} P_1 \\ P_2 \\ \vdots \\ P_{n_g} \end{bmatrix} = \frac{1}{2} \begin{bmatrix} 1 - B_{01} - \dfrac{\beta_1}{\lambda} \\ 1 - B_{02} - \dfrac{\beta_2}{\lambda} \\ \vdots \\ 1 - B_{0n_g} - \dfrac{\beta_{n_g}}{\lambda} \end{bmatrix} \tag{8-30}$$

或

$$EP = D \tag{8-31}$$

为了找出 $\lambda^{(1)}$ 估计值的最优调度, 要先求解由式 (8-31) 给出的联立线性方程。在 MATLAB 中运行命令 "P=E\D", 然后使用梯度法继续迭代。为此, 在式 (8-29) 中, P_i 第 k 次迭代的表达式为

$$P_i^{(k)} = \frac{\lambda^{(k)}(1 - B_{0i}) - \beta_i - 2\lambda^{(k)}\sum_{j \neq i} B_{ij} P_j^{(k)}}{2(\gamma_i + \lambda^{(k)} B_{ii})} \tag{8-32}$$

在式 (8-26) 中用式 (8-32) 替换 P_i 得到

$$\sum_{i=1}^{n_g} \frac{\lambda^{(k)}(1 - B_{0i}) - \beta_i - 2\lambda^{(k)}\sum_{j \neq i} B_{ij} P_j^{(k)}}{2(\gamma_i + \lambda^{(k)} B_{ii})} = P_D + P_L^{(k)}$$

或

$$f(\lambda)^{(k)} = P_D + P_L^{(k)}$$

在工作点 $\lambda^{(k)}$ 处将上述方程左侧用泰勒级数展开, 忽略高阶项得到

$$f(\lambda)^{(k)} + \left(\frac{\mathrm{d}f(\lambda)}{\mathrm{d}\lambda}\right)^{(k)} \Delta\lambda^{(k)} = P_D + P_L^{(k)} \tag{8-33}$$

或

$$\Delta\lambda^{(k)} = \frac{\Delta P^{(k)}}{\left(\dfrac{\mathrm{d}f(\lambda)}{\mathrm{d}\lambda}\right)^{(k)}} = \frac{\Delta P^{(k)}}{\sum \left(\dfrac{\mathrm{d}P_i}{\mathrm{d}\lambda}\right)^{(k)}} \tag{8-34}$$

其中

$$\sum_{i=1}^{n_g} \left(\frac{\partial P_i}{\partial\lambda}\right)^{(k)} = \sum_{i=1}^{n_g} \frac{\gamma_i(1 - B_{0i}) + B_{ii}\beta_i - 2\gamma_i\sum_{j \neq i} B_{ij} P_j^{(k)}}{2(\gamma_i + \lambda^{(k)} B_{ii})^2} \tag{8-35}$$

因此

$$\lambda^{(k+1)} = \lambda^{(k)} + \Delta\lambda^{(k)} \tag{8-36}$$

其中

$$\Delta P^{(k)} = P_D + P_L^{(k)} - \sum_{i=1}^{n_g} P_i^{(k)} \tag{8-37}$$

此过程持续到 $\Delta P^{(k)}$ 小于指定的精度为止。

如果总损耗为

$$P_L = \sum_{i=1}^{n_g} B_{ii} P_i^2 \tag{8-38}$$

若 $B_{ij}=0$, $B_{00}=0$, 由式 (8-38) 给出的简单表达式为

$$P_i^{(k)} = \frac{\lambda^{(k)} - \beta_i}{2(\gamma_i + \lambda^{(k)} B_{ii})} \tag{8-39}$$

式 (8-35) 化简为

$$\sum_{i=1}^{n_g}\left(\frac{\partial P_i}{\partial \lambda}\right)^{(k)}=\sum_{i=1}^{n_g}\frac{\gamma_i+B_{ii}\beta_i}{2(\gamma_i+\lambda^{(k)}B_{ii})^2} \tag{8-40}$$

8.2.3 损耗公式的推导

发电最优调度的重要步骤之一是根据发电机的实际输出功率来表达系统损耗。现有几种可以获得损耗公式的方法，其中比较常用的方法是损耗系数法或 B-系数法。

节点 i 的总注入复功率记为 S_i，公式为

$$S_i = P_i + jQ_i = U_iI_i^*$$

所有节点上的功率总和给出了系统总损耗

$$P_L + jQ_L = \sum_{i=1}^{n}U_iI_i^* = U_{bus}^T I_{bus}^* \tag{8-41}$$

式中 P_L、Q_L——系统的有功和无功功率损耗；

U_{bus}——节点电压列向量；

I_{bus}——注入电流列向量。

用节点电压表示节点电流的表达式如下

$$I_{bus} = Y_{bus}U_{bus}$$

式中 Y_{bus}——以地面为参考的节点导纳矩阵。

求解 U_{bus}，得出

$$U_{bus} = Y_{bus}^{-1}I_{bus}$$
$$= Z_{bus}I_{bus} \tag{8-42}$$

节点导纳矩阵的逆阵即节点阻抗矩阵。如果有分流元件（例如并联补偿电纳）接地（母线 0），节点导纳矩阵是稀疏的。实际上 Z_{bus} 可以通过电网络理论直接获得，而不需要求逆阵。

把式（8-42）中的 U_{bus} 带入式（8-41），得到

$$P_L + jQ_L = [Z_{bus}I_{bus}]^T I_{bus}^*$$
$$= I_{bus}^T Z_{bus}^T I_{bus}^* \tag{8-43}$$

Z_{bus} 是一个对称阵，因此，$Z_{bus} = Z_{bus}^T$。

式（8-43）中的表达式也可以用下标来表示

$$P_L + jQ_L = \sum_{i=1}^{n}\sum_{j=1}^{n}I_iZ_{ij}I_j^* \tag{8-44}$$

因为节点阻抗矩阵是对称的，也就是 $Z_{ij}=Z_{ji}$，以上等式可以被重写成

$$P_L + jQ_L = \frac{1}{2}\sum_{i=1}^{n}\sum_{j=1}^{n}Z_{ij}(I_iI_j^* + I_jI_i^*) \tag{8-45}$$

式（8-45）括号中的数值是实数，因此损耗可以分为有功分量和无功分量

$$P_L = \frac{1}{2}\sum_{i=1}^{n}\sum_{j=1}^{n}R_{ij}(I_iI_j^* + I_jI_i^*) \tag{8-46}$$

$$Q_L = \frac{1}{2}\sum_{i=1}^{n}\sum_{j=1}^{n}X_{ij}(I_iI_j^* + I_jI_i^*) \tag{8-47}$$

式中　R_{ij}、X_{ij}——节点阻抗矩阵的电阻和电抗元素。

因为 $R_{ij}=R_{ji}$，有功功率损耗可以表示为

$$P_L = \sum_{i=1}^{n}\sum_{j=1}^{n} I_i R_{ij} I_j^* \qquad (8\text{-}48)$$

或矩阵形式中，系统有功损耗为

$$P_L = I_{\mathrm{bus}}^{\mathrm{T}} R_{\mathrm{bus}} I_{\mathrm{bus}}^* \qquad (8\text{-}49)$$

其中，R_{bus} 是节点阻抗矩阵的实部。为了获得发电功率方面系统功率损耗的一般公式，将总负荷电流定义为各个负荷电流的总和，也就是

$$I_{L1} + I_{L2} + \cdots + I_{Ln\mathrm{d}} = I_{\mathrm{D}} \qquad (8\text{-}50)$$

式中　n_{d}——负荷节点数量；

　　　I_{D}——总负荷电流。

现在各个节点电流被设定成随着全部负荷电流的变化而变化，也就是

$$I_{LK} = l_k I_{\mathrm{D}} \qquad (8\text{-}51)$$

或

$$l_k = \frac{I_{LK}}{I_{\mathrm{D}}} \qquad (8\text{-}52)$$

假设节点 1 为参考节点（平衡节点），扩展式（8-42）的第一行结果为

$$U_1 = Z_{11}I_1 + Z_{12}I_2 + \cdots + Z_{1n}I_n \qquad (8\text{-}53)$$

如果 n_{g} 是发电机节点数，n_{d} 是负荷节点数，以上等式可以根据发电机电流和负荷电流被写成

$$U_1 = \sum_{i=1}^{n_{\mathrm{g}}} Z_{1i}I_{gi} + \sum_{k=1}^{n_{\mathrm{d}}} Z_{1k}I_{Lk} \qquad (8\text{-}54)$$

把式（8-51）中的 I_{Lk} 带入式（8-54），得到

$$U_1 = \sum_{i=1}^{n_{\mathrm{g}}} Z_{1i}I_{gi} + I_{\mathrm{D}} \sum_{k=1}^{n_{\mathrm{d}}} l_k Z_{1k} \qquad (8\text{-}55)$$

$$= \sum_{i=1}^{n_{\mathrm{g}}} Z_{1i}I_{gi} + I_{\mathrm{D}}T$$

其中

$$T = \sum_{k=1}^{n_{\mathrm{d}}} l_k Z_{1k} \qquad (8\text{-}56)$$

如果 I_0 被定义成从节点 1 流出的电流，同时其他所有负荷电流设为 0，得到

$$U_1 = -Z_{11}I_0 \qquad (8\text{-}57)$$

替代式（8-55）中的 U_1，并推导 I_{D}，得到

$$I_{\mathrm{D}} = -\frac{1}{T}\sum_{i=1}^{n_{\mathrm{g}}} Z_{1i}I_{gi} - \frac{1}{T}Z_{11}I_0 \qquad (8\text{-}58)$$

把式（8-58）中的 I_D 带入式（8-51），负荷电流变为

$$I_{Lk} = -\frac{l_k}{T}\sum_{i=1}^{n_g} Z_{1i}I_{gi} - \frac{l_k}{T}Z_{11}I_0 \tag{8-59}$$

设

$$\rho = \frac{-l_k}{T} \tag{8-60}$$

然后

$$I_{Lk} = \rho_k \sum_{i=1}^{n_g} Z_{1i}I_{gi} + \rho_k Z_{11}I_0 \tag{8-61}$$

在矩阵形式下，加入发电机电流，得到

$$\begin{bmatrix} I_{g1} \\ I_{g2} \\ \vdots \\ I_{gn_g} \\ I_{L1} \\ I_{L2} \\ \vdots \\ I_{Ln_d} \end{bmatrix} = \begin{bmatrix} 1 & 0 & \cdots & 0 & 0 \\ 0 & 1 & \cdots & 0 & 0 \\ \vdots & \vdots & \ddots & \vdots & \vdots \\ 0 & 0 & \cdots & 1 & 0 \\ \rho_1 Z_{11} & \rho_1 Z_{12} & \cdots & \rho_1 Z_{1n_g} & \rho_1 Z_{11} \\ \rho_2 Z_{11} & \rho_2 Z_{12} & \cdots & \rho_2 Z_{1n_g} & \rho_2 Z_{11} \\ \vdots & \vdots & \ddots & \vdots & \vdots \\ \rho_k Z_{11} & \rho_k Z_{12} & \cdots & \rho_k Z_{1n_g} & \rho_k Z_{11} \end{bmatrix} \begin{bmatrix} I_{g1} \\ I_{g2} \\ \vdots \\ I_{gn_g} \\ \\ \\ \\ I_0 \end{bmatrix} \tag{8-62}$$

把上述矩阵命名为 C，式（8-62）变成

$$I_{\text{bus}} = CI_{\text{new}} \tag{8-63}$$

替代式（8-49）中的 I_{bus}，得到

$$\begin{aligned} P_L &= [CI_{\text{new}}]^{\text{T}} R_{\text{bus}} C^* I_{\text{new}}^* \\ &= I_{\text{new}}^{\text{T}} C^{\text{T}} R_{\text{bus}} C^* I_{\text{new}}^* \end{aligned} \tag{8-64}$$

如果 S_{gi} 是节点 i 上的复功率，那么发电机电流为

$$\begin{aligned} I_{gi} &= \frac{S_{gi}^*}{U_i^*} = \frac{P_{gi} - jQ_{gi}}{U_i^*} \\ &= \frac{1 - j\dfrac{Q_{gi}}{P_{gi}}}{U_i^*} P_{gi} \end{aligned} \tag{8-65}$$

或

$$I_{gi} = \psi_i P_{gi} \tag{8-66}$$

其中

$$\psi_i = \frac{1 - j\dfrac{Q_{gi}}{P_{gi}}}{U_i^*} \tag{8-67}$$

将电流 I_0 添加到式（8-66）中列电流 I_{gi} 中，得到

$$\begin{bmatrix} I_{g1} \\ I_{g2} \\ \vdots \\ I_{gn_g} \\ I_0 \end{bmatrix} = \begin{bmatrix} \psi_1 & 0 & \cdots & 0 & 0 \\ 0 & \psi_2 & \cdots & 0 & 0 \\ \vdots & \vdots & \ddots & \vdots & \vdots \\ 0 & 0 & \cdots & \psi_{n_g} & 0 \\ 0 & 0 & \cdots & 0 & I_0 \end{bmatrix} \begin{bmatrix} P_{g1} \\ P_{g2} \\ \vdots \\ P_{gn_g} \\ 1 \end{bmatrix} \tag{8-68}$$

或简单表示为

$$\boldsymbol{I}_{\text{new}} = \boldsymbol{\psi} \boldsymbol{P}_{G1} \tag{8-69}$$

其中

$$\boldsymbol{P}_{G1} = \begin{bmatrix} P_{g1} \\ P_{g2} \\ \vdots \\ P_{gn_g} \\ 1 \end{bmatrix} \tag{8-70}$$

将式（8-69）中的 $\boldsymbol{I}_{\text{new}}$ 带入式（8-64）中，损耗公式变为

$$\begin{aligned} P_L &= [\boldsymbol{\psi} \boldsymbol{P}_{G1}]^{\mathrm{T}} \boldsymbol{C}^{\mathrm{T}} \boldsymbol{R}_{\text{bus}} \boldsymbol{C}^* \boldsymbol{\psi}^* \boldsymbol{P}_{G1}^* \\ &= \boldsymbol{P}_{G1}^{\mathrm{T}} \boldsymbol{\psi}^{\mathrm{T}} \boldsymbol{C}^{\mathrm{T}} \boldsymbol{R}_{\text{bus}} \boldsymbol{C}^* \boldsymbol{\psi}^* \boldsymbol{P}_{G1}^* \end{aligned} \tag{8-71}$$

上述方程中的结果矩阵是复杂的，有功损耗是其实部，因此

$$P_L = \boldsymbol{P}_{G1}^{\mathrm{T}} \Re[\boldsymbol{H}] \boldsymbol{P}_{G1}^* \tag{8-72}$$

其中

$$\boldsymbol{H} = \boldsymbol{\psi}^{\mathrm{T}} \boldsymbol{C}^{\mathrm{T}} \boldsymbol{R}_{\text{bus}} \boldsymbol{C}^* \boldsymbol{\psi}^* \tag{8-73}$$

因为矩阵 $\boldsymbol{H}$ 中的元素是复杂的，其有功部分必须被用于计算实际有功损耗。$\boldsymbol{H}$ 是海森矩阵，这意味着 $\boldsymbol{H}$ 是对称的，即 $\boldsymbol{H} = \boldsymbol{H}^*$。因此，$\boldsymbol{H}$ 的有功部分来自

$$\Re[\boldsymbol{H}] = \frac{\boldsymbol{H} + \boldsymbol{H}^*}{2} \tag{8-74}$$

上述矩阵分块如下

$$\Re[\boldsymbol{H}] = \begin{bmatrix} B_{11} & B_{12} & \cdots & B_{1n_g} & B_{01}/2 \\ B_{21} & B_{22} & \cdots & B_{2n_g} & B_{02}/2 \\ \vdots & \vdots & \ddots & \vdots & \vdots \\ B_{n_g1} & B_{n_g2} & \cdots & B_{n_gn_g} & B_{0n_g}/2 \\ B_{01}/2 & B_{02}/2 & \cdots & B_{0n_g}/2 & B_{00} \end{bmatrix} \tag{8-75}$$

把 $\Re[\boldsymbol{H}]$ 带入到式（8-72）中，得到

$$P_L = \begin{bmatrix} P_{g1} & P_{g2} & \cdots & P_{gn_g} & 1 \end{bmatrix} \begin{bmatrix} B_{11} & B_{12} & \cdots & B_{1n_g} & B_{01}/2 \\ B_{21} & B_{22} & \cdots & B_{2n_g} & B_{02}/2 \\ \vdots & \vdots & \ddots & \vdots & \vdots \\ B_{n_g1} & B_{n_g2} & \cdots & B_{n_gn_g} & B_{0n_g}/2 \\ B_{01}/2 & B_{02}/2 & \cdots & B_{0n_g}/2 & B_{00} \end{bmatrix} \begin{bmatrix} P_{g1} \\ P_{g2} \\ \vdots \\ P_{gn_g} \\ 1 \end{bmatrix} \tag{8-76}$$

或

$$P_L = [P_{g1} \quad P_{g2} \quad \cdots \quad P_{gn_g}] \begin{bmatrix} B_{11} & B_{12} & \cdots & B_{1n_g} \\ B_{21} & B_{22} & \cdots & B_{2n_g} \\ \vdots & \vdots & \ddots & \vdots \\ B_{n_g1} & B_{n_g2} & \cdots & B_{n_gn_g} \end{bmatrix} \begin{bmatrix} P_{g1} \\ P_{g2} \\ \vdots \\ P_{gn_g} \end{bmatrix}$$
$$+ [P_{g1} \quad P_{g2} \quad \cdots \quad P_{gn_g}] \begin{bmatrix} B_{01} \\ B_{02} \\ \vdots \\ B_{0n_g} \end{bmatrix} + B_{00} \qquad (8\text{-}77)$$

为确定损耗系数，首先要获得初始运行状态的潮流解，这提供了所有节点的电压幅度和相角，以及负荷电流 I_{Lk}、总负荷电流 $I_D\Re$ 等。然后要找到节点矩阵 $\boldsymbol{Z}_{\text{bus}}$，可以通过节点导纳矩阵获得。接下来要获得变换矩阵 $\boldsymbol{C}$、$\boldsymbol{\psi}$ 和 $\boldsymbol{H}$。最后，从式（8-75）中求出 B-系数的值。应该注意的是，B-系数是系统运行状态的函数。如果新发电计划与初始运行状态相差不大，损耗系数可以假定为常数。B-系数基于标幺值。当发电以有名值（MW）表达时，损耗系数为

$$B_{ij} = B_{ij\,pu} / S_B \quad B_{0i} = B_{0i\,pu} \text{和} B_{00} = B_{00\,pu} \times S_B$$

其中 S_B 为基准容量（MVA）。

8.2.4 经济调度的算例分析

【例 8-1】 假设电力系统中三个热电厂的燃烧成本（\$/h）分别为 [3]

$$C_1 = 200 + 7.0P_1 + 0.008P_1^2$$
$$C_2 = 180 + 6.3P_2 + 0.009P_2^2$$
$$C_3 = 140 + 6.8P_3 + 0.007P_3^2$$

式中，P_1、P_2 和 P_3 的单位是 MW。

发电厂的输出量受以下限制　$10\text{MW} \leqslant P_1 \leqslant 85\text{MW}$
$$10\text{MW} \leqslant P_2 \leqslant 80\text{MW}$$
$$10\text{MW} \leqslant P_3 \leqslant 70\text{MW}$$

对于这个问题，假设实际电能损耗化简表达为

$$P_L = 0.0218P_{1(\text{pu})}^2 + 0.0228P_{2(\text{pu})}^2 + 0.0179P_{3(\text{pu})}^2$$

其中损耗系数在 100MVA 基准容量上的值是给定的。当系统总负荷为 150MW 时，确定发电的最优调度。

成本函数 P_i 由兆瓦（MW）表示。因此，标幺值的电能损耗是

$$P_L = \left[0.0218\left(\frac{P_1}{100}\right)^2 + 0.0228\left(\frac{P_2}{100}\right)^2 + 0.0179\left(\frac{P_3}{100}\right)^2 \right] \times 100$$
$$= 0.000218P_1^2 + 0.000228P_2^2 + 0.000179P_3^2 (\text{MW})$$

数值求解运用了梯度法，假设初始值 $\lambda^{(1)} = 8.0$。根据式（8-39）给出的协同方程，$P_1^{(1)}$、$P_2^{(1)}$ 和 $P_3^{(1)}$ 为

$$P_1^{(1)} = \frac{8.0 - 7.0}{2(0.008 + 8.0 \times 0.000218)} = 51.3136(\text{MW})$$

$$P_2^{(1)} = \frac{8.0 - 6.3}{2(0.009 + 8.0 \times 0.0002282)} = 78.5292(\text{MW})$$

$$P_3^{(1)} = \frac{8.0 - 6.8}{2(0.007 + 8.0 \times 0.000179)} = 71.1575(\text{MW})$$

实际电能损耗为

$$P_L^{(1)} = 0.000218(51.3136)^2 + 0.000228(78.5292)^2 + 0.000179(71.157)^2 = 2.886$$

由于 P_D=150MW，式（8-37）的误差 $\Delta P^{(1)}$ 为

$$\Delta P^{(1)} = 150 + 2.886 - (51.3136 + 78.5292 + 71.1575) = -48.1139$$

由式（8-40）得出

$$\sum_{i=1}^{3} \left(\frac{\partial P_i}{\partial \lambda} \right)^{(1)} = \frac{0.008 + 0.000218 \times 7.0}{2(0.008 + 8.0 \times 0.000218)^2} + \frac{0.009 + 0.000228 \times 6.3}{2(0.009 + 8.0 \times 0.000228)^2}$$
$$+ \frac{0.007 + 0.000179 \times 6.8}{2(0.007 + 8.0 \times 0.000179)^2} = 152.4924$$

由式（8-34）得出

$$\Delta \lambda^{(1)} = \frac{-48.1139}{152.4924} = -0.31552$$

因此，λ 的新值为

$$\lambda^{(2)} = 8.0 - 0.31552 = 7.6845$$

接下来，第二步迭代，得出

$$P_1^{(2)} = \frac{7.6845 - 7.0}{2(0.008 + 7.6845 \times 0.000218)} = 35.3728(\text{MW})$$

$$P_2^{(2)} = \frac{7.6845 - 6.3}{2(0.009 + 7.6845 \times 0.000228)} = 64.382(\text{MW})$$

$$P_3^{(2)} = \frac{7.6845 - 6.8}{2(0.007 + 7.6845 \times 0.000179)} = 52.8015(\text{MW})$$

实际电能损耗为

$$P_L^{(2)} = 0.000218(35.3728)^2 + 0.000228(64.3821)^2 + 0.000179(52.8015)^2 = 1.717$$

因为 P_D=150MW，所以式（8-37）中的误差 $\Delta P^{(2)}$ 为

$$\Delta P^{(2)} = 150 + 1.717 - (35.3728 + 64.3821 + 52.8015) = -0.8395$$

由式（8-40）得出

$$\sum_{i=1}^{3} \left(\frac{\partial P_i}{\partial \lambda} \right)^{(2)} = \frac{0.008 + 0.000218 \times 7.0}{2(0.008 + 7.684 \times 0.000218)^2} + \frac{0.009 + 0.000228 \times 6.3}{2(0.009 + 7.684 \times 0.000228)^2}$$
$$+ \frac{0.007 + 0.000179 \times 6.8}{2(0.007 + 7.6845 \times 0.000179)^2} = 154.588$$

由式（8-34）得出

$$\Delta\lambda^{(2)} = \frac{-0.8395}{154.588} = -0.005431$$

因此，λ 的新值为

$$\lambda^{(3)} = 7.6845 - 0.005431 = 7.679$$

对于第三步迭代，有

$$P_1^{(3)} = \frac{7.679 - 7.0}{2(0.008 + 7.679 \times 0.000218)} = 35.0965(\text{MW})$$

$$P_2^{(3)} = \frac{7.679 - 6.3}{2(0.009 + 7.679 \times 0.000228)} = 64.1369(\text{MW})$$

$$P_3^{(3)} = \frac{7.678 - 6.8}{2(0.007 + 7.679 \times 0.000179)} = 52.4834(\text{MW})$$

实际电能损耗为

$$P_L^{(3)} = 0.000218(35.0965)^2 + 0.000228(64.1369)^2 + 0.000179(52.4834)^2 = 1.699$$

因为 P_D=150MW，所以式（8-37）中的误差 $\Delta P^{(3)}$ 为

$$\Delta P^{(3)} = 150 + 1.6995 - (35.0965 + 64.1369 + 52.4834) = -0.01742$$

由式（8-40）得出

$$\sum_{i=1}^{3}\left(\frac{\partial P_i}{\partial \lambda}\right)^{(3)} = \frac{0.008 + 0.000218 \times 7.0}{2(0.008 + 7.679 \times 0.000218)^2} + \frac{0.009 + 0.000228 \times 6.3}{2(0.009 + 7.679 \times 0.000228)^2}$$

$$+ \frac{0.007 + 0.000179 \times 6.8}{2(0.007 + 7.679 \times 0.000179)^2} = 154.624$$

由式（8-34）得出

$$\Delta\lambda^{(3)} = \frac{-0.07142}{154.624} = -0.0001127$$

因此，λ 的新值为

$$\lambda^{(4)} = 7.679 - 0.0001127 = 7.6789$$

由于 $\Delta\lambda^{(3)}$ 很小，在第四步迭代中满足等式约束，则在 $\lambda = 7.6789$ 时的最优调度为

$$P_1^{(4)} = \frac{7.6789 - 7.0}{2(0.008 + 7.679 \times 0.000218)} = 35.0907(\text{MW})$$

$$P_2^{(4)} = \frac{7.6789 - 6.3}{2(0.009 + 7.679 \times 0.0002282)} = 64.1317(\text{MW})$$

$$P_3^{(4)} = \frac{7.6789 - 6.8}{2(0.007 + 7.679 \times 0.000179)} = 52.4746(\text{MW})$$

实际电能损耗为

$$P_L^{(4)} = 0.000218(35.0907)^2 + 0.000228(64.1317)^2 + 0.000179(52.4767)^2 = 1.699$$

全部燃料费用为

$$C_t = 200 + 7.0(35.0907) + 0.008(35.0907)^2 + 180 + 6.3(64.1317)$$

$$+ 0.009(64.1317)^2 + 140 + 6.8(52.4767) + 0.007(52.4767)^2 = 1592.65(\$/\text{h})$$

上述计算过程中用到的近似损耗公式为式（8-77），即

$$B = \begin{bmatrix} 0.0218 & 0 & 0 \\ 0 & 0.0228 & 0 \\ 0 & 0 & 0.0179 \end{bmatrix}$$

$$B_{ij} = 0$$

$$B_{00} = 0$$

负载数值如图 8-1 电力系统接线图所示。线路阻抗和对地电纳的一半在 100MVA 基准上以单位给出。通过获得潮流方案，并使用相关程序可获得损耗系数，结果如下：

$$B = \begin{bmatrix} 0.0218 & 0.0093 & 0.0028 \\ 0.0093 & 0.0228 & 0.0017 \\ 0.0028 & 0.0017 & 0.0179 \end{bmatrix}$$

$$B_0 = \begin{bmatrix} 0.0003 & 0.0031 & 0.0015 \end{bmatrix}$$

$$B_{00} = 0.00030523$$

系统总损耗为 3.05248MW。

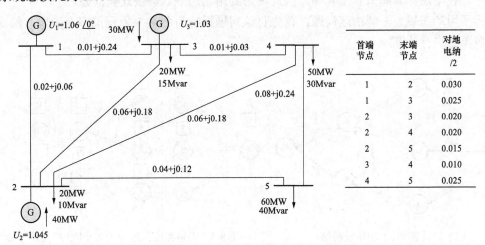

图 8-1 电力系统接线图

以上算例给出了成本函数，发电机约束和总负载，可编制程序以完成发电最优调度。

8.3 动态规划方法：多阶段系统的决策问题

动态规划是求解决策过程最优化的一种数学方法，是寻求多变量问题的一种最优解决方案，它的主要思想是把多阶段过程转化为一系列单阶段问题，利用各阶段之间的关系，逐个求解。这种方法的好处是每个阶段的优化过程只包含一个变量，与同时处理多个变量相比，计算过程要相对简单一些。动态规划模型本质上来讲是一个递推公式，在某种意义上连接着问题的不同阶段，并且保证每个阶段的解都是最优可行解，故对于整个问题来说仍然是最优可行的。

虽然递推方程是动态规划模型的通用框架，但是在细节上解决方案是不同的。本节包含

一个现实应用——最优切割及原木分配问题。某公司收集成熟树木并将其切割以生产不同的产品（如建筑木材、合板、晶圆板或纸张）。根据原木用途不同，原木规格（例如长度和尾端直径）是不同的。当收集的成熟树木长度达 100ft，满足轧机要求的切割组合范围需求较大，并且树木拆解成原木的方式会影响收益。因此，需要对其进行优化，优化的目的就是确定切割组合以获得最大的效益。该研究采用动态规划以优化该过程，1978 年首次应用该系统，每年可增加至少 700 万美元的效益。

8.3.1　动态规划的递推特性

动态规划的计算都是通过递推来完成的，将一个子问题的最优解作为下一个子问题的输入，直到得到最后一个子问题的最优解，即获得了整个问题的优化解决方案。通过对原始问题的分解来执行递推计算过程，其中子问题通常由约束条件联系起来。随着从一个子问题到下一个子问题，一定要满足约束条件的可行性。

【**例 8-2**】　假设要选择两个城市间的最短公路路线。图 8-2 所示网络提供了从开始城市（节点 1）到目的地（节点 7）之间的可能路线，其中路过的中间城市用节点 2～6 指定。

可以通过枚举从节点 1 到节点 7 之间所有可能的路线来求解该问题。然而，在一个大型网络中，枚举法计算起来非常棘手，因此考虑到用动态规划解决此类问题。

为了用动态规划法解决该问题，首先将该问题拆解为图 8-3 所示的多个阶段，然后对每个阶段单独进行计算。

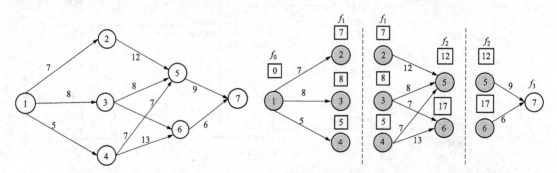

图 8-2　［例 8-2］的路线网络　　　　　图 8-3　最短路线问题分为多个阶段的拆解过程

确定最短路线的一般想法，即计算一个阶段到终端节点的最短累积距离，然后将这些距离作为下一阶段的输入数据。该过程从节点 1 开始，阶段 1 包含 3 个终端节点（2、3 和 4）并且计算相对简单。

第 1 阶段总结：

从节点 1 到节点 2 的最短距离=7m（来自节点 1）；

从节点 1 到节点 3 的最短距离=8m（来自节点 1）；

从节点 1 到节点 4 的最短距离=5m（来自节点 1）。

接下来，第 2 阶段含有两个终端节点（5 和 6）。首先考虑节点 5，从图 8-2 可以看出，可以由节点 2、3、4 通过 3 条不同的路线（（2，5）、（3，5）及（4，5））到达节点 5。将该信息结合到节点 2、3、4 的最短路线信息确定到节点 5 的最短累积距离，即

（到节点 5 的最短距离）= $\min_{i=2,3,4}$ {（到节点 i 的最短距离）+（从节点 i 到节点 5 的最短距离）}

$$\min\begin{cases}7+12=19\\8+8=16\\5+7=12\end{cases}=12\text{（来自节点 4）}$$

可以由节点 3 及节点 4 通过两条不同路线到达节点 6，因此

（到节点 6 的最短距离）$=\min\limits_{i=3,4}\{$（到节点 i 的最短距离）$+$（从节点 i 到节点 6 的最短距离）$\}$

$$\min\begin{cases}8+9=17\\5+13=18\end{cases}=17\text{（来自节点 3）}$$

第 2 阶段总结：

从节点 1 到节点 5 的最短距离=12m（来自节点 4）；

从节点 1 到节点 6 的最短距离=17m（来自节点 3）。

最后考虑第 3 阶段，其中可以由节点 5 及节点 6 通过不同路线到达目的地（节点 7），结合第 2 阶段的总结结果及节点 5 和节点 6 到节点 7 的距离，可以得到

（到节点 7 的最短距离）$=\min\limits_{i=5,6}\{$（到节点 i 的最短距离）$+$（从节点 i 到节点 7 的最短距离）$\}$

$$\min\begin{cases}12+9=21\\17+6=23\end{cases}=21\text{（来自节点 5）}$$

第 3 阶段总结：

从节点 1 到节点 7 的最短距离=21m（来自节点 5）。

第 3 阶段的总结结果表明从节点 1 到节点 7 的最短距离即 21m，为了确定最优路径，第 3 阶段的总结结果从节点 5 到节点 7，第 2 阶段的总结结果连接节点 5 到节点 4，而第 1 阶段的总结结果连接节点 4 到节点 1。因此最短路线即 1→4→5→7。

上述例子显示了动态规划计算的基本属性：①对每个阶段的可行路径的函数进行求解，且每个阶段是独立的；②目前阶段仅仅与前一阶段相关而与早期的阶段无关，用最短距离的形式表示前一阶段的输出。

（1）递推方程。如何通过数学来表示［例 8-2］中的递推计算，使 $f_i(x_i)$ 为阶段 i 到节点 x_i 的最短距离，定义 $d(x_{i-1},x_i)$ 为从节点 x_{i-1} 到 x_i 的距离，而 f_i 通过 f_{i-1} 及下述迭代方程求得。

$$f_i(x_i)=\min\{d(x_{i-1},x_i)+f_{i-1}(x_{i-1})\}\quad i=1,2,3 \tag{8-78}$$

从 $i=1$ 开始，递推式设置 $f_0(x_0)=0$。方程显示在阶段 i 的最短距离 $f_i(x_i)$ 必须用下一个节点 x_i 来表示。在动态规划术语中，x_i 指的是系统在阶段 i 的状态。实际上，系统在阶段 i 的状态即连接各个阶段的信息，因此不用复查剩余阶段的最优决策在之前各个阶段的可行性。对各个阶段的定义使得可以单独考虑各个阶段，并且保证解决方案对于各个阶段来说都是可行的。

（2）优化原则。剩余阶段在构建未来优化策略时不用考虑之前阶段所采用的策略。［例 8-2］的计算证实了该原则。在［例 8-2］中，阶段 3 只考虑到节点 5 和 6 的最短距离而不考虑这些节点是如何到达节点 1 的，虽然优化原则在每个阶段是如何优化的这一过程上是"模糊"的，但是这种应用方式很大程度上使得许多复杂问题得到解决方案。

8.3.2　前向及反向递推

［例 8-2］中采用的前向递推即从阶段 1 开始向阶段 3 计算，上述例子同样可以用反向递

推进行计算，即从阶段 3 开始到阶段 1 结束。

前向递推及反向递推得到的是相同的解决方案。即使前向递推看上去比较符合逻辑，然而在一些动态规划文献中经常使用反向递推。因为在一般情况下，反向递推计算起来更有效率。可以通过［例 8-2］来证明反向递推的有效性。下述证明过程还给出了动态规划表格形式的计算过程。

［例 8-2］的反向递推方程表示为

$$f_i(x_i) = \min\{d(x_i, x_{i+1}) + f_{i+1}(x_{i+1})\} \quad i=1,2,3$$

其中，$f_4(x_4)=0$，$x_4=7$，而关联顺序为 $f_3 \to f_2 \to f_1$。

第 3 阶段：由于节点 7（$x_4=7$）通过两条不同路线连接到节点 5 和节点 6（$x_3=5$，6），第 3 阶段的结果概括见表 8-1。

表 8-1 第 3 阶 段

$d(x_3,x_4)$		优化解决方案	
x_3	$x_4=7$	$f_3(x_3)$	x_4^*
5	9	9	7
6	6	6	7

第 2 阶段：通过第 3 阶段可以得出 $f_3(x_3)$，可通过表 8-2 来比较各个可行性选择。

表 8-2 第 2 阶 段

$d(x_2,x_3)+f_3(x_3)$			优化解决方案	
x_2	$x_3=5$	$x_3=6$	$f_2(x_2)$	x_3^*
2	12+9=21	—	21	5
3	8+9=17	9+6=15	15	6
4	7+9=16	13+6=19	16	5

第 2 阶段的优化解决方案表示如下：如果在节点 2 或 4，最短路线即通过节点 5，如果在节点 3 则最短路线通过节点 6。

第 1 阶段：通过节点 1，拥有 3 个选择，即（1，2）、（1，3）及（1，4）。通过第 2 阶段得到的 $f_2(x_2)$，第 1 阶段计算见表 8-1。

表 8-3 第 1 阶 段

$d(x_1,x_2)+f_2(x_2)$			优化解决方案	
x_1	$x_2=2$	$x_2=3$	$x_2=4$	$f_1(x_1)$	x_2^*
1	7+21=28	8+15=23	5+16=21	21	4

第 1 阶段的优化解决方案表明节点 1 连接到节点 4 接下来，第 2 阶段的优化解决方案及从节点 4 连接到节点 5，最后第 3 阶段的优化解决方案及从节点 5 连接到节点 7。因此完整的

路径的 1→4→5→7，并且相关的距离为 21m。

8.3.3　动态规划方法的应用

动态规划模型中有三个基本要素：①阶段的定义；②每个阶段选择方案的定义；③每个阶段状态的定义。在三个要素中，对状态的定义通常是最关键的。随着环境改变，状态的定义也随之改变。

尝试将不同的"合乎逻辑"的定义运用到递推计算中，最终会发现给出的定义可正确解决该问题，同时，这个过程也可以帮助理解状态的概念。

1. 背包/货物配装模型

背包模型，通常处理军人（或旅行者）在包裹中携带最有价值物品问题。该问题可以概述为一个常见的资源分配模型，其中资源指定为一定数目（例如限定项目的资金），而目的是获得最大效益。背包问题，在一些文献中也可以视为随机备份套件问题，其中驾驶员必须决定携带最有价值的物品；还可以视为货物运输问题，其中船的体积或承重力是给定的，在这种情况下装载最有价值的货物。

背包问题的递推方程可以视为一般问题，其中具有 n 个项目，背包的承重力为 W，m_i 为项目 i 在背包中的数目，定义 r_i 和 w_i 为每单位项目 i 的收益和重量。该问题可示为如下形式

$$\max z = r_1 m_1 + r_2 m_2 + \cdots + r_n m_n \tag{8-79}$$

约束方程为

$$w_1 m_1 + w_2 m_2 + \cdots + w_n m_n \leqslant W$$
$$m_1, m_2, \cdots, m_n \geqslant 0 \text{ 且为整数}$$

该模型的三要素为：

（1）第 i 个阶段用项目 i 表示，其中 $i=1, 2, \cdots, n$。

（2）第 i 阶段中的选项可以用 m_i 表示，即项目 i 在背包中的数目，其中相关联的收益为 $r_i m_i$。定义 $[W/w_i]$ 为最大整数，其值应小于或等于 W/w_i，即 $m_i=0, 1, \cdots, [W/w_i]$。

（3）第 i 阶段的状态可以表示为 x_i，及项目 $i, i+1, \cdots, n$ 的总重量。该定义反映了重量约束是连接所有阶段的唯一约束。

定义 $f_i(x_i)$ 为给定 x_i 的情况下阶段 $i, i+1, \cdots, n$ 的最大收益，通过以下两个步骤，确定递推方程的最简形式：

第一步：将 $f_i(x_i)$ 表示为 $f_{i+1}(x_{i+1})$ 的函数

$$f_i(x_i)=\max_{m_i=0,1,\cdots,[W/W_i]}\{r_i m_i + f_{i+1}(x_{i+1})\}, i=1,2,\cdots,n$$
$$f_{n+1}(x_{n+1}) \equiv 0$$

第二步：将 x_{i+1} 表示为 x_i 的函数，以确保等式左边 $f_i(x_i)$ 方程是关于 x_i 的函数。定义 $x_i-x_{i+1}=w_i m_i$ 表示阶段 i 所占用的重量。因此，$x_{i+1}=x_i-w_i m_i$ 并且合适的递推方程形式为

$$f_i(x_i)=\max_{m_i=0,1,\cdots,n}\{r_i m_i + f_{i+1}(x_i - w_i m_i)\}, 1,2,\cdots,n$$

【例 8-3】　一艘 4t 容量的船只可以装载 1～3 种物品。以表 8-4 给出了项目 i 的单位重量 w_i 及单位收益 r_i。如何装载可以获得最大收益？

表 8-4 物 品 重 量 及 收 益

物品 i	重量 w_i	收益 r_i
1	2	31
2	3	47
3	1	14

由于单位重量 w_i 和最大重量 W 都是整数，因此状态 x_i 也假设为整数。

第 3 阶段：分配给第 3 阶段的重量无法预估，但是可以假设为其中一个值，即 0，1，…，4（因为最大重量 W=4t），状态 x_3=0 和 x_3=4 分别代表物品 3 的两种极端情况（即不携带物品 3 或携带全部物品 3），x_3 的剩余情况（=1，2，3）显示了船只对物品 3 的其他可能的分配。实际上，x_3 所给定范围的值覆盖了船只对物品 3 的所有分配的可能性。

给定每单位 w_3=1t，物品 3 的最大数量为 4/1=4，意味着 m_3 的可能值为 0，1，2，3，4，只有当满足 $w_3 m_3 \leqslant x_3$ 时的 m_3 才是可行的，经过上述分析，所有不可行的选项（即 $w_3 m_3 \geqslant x_3$）都排除。以下方程即比较第 3 阶段所有选项的基础

$$f_3(x_3) = \max_{m_3=0,1\cdots,4}\{14 m_3\}$$

第 3 阶段可行选项与收益见表 8-5。

表 8-5 第 3 阶段可行选项与收益

	$14m_3$					优化解决方案	
x_3	x_3=0	x_3=1	x_3=2	x_3=3	x_3=4	$f_3(x_3)$	m_3^*
0	0	—	—	—	—	0	0
1	0	14	—	—	—	14	1
2	0	14	28	—	—	28	2
3	0	14	28	42	—	42	3
4	0	14	28	42	56	56	4

第 2 阶段：$\max\{m_2\} = \left[\dfrac{4}{3}\right] = 1$，即 m_2=0，1。

$$f_2(x_2) = \max_{m_2=0,1}\{47 m_2 + f_3(x_2 - 3m_2)\}$$

第 2 阶段可行选项与收益见表 8-6。

表 8-6 第 2 阶段可行选项与收益

	$47m_2 + f_3(x_2 - 3m_2)$		优化解决方案	
x_2	m_2=0	m_2=1	$f_2(x_2)$	m_2^*
0	0+0=0	—	0	0
1	0+14=14	—	14	0
2	0+28=28	—	28	0
3	0+42=42	47+0=47	47	1
4	0+56=56	47+14=61	61	1

第 1 阶段：$\max\{m_1\} = \left[\dfrac{4}{2}\right] = 2$，即 $m_1 = 0,\ 1,\ 2$。

$$f_1(x_1) = \max_{m_1 = 0,1,2}\{31m_1 + f_2(x_1 - 2m_1)\},\ \max\{m_1\} = \left[\dfrac{4}{2}\right] = 2$$

第 1 阶段可行选项与收益见表 8-7。

表 8-7　　　　　　　　　　　　　**第 1 阶段可行选项与收益**

x_1	$31m_1 + f_2(x_1 - 2m_1)$			优化解决方案	
	$m_1=0$	$m_1=1$	$m_1=2$	$f_1(x_1)$	m_1^*
0	0+0=0	—	—	0	0
1	0+14=14	—	—	14	0
2	0+28=28	31+0=31	—	31	1
3	0+47=47	31+14=45	—	47	0
4	0+61=61	31+28=59	62+0=62	62	2

　　优化解决方案由以下方式进行确定：给定 $W=4\mathrm{t}$，通过第 1 阶段，$x_1=4$ 给定了最优选项 $m_1^* = 2$，意味着船只需装载 2 个单位的物品 1。这种分配方式使得 $x_2 = x_1 - 2m_1^* = 4 - 2\times 2 = 0$；通过第 2 阶段，$x_2=0$ 意味着 $m_2^* = 0$，即船只不装载物品 2，而 $x_3 = x_2 - 3m_2^* = 0 - 3\times 0 = 0$，通过第 3 阶段，$x_3=0$ 意味着 $m_3^* = 0$。因此可得优解决方案为 $m_1^* = 2$，$m_2^* = 0$ 并且 $m_3^* = 0$，获得的收益为 $f_{1(4)} = \$62000$。

　　在第 1 阶段的表格中，由于该阶段为需要考虑的最后一个阶段，因此实际上仅仅需要获得最优解 $x_1=4$。然而，对于 $x_1=0,\ 1,\ 2,\ 3$ 的计算仍然包含其中，用以进行灵敏度分析。例如，当只能够装载 3t 而不是 4t 时，新的优化解决方案可以表示为

$$(x_1 = 3) \to (m_1^* = 0) \to (x_2 = 3) \to (m_2^* = 1) \to (x_3 = 0) \to (m_3^* = 0)$$

因此优化方案为 $(m_1^*, m_2^*, m_3^*) = (0,1,0)$ 并且收益为 $f_1(3) = \$47000$。

　　货物传输问题为一个典型的资源分配模型问题，其中将有限的资源分配到有限的活动中，而目的是获得最大收益。在这些模型中，对各个阶段状态的定义与货物传输模型中的定义相类似，即第 i 阶段的状态为资源分配到阶段 i，$i+1$，…，n 的总额。

　　2. 劳动力规模模型

　　在一些建设项目中，需要雇佣/解雇一些劳动力来保证项目劳动力平衡。给定一个项目，其中雇佣和解雇劳动力都会引发额外的费用，因此需要研究在进行项目的过程中如何保证劳动力平衡。

　　假设该项目会持续 n 周，在第 i 周需要的最低劳动力为 b_i。理论上，可以通过雇佣/解雇劳动力使得第 i 周的劳动力为 b_i。实际上，考虑额外费用，维持较多劳动力数目比通过新雇佣得到较少劳动数目成本低。

　　给定 x_i 为第 i 周实际雇佣的劳动力，在第 i 周可能会产生两笔费用，即 $C_1(x_i - b_i)$（保持额外劳动力 $x_i - b_i$ 的费用）和 $C_2(x_i - bx_{i-1})$（雇佣附加劳动力 $x_i - x_{i-1}$ 的费用），假设不存在雇佣行为时，不会产生额外费用。

动态规划模型中的元素定义为：①第 i 阶段用第 i 周表示，$i=1, 2, \cdots, n$；②第 i 阶段的选项为 x_i，即第 i 周的劳动力数目；③第 i 阶段的状态用第 $i-1$ 阶段的可利用劳动力数目 x_{i-1} 表示。

动态规划迭代方程表示为

$$f_i(x_{i-1}) = \min_{x_i \geq b_i} \{C_1(x_i - b_i) + C_2(x_i - x_{i-1}) + f_{i+1}(x_i)\}, i = 1, 2, \cdots, n \qquad (8\text{-}80)$$

$$f_{n+1}(x_n) \equiv 0$$

该动态规划过程从第 n 阶段（$x_n = b_n$）开始到第 1 阶段结束。

【例 8-4】 一位工程承包商，未来 5 周需要的劳动力人数分别为 5、7、8、4、6。剩余劳动力保持继续工作，则每位工人每周需要\$300 费用，并且在任意一周雇佣一位新的工人需要支付固定成本\$400 和新雇佣工人每人每周\$200 费用。

上述问题的数据总结如下：

$$b_1 = 5, b_2 = 7, b_3 = 8, b_4 = 4, b_5 = 6$$

$$C_1(x_i - b_i) = 3(x_i - b_i), x_i > b_i, i = 1, 2, \cdots, 5$$

$$C_2(x_i - x_{i-1}) = 4 + 2(x_i - x_{i-1}), x_i > x_{i-1}, i = 1, 2, \cdots, 5$$

费用函数 C_1 和 C_2 以百美元作为单位。

第 5 阶段（$b_5 = 6$）可行选项与支出见表 8-8。

表 8-8　　　　　　　　　　　第 5 阶段可行选项与支出

x_4	$C_1(x_5 - 6) + C_2(x_5 - x_4)$	优化解决方案	
	$x_5 = 6$	$f_5(x_4)$	x_5^*
4	3（0）+4+2（2）=8	8	6
5	3（0）+4+2（1）=6	6	6
6	3（0）+0=0	0	6

第 4 阶段（$b_4 = 4$）可行选项与支出见表 8-9。

表 8-9　　　　　　　　　　　第 4 阶段可行选项与支出

x_3	$C_1(x_4 - 4) + C_2(x_4 - x_3) + f_5(x_4)$			优化解决方案	
	$x_4 = 4$	$x_4 = 5$	$x_4 = 6$	$f_4(x_3)$	x_4^*
8	3（0）+0+8=8	3（1）+0+6=9	3（2）+0+0=6	6	6

第 3 阶段（$b_3 = 8$）可行选项与支出见表 8-10。

表 8-10　　　　　　　　　　　第 3 阶段可行选项与支出

	$C_1(x_3 - 8) + C_2(x_3 - x_2) + f_4(x_3)$	优化解决方案	
	$x_3 = 8$	$f_3(x_2)$	x_3^*
7	3（0）+4+2（1）+6=12	12	8
8	3（0）+0+6=6	6	8

第 2 阶段（$b_2 = 7$）可行选项与支出见表 8-11。

表 8-11 第 2 阶段可行选项与支出

	$C_1(x_2-7)+C_2(x_2-x_1)+f_3(x_2)$		优化解决方案	
	$x_2=7$	$x_2=8$	$f_2(x_1)$	x_2^*
5	3（0）+4+2（2）+12=20	3（1）+4+2（3）+6=19	19	8
6	3（0）+4+2（1）+12=18	3（1）+4+2（2）+6=17	17	8
7	3（0）+0+12=12	3（1）+4+2（1）+6=15	12	7
8	3（0）+0+12=12	3（1）+0+6=9	9	8

第 1 阶段（$b_1=5$）可行选项与支出见表 8-12。

表 8-12 第 1 阶段可行选项与支出

	$C_1(x_1-5)+C_2(x_1-x_0)+f_2(x_1)$				优化解决方案	
x_0	$x_1=5$	$x_1=6$	$x_1=7$	$x_1=8$	$f_1(x_0)$	x_1^*
0	3（0）+4+2（5）+19=33	3（1）+4+2（6）+17=36	3（2）+4+2（7）+12=36	3（2）+4+2（8）+9=35	33	5

优化方案确定如下

$$x_0=0 \rightarrow x_1^*=5 \rightarrow x_2^*=8 \rightarrow x_3^*=8 \rightarrow x_4^*=6 \rightarrow x_5^*=6$$

优化方案可以用表 8-13 表示。

表 8-13 ［例 8-4］劳动力优化方案

第 i 周	最低劳动力（b_i）	实际劳动力（x_i）	决策	费用
1	5	5	雇佣 5 位工人	4+2×5=14
2	7	8	雇佣 3 位工人	4+2×3+1×3=13
3	8	8	没有改变	0
4	6	6	解雇 2 位工人	3×2=6
5	6	6	没有改变	0

总的费用为 $f_1(0)$=\$3300。

3. 设备更新模型

设备服务时间越长，它的维护费用越高，而它的生产力越低。当机器到特定年限，替换该机器实际上更加经济一些。因此，可将这个问题归纳为，确定机器的最经济使用年限问题。

假设机器替换年限为 n 年。在预算阶段，决定是否继续使用该机器，还是用一台新机器替换它。用 $r(t)$、$c(t)$ 和 $s(t)$ 分别表示机器已经使用年数为 t 时的年度收益、操作费用及剩余价值，且设在任意一年使用一台新机器的费用为 I。

动态规划模型的要素为：①第 i 阶段用第 i 年表示，i=1，2，…，n；②第 i 阶段的选项为在第 i 年年初决定是继续使用还是替换该机器；③第 i 阶段的状态为该机器在第 i 年年初已经使用的时间。

假设一台机器在第 i 年的开始时已经使用 t 年，定义 $f_i(t)$ 为第 i，$i+1$，…，n 年的最大净收入，且迭代方程表示如下

$$f_i(t) = \max \begin{cases} r(t) - c(t) + f_{t+1}(t+1), & \text{若不替换} \\ r(0) + s(t) - I - c(0) + f_{t+1}(1), & \text{若替换} \end{cases}$$

$$f_{n+1}(t) \equiv 0$$

【例 8-5】 公司需要确定，目前已经使用 3 年的机器在未来 4 年的最优替换方案（$n=4$）。公司要求已经使用 6 年的机器一定要替换，购买一个新机器的费用为 \$100000，该问题的数据见表 8-14。

表 8-14   机器价值-收益变化表

年限 t	收益 $r(t)$	操作费用 $c(t)$	剩余价值 $s(t)$（\$）
0	20000	200	—
1	19000	600	80000
2	18500	1200	60000
3	17200	1500	50000
4	15500	1700	30000
5	14000	1800	10000
6	12200	2200	5000

机器在每个阶段年限的可行值的确定，在一些情况下是比较棘手的。图 8-4 总结了表示上述问题的网络。第 1 年开始时，拥有一个已经使用 3 年的机器，可以选择替换它或继续使用它 1 年。在第 2 年开始时，如果已经发生替换，则新的机器年限是 1 年，否则旧的机器的年限为 4 年。同样的逻辑发生在第 2~4 年。如果只使用 1 年的机器在第 2、3、4 年的开始时被替换，则替代品在接下来的新的一年开始时的年限为 1 年。同样地，在第 4 年开始时，一个已经使用 6 年的机器必须要替换掉，并且在第 4 年末（规划周期结束处），计算该机器的剩余价值。

如图 8-4 所示，在第 2 年开始阶段，机器使用年限的可能值为 1 年和 4 年；在第 3 年开始阶段，可能值为 1、2 和 5 年；在第 4 年开始阶段，可能值为 1、2、3 和 6 年。

如图 8-4 所示，网络的解决方案等价于从第 1 年开始到第 4 年结束时，寻找最长路径（即最大收益）。可以采用表格形式解决该问题。表格中值的单位都为千美元。

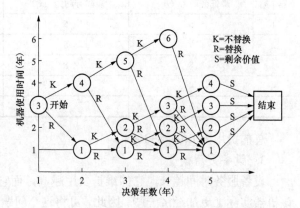

图 8-4   机器使用年数表示为决策年数的函数

元。注意到如果机器在第 4 年替换（即在规模周期结束处），则它的收益包含原有机器的剩余价值和新机器剩余价值 $s(t)$。

各阶段净收入与决策见表 8-15～表 8-18。

表 8-15   第 4 阶段净收入与决策

	K	R	优化解决方案	
t	$r(t) + s(t+1) - c(t)$	$r(0) + s(t) + s(1) - c(0) - I$	$f_4(t)$	决策
1	19.0+60−0.6=78.4	20+80+80−0.2−100=79.8	79.8	R

续表

	K	R	优化解决方案	
2	18.5+50−1.2=67.3	20+60+80−0.2−100=59.8	67.3	K
3	17.2+30−1.5=45.7	20+50+80−0.2−100=49.8	49.8	R
6	必须替换	20+0.5+80−0.2−100=4.8	4.8	R

表 8-16　　　　　　　　第 3 阶段净收入与决策

	K	R	优化解决方案	
t	$r(t)-c(t)+f_4(t+1)$	$r(0)+s(t)-c(0)-I+f_4(1)$	$f_3(t)$	决策
1	19.0−0.6+67.3=85.7	20+80−0.2−100+79.8=79.6	85.7	K
2	18.5−1.2+49.8=67.1	20+60−0.2−100+79.8=59.6	67.1	K
5	14.0−1.8+4.8=17.0	20+10−0.2−100+79.8=19.6	19.6	R

表 8-17　　　　　　　　第 2 阶段净收入与决策

	K	R	优化解决方案	
t	$r(t)-c(t)+f_3(t+1)$	$r(0)+s(t)-c(0)-I+f_3(1)$	$f_2(t)$	决策
1	19.0−0.6+67.1=85.5	20+80−0.2−100+85.7=85.5	85.5	K 或 R
4	15.5−1.7+19.6=33.4	20+30−0.2−100+85.7=35.5	35.5	R

表 8-18　　　　　　　　第 1 阶段净收入与决策

	K	R	优化解决方案	
t	$r(t)-c(t)+f_2(t+1)$	$r(0)+s(t)-c(0)-I+f_2(1)$	$f_1(t)$	决策
3	17.2−1.5+35.5=51.2	20+50−0.2−100+85.5=55.3	55.3	R

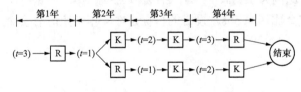

图 8-5　[例 8-5] 的优化解决方案

图 8-5 总结了 [例 8-5] 的优化解决方案。第 1 年开始时，给定 $t=3$，优化决策即替换该机器，因此，新的机器在第 2 年刚开始时已经使用 1 年，并且在第 2 年刚开始时 $t=1$，并需求继续使用 1 年或是替换新的机器。如果替换新的机器，则新的机器在第 3 年刚开始时已经使用 1 年，否则继续使用的机器在第 3 年开始时已经使用 2 年，优化过程按这种方式继续进行，直到第 4 年结束。从第 1 年开始的优化政策为（R、K、K、R）和（R、R、K、K），并且总收益为 $55300。

4. 投资模型

假设，在接下来 n 年年初，投资一定的资产 P_1，P_2，…，P_n。若在两个银行有两个投资机会：第一个银行提供利率为 r_1，第二个银行提供利率为 r_2，每年可以混合投资。为了鼓励存款，两个银行都按投资额的一定比例给予奖励，两个银行在第 i 年的比例各自为 q_{i1} 和 q_{i2}。奖金年末发放，并且在接下来的一年可以在任意一家银行投资，这意味着只有奖金和利息可以放在任意一家银行投资。然而，一旦把资金存储起来，只有 n 年结束才可以把钱取出。针对以上规则，设计一个未来 n 年的投资计划表。

　　动态规划模型的要素为：①第 i 阶段用第 i 年表示；②第 i 阶段的选项为 I_i 和 $\overline{I}_i$，即投资在第一个银行和第二个银行的数目；③在第 i 阶段的状态 x_i 为第 i 年开始时可利用的资金数目。

　　由此可以注意到 $\overline{I}_i = x_i - I_i$，因此

$$x_1 = P_1$$
$$x_i = P_i + q_{i-1,1}I_{i-1} + q_{i-1,2}(x_{i-1} - I_{i-1})$$
$$= P_i + (q_{i-1,1} - q_{i-1,2})I_{i-1} + q_{i-1,2}x_{i-1}, i = 2,3,\cdots n$$

再投资金额 x_i 包含利息和在第 i–1 年投资获得的奖金。

　　定义 $f_i(x_i)$，等于在给定 x_i 的情况下的投资在 i，$i+1$，$\cdots$，n 年的优化值。接下来定义 s_i 为在 n 年结束时的累积总资产，定义 I_i 和 $x_i - I_i$ 为在第 i 年投资在第一个银行和第二个银行的各自金额数目。使得 $\alpha_k = (1+r_k)$，$k=1,2$，该问题可以表示为

$$\max z = s_1 + s_2 + \cdots + s_n$$

其中

$$s_i = I_i\alpha_1^{n+1-i} + (x_i - I_i)\alpha_2^{n+1-i}$$
$$= (\alpha_1^{n+1-i} - \alpha_2^{n+1-i})I_i + \alpha_2^{n+1-i}x_i, i = 1,2,\cdots,n-1$$
$$s_n = (\alpha_1 + q_{n1} - \alpha_2 - q_{n2})I_n + (\alpha_2 + q_{n2})x_n$$

由于第 n 年的奖金是投资金额最后累积数目的一部分，因此在 s_n 中加入 q_{n1} 和 q_{n2}。因此，该问题的反向动态规划迭代方程可以表示为

$$f_i(x_i) = \max_{0 \leq I_i \leq x_i}\{s_i + f_{i+1}(x_{i+1})\}, i = 1,2,\cdots,n-1$$

$$f_{n+1}(x_{n+1}) \equiv 0$$

　　【例 8-6】 假设你现在想要投资 \$4000 及在接下来的 2～4 年投资 \$2000，第一个银行给出的利率为每年 8%，并且接下来 4 年的奖金比例为 1.8%、1.7%、2.1% 和 2.5%；第二个银行给出的利率比第一个银行低 2%，但是它的奖金比例高 5%。投资的目标是在 4 年结束时总资金最多。

　　采用上述提及的注释符号，可以得出

$$P_1 = \$4000$$
$$P_2 = P_3 = P_4 = \$2000$$
$$\alpha_1 = (1+0.8) = 1.08$$
$$\alpha_2 = (1+0.078) = 1.078$$
$$q_{11} = 0.018, \quad q_{21} = 0.017, \quad q_{31} = 0.021, \quad q_{41} = 0.025$$
$$q_{12} = 0.023, \quad q_{22} = 0.022, \quad q_{32} = 0.026, \quad q_{42} = 0.030$$

第 4 阶段

$$f_4(x_4) = \max_{0 \leq I_4 \leq x_4}\{s_4\}$$

其中，$s_4 = (\alpha_1 + q_{41} - \alpha_2 - q_{42})I_4 + (\alpha_2 + q_{42})x_4 = -0.003I_4 + 1.108x_4$

　　函数 s_4 在 $0 \leq I_4 \leq x_4$ 范围内的 I_4 的线性函数，而且由于 I_4 前面系数为负值，因此当 $I_4=0$ 时 s_4 取得最大值。因此，第 4 阶段的优化解决方案见表 8-19。

表 8-19 　　　　　　　　　　　　第 4 阶段优化解决方案

状态	$f_4(x_4)$	I_4^*
x_4	$1.108 x_4$	0

第 3 阶段

$$f_3(x_3) = \max_{0 \leqslant I_3 \leqslant x_3} \{s_3 + f_4(x_4)\}$$

其中

$$s_3 = (1.08^2 - 1.078^2)I_3 + 1.078^2 x_3 = 0.00432I_3 + 1.1621x_3$$
$$x_4 = 2000 - 0.005I_3 + 0.026x_3$$

因此

$$f_3(x_3) = \max_{0 \leqslant I_3 \leqslant x_3} \{0.00432I_3 + 1.1612x_3 + 1.108(2000 - 0.005I_3 + 0.026x_3)\}$$
$$= \max_{0 \leqslant I_3 \leqslant x_3} \{2216 - 0.00122I_3 + 1.1909x_3\}$$

第 3 阶段的优化解决方案见表 8-20。

表 8-20 　　　　　　　　　　　　第 3 阶段优化解决方案

状态	$f_3(x_3)$	I_3^*
x_3	$2216+1.1909x_3$	0

第 2 阶段

$$f_2(x_2) = \max_{0 \leqslant I_2 \leqslant x_2} \{s_2 + f_3(x_3)\}$$

其中

$$s_2 = (1.08^3 - 1.078^3)I_2 + 1.078^3 x_2 = 0.006985I_2 + 1.25273x_2$$
$$x_3 = 2000 - 0.005I_2 + 0.022x_2$$

因此

$$f_2(x_2) = \max_{0 \leqslant I_2 \leqslant x_2} \{0.006985I_2 + 1.25273x_2 + 2216 + 1.1909(2000 - 0.005I_2 + 0.022x_2)\}$$
$$= \max_{0 \leqslant I_2 \leqslant x_2} \{4597.8 + 0.0010305I_2 + 1.27893x_2\}$$

第 2 阶段的优化解决方案见表 8-21。

表 8-21 　　　　　　　　　　　　第 2 阶段优化解决方案

状态	$f_2(x_2)$	I_2^*
x_2	$4597.8+1.27996 x_2$	x_2

第 1 阶段

$$f_1(x_1) = \max_{0 \leqslant I_1 \leqslant x_1} \{s_1 + f_2(x_2)\}$$

其中

$$s_1 = (1.08^4 - 1.078^4)I_1 + 1.078^4 x_1 = 0.01005I_1 + 1.3504x_1$$
$$x_2 = 2000 - 0.005I_1 + 0.023x_1$$

因此

$$f_1(x_1) = \max_{0 \leq I_1 \leq x_1} \{0.01005I_1 + 1.3504x_1 + 4597.8 + 1.27996(2000 - 0.005I_1 + 0.023x_1)\}$$
$$= \max_{0 \leq I_1 \leq x_1} \{7157.7 + 0.00365I_1 + 1.37984x_1\}$$

第 1 阶段的优化解决方案见表 8-22。

表 8-22 第 1 阶段优化解决方案

状态	$f_1(x_1)$	I_1^*
x_1	7157.7+1.38349x_1	\$4000

采用反向迭代，可以注意到 $I_1^* = 4000, I_2^* = x_2, I_3^* = I_4^* = 0$，可以得到

x_1=4000\$

x_2=2000−0.005×4000+0.023×4000=2072（\$）

x_3=2000−0.005×2072+0.022×2072=2035.22（\$）

x_4=2000−0.005×0+0.026×2035.22=2052.92（\$）

投资方案见表 8-23。

表 8-23 ［例 8-6］的投资方案

年数	优化方案	决策	累积
1	$I_1^* = x_1$	投资 x_1=\$4000 到第一个银行	s_1=\$5441.80
2	$I_2^* = x_2$	投资 x_2=\$2072 到第一个银行	s_2=\$2610.13
3	$I_3^* = 0$	投资 x_3=\$2035.22 到第二个银行	s_3=\$2365.13
4	$I_4^* = 0$	投资 x_4=\$2052.92 到第二个银行	s_4=\$2274.64

总累计为= $f_1(x_1)$ = 7157.7 + 1.38349(4000) =\$12.691.66(=$s_1 + s_2 + s_3 + s_4$)

5. 问题的维度

在所有提及的动态规划模型中，在任意阶段的状态都由单一元素表示，例如在背包模型中，唯一的限制即物品的重量。实际上，背包的体积也可以作为另一个可行的约束。在这种情况下，由于它包含重量和体积两个元素，因此在任意阶段的状态可以看作是二维的。

状态变量数目的增加，相应地增加了各个阶段的计算量。表格形式，可以清晰地看出增多的符合状态变量所有可能组合。因此，上述情况在表格形式中尤为明显，关于计算难度可以参考关于维度限制的文献。以下的例子可以阐述维度的问题，它还显示出线性化和动态规划之间的联系。

【例 8-7】 某制造商生产两个产品，制造过程的日产量能力为 430min，每生产一个产品 1 需要 2min，而每生产一个产品 2 需要 1min，其中对产品 1 的数量没有限制，但是产品 2 的最大日需求为 230 个，产品 1 的单位利润为\$2，而产品 2 的单位利润为\$5，通过动态规划寻找最优生产解决方案。

通过线性规划上述问题可以表示为

$$\max z = 2x_1 + 5x_2$$

约束条件

$$2x_1 + x_2 \leqslant 430$$
$$x_2 \leqslant 230$$
$$x_1, x_2 \geqslant 0$$

动态规划模型的要素为：①第 i 阶段用第 i 个产品表示；②选项 x_i 为产品 i 的数量；③状态（v_2，w_2）表示资源 1 和 2（生产时间和需求限制）用于产品 2 的数目；④状态（v_1，w_1）表示资源 1 和 2（生产时间和需求限制）用于产品 1 的数目。

第 2 阶段

定义 f_2（v_2，w_2），为给定（v_2，w_2）情况下的第 2 阶段的最大收益，因此

$$f_2(v_2, w_2) = \max_{\substack{0 \leqslant x_2 \leqslant v_2 \\ 0 \leqslant x_2 \leqslant w_2}} \{5x_2\}$$

因此，$\max\{5x_2\}$ 发生在 $x_2 = \min\{v_2, w_2\}$，则第 2 阶段的解决方案见表 8-24。

表 8-24　　　　　　　　　　第 2 阶段优化解决方案

状态	f_2（v_2，w_2）	x_2
（v_2，w_2）	$5\max\{v_2, w_2\}$	$\min\{v_2, w_2\}$

第 1 阶段

$$f_1(v_1, w_1) = \max_{0 \leqslant 2x_1 \leqslant v_1} \{2x_1 + f_2(v_1 - 2x_1, w_1)\}$$
$$= \max_{0 \leqslant 2x_1 \leqslant v_1} \{2x_1 + 5\min(v_1 - 2x_1, w_1)\}$$

第 1 阶段的优化需要一个最小化问题的优化。对于该问题，设置 $v_1=430$ 和 $w_1=230$，其中给定 $0 \leqslant 2x_1 \leqslant 430$。由于 $\min$（430–2x_1，230）是两条交叉线中的下包络线，因此

$$\min(430 - 2x_1) = \begin{cases} 230 & 0 \leqslant x_1 \leqslant 100 \\ 430 - 2x_1 & 100 \leqslant x_1 \leqslant 215 \end{cases}$$

$$f_1(430, 230) = \max_{0 \leqslant x_1 \leqslant 215} \{2x_1 + 5\min(430 - 2x_1, 230)\}$$
$$= \max_{x_1} \begin{cases} 2x_1 + 1150 & 0 \leqslant x_1 \leqslant 100 \\ -8x_1 + 2150 & 0 \leqslant x_1 \leqslant 215 \end{cases}$$

通过图形验证，得出 f_1（430，230）的最优值发生在 $x_1=100$，因此可以得出第 1 阶段优化解决方案见表 8-25。

表 8-25　　　　　　　　　　第 1 阶段优化解决方案

状态	f_1（v_1，w_1）	x_1
（430，230）	1350	100

为了确定 x_2 的最优值，发现

$$v_2 = v_1 - 2x_1 = 430 - 200 = 230$$
$$w_2 = w_1 - 0 = 230$$

所以

$$x_2 = \min(v_2, w_2) = 230$$

因此完整的优化解决方案总结如下

$$x_1 = 100, x_2 = 230, z = \$1350$$

【例 8-8】 配电网中的储能系统可以通过适当的充放电操作，使光伏发电系统成为连续、稳定的电源，确保电网平稳安全运行。斜坡过程指光伏系统的有功出力在短时间内发生大幅度的变化过程[4]，期间电网在短时间将出现较大的功率缺额，若不加控制可能产生连锁故障，影响系统运行。这就需要对储能系统进行全过程优化控制，本文采用如图 8-6 所示的主动配电网电力框图作为仿真算例[5]。

图 8-6 所示主动配电网参数见附录 B。

本算例中，斜坡率的具体计算公式如下

$$R_{\text{rate}} = \frac{[P_{\text{dc}}(t+\Delta t) + P_{\text{sto}(t+\Delta t)}] - [P_{\text{dc}}(t+\Delta t) + P_{\text{sto}}(t)]}{\Delta t} \tag{8-81}$$

式中 $P_{\text{inv}}(t)$ ——光伏系统逆变器在时刻 t 输出功率；

$\quad\quad P_{\text{dc}}(t)$ ——光伏系统在时刻 t 输出功率；

$\quad\quad P_{\text{sto}}(t)$ ——储能系统在时刻 t 输出功率。

由式（8-81）可知，光伏系统斜坡率与光伏储能系统在时间段（$t-\Delta t$，t）内的输出功率

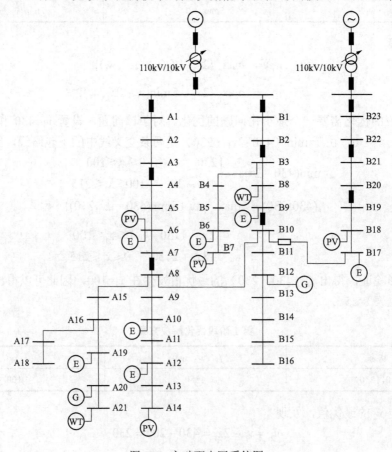

图 8-6 主动配电网系统图

■—开关闭合；□—开关断开；E—电能储能；WT—风力；PV—光伏；G—燃气轮机

变化率有关，即由 $P_{dc}(t)$、$P_{sto}(t)$、$P_{dc}(t+\Delta t)$ 及 $P_{sto}(t+\Delta t)$ 共同决定其是否发生斜坡过程。为了方便分析调度，利用状态转移方程 $P_{dc}(t+1)=P_{dc}(t)+P_{sto}(t)$ 将 $P_{dc}(t)$ 和 $P_{sto}(t)$ 联系起来，然后进行光伏系统斜坡过程分析。动态规划算法满足上述特点，即通过分析 $P_{dc}(t)$ 及 $P_{sto}(t)$ 的状态，进而分析调度光伏系统斜坡过程。给定阈值根据表 8-26 所示的光伏发电站有功功率变化最大限值来确定。

表 8-26　　　　　　　　　　光伏发电站有功功率变化最大限值

光伏发电站装机容量（kW）	10min 有功功率变化最大限值（kW）	1min 有功功率变化最大限值（kW）
<30	10	3
30～150	装机容量/3	装机容量/10
>150	50	15

从表 8-26 可以看出，随着光伏系统装机容量的不断增加，所对应的斜坡要求也随之改变，即光伏系统不同渗透率对应的斜坡过程阈值是不同的，因此首先需要判断光伏系统渗透率，然后进行光伏系统斜坡过程分析。

在进行光伏系统斜坡过程优化调度分析过程中，考虑储能系统的操作成本及发生斜坡过程后配电网络的惩罚成本等因素，将光伏系统斜坡过程优化调度过程中的金融惩罚成本降到最低，目标函数为

$$J = \min \sum_{t=1}^{T} \left\{ \sum_{i=1}^{4} [w_i \times (c(t)^i + d \,|\, P_{sto}^i(t) \,|)] \right\} \tag{8-82}$$

式中　w_i——非负整数，并且 $w_1+w_2+w_3+w_4=1$，即 $w_1 \sim w_4$ 同一时刻只有一个为 1，其余为 0；

$c(t)$——斜坡过程不同情况所对应的惩罚函数；

d——储能系统的操作成本，其与超出斜坡率限值范围情况下储能系统输出功率成正比；

T——光伏系统斜坡过程的采样点数目。

由于不同斜坡过程所对应的惩罚函数是不同的，因此根据斜坡过程的不同情况，可得出相应的斜坡过程惩罚函数如图 8-7 所示[6]。

惩罚函数表达式为

$$c(t) \geq a[P_{sto}(t) - P_{dc}(t+1) + P_{dc}(t)]$$
$$c(t) \geq -a[P_{sto}(t) - P_{dc}(t+1) + P_{dc}(t)]$$
$$c(t) \geq b[P_{sto(t)} - P_{dc}(t+1) + P_{dc}(t) + R_1] + a(R_1)$$
$$c(t) \geq -b[P_{sto}(t) - P_{dc}(t+1) + P_{dc}(t) - R_1] + a(R_1)$$

式中　a——满足光伏电站有功功率变化最大限值情况下的惩罚函数斜率；

b——超出光伏电站有功功率变化最大限值情况下的惩罚函数斜率；

R_1——光伏电站每 10min 的有功功率变化限值。

由于光伏系统斜坡过程造成配电网络电压发生剧烈波动，因此配电网络鼓励在低斜坡率情况下运行，因此 a 值较小，一般情况下 $b \geq a$。

由于该算例是按每 10min 进行斜坡过程分析，因此将整个光伏系统出力每 10min 划分为一个阶段，每个阶段的选项为 $P_{sto}(t)$，每个阶段的状态为 $P_{dc}(t)$，状态转移方程为

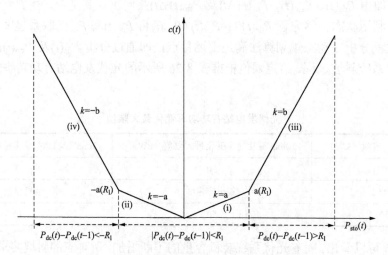

图 8-7 光伏系统斜坡过程相应的惩罚函数

$$P_{dc}(t+1)=P_{dc}(t)+P_{sto}(t)$$

第 1 阶段，取该阶段开始时刻光伏出力为 $P_{dc}(t)$，从 $-P_{sto.r}<P_{sto}<P_{sto.r}$ 中任意取 $P_{sto}(t)$，通过状态转移方程 $P_{dc}(t+1)=P_{dc}(t)+P_{sto}(t)$ 得出该阶段结束时刻光伏出力 $P_{dc}(t+1)$，并作为下一阶段的起始时刻的输入数据，并且下一阶段储能系统出力 $P_{sto}(t+1)$ 受到前一阶段储能系统出力及储能系统容量的约束，即 $P_{sto}(t+1)\Delta t \leqslant S_{sto}-P_{sto}(t)\Delta t$，其中 S_{sto} 为储能系统容量。以下阶段皆按上述规律分析 $P_{dc}(t)$ 和 $P_{sto}(t)$，即 $P_{dc}(t)$ 和 $P_{sto}(t)$ 随着各阶段的不断进行而随之发生改变。

该算例目标函数受限于以下约束条件：

（1）等式约束条件。由于斜坡过程分析是在配电网络潮流计算基础上进行的，因此有功和无功功率应保持平衡状态。

$$\begin{cases} P_i = U_i \sum_{j=1}^{N} U_j(G_{ij}\cos\delta_{ij} + B_{ij}\sin\delta_{ij}) \\ Q_i = U_i \sum_{j=1}^{n} U_j(G_{ij}\sin\delta_{ij} - B_{ij}\cos\delta_{ij}) \end{cases} \tag{8-83}$$

式中　P_i——节点 i 的有功功率；

Q_i——节点 i 的无功功率；

G_{ij}——节点 i、j 之间的电导；

B_{ij}——节点 i、j 之间的电纳；

δ_{ij}——节点 i、j 之间的相角差。

（2）不等式约束条件。主动配电网在进行斜坡过程优化过程中，需要满足光伏系统的有功输出、无功输出、输出电压及系统节点电压都在允许范围内，还需满足储能系统的输出功率在其允许范围内，其中光伏系统有功、无功输出及输出电压不等式约束条件、系统节点电压不等式约束条件及储能系统输出功率约束条件如下

$$(P_{PVi})^2 + (Q_{PVi})^2 \leqslant (S_i)^2$$
$$V_{ilb} \leqslant V_i \leqslant V_{iub}$$
$$U_{imin} \leqslant U_i \leqslant U_{imax}$$
$$-P_{sto.r} \leqslant P_{sto} \leqslant P_{sto.r}$$

式中　　P_{PVi}——光伏系统实际的有功功率；

Q_{PVi}——光伏系统实际的无功功率；

V_i——公共电网提供的电压；

V_{ilb}、V_{iub}——电压下限和上限；

U_i——系统节点电压；

U_{imax}、U_{imin}——电压最大值和最小值；

P_{sto}——储能系统的输出功率；

$P_{sto.r}$——储能系统的额定功率。

（3）储能系统自身输出功率约束条件。储能系统输出功率不是无限制的，它受到其额定功率限制，即

$$-P_{sto.r} \leqslant P_{sto} \leqslant P_{sto.r} \tag{8-84}$$

式中　　P_{sto}——储能系统的输出功率；

$P_{sto.r}$——储能系统的额定功率。

由于储能系统在该阶段的充放电功率与前一阶段的储能系统的充放电功率有关，即它受到前一阶段充放电功率和储能系统最大及最小剩余电量的约束，即

$$\begin{cases} 0 \leqslant P_{sto.c}(t)\Delta t \leqslant S_{max} - (1-\sigma)P_{sto}(t-1)\Delta t & \text{充电} \\ 0 \leqslant P_{sto.d}(t)\Delta t \leqslant (1-\sigma)P_{sto}(t-1)\Delta t - S_{min} & \text{放电} \end{cases} \tag{8-85}$$

其中，$S_{max}=95\%S_r$，$S_{min}=5\%S_r$（S_r 为储能系统额定电量），σ 取 0.05%。在实际操作中，储能系统在时刻 t 的实际充电功率 $P_{sto.c}(t)$ 由单个蓄电池的最大剩余电量 S_{max} 及（$t-1$）时刻的净剩余电量$(1-\sigma)P_{sto}(t-1)\Delta t$ 决定，即满足不大于单个蓄电池最大剩余电量 S_{max} 与（$t-1$）时刻的净剩余电量$(1-\sigma)P_{sto}(t-1)\Delta t$之差；而储能系统在时刻 t 的实际放电功率 $P_{sto.d}(t)$ 要满足不大于（$t-1$）时刻的净剩余电量$(1-\sigma)P_{sto}(t-1)\Delta t$ 与单个蓄电池最小剩余电量 S_{min} 之差。

用动态规划算法求解光伏系统斜坡过程优化调度模型，必须将该模型转化为动态规划算法可操作的方式，该过程涉及阶段、状态、决策和策略等因素。

（1）阶段。由于模型分析的是 6～18h 光伏输出功率预测曲线，并且相关斜坡率阈值，采用的是光伏发电站有功功率变化最大限值中的 10min 有功功率变化最大限值，每 10min 划分为 1 个阶段，因此光伏系统斜坡优化调度模型共分为 72 个阶段，其中任意阶段标记为阶段 k，$k\in\{1, 2, 3, \cdots, 72\}$。

（2）状态。该优化调度模型将光伏系统输出功率 $P_{dc}(k)$ 设为每个阶段的状态。

（3）决策和策略。该优化调度模型，将储能系统在每个阶段的充放电功率值 $P_{sto}(k)$ 设为决策，不同的决策用下标 i 表示。72 个阶段的不同决策组合就是策略。

（4）状态转移方程。

$$P_{dc}(t+1) = P_{dc}(t) + P_{sto}(t) \tag{8-86}$$

（5）阶段目标函数。

$$h_i(P_{dc}(k)_i, P_{sto}(k)_i) = \sum_{n=1}^{4}[w_n \times (c(t)^n + d\,|\,P_{sto}(t)_i\,|)] \tag{8-87}$$

最终目标函数。

$$J = \min \sum_{k=1}^{72} h_i(P_{dc}(k), P_{sto}(k)_i) \tag{8-88}$$

（6）动态规划算法递归方程。

$$\begin{cases} J(P_{dc}(k)_i = \{J(P_{dc}(k-1)_i) + h(P_{dc}(k)_i, P_{sto}(k)_i)\} \\ J(P_{dc}(1)_i) = 0 \end{cases} \tag{8-89}$$

该算法主要分为以下两步：

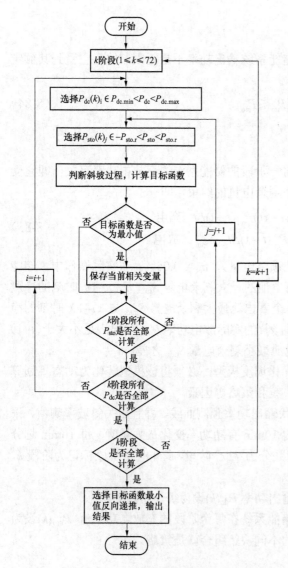

图 8-8　光伏系统斜坡过程优化调度过程流程框图

第一步：k 阶段的光伏系统输出功率 $P_{dc}(k)$ 和储能系统输出功率 $P_{sto}(k)$，通过状态转移方程 $P_{dc}(k+1)=P_{dc}(k)+P_{sto}(k)$ 得到 $k+1$ 阶段的光伏系统输出功率的所有可能值，并根据斜坡率计算公式得出 $k+1$ 阶段光伏系统输出功率斜坡率的所有可能值，其中超出光伏电站有功功率变化最大限值的可能值代表一种可行解。

第二步：根据最终得到的 $k+1$ 阶段的光伏系统输出功率斜坡过程的可能值，确定斜坡过程相应的惩罚函数，进而确定目标函数；然后，通过求得金融惩罚成本最小情况下的储能系统输出功率 $P_{sto}(k)$。

由于最终得到的 $k+1$ 阶段的金融惩罚成本可能值中可能有相同值，即不同的情况可能具有相同的结果。第二步利用最优子结构性质，通过比较目标函数，在相同的 $k+1$ 阶段的金融惩罚成本中选取最优值，减小计算复杂度。根据上述两个步骤以及光伏系统斜坡过程的数学模型，该方法的流程框图如图 8-8 所示，其流程如下：

第一步：根据光伏系统预测输出功率在 $P_{dc.min}<P_{dc}<P_{dc.max}$ 中取 $P_{dc}(k)_i$，在 $-P_{sto.r}<P_{sto}<P_{sto.r}$ 中任意取 $P_{sto}(k)_j$，其中为了便于迭代，定义新的标识 j，其取值与 i 相同。为了方便计算，在求解过程中采用逆序求解的方法，即根据 k 阶段数据和状态转移方程逆函数求得 $P_{dc}(k-1)_{ij}$，求得光伏系统输出功率的斜坡率，再根据是否超出光伏电站有功功率变化最大限值去除在最大限值范围内的斜坡率。

第二步：根据第一步求得的 $P_{dc}(k-1)_{ij}$、$P_{sto}(k)_j$ 及光伏系统输出功率的斜坡率，确定斜坡过程相应的惩罚函数，计算目标函数值 $J(P_{dc}(k-1)_{ij})$ 和 $P_{sto}(k)_j$，对于相同的 $P_{dc}(k-1)_{ij}$，通过比较目标函数，选取最优值。整个动态规划算法求解过程即循环计算上述两步，共 72 个阶段。

该算例通过分析图 8-9 所示的光伏输出功率预测曲线，预先判断可能发生的斜坡过程并通过动态规划算法求得斜坡过程相应的储能系统充放电操作，以平抑光伏系统出力，进而调度斜坡过程。

在根据动态规划算法求得储能系统充放电功率的基础上，根据式（8-81）求得经过优化调度后的新斜坡率，其完整光伏系统斜坡过程调度结果如图 8-10 所示。

从图 8-10 可以看出，原有的光伏系统斜坡率超出了光伏电站有功功率变化最大限值；经过动态规划算法优化调度储能系统有功出力，平抑光伏系统出力，将斜坡率从 12.735kW/10min 降至 7.684kW/10min，满足光伏发电站有功功率变化最大限值，保证配电网安全运行。

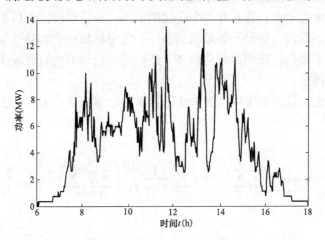

图 8-9　光伏输出功率预测曲线

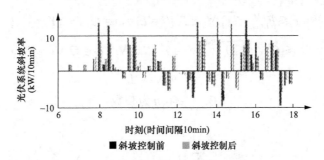

图 8-10　每 10min 光伏系统输出斜坡率

8.4　随机优化方法：不确定输电网的规划问题

在全局最优化的确定性算法中应已知所有参数，然而，在实际中，想要已知所有参数是不可能的。随机优化，就是针对某些附加在目标函数中的参数或者约束不确定的情形而产生的工具[7]。本节简要介绍随机规划的方法和情景树构造的方法论。

8.4.1 输电系统规划问题的确定性数学模型

以前，传统的输电规划就是最小成本方法，重点是降低发电规划的投资成本为基本原则，同时满足可靠性要求。目前，发电和输电是分开的。输电规划过程，实现了从最低成本到以市场为基础的经济效益方式的转变。这种以市场为基础的方法，是为了获得最佳的规划方案，不仅以最低的成本方式提升系统，同时也最大限度地提高系统的经济效益。此种输电规划方法就是一个多目标优化问题，此类模型的主要目的是尽量减少投资成本，同时满足稳定性约束条件。

本节提出了兼顾效率效益和多元化效益的输电网规划方法。为了实现这一目标，减少服务成本，将传统的经济调度和平衡市场转化为一次优化问题，计算出能源市场调度和实时平衡市场调度的结果。这两个步骤的经济调度用于量化额外传输容量的多元化效益，并提出了将附加输电能力的总效益分解为效率效益和多元化效益的分解方法。最后，考虑多元化效益的输电过程，寻找输电网的最优规划方案。

假设设计一个电力市场，其具有两个连续的市场——日前能源市场和实时平衡市场。为了简单起见，做如下假设：假设一条母线只有一个发电机和一个非弹性负载；忽略启动成本和发电机的爬坡速率限制；采用对线路和节点注入功率较敏感的直流潮流模型（PTDF），且具有功率传输分布因子。

传统的传输规划方法主要集中在额外传输容量的效率效益，这种方法可建模为式（8-90）所示的优化问题。

目标函数

$$\underset{G_{i,t,\omega,y},nl}{Minimize} \sum_{y=1}^{Y}\sum_{l}^{L} c_l^{line} n_l + \sum_{y=1}^{Y}\left(\frac{1}{1+r}\right)^{y-1}\left(\sum_{i=1}^{N}\sum_{t=1}^{T}\sum_{\omega=1}^{\Omega}\pi_{i,\omega}^{D} c_{i,t,\omega,y}\right) \qquad (8\text{-}90)$$

约束条件

$$\sum_{i=1}^{N}(G_{i,t,\omega,y} - D_{i,t,\omega,y}) = 0, \forall t \in T, \forall \omega \in \Omega, \forall y \in Y$$

$$\underline{F_l} \leqslant F_{l,t,\omega,y}^{EM} \leqslant \overline{F_l}, \forall t \in T, \forall l \in L, \forall \omega \in \Omega, \forall y \in Y$$

$$0 \leqslant G_{i,t,\omega,y} \leqslant \overline{G_{i,t}}^{EM}, \forall t \in T, \forall i \in N, \forall \omega \in \Omega, \forall y \in Y$$

$$1 \leqslant n_l \leqslant \overline{n_l}, \forall l \in L$$

$$G_{i,t,\omega,y} \geqslant 0, n_l 为整数$$

其中

$$F_{l,t,\omega,y}^{EM} = \sum_{i=1}^{N} H_{l,i}(G_{i,t,\omega,y} - D_{i,t,\omega,y})$$

目标函数前一部分是输电投资成本，后一部分是在日前能源市场的代运营成本，等式约束条件是能量平衡约束方程，不等式约束条件分别表示对输电线路容量约束、机组日前市场相关能力的限制以及输电约束。

考虑效益的多元化传输扩展方法，可获得输电系统的最优传输结果。输电规划决策对能源市场和平衡市场的经济效率有很大影响，经济效率是根据计算每一时期两个市场的总发电成本来评估。通过选择合适的传输规划决策获得最优的经济效益。兼顾效率和多元化效益的传输规划的优化问题如下：

目标函数

$$
\underset{\Delta G_{i,t,\omega,y}^{up},\Delta G_{i,t,\omega,y}^{dn}G_{i,t,\omega,y},n_l}{Minimize} \sum_{y=1}^{Y}\sum_{l}^{L}c_l^{line}n_l +
$$

$$
\sum_{y=1}^{Y}\left(\frac{1}{1+r}\right)^{y-1}\left(\sum_{i=1}^{N}\sum_{t=1}^{T}\sum_{\omega=1}^{\Omega}\pi_{i,\omega}^{D}c_iG_{i,t,\omega,y}\right. \tag{8-91}
$$

$$
\left.p\sum_{i=1}^{N}\sum_{t=1}^{T}\sum_{\omega=1}^{\Omega}\pi_{\omega}^{\Delta D}\left[c_i^{up}\Delta G_{i,t,\omega,y}^{up}+c_i^{dn}\Delta G_{i,t,\omega,y}^{dn}\right]\right)
$$

约束条件

$$
\sum_{i=1}^{N}\left(G_{i,t,\omega,y}-D_{i,t,\omega,y}\right)=0,\quad \forall t\in T,\forall \omega\in\Omega,\forall y\in Y
$$

$$
\sum_{i=1}^{N}\left[G_{i,t,\omega,y}+\Delta G_{i,t,\omega,y}^{up}+\Delta G_{i,t,\omega,y}^{dn}-(D_{i,t,\omega,y}+\Delta D_{i,t,y})\right]=0,\quad \forall t\in T,\forall \omega\in\Omega,\forall y\in Y
$$

$$
\underline{F_l}\leqslant F_{l,t,\omega,y}^{EM}\leqslant \overline{F_l},\quad \forall t\in T,\forall l\in L,\forall \omega\in\Omega,\forall y\in Y
$$

$$
\underline{F_l}\leqslant F_{l,t,\omega,y}^{BM}\leqslant \overline{F_l},\quad \forall t\in T,\forall l\in L,\forall \omega\in\Omega,\forall y\in Y
$$

$$
0\leqslant G_{i,t,\omega,y}\leqslant \overline{G_{i,t}}^{EM},\quad \forall t\in T,\forall i\in N,\forall \omega\in\Omega,\forall y\in Y
$$

$$
0\leqslant G_{i,t,\omega,y}+\Delta G_{i,t,\omega,y}^{up}+\Delta G_{i,t,\omega,y}^{dn}\leqslant \overline{G_{i,t}}^{EM}+\overline{G_{i,t}}^{BM},\quad \forall t\in T,\forall i\in N,\forall \omega\in\Omega,\forall y\in Y
$$

$$
\left|\Delta G_{i,t,\omega,y}^{up}+\Delta G_{i,t,\omega,y}^{dn}\right|\leqslant \overline{G_{i,t}}^{BM},\quad \forall t\in T,\forall i\in N,\forall \omega\in\Omega,\forall y\in Y
$$

$$
1\leqslant n_l\leqslant \overline{n_l},\quad \forall l\in L
$$

$$
\Delta G_{i,t,\omega,y}^{up}\geqslant 0,G_{i,t,\omega,y}\geqslant 0,\Delta G_{i,t,\omega,y}^{dn}\leqslant 0,\quad n_l\text{为整数}
$$

其中

$$
F_{l,t,\omega,y}^{EM}=\sum_{i=1}^{N}H_{l,i}\left(G_{i,t,\omega,y}-D_{i,t,\omega,y}\right)
$$

$$
F_{l,t,\omega,y}^{BM}=\sum_{i=1}^{N}H_{l,i}\left[G_{i,t,\omega,y}+\Delta G_{i,t,\omega,y}^{up}+\Delta G_{i,t,\omega,y}^{dn}-(D_{i,t,\omega,y}+\Delta D_{i,t,y})\right]
$$

其中目标函数的第一部分为输电投资成本，第二部分为系统总调度成本。等式约束表示能量平衡约束，不等式约束分别为输电线路的容量约束、发电机组对日前市场和实时市场的容量约束、后备容量约束以及传输扩展的约束。

上述公式中的符号说明如下：

i、N ——网络节点号，系统中节点的集合；

l、L ——系统传输线，系统中传输线的集合；

ω、Ω ——系统随机情景，系统中随机情景的集合；

t、T ——调度周期，调度周期的集合；

y、Y ——年，年的集合；

c_l^{line} ——新线 l 工程造价；

c_i——节点 i 处发电机可变成本；

$G_{i,t,\omega,y}$——发电机 i 在周期 t、情景 ω、y 年中产生的功率；

$\pi_{i,\omega}^D$——情景 ω 发生的概率；

n_l——链路 l 的新传输线数；

$\overline{F_l}$、$\underline{F_l}$——电力线路 l 容量的上下限；

$F_{l,t,\omega,y}^{\mathrm{EM}}$——线路 l 在周期 t、情景 ω、y 年中产生的日前市场调度后的潮流；

$F_{l,t,\omega,y}^{\mathrm{BM}}$——线路 l 在周期 t、情景 ω、y 年中产生的实时市场调度后的潮流；

$D_{i,t,\omega,y}$——发电机 i 在周期 t、情景 ω、y 年中产生的预测需求；

$\overline{G}_{i,t}^{\mathrm{EM}}$——发电机 i 在周期 t 能源市场发电能力；

$\overline{G}_{i,t}^{\mathrm{BM}}$——发电机 i 在周期 t 平衡市场发电能力；

$\Delta G_{i,t,\omega,y}^{\mathrm{up}}$——发电机 i 在周期 t、情景 ω、y 年提供的调节上限；

$\Delta G_{i,t,\omega,y}^{\mathrm{dn}}$——发电机 i 在周期 t、情景 ω、y 年提供的调节下限；

$H_{l,i}$——线路 l 和在节点 i 注入的净功率的功率转移分配系数。

8.4.2　随机优化方法求不确定输电网规划问题

8.4.2.1　随机变量的期望值

本部分通过确定的概率分布区分参数的不确定性，以及改变它的确定性等价来求解随机优化问题；利用情景和情景实现的概率，定义可转换的自然状态；根据每个情景制订一种合适的线性规划，随机变量的期望值是通过对每个情景下的参数及这些情景发生的概率乘积求得的。

例如，假设 y_w 是随机变量 y 的期望，也就是说随机变量 y 实现的概率，其中，w 表示随机情景且每一次情景实现的概率为 y_w。随机变量 π_w 的期望表达式为

$$E[y_w] = \sum_{w=1}^{\Omega} \pi_w \times y_w, \forall w \in \Omega \tag{8-92}$$

这个随机变量被期望值代替，进而解决优化问题。

8.4.2.2　两阶段有补偿的随机优化问题描述

两阶段随机优化问题的标准形式为[8~10]：

目标函数

$$\underset{x}{Minimize}\ z = c^{\mathrm{T}}x + E[Q(w)] \tag{8-93}$$

约束条件

$$Ax=b$$
$$x \geqslant 0$$

其中

$$Q(x,w) = \underset{y}{Minimize}\ q^{\mathrm{T}}y \tag{8-94}$$

约束条件

$$Wy = h - Tx$$
$$y \geqslant 0$$

其中 c、q、W、h、T 是已知向量和矩阵，x 代表第一阶段决策变量即随机变量实现前产生的，y 代表第二阶段决策变量，即观察随机变量的实际值后产生的。注意，如果随机变量被一系列情景表示，第二阶段决策变量将被每个情景定义。

式（8-93）中，两阶段随机问题的确定性等价形式为：

目标函数

$$\underset{x,y}{Minimize} \quad z = \boldsymbol{c}^{\mathrm{T}}x + \sum_{w} \pi_w \boldsymbol{q}_w^{\mathrm{T}} y_w \tag{8-95}$$

约束条件

$$Ax = b$$
$$W_w y_w + T_w x = h_w$$
$$x \geqslant 0, \ y_w \geqslant 0, \ \forall w \in \Omega$$

情景中不确定参数的模型被设定为情景树，本例构建情景树的方法是基于路径方法产生大量情景 ARIMA 模型，然后利用以 Kantorovich 距离为指标降低维数，获得足够数量的情景。

下面解释几个所阐述的定义：

ARIMA 模型全称为差分自回归移动平均模型（autoregressive integrated moving average model，ARIMA），也叫求和自回归移动平均模型，是由博克思（Box）和詹金斯（Jenkins）于 20 世纪 70 年代初提出的时间序列预测方法。其中，ARIMA（p, d, q）称为差分自回归移动平均模型，AR 是自回归，p 为自回归项；MA 为移动平均，q 为移动平均项数，d 为时间序列平稳时所做的差分次数。ARIMA 模型的基本思想是：将预测对象随时间推移而形成的数据序列视为一个随机序列，用一定的数学模型来近似描述这个序列。这个模型一旦被识别后就可以从时间序列的过去值及现在值来预测未来值。现代统计方法、计量经济模型在某种程度上已经能够帮助企业对未来进行预测。

Kantorovich 距离称为康托洛维奇法，经典的 Kantorovich 运输问题在经济学、自动控制、运输、流体力学、统计物理、形状优化等众多领域有广泛的应用。给定 $R2$ 上的两个概率分布 P，$\tilde{p}$，一个以 P，$\tilde{p}$ 为边际分布的四维随机向量（X, Y），称为 P，$\tilde{p}$ 的耦合。关于所有的耦合考虑耦合距离 $|X - Y|_{l_p}$（$p \geqslant 1$）的最小值，称为 P，$\tilde{p}$ 之间的 KRWLP 距离，对应的耦合称为最优耦合。

8.4.2.3　情景的生成

基于路径模型生成的情景模型，通过时间序列获得，而通过时间序列模型所获得的情景组指的是情景范而不是情景树。情景范的例图如图 8-11 所示。将情景范变为情景树，情景必须是捆绑在一起的[11]。

属于电价的时间序列显示出如下几个特性：①非恒定的均值和方差；②多季节性（每日和每周的季节性）；③周末日历效应。差分（从 Y_t 中减去 Y_{t-1}，其中 Y 代表从时刻 $t-1$ 到时刻 t 的一个变量值）的原始序列式（$1-B$）可以

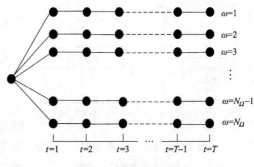

图 8-11　情景范的例图

简化非恒定的平均特性，其中 B 为二次变换算子，变换算子就是运算过程，是每个元素对应相乘后求和。通过取对数和差分的这种方法，简化了时间序列的非恒定方差和多季节特性。处理日历效应可以使用一些特定的方法，与此同时电价的特点和处理方法同样适用于电力需求[12]。

差分自回归移动平均模型（ARIMA）是线性模型，可以表示时间序列。ARIMA 模型的一般形式由 (p, d, q) 给出

$$\left(1-\sum_{i=1}^{p}\varphi_i B^i\right)(1-B)^d y_t = c+\left(1-\sum_{j=1}^{q}\theta_i B^j\right)a_t \tag{8-96}$$

其中，φ_i 是自回归（AR）多项式的系数，p 是这个多项式的阶数；θ_j 是移动平均线（MA）多项式的系数，q 是这个多项式的阶数；a_t 是带零均值的白噪声；σ 是标准偏差；c 是一个表示序列确定性趋势的常数；$(1-B)^d$ 是差分项，d 是差分阶数。

将 ARIMA 模型改进为一个可以适当显示季节特性的时间序列，季节性 ARIMA 模型的一般表达式由 $(p, d, q)\times(P, D, Q)$ 给出

$$\left(1-\sum_{i=1}^{p}\varphi_i B^i\right)\left(1-\sum_{i=1}^{p}\phi_i B^{iS}\right)(1-B)^d(1-B^s)^D y_t$$
$$=c+\left(1-\sum_{j=1}^{q}\vartheta_j B^j\right)\left(1-\sum_{j=1}^{Q}\theta_j B^{jS}\right)a_t \tag{8-97}$$

其中，c 是季节性自回归（SAR）多项式的系数，P 是这个多项式的阶数；θ_j 是季节性移动平均线（SMA）多项式的系数，Q 是这个多项式的阶数；$(1-B^S)^D$ 是季节性差分项，D 和 S 分别代表季节性差分阶数和季节性阶数。

构成 ARIMA 模型的方法，是一个迭代的过程：

（1）基于观察时间序列选择一个初始模型，得到时间序列的自相关（ACF）和偏相关（PACF）函数。

（2）通过适当的计算机软件选择 ARIMA 模型和相应系数。

（3）通过 ARIMA 模型和相应系数生成新的时间序列。

（4）通过生成的时间序列与原始时间序列，对比判断其是否精确地表达了数据。

（5）如果生成的序列不可靠，则重复上述过程直到得到满足要求的时间序列。

（6）一旦得到符合要求的 ARIMA 模型，便可使用。

关于 ARIMA 模型的构建详见文献 [13]。ARIMA 模型在本文中的使用范围主要通过相似的历史数据特性生成相应的情景。文献 [14] 提出了有效的情景生成方法，根据这个方法可得到相应的 ARIMA 模型和系数，在 t 时刻的 ARIMA 过程 y_t 可由如下式表示

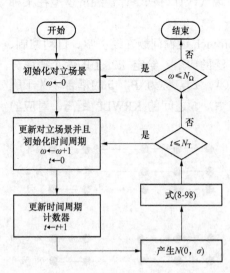

图 8-12　情景生成算法图

N_Ω、N_T—情景生成的数量和周期；

y_{tw}—周期为 t、在情景 w 处的 ARIMA 过程

$$y_t = c + \varphi(y_{t-1}, y_{t-2}, \cdots, y_{t-p}) + \phi(y_{t-S}, y_{t-S-1}, \cdots, y_{t-S-p})$$
$$+ \vartheta(a_{t-1}, a_{t-2}, \cdots, a_{t-q}) + \theta(a_{t-S}, a_{t-S-1}, \cdots, a_{t-S-Q}) \tag{8-98}$$

使用 ARIMA 模型生成情景的算法如图 8-12 所示。

下面阐述一个利用 ARIMA 模型生成情景的例子。

【例 8-9】 情景生成。

通过 ARIMA（1，0，1）模型定义一个随机变量 y_t，ARIMA 参数分别为 $\varphi_1 = 0.98$，$\vartheta_1 = 0.17$ 和 $\sigma = 0.0153$。变量的初始值 $y_0 = 8.274$，$a_0 = -0.0255$，根据给定的数据产生两个周期的四个情景。

首先，通过下列等式获得 ARIMA 过程的方程

$$(1 - \varphi_1 B^1) y_t = (1 - \vartheta_1 B^1) a_t \tag{8-99}$$

ARIMA 过程 y_t 表达式

$$y_t = \varphi_1 y_{t-1}, + a_t - \vartheta_1 a_{t-1} \tag{8-100}$$

下一步，通过式（8-100）生成情景，每一个情景都产生一个误差项，时间范围包括两个周期以及两个随机变量，且符合正态分布 $N(0, \sigma)$。第一次情景产生的误差值为 $a_{11}=0.0019$ 和 $a_{21}=0.0044$。第一个情景里 $\omega = 1$，获得的 y_{tw} 如下

$$y_{11} = \varphi_1 y_0 + a_{11} - \vartheta_1 a_0$$
$$y_{11} = 0.98 \times 8.274 + 0.0044 - 0.17 \times (-0.0255) = 8.1148$$
$$y_{21} = \varphi_1 y_{11} + a_{21} - \vartheta_1 a_{11}$$
$$y_{21} = 0.98 \times 8.1148 + 0.0044 - 0.17 \times 0.0019 = 7.9566$$

第二个情景，产生的误差值为 $a_{12}=-0.0175$ 和 $a_{22}=0.0182$。第二个情景，$\omega = 2$，获得的 y_{tw} 如下

$$y_{12} = \varphi_1 y_0 + a_{12} - \vartheta_1 a_0$$
$$y_{12} = 0.98 \times 8.274 + 0.0175 - 0.17 \times (-0.0255) = 8.0954$$
$$y_{22} = \varphi_1 y_{12} + a_{22} - \vartheta_1 a_{12}$$
$$y_{22} = 0.98 \times 8.0954 + 0.0182 - 0.17 \times (-0.0175) = 7.9547$$

第三个情景，产生的误差值为 $a_{13}=0.0050$ 和 $a_{23}=0.0027$。第三个情景，$\omega = 3$，获得的 y_{tw} 如下

$$y_{13} = \varphi_1 y_0 + a_{13} - \vartheta_1 a_0$$
$$y_{13} = 0.98 \times 8.274 + 0.0050 - 0.17 \times (-0.0255) = 8.1179$$
$$y_{23} = \varphi_1 y_{13} + a_{23} - \vartheta_1 a_{13}$$
$$y_{23} = 0.98 \times 8.1179 + 0.0027 - 0.17 \times 0.0050 = 7.9574$$

第四个情景，产生的误差值为 $a_{14}=-0.0015$ 和 $a_{24}=-0.0127$。第四个情景，$\omega=4$，获得的 y_{tw} 如下

$$y_{14} = \varphi_1 y_0 + a_{14} - \vartheta_1 a_0$$
$$y_{14} = 0.98 \times 8.274 - 0.0015 - 0.17 \times (-0.0255) = 8.1114$$
$$y_{24} = \varphi_1 y_{14}, + a_{24} - \vartheta_1 a_{14}$$
$$y_{24} = 0.98 \times 8.1114 + 0.0127 - 0.17 \times (-0.0015) = 7.9367$$

由此即可根据给定的数据得到两个周期的四个情景。

8.4.2.4　情景的降阶算法

在这一过程中需要大量情景来表示决策过程中的不确定性，但这增加了计算复杂程度。因此需要提出一种降低所需情景数量的方法，减少情景树使其概率距离接近原始值。在随机优化问题中，经常使用 Kantorovich 距离，它的定义是求得 Q 与 Q' 间的概率距离，在文献 [14]、[15]中是用未被选择的情景中的 $\omega \in \Omega \setminus \Omega_s$ 与被选择情景 Ω_s 中的 ω' 最近的距离表示的。其中，ω 和 ω' 是情景，Q 和 Q' 分别为原始情景 Ω 和被选择情景 Ω_s 的概率分布。关于 Kantorovich 距离更多细节可参见文献 [4] 和文献 [16]。

在文献 [16] 中提出了基于 Kantorovich 距离的两种不同的情景减少算法。在本例中，利用快进选择算法减少情景的数量。这种方法是一个迭代过程，它的应用主要是将单个周期聚合到多周期问题中。最开始是一个空情景树，每一次迭代，选择 Kantorovich 距离最小的情景并将其设为初始值，当选择的情景数量达到指定数量为止，每一个未被选择的情景的概率转移到邻近的被选择的情景，最后可获得情景树减少的相关概率，提出的选择算法的流程图如图 8-13 所示。

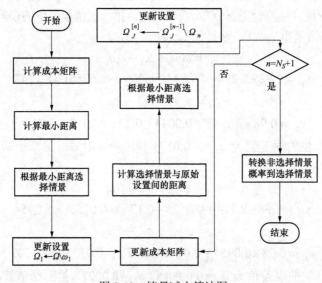

图 8-13　情景减少算法图

算法的每步解释如下。

Step 0：

计算 $c^{[1]}(\omega, \omega') = \sum_{t=1}^{N_T} \left\| y(\omega_t) - y(\omega'_t) \right\|, \forall \omega \in \Omega$

Step 1：

计算 $d_\omega = \sum_{\omega=1}^{N_\Omega} \pi_\omega c^{[1]}(\omega, \omega')$

选择 $\omega_1 \in \arg\min_{\omega \in \Omega} d_\omega$

更新设置 $\Omega_J \leftarrow \Omega \setminus \omega_1$

……

Step n：

计算 $c^{[n]}(\omega, \omega')$

其中 $c^{[n]}(\omega,\omega') = \min c^{[n-1]}(\omega,\omega'), c^{[n-1]}(\omega,\omega_{n-1})\forall\omega,\omega'\in\Omega_J^{|n-1|}$

$d_\omega^{[n]} = \sum_{\omega\in\Omega_J^{[n-1]}\setminus\omega}\pi_{\omega'}c^{[n-1]}(\omega,\omega'), \forall\omega,\omega'\in\Omega_J^{|n-1|}$

选择 $\omega_1\in\arg\min_\omega d_\omega^n$

更新设置 $\Omega_J^{[n]}\longleftarrow\Omega_J^{[n-1]}\setminus\omega_n$

Step $N_{\Omega_S}+1$：

$\Omega_J^* = \Omega_J^{N_{\Omega J}}$

$\Omega_S^* = \Omega\setminus\Omega_J^*$

$\pi_\omega^* = \pi_\omega + \sum_{\omega'\in J(\omega)}\pi_{\omega'}$

$J(\omega) = \omega'\in\Omega_J^* \mid \omega = j(\omega')$

$J(\omega')\in\arg\min_{\omega''\in\Omega_S^*}c(\omega'',\omega')$

其中，N_T 和 N_Ω 分别为初始设定的周期数量和情景数量。在情景减少过程之后，Ω_J^* 是最后删除情景的集合，Ω_s^* 是选择情景的设定。算法更详细的步骤参见文献［7］和文献［17］。

文献［7］中的一个例子可以清晰地描述情景还原过程。但是这只是个不捆绑的情景还原，带捆绑的情景还原的全部过程只适用于有五个情景的小案例。

【例 8-10】　情景还原。

假设某风电场的风速是由 $t=1$ 与 $t=2$ 两个五组等概率的风速数据见表 8-27。

表 8-27　　　　　　　　　　　　　［例 8-10］不同情景的风速数据

情景	1	2	3	4	5
$t=1$ 时的风速	3.2	3.8	4.7	5.9	7.5
$t=2$ 时的风速	3.7	4.3	5.5	6.6	8

这个例子的目的，是使用上述两种方法减少情景数量。

首先，计算每个周期中两个情景对的距离 $\|y(\omega_t)-y(\omega_t')\|$，然后通过距离的总和，求得成本函数 $c(\omega,\omega') = \sum_{t=1}^{N_T}\|y(\omega_t)-y(\omega_t')\|$。

$$c = \begin{bmatrix} 0 & 0.6 & 1.5 & 2.7 & 4.3 \\ 0.6 & 0 & 0.9 & 2.1 & 3.7 \\ 1.5 & 0.9 & 0 & 1.2 & 2.8 \\ 2.7 & 2.1 & 1.2 & 0 & 1.6 \\ 4.3 & 3.7 & 2.8 & 1.6 & 0 \end{bmatrix} + \begin{bmatrix} 0 & 0.6 & 1.8 & 2.9 & 4.3 \\ 0.6 & 0 & 1.2 & 2.3 & 3.7 \\ 1.8 & 1.2 & 0 & 1.1 & 2.5 \\ 2.9 & 2.3 & 1.1 & 0 & 1.4 \\ 4.3 & 3.7 & 2.5 & 1.4 & 0 \end{bmatrix}$$

$$c = \begin{bmatrix} 0 & 1.2 & 3.3 & 5.6 & 8.6 \\ 1.2 & 0 & 2.1 & 4.4 & 7.4 \\ 3.3 & 2.1 & 0 & 2.3 & 5.3 \\ 5.6 & 4.4 & 2.3 & 0 & 3.0 \\ 8.6 & 7.4 & 5.3 & 3.0 & 0 \end{bmatrix}$$

其次，计算两个情景间的 Kantorovich 距离，选择距离最小的情景。由于情景的等概率性，所以每个情景发生的概率 π_w 为 1/5=0.2。

$$d_1 = \pi_1 \cdot c(1,1) + \pi_2 \cdot c(1,2) + \pi_3 \cdot c(1,3) + \pi_4 \cdot c(1,4) + \pi_5 \cdot c(1,5) = 3.74$$

$$d_2 = \pi_1 \cdot c(2,1) + \pi_2 \cdot c(2,2) + \pi_3 \cdot c(2,3) + \pi_4 \cdot c(2,4) + \pi_5 \cdot c(2,5) = 3.02$$

$$d_3 = \pi_1 \cdot c(3,1) + \pi_2 \cdot c(3,2) + \pi_3 \cdot c(3,3) + \pi_4 \cdot c(3,4) + \pi_5 \cdot c(3,5) = 2.6$$

$$d_4 = \pi_1 \cdot c(4,1) + \pi_2 \cdot c(4,2) + \pi_3 \cdot c(4,3) + \pi_4 \cdot c(4,4) + \pi_5 \cdot c(4,5) = 3.06$$

$$d_5 = \pi_1 \cdot c(5,1) + \pi_2 \cdot c(5,2) + \pi_3 \cdot c(5,3) + \pi_4 \cdot c(5,4) + \pi_5 \cdot c(5,5) = 4.86$$

因此

$$\Omega_S^{[1]} = \{3\}$$

$$\Omega_J^{[1]} = \{1,2,4,5\}$$

接下来更新成本矩阵

$$c^{[2]}(1,2) = \min(c(1,3), c(1,2)) = 1.2$$
$$c^{[2]}(1,4) = \min(c(1,3), c(1,4)) = 3.3$$
$$c^{[2]}(1,5) = \min(c(1,3), c(1,5)) = 3.3$$
$$c^{[2]}(2,1) = \min(c(2,3), c(2,1)) = 1.2$$
$$c^{[2]}(2,4) = \min(c(2,3), c(2,4)) = 2.1$$
$$c^{[2]}(2,5) = \min(c(2,3), c(2,5)) = 2.1$$
$$c^{[2]}(4,1) = \min(c(4,3), c(4,1)) = 2.3$$
$$c^{[2]}(4,2) = \min(c(4,3), c(4,2)) = 2.3$$
$$c^{[2]}(4,5) = \min(c(4,3), c(4,5)) = 2.3$$
$$c^{[2]}(5,1) = \min(c(5,3), c(5,1)) = 5.3$$
$$c^{[2]}(5,2) = \min(c(5,3), c(5,2)) = 5.3$$
$$c^{[2]}(5,4) = \min(c(5,3), c(5,4)) = 3.0$$

$$c = \begin{bmatrix} 0 & 1.2 & 3.3 & 3.3 & 3.3 \\ 1.2 & 0 & 2.1 & 2.1 & 2.1 \\ 3.3 & 2.1 & 0 & 2.3 & 5.3 \\ 2.3 & 2.3 & 2.3 & 0 & 2.3 \\ 5.3 & 5.3 & 5.3 & 3.0 & 0 \end{bmatrix}$$

选择第二个情景时，使用更新后的成本函数重新计算 Kantorovich 距离。

$$d_1^{[2]} = \pi_2 \cdot c(1,2) + \pi_4 \cdot c(1,4) + \pi_5 \cdot c(1,5) = 1.56$$

$$d_2^{[2]} = \pi_1 \cdot c(1,2) + \pi_4 \cdot c(2,4) + \pi_5 \cdot c(2,5) = 1.08$$

$$d_4^{[2]} = \pi_1 \cdot c(4,1) + \pi_2 \cdot c(4,2) + \pi_5 \cdot c(4,5) = 1.38$$

$$d_5^{[2]} = \pi_1 \cdot c(5,1) + \pi_2 \cdot c(5,2) + \pi_4 \cdot c(5,4) = 2.72$$

因此

$$\Omega_S^{[2]} = \{2,3\}$$

$$\Omega_J^{[2]} = \{1,4,5\}$$

获得理想的被选择的情景数量，算法最后得到从未被选择的情景 Ω_J^* 转换到被选择的情景 Ω_S^* 的概率。

在被选择情景中寻找一个相近情景作为情景 1，与相关的矩阵元素相比较获得初始的成本矩阵。当 $c(1,3)$ 是 1.3 时 $c(1,2)$ 为 1.2，因为 $c(1,2)$ 小于 $c(1,3)$，所以情景 2 更接近于情景 1。

在剩余被选择情景中选择一个更接近的情景定义为情景 4，与成本矩阵中的相关元素相比较。当 $c(4,3)$ 是 2.3 时 $c(4,2)$ 是 4.4，因为 $c(4,3)$ 小于 $c(4,2)$，所以情景 3 更接近于情景 4。

在剩余被选择情景中选择一个更接近的情景定义为情景 5，与成本矩阵中的相关元素相比较。当 $c(5,3)$ 是 5.3 时 $c(5,2)$ 是 7.4，因为 $c(5,3)$ 小于 $c(5,2)$，所以情景 3 更接近于情景 5。

最后，相关概率结果如下

$$\pi_2^* = \pi_2 + \pi_1 = 0.4$$

$$\pi_3^* = \pi_3 + \pi_4 + \pi_5 = 0.6$$

总而言之，通过上述描述的情景还原算法可获得相关概率为 $\pi_2^* = 0.4$ 和 $\pi_3^* = 0.6$ 的情景集 $\Omega_S^* = \{2,3\}$。

8.4.3　电网规划的案例研究

下面列举一个示例进行研究，主要提出通过考虑增加额外传输容量的输电方法和传统的方法，规划 IEEE 24 节点系统。

【例 8-11】 本例以传统的传输方法作为基准。在 IEEE 24 节点系统示例中，应用了输电规划方法和传统的输电规划方法。在这个例子中，系统每小时需求量、风力发电和预测误差被建模为随机变量。

1. 系统参数

在这个系统案例中有 24 节点和 34 根电力线路，如图 8-14 所示，将原始 IEEE24 节点系统部分特性改变，更有助于研究[18]。

特性改变为：①同节点之间的多线被建模为具有双容量的一根线；②在系统中所有传输线的容量下降 15%；③所有传输线的架线成本 c_i^{line}；④连接在同

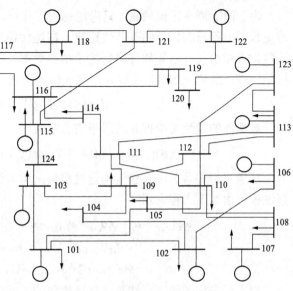

图 8-14　修改后的 24 节点系统单线图

一节点的发电机建模时定义为一台发电机；⑤发电机的装机容量增加 25%；⑥案例中两个装机容量各 250MW 的风电场现有的发电机组被连接在 103 节点和 106 节点；⑦所有发电机组的装机容量为前一天能源市场装机容量的 80% 和实施平衡市场的 20%。

这个系统的发电成本参数见表 8-28 和附录 C。

表 8-28 修改后的 IEEE24 节点系统的能源边际成本和不同发电机组的边界成本

发电机	c_i^{up}（\$/MW）	c_i^{dn}（\$/MW）	c_i（\$/MW）
母线 101	42	36	40
母线 102	42	36	40
母线 103	0.001	0.001	0.001
母线 106	0.001	0.001	0.001
母线 107	40	34	37
母线 113	37	29	32
母线 115	39	32	35
母线 116	32	25	28
母线 118	28	21	24
母线 121	26	21	24
母线 122	25	20	21
母线 123	30	25	28

（1）预测需求中的不确定因素。基于情景模型，使用分析预测需求和风力生产的随机性，季节性，ARIMA 模型可用于产生需求情景。IEEE24 节点系统中，用每小时需求数据来测试 ARIMA 模型。

为了消除周末压延效应，只考虑每周工作日，即 24×5×52=6240（h）。通过对数变换处理历史数据中每日和每周的季节性影响。在迭代模型选择阶段，不同的 ARIMA 模型被拟合到这些数据和由统计运算软件得到的模型参数中。将原始数据与由不同 ARIMA 模型产生的数据相比较，选择 ARIMA 模型并定义成以下形式

$$(p,d,q) \times (P,D,Q)_S = (1,0,1) \times (1,1,2)_{120} \tag{8-101}$$

被选择的模型可根据其通用形式表示为

$$(1-\varphi_1 B)(1-\phi_1 B^{120})(1-B^{120})\log(y_t) = (1-\theta_1 B)(1-\theta_1 B^{120}-\theta_2 B^{240})a_t \tag{8-102}$$

注意，历史数据没有任何确定性趋势，所以通用形式中的确定项 c 等于零。被选择的模型过程可由如下方程表示

$$\begin{aligned}
\log(y_t) = &\, a_t - \vartheta_1 a_{t-1} - a_{t-120} - \theta_1 a_{t-120} - \vartheta_1 \theta_1 a_{t-121} - \theta_2 a_{t-240} \\
&+ \vartheta_1 \theta_2 a_{t-242} - [\varphi_1 y_{t-1} - y_{t-120} - \phi_1 y_{t-120} + \varphi_1 y_{t-120} + \varphi_1 y_{t-121} \\
&+ \varphi_1 \phi_1 y_{t-121} \varphi_1 \phi_1 y_{t-121} + \varphi_1 y_{t-240} - \varphi_1 \phi_1 y_{t-241}]
\end{aligned} \tag{8-103}$$

由于所提出的输电方法是计算密集型的，并在合理的运行时间内出结果，对于 IEEE 24 节点系统有 480 个周期（T=480）。使用算法生成的情景时，在每个需求点 ω=100 得到需要的

情景。ARIMA 过程总共产生的数据有（系统中有 17 个节点包含负载）480×100×17=816000（个），每个情景都是由白噪声随机生成的 242 个向量获得，具有零均值和标准差 σ_D。设计 ARIMA 模型的参数见表 8-29。

表 8-29　　　　　　　　　　　预测所需 ARIMA 模型的设计参数

参数	数值	参数	数值
φ_1	0.9652	θ_1	0.2546
ϕ_1	−0.4981	θ_2	0.0029
ϑ_1	0.0614	σ_D^2	0.0002287

在图 8-15 中给出了初始的时间序列和通过 ARIMA 模型在节点 101 时的情景，注意图形的时间轴从 1 月开始。

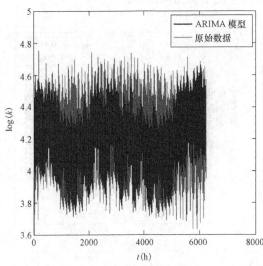

图 8-15　比较原始时间序列 ARIMA
模型产生的时间序列

ARIMA 模型在冬夏两个季节的图像拟合很精确，但在春秋两季由于原始数据的多季节特性并不能很精确地表达出来，但由 ARIMA 模型得到的时间序列仍可表示大多数的时间序列。每小时的需求数据是由年度高峰负荷倍增计算。因为每个节点的每小时需求数据的特征是相同的，ARIMA 模型可以表示每个需求节点在节点 101 产生的原始数据。

大量的情景会使过程变得复杂，因此通过快速选择算法来减少情景数量，同时简化了初始情景树。情景还原之后每小时仍需要 25 个情景。

（2）风电不确定性。除了预测需求，风力发电的不确定性也可通过情景建模。然而，与需求不同，风力发电具有非高斯特性[19]，当风速处于某个确定值时风力发电的输出等于零。ARIMA 模型并不能直接改变风力发电，本例通过风力涡轮机的功率曲线模型转换风速情景创建风力发电情景。假设风电场中每台风力涡轮机受风量相同，则风力发电场的总发电量可以由其中一台风力涡轮机的输出乘以涡轮机的数目来计算。

ARIMA 模型受风速的不确定性影响，一年的每小时风速数据是从阿拉斯加能源局公开网站上获得的，在节点 103 和节点 106 具有相同的风速特性（详见文献 [20]）。为了保持与需求情景的一致性，只考虑工作日产生风速的情况。历史风速数据的对数被用来消除数据极大值和极小值的影响。在迭代模型选择阶段，不同的 ARIMA 模型进行拟合且通过统计软件获得模型参数。通过不同的 ARIMA 模型产生的数据与原始数据相比较，设计 ARIMA 模型设置为（p, d, q）=（1，0，0），同样的 ARIMA 模型中选择了这两个领域，ARIMA 过程可以由通式来表示

$$\log(x_t) = c + \varphi_1 x_{t-1} + a_t \tag{8-104}$$

利用情境生成算法解释上述公式的 ARIMA 过程,两台风力涡轮机在节点 103 和节点 106 产生 100 个情景。ARIMA 过程产生的总的风速数据达 480×100×2=96000（个）。每个情景都是通过白噪声 a_t 随机产生,且具有零均值和标准差 σ_{WS}。被选择 ARIMA 模型风速情景生成的参数由表 8-30 给出。

表 8-30　　　　　　　　　　　　**ARIMA 风速模型参数**

参数	节点 103	节点 106
φ_1	0.8113	0.8102
c	0.1044	0.0555
σ_{WS}^2	0.1319	0.1119

在图 8-16 和图 8-17 中给出了初始时间序列和产生的 ARIMA 模型。

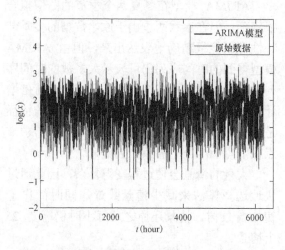
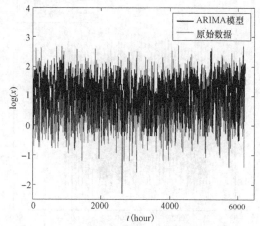

图 8-16　ARIMA 模型风速情景下在 103 节点产生　　图 8-17　ARIMA 模型风速情景下在 106 节点产生
　　　　的时间序列与初始时间序列对比图　　　　　　　　　的时间序列与初始时间序列对比图

由此可以看出,由 ARIMA 模型生成时间序列可以充分表示原始时间序列。

通过选择算法来减少情景的数目来重新获得简化情景,情景还原处理之后可以获得 25 个风速情景。每个风电场的安装容量为 250MW（型号：NEG Micon 2000/72,其功率曲线如图 8-16 和图 8-17 所示[20]。风电场的最大输出是根据风速拟合的,风力发电每个周期的期望值等于风电场提供的最大输出值,如下

$$E[WG_t] = \pi_{(i,\omega)}^{WG} \times WG_{(i,t,\omega)}, t = 1480 \tag{8-105}$$

其中 $\pi_{(i,\omega)}^{WG}$ 是风速情景的关联概率,$WG_{(i,t,\omega)}$ 是节点为 i、周期为 t、情景为 ω 时的风力发电。风力发电场和其他发电机之间的区别是,其他发电机将 80% 的装机用于能源市场,20% 的装机容量用于实时平衡市场；而风力发电场将风电期望 80% 的功率用于日前能源市场,实时平衡 20% 的期望功率用于实时平衡市场。

（3）预测误差不确定性。

在实时平衡中,预测需求的偏差建模为与在区间 $[a, b]$ 间的正态分布的随机变量,这

个偏差的计算公式如下

$$\Delta D_{i,t} = a + (b-a)U_t(0,1), t = 1480 \qquad (8\text{-}106)$$

其中 $U_{t(0,1)}$ 是在均匀分布区间 [−30，30] 内的随机变量，对于每一个需求点，在每个周期产生一个负载偏差值。为了与发电机发电水平 $G_{(i,t,w,y)}$ 保持一致，情景模型提供发电机的上下调度分别为 $\Delta G_{i,t,\omega,y}^{\text{up}}$ 和 $\Delta G_{i,t,w,y}^{\text{dn}}$。为了消除平衡市场预测误差的相同量（在每个周期中产生一个误差值），以确保每个情景都是等概率的，概率值 $\pi_\omega^{\Delta D}$ =1/25=0.04。

2. 结果与讨论

对三种方案进行研究：第一种情景是没有任何拓展的传输系统；第二种情景是从传统输电方法获得输电方案；第三种情景是从所提出的输电规划方法获得的传输扩展计划。表 8-31 中给出的是传统输电方法的最优解，表 8-32 中给出的是所提出的扩展方法的最优解。

表 8-31　　　　　　　　　　　传统方法的最优输电计划

线路	始端	末端	n_t	扩展容量（MW）
1	节点 106	节点 110	2	148.75
2	节点 107	节点 108	2	148.75
3	节点 108	节点 109	2	148.75
4	节点 108	节点 110	2	148.75
5	节点 116	节点 117	2	425

表 8-32　　　　　　　　　　所提出的扩展方法的最优输电计划

线路	始端	末端	n_t	扩展容量（MW）
1	节点 103	节点 124	2	340
2	节点 104	节点 109	2	148.75
3	节点 106	节点 110	2	148.75
4	节点 107	节点 108	2	148.75
5	节点 108	节点 109	2	148.75
6	节点 108	节点 110	2	148.75
7	节点 114	节点 116	2	425
8	节点 116	节点 117	2	425

如表 8-31 和表 8-32 所示，所提出的输电方法节点 103-124，节点 104-109 和节点 114-116 为常规方法提出的。扩展的系统的单线图如图 8-18 所示。

表 8-33 显示了输电规划对平衡服务调度的影响（此时 t =35 和情景 ω =22），在传输系统现状中昂贵的发电机 101 和 102 有超过 49%的份额，便宜些的发电机 121 只占市场平衡中的 6%份额。这种情况通过传统方法扩展得到了改善。在这种情况下，昂贵的发电机 101 和 102 的总份额降低到 17%，其差值被更便宜的发电机 121 接管。但通过所提出的新方案进行扩展

后，它的传输过程输电模型效益多样化情况更好。在这种情况下，系统运行人员可以用最便宜的发电机提供一种平衡的服务。昂贵的发电机 101 和 102 不再调度，并且它们由不太昂贵发电机 121 取代。在这三种情况下平衡市场的发电成本分别为\$5640、\$4772 和\$4309。这意味着在特定的周期和情景下，传统的输电方案效益为\$868 而所提出的输电方案效益为\$1331（相对于传统方案增加了 53%）。

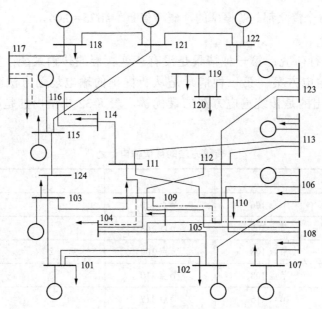

图 8-18　修改后的 IEEE24 节点系统输电规划后的单线图

------ 所提出的传输扩展方法；————— 传统方法

表 8-33　　　　　　　　　　　　　在平衡服务调度上输电规划的影响

发电机编号	传输系统现状	传统方法扩展传输系统	使用所提出的方法扩展传输系统
101	21%	—	—
102	28%	17%	—
103	1%	1%	1%
106	<1%	<1%	<1%
121	6%	38%	55%
122	44%	44%	44%

　　传统方案和所提出的方案的最优输电的有效利润和多元化利润都是通过分解算法计算的。利润图如图 8-19 所示。

　　如图 8-19 所示，通过所提出的方法获得的最优方案的多元化利润和有效利润分别为\$80436 和\$17104，而通过传统方法获得的最优方案的多元化利润和有效利润分别为\$78419 和\$17103。由此可见，在所提出的方法和传统方法的最优输电方案的有效利润差异不大，但多元化利润提高了\$2017，所提出的输电方法相对于传统的方法额外的线路主要是为了提高不相关电源的多样化，额外的传输容量的利润常常被输电网规划人员忽略。

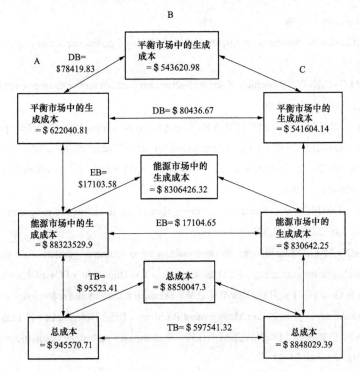

B

A　　DB=
　$78419.83

平衡市场中的生成
成本
= $ 543620.98

C

平衡市场中的生
成成本
= $ 622040.81　　　　DB= $ 80436.67　　　　平衡市场中的
生成成本
= $ 541604.14

EB=
$17103.58

能源市场中的
生成成本
= $ 8306426.32

能源市场中的生
成成本
= $ 88323529.9　　　EB= $ 17104.65　　　能源市场中的
生成成本
= $ 830642.25

TB=
$ 95523.41

总成本
= $ 8850047.3

总成本
= $ 945570.71　　　TB= $ 597541.32　　　总成本
= $ 8848029.39

图 8-19　总利润分解为效率利润和多元化利润（以 IEEE24 节点系统为例）

TB：总利润，EB：效率利润，DB：多元化利润

参 考 文 献

［1］GRIBIK P R，CHATTERJEE D，NAVID N．Potential new products and models to improve an RTO stability to manage uncertainty ［C］//IEEE PES General Meeting，San Diego，USA，2012，July：22-26.

［2］WU L，SHAHIDEHPOUR M，LI Z．Comparison of scenario-based and interval optimization approaches to stochastic SCUC ［J］．IEEE Transactions on Power System，2012，27（2）：913-921.

［3］HADISAADAT．POWER SYSTEM ANALYSIS THIRD EDTION．P S A Publishing，2010：318-339.

［4］RENO M，LAVE M，Quiroz J E，et al．PV Ramp Rate Smoothing Using Energy Storage to Mitigate Increased Voltage Regulator Tapping ［C］//IEEE Photovoltaic Specialists Conference，Tampa，Florida，USA，IEEE，2016：2015-2020.

［5］赵毅，刘东，钟清，等．主动配电网优化调度策略研究 ［J］．电力系统自动化，2014，38（9）：177-183.

［6］LEE D，KIM J，BLADICCK R．Stochastic optimal control of the storage system to limit ramp rates of wind power output ［J］．IEEE Transactions on Smart Grid，2013，4（4）：2256-2265.

［7］ CONEJO A， CARRI_ON M，MORALES J．Decision Making Under Uncertainty in Electricity Markets ［J］．International Series In Operations Research &Management Science．Springer， 2010.

［8］BIRGE J，LOUVEAUX F，Introduction to Stochastic Programming ［C］//CSpringerseries in operations research，Springer-Verlag，1997.

［9］INFANGER G．Planning under uncertainty：solving large-scale stochastic linearprograms ［J］．The Scienti_c Press series. Boyd & Fraser, 1994.

[10] KALL P, WALLACE S. Stochastic programming [C] //Wiley-Interscience series insystems and optimization, Wiley, 1994.

[11] KAUT M, WALLACE S W. Evaluation of scenario-generation methods for stochastic programming [J]. Stochastic Programming E-Print Series, 2003.

[12] CONEJO A J, CONTRERAS J ESPINOLA R, PLAZAS M A. Forecasting electricity prices for a day-ahead pool-based electric energy market [J]. International Journal of Forecasting, 2005, 21 (3): 435-462.

[13] BOX G, JENKINS G. Time series analysis: forecasting and control [C] //Holden-Day series in time series analysis, Holden-Day, 1970.

[14] HEITSCH H, ROMISCH W. Scenario reduction algorithms in stochastic programming [J]. Comput. Optim. 2003, 24 (2-3): 187-206.

[15] RUIZ-PEINADO M C. Medium-term decision making for consumers, retailers, and producers in electricity markets via stochastic programming. Ph.D.dissertation, The University of CastileLa Mancha, 2008.

[16] OWE-KUSKA N Gr, HEITSCH H, ROMISCH W. Scenario reduction and scenariotree construction for power management problems [J]. in Power Management Problems, IEEE Bologna Power Tech Proceedings, 2003.

[17] DUPACOV_A J, CONSIGLI G, WALLACE S W. Scenarios for multistage stochastic programs [J]. Annals OR, 2000, 100 (1-4): 25-53.

[18] GRIGG C, WONG P, AIBRECHT P, et al. The ieeereliabilitytest system-1996. a report prepared by the reliability test system task force of the application of probability methods subcommittee[J]. IEEE Transactionson Power Systems, 1999, 14 (3): 1010-1020.

[19] CHEN P, PEDERSEN T, BAK-JENSENANDB, CHEN Z. Arima-based time seriesmodel of stochastic wind power generation [J]. Power Systems, IEEE Transactionson, 2010. 25 (2): 667-676.

[20] Alaska Energy Authority, Wind Energy Program [EB/OL]. [2009-7-28]. http:// www.akenergyauthority.org /Programs/AEEE/Wind.

附录 A 常用同步发电机参数

表 A-1   **2.45MW，4000V，53.33Hz 隐极式永磁同步发电机参数**

发电机类型	永磁同步发电机：2.45MW，4000V，53.33Hz，隐极式	
额定机械功率	2.4487MW	1.0（标幺值）
额定视在功率	3.419MVA	1.0（标幺值）
额定线电压	4000V（有效值）	
额定相电压	2309.4V（有效值）	1.0（标幺值）
额定定子电流	490A（有效值）	1.0（标幺值）
额定定子频率	53.33Hz	1.0（标幺值）
额定功率因数	0.7162	
额定转速	400r/min	1.0（标幺值）
极对数	8	
额定机械转矩	58.4585kN·m	1.0（标幺值）
额定定子磁链	4.971Wb（有效值）	0.7213（标幺值）
定子绕组电阻	24.21mΩ	0.00517（标幺值）
d 轴同步电感 L_d	9.816mH	0.7029（标幺值）
q 轴同步电感 L_d	9.816mH	0.7029（标幺值）
磁链基值 Λ_B	6.892Wb（有效值）	1.0（标幺值）
阻抗基值 Z_B	4.6797Ω	1.0（标幺值）
电感基值 L_B	13.966mH	1.0（标幺值）
电容基值 C_B	637.72μF	1.0（标幺值）

表 A-2   **2.5MW，4000V，40Hz 凸极式永磁同步发电机参数**

发电机类型	永磁同步发电机：2.45MW，4000V，53.33Hz，隐极式	
额定机械功率	2.5MW	1.0（标幺值）
额定视在功率	3.383MVA	1.0（标幺值）
额定线电压	4000V（有效值）	
额定相电压	2309.4V（有效值）	1.0（标幺值）
额定定子电流	485A（有效值）	1.0（标幺值）
额定定子频率	40Hz	1.0（标幺值）
额定功率因数	0.739	
额定转速	400r/min	1.0（标幺值）
极对数	6	
额定机械转矩	59.6831kN·m	1.0（标幺值）

发电机类型	永磁同步发电机：2.45MW，4000V，53.33Hz，隐极式	
额定定子磁链	4.759Wb（有效值）	0.7213（标幺值）
定子绕组电阻	24.25mΩ	0.00517（标幺值）
d 轴同步电感 L_d	8.9995mH	0.7029（标幺值）
q 轴同步电感 L_q	21.8463mH	0.7029（标幺值）
最优定子电流角（相对于 q 轴）	32.784°	
磁链基值 Λ_B	9.1888Wb（有效值）	1.0（标幺值）
阻抗基值 Z_B	4.7295Ω	1.0（标幺值）
电感基值 L_B	18.818mH	1.0（标幺值）
电容基值 C_B	841.283μF	1.0（标幺值）

附录 B 主动配电网系统参数

表 B-1   主动配电网系统参数

序号	连接节点	类型	参数	调度模式
1	A6	光伏	500kW	不可调度
2	A6	电池储能	250kWh	可调度
3	A10	电池储能	250kWh	可调度
4	A12	电池储能	250kWh	可调度
5	A14	光伏	500kW	不可调度
6	A19	电池储能	250kWh	可调度
7	A20	燃气轮机	300kW	可调度
8	A21	风力	500kW	不可调度
9	B6	电池储能	500kWh	可调度
10	B7	光伏	500kW	不可调度
11	B8	风力	500kW	不可调度
12	B9	电池储能	500kWh	可调度
13	B12	燃气轮机	300kW	可调度
14	B17	电池储能	250kWh	可调度
15	B18	光伏	300kW	不可调度

注 表中光伏、风力、燃气轮机的参数表示输出峰值功率。

附录 C   IEEE 24 节点测试系统参数

表 C-1   **IEEE 24 节点系统发电机数据**

发电机	节点号	最大功率 MW	最小功率 MW	发电机组最大调节容量（MW）	发电机组最大调节容量（MW）	发电机组下降率（MW/min）	发电机组上升率（MW/min）	发电机组最小上升时间（h）	发电机组最小下降时间（h）
18	118	400	100	0	0	6.67	6.67	1	1
21	121	400	100	0	0	6.67	6.67	1	1
1	101	152	30.4	40	40	2	2	8	4
2	102	152	30.4	40	40	2	2	8	4
15b	115	155	54.25	30	30	3	3	8	8
16	116	155	54.25	30	30	3	3	8	8
23a	123	310	108.5	60	60	3	3	8	8
23b	123	350	140	40	40	4	4	8	8
7	107	350	75	70	70	7	7	8	8
13	113	591	206.85	180	180	3	3	12	10
15a	115	60	12	60	60	1	1	4	2
22	122	300	300	0	0	5	5	0	0

表 C-2   **IEEE24 节点系统负荷数据**

节点号	负荷有功（MW）	节点号	负荷有功（MW）
101	1598.252	113	2266.187
102	1502.834	114	2266.187
103	1431.207	115	2218.469
104	1407.416	116	2218.469
105	1407.416	117	2361.596
106	1431.207	118	2385.450
107	1765.233	119	2385.450
108	2051.487	120	2290.032
109	2266.187	121	2170.760
110	2290.032	122	1979.924
111	2290.032	123	1741.379
112	2266.178	124	1502.834

表 C-3   **IEEE 24 节点系统节点支路数据**

首端母线	末端母线	电抗（Ω）	容量（MVA）	首端母线	末端母线	电抗（Ω）	容量（MVA）
101	102	0.0146	175	111	113	0.0488	500
101	103	0.2253	175	111	114	0.0426	500

续表

首端母线	末端母线	电抗（Ω）	容量（MVA）	首端母线	末端母线	电抗（Ω）	容量（MVA）
101	105	0.0907	350	112	113	0.0488	500
102	104	0.1356	175	112	123	0.0985	500
102	106	0.205	175	113	123	0.0884	500
103	109	0.1271	175	114	116	0.0594	500
103	124	0.084	400	115	116	0.0172	500
104	109	0.111	175	115	121	0.0249	1000
105	110	0.094	350	115	124	0.0529	500
106	110	0.0642	175	116	117	0.0263	500
107	108	0.0652	350	116	119	0.0234	500
108	109	0.1762	175	117	118	0.0143	500
108	110	0.1762	175	117	122	0.1069	500
109	111	0.084	400	118	121	0.0132	1000
109	112	0.084	400	119	120	0.0203	1000
110	111	0.084	400	120	123	0.0112	1000
110	112	0.084	400	121	122	0.0692	500